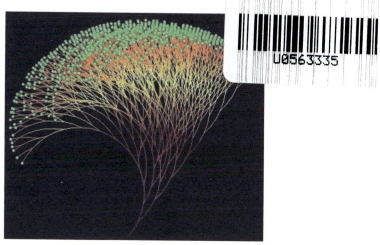

图 2-25 冰雹猜想

图 3-11 勾股定理的水流展示

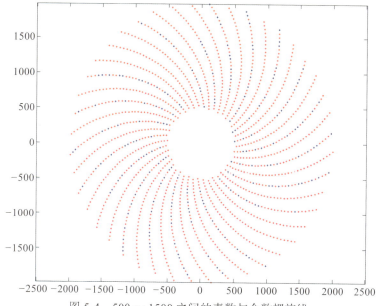

图 5-4 500～1500 之间的素数与合数螺旋线

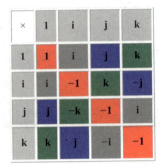

图 6-5　四元数的乘法法则

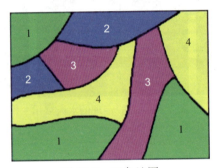

图 13-8　四色地图

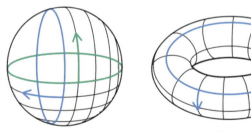

图 16-1　地球和甜甜圈的形状

The Mathematics
that Changed the World

改变世界的
数学

李祥兆 ◎编著

机械工业出版社
CHINA MACHINE PRESS

图书在版编目（CIP）数据

改变世界的数学 / 李祥兆编著 . -- 北京：机械工
业出版社 , 2025. 7. -- ISBN 978-7-111-78583-5

I. O1-49

中国国家版本馆 CIP 数据核字第 2025EW0146 号

机械工业出版社（北京市百万庄大街 22 号　邮政编码 100037）
策划编辑：王春华　　　　　　　　　责任编辑：王春华　章承林
责任校对：李荣青　张雨霏　景　飞　责任印制：张　博
北京铭成印刷有限公司印刷
2025 年 8 月第 1 版第 1 次印刷
170mm×230mm・27.75 印张・1 插页・466 千字
标准书号：ISBN 978-7-111-78583-5
定价：99.00 元

电话服务　　　　　　　　　　　网络服务

客服电话：010-88361066　　　机 工 官 网：www.cmpbook.com
　　　　　010-88379833　　　机 工 官 博：weibo.com/cmp1952
　　　　　010-68326294　　　金 书 网：www.golden-book.com
封底无防伪标均为盗版　　　机工教育服务网：www.cmpedu.com

序

本书作者是我 2006 年毕业的数学教育方向的博士。作为一名高校教师，近二十年来，他一直致力于数学文化的传播与推广，并开设相关课程，为提高学生的数学素养踏踏实实地做了不少工作，作为他的导师，我甚感欣慰。本书是他在这门课程的讲稿、素材的基础上汇编整理而成的。

由于事务繁忙，作序之事拖宕了很长时间，直到最近才有机会浏览书稿。本书给我的印象深刻，感觉作者是在一个重要的方向上做了有益的尝试。

数学是建立在严密的逻辑和严格的运算基础上的学科，数学概念、定理等理论在数学课程内部逻辑清晰、结论精准，按道理能够讲得清楚、学得明白。但是，正是这种严密的逻辑和严格的运算又常常使数学成为一门高冷的学科，给人以高高在上、不食人间烟火的感觉，让学生望而生畏、难以接近，老师在教学上容易陷入形式化、模式化，而学生更会在一堆意义不清晰的概念和符号堆砌的迷宫中越走越迷糊，深入不下去，掌握不了知识的真谛，体会不到学习的乐趣，更谈不上爱上数学。

本书不是板着面孔说数学，而是沿数千年时间长河，跨不同的人类文明，追踪数学主要分支的前世今生，挑选最具代表性的节点与事件，揭示数学之所以成为数学的内在动力与历史必然，展示数学在人类文明发展中的巨大推动作用，努力使读者"感受数学魅力，领悟数学精神"，进而亲近数学，理解和掌握所需要的数学。

纵览全书，可以看出本书有以下三个特点：

以数学的人文性为主线。多年以来，数学教学存在重"理"（算理）轻"文"（人文）的现象。原因之一便是对理论背后的历史脉络、文化背景缺乏认知，使数学理论成为无源之水。为扭转这种偏见，本书着力展示数学与人类文明的密不可分。作者把对数学产生与早期发展的介绍放置于世界文明的大背景下；对于数学的后继发展，虽然是按学科分支给予描述，但并没有拘泥于概念的精确性和逻辑的严密性，而是更注重于揭示数学发展的思想性以及社会发展和数学发展的相辅相成。因此，本书的内容无论是对数学教师还是学生来说都是一个有益的补充。例如，学生在学习极限与微积分时，对 $\varepsilon\text{-}\delta$ 语言感到难以理解，无所适从。本书用专门一章（第 8 章）讲述微积分的发展，从早期刘徽、阿基米德等人对积分的朴素理解和运用，到近代微分法的发展，到牛顿和莱布尼茨微积分理论的创立，再到此后 100 多年柯西和魏尔斯特拉斯等人对微积分理论的严格化所做的巨大贡献。娓娓道来，让读者体会微积分的每一步发展都是社会需求和"问题解决"推动的，体会到 $\varepsilon\text{-}\delta$ 语言不是故弄玄虚的符号游戏，从而获得学习和掌握它的动力。又如，第 6 章从丢番图的简写代数到韦达的符号代数，从方程的根式解到伽罗瓦的群论，为读者呈现了方程理论和应用在社会需求和学科内在动力推动下不断发展的全景。此外，在此基础上介绍复数理论是水到渠成的，有助于破除读者头脑里对复数的神秘感。

以数学的应用性为铺垫。学生学习数学的另一个障碍是觉得数学"玄"，脱离了生活和生产实际。实际上，数学不是一堆堆枯燥抽象的数字、公式或定理，它和我们的现实生活与生产息息相关。著名数学家华罗庚曾说过："宇宙之大，粒子之微，火箭之速，化工之巧，地球之变，生物之谜，日月之繁，无处不用数学。"中国古代数学的发展往往得益于实际问题的推动；在 21 世纪的今天，数学的应用更是无所不在。本书呈现了数学在物理、金融、生物、医疗、密码、计算机、航海等方面的大量实际应用案例，作为数学知识的铺垫，它既能改变学生对数学的看法，激发他们学习数学的兴趣，也能凸显数学的工具价值和应用价值。特别值得一提的是，作者长期在上海海事大学任教，针对大量海洋相关专业学生的需求，用比较大的篇幅对数学在航海中的应用进行了介绍。但略有遗憾的是，本书对第 10 章介绍的非欧几何和第 14 章介绍的数学与航海之间的联系似乎着墨太少了。事实上，地球表面上的几何学是球面几何学，是非欧几何的一种，航海中大范围的几何问题必须在非欧几何框架内解决。

以数学的科普性为目标。英国著名哲学家弗朗西斯·培根在《论科学的增进》中指出，"知识的力量不仅取决于其本身价值的大小，而且取决于它是否被传播及被传播的深度和广度。"本书的一个显著特点就是具有较强的科普性，或者说科普性是本书的主要目标。作者在阐述每一章内容之前，都会引入一些典型的数学问题、数学故事、数学典故、数学趣题、数学电影等引人入胜的案例，内容通俗易懂，方便读者理解每一章的内容。在每一章的内容之间或结尾，也呈现了很多数学小幽默、趣味故事等，这无疑提高了本书的可读性与趣味性。对于丰富广大数学爱好者的数学知识，提高他们的数学素养有一定的帮助。我想强调的是，数学的科普不仅对学生和社会上一般群体而言是重要的，对科技工作者和数学研究者而言也有存在价值。这是因为现代数学知识浩如烟海，不同分支之间隔行如隔山，虽然有人呼吁建立统一的数学框架体系，但这恐怕并不容易见到成效。因此，科技工作者和数学家也要靠数学科普书获得他工作领域之外的数学知识。当然，本书主要还是面向学生，我希望能有更高层次、更深入的数学普及书籍（既不是专业化的学术著作，也不是面向大众的普及读物），便于广大科技工作者和数学研究者拓展视野，增加知识储备，从而为自身发展、团队合作和学科交叉增添新的可能性。

本书中的很多内容特别是数学家的故事以及他们的创新精神、奋斗历程、严谨态度更能于潜移默化中让学生感受数学魅力，领悟数学精神，达到传播数学文化、实现科学与人文全面发展的教育目标。

近年来，很多高校与中小学都很重视数学文化建设，相继开设了数学文化相关的通识课与选修课，我推荐本书作为相关课程的教材或参考用书。同时，这本书也可作为许多数学爱好者的通俗读物。

王建磐

华东师范大学教授、博士生导师，曾任华东师范大学校长

前　言

　　我是一名篮球爱好者，通常每周六下午都会去球场打球，晚上则会和球友一起聚餐聊天，这也是一种放松自我的方式。球友来自五湖四海，在不同行业工作，因为爱好篮球聚在一起。在聊天时，除了谈论一些篮球话题之外，还经常会谈到他们各自的行业以及发生的趣事。例如，公安系统的朋友会谈到如何侦破案件及抓捕犯人，律师会谈及如何在法庭上与对手针锋相对以及一些法律条文，做销售的朋友则会讲其如何对某个产品或项目进行公关、经营和管理，等等。但是我好像没什么可聊的，有位要好的朋友对我说，他们从事的行业都能彼此扯上关系，而我研究的数学则跟大家没有共同话题。的确，大多数朋友一提到数学就摇头，或是一听到我的职业就惊呼："哇，你居然是数学老师！"然后大多数人都会紧接着来一句："我上学时最怕数学了！"毫无疑问，很多人都不喜欢数学，都害怕数学，以至于毕业多年之后，想起数学课和数学老师都心有余悸。

　　我有时候就暗想，如何让朋友也了解一下数学，改变他们对数学的印象呢？在聊天时偶尔我会给大家讲一些数学家的趣事或一些数学笑话，来博得大家的笑声，希望通过这些来刷下存在感，也顺便普及下数学。

　　为了拓展自己在数学科普方面的知识，在学校里，除了讲授一些大学数学基础课程之外，我还选讲了一些数学通识课，像"文科数学""数学文化""数学大师""数学与海洋"等，希望能通过这些课程，帮助当代大学生对数学有一个整体认识，提高他们对数学知识的理解，激发他们对数学学习的兴趣，丰富数学课堂实践。同时，这些课程也能增进我对数学以及数学教育的认知，开阔自己的眼界。

本书正是我讲授这些数学通识课的成果。十多年来，为了讲好这些课，我阅读了大量数学史与数学文化方面的经典著作，遇到好的数学科普书籍也毫不犹豫买下，但在课堂上我仍会时感思维短路，对数学文化的博大精深常会发出由衷的赞叹。正如古希腊哲学家苏格拉底的名言："我比别人知道得多，不过是我知道自己的无知。"但也正是这样的"教学相长"使我获益匪浅，"路虽远，行则将至；事虽难，做则必成。"传播数学，科普数学，我已在路上。往后余生，有你陪伴，不亦乐哉！

本书主要是从历史的角度来讲述数学的故事。数学的历史，源远流长，它是人类早期文明的一部分。在五千余年的数学历史发展中，随着数学思想方法的不断丰富与发展，数学经历了从常量数学到变量数学，再到近现代的抽象数学。如今，数学以更为抽象的姿态出现在世人面前：它以公理化为主要研究方法，成为一门纯粹的演绎科学。但是数学又是一个开放的文化体系，它与人类的其他文化有着千丝万缕的联系。其中主要包括：重要的数学思想方法产生的社会政治和经济条件；数学与自然的辩证关系；数学的每一次发展如何改变人类的历史进程；数学的每一次变革如何影响我们的世界观、生活方式和思维方式；等等。

21 世纪以来，随着大数据和人工智能的发展，社会各个领域对数学的需求越来越大，数学在整个科学与技术领域的基础学科地位也越来越重要。通过数学历史知识的普及，有助于人们从文化的视角重新认识数学的本质，体会数学的科学价值、应用价值、人文价值与美学价值，从而使现代社会的公民能够更好地顺应社会数学化的进程。

习近平总书记指出："要努力构建德智体美劳全面培养的教育体系，形成更高水平的人才培养体系。"这就要求我们在数学教育中要贯彻全面发展的教育理念。因此，本书旨在使读者"感受数学魅力，领悟数学精神"，达到普及数学知识、传播数学文化的目的，实现科学与人文全面发展的教育目标。

在已出版的数学通识类书籍中，侧重点各有不同。有的侧重数学历史，有的侧重数学思想方法，有的侧重数学问题，有的侧重数学与文学、诗歌、音乐、艺术的结合等。由于数学内涵丰富，外延广大，数学通识课很难有一个统一体系。本书在选材时，主要突出了以下几个方面。

（1）思政性：响应时代"大思政"号召，突出中国数学家的数学成就，突出中外数学家在问题探索中的思政元素。

（2）航海特色：紧跟国家"海洋战略"，本书第14章"数学与航海"，充分展示了大航海时代的数学文化。

（3）应用性：倡导"理论与实践"相结合的理念，展示数学在物理、金融、生物、医疗、密码等方面的最新应用。

（4）科普性：采用案例驱动的方式引入和阐述相关内容，每一章都会通过数学问题、数学故事、数学典故、数学趣题、数学电影等引人入胜的案例展开，力求通俗易懂，方便读者理解每一章内容。

本书共16章，大体上按照历史顺序来展开。第1章是对数学及其文化的总体概述；第2章介绍记数方法的产生，并讨论数学的起源；第3章和第4章是古希腊数学和中国古代数学，它们分别代表了数学史上演绎化和算法化这两种数学发展方向；第5章至第11章阐述数学发展的各个分支，如数论、代数、几何、微积分、概率与统计、非欧几何、无穷的理论等；第12章讨论20世纪初各大数学学派对数学基础的论争；第13章至第15章充分展示数学与计算机、数学与航海，以及数学在现代各领域中的应用；第16章介绍21世纪以来的最新数学进展及当代知名数学家。

本书在写作过程中引用了许多数学家、数学史家、数学文化专家、国内外同行的研究成果以及一些网上资源，在此一并谢过！限于水平，错漏之处在所难免，敬请同行批评指正，以期不断完善（如有建议或意见，请联系：2010math@sina.cn）。

李祥兆

目 录

第 1 章

导　　论

　　一门科学，只有当它成功地运用数学时，才能达到真正完善的地步。

——马克思

　　音乐能激发或抚慰情怀，绘画能使人赏心悦目，诗歌能动人心弦，哲学能使人获得智慧，科技可以改善物质生活，而数学却能提供以上的一切。

——克莱因

1.1　数学改变世界

　　1665 年，牛顿在疫情期间完成了他的微积分理论，从而在 1687 年出版的《自然哲学的数学原理》中第一次系统地阐述了宇宙运行的规律。

　　1866 年，麦克斯韦创立了电磁场理论的 4 个偏微分方程组，明确提出"光是一种电磁波"的预言，这是牛顿之后人类认识自然的又一次大综合。

　　1915 年，爱因斯坦借助黎曼几何提出广义相对论，这是人类认识自然的又一次飞跃。

　　1925 年，海森堡凭借矩阵代数，薛定谔依靠波动方程，开启了量子力学的新篇章。

　　1932 年，狄拉克凭借电子波的方程式预言了正电子的存在。

　　……

　　1995 年 3 月 14 日，1990 年菲尔兹奖获得者爱德华·威腾（Edward Witten）提出了"M 理论"，这是一个有望把描述自然世界的广义相对论和量子力学理论统一起来的弦理论。当然，这个理论完全是数学描述的，如果未来的物理实验能够证实这个弦理论，那将是 21 世纪物理学的新突破。

几百年来的科学发展表明，每一次重大的科学发现都与数学息息相关。为什么看上去与自然世界没有明显关联的数学却能够这么精确地描述这个世界，目前为止依旧是个谜。大约 400 年前，伽利略在《试金者》（*The Assayer*）中写道：

> 哲学（当时人们习惯把科学称作自然哲学）写在这本宇宙宏大的书中，但只有在学会并掌握书写它的语言和符号之后，我们才能读懂这本书。这本书是用数学语言写成的，符号是三角形、圆以及其他几何图形，没有它们的帮助，我们连一个字也读不懂；没有它们，我们就只能在黑暗的迷宫中徒劳地摸索。

物理学家杨振宁与米尔斯在 1954 年提出了非交换规范场论，之后物理学家惊奇地发现，早在几十年前，数学家在没有参考任何物理知识的前提下，就提出了构建这些理论所必需的数学表现形式。杨振宁在获得诺贝尔物理学奖之前，用下面这段话表达了他的敬畏之心：

> 这不仅是令人欢欣鼓舞的成功，其背后还蕴藏更多、更深层次的意义。物理世界的架构竟然与深奥的数学概念有着如此密切的联系，而数学界在探讨这些概念时考虑的主要内容竟然只是其逻辑与外在形式之美。还有什么事会比这更神秘莫测、令人敬畏的呢？

著名的科学家爱因斯坦曾感叹："这个世界最不可理解的事情就是，这个世界竟然是可以理解的！"爱因斯坦通过他建立的质能方程、相对论方程来理解宇宙的运行规律和本质。诺贝尔物理学奖获得者尤金·维格纳（Eugene Wigner，1902—1995）也困惑于此，在 1959 年纽约大学的一场报告中，他开场讲了一个故事：

> 两位昔日的中学同学碰在一起谈论着各自的工作。其中一位已成为统计学家，正在做有关人口变化趋势的工作，他于是就自豪地介绍起自己的工作。他给他的老同学看了一份复印资料，这份资料和通常资料一样，从高斯分布谈起，然后可以预测人口将发生哪些变化。在这个讲解过程中，统计学家不可避免地为他的同学讲解各种数学符号的意义：实际人口数，平均人口，等等。他的老

同学有点怀疑，不能肯定这位统计学家是不是在取笑他的无知。怎么能用一些图来预测一群活生生的、有独立想法的人呢？但是他发现这些数学符号中还隐藏着更加令人难以置信的东西。他指着资料中的一个符号，问道："这个符号是什么意思？"统计学家答："这是 π。你应该知道 π 的含义，就是圆的周长与其直径之比。"他的同学摇了摇头说："够了，你的玩笑开得太离谱了，"然后接着解释道，"π 我懂，但人口怎么能与圆的周长有关呢？"

维格纳讲这个故事的目的是解释"数学在自然科学中不合理的有效性"，这也是他本次报告的题目。他认为数学可以出人意料地出现在某些看似不相关的领域，比如故事中 π 的出现令人感到奇怪。他还谈到数学在物理中很多不可思议的应用，并表示"数学语言在表述自然规律方面的适当性是一个奇迹，它是我们既不理解又不该得到的一种奇妙的天赋之物。我们应当感激它，希望它在未来的研究中仍然有效；并且不论是福还是祸，也不论是使我们高兴还是使我们困惑，它都将扩展到更广的学术领域中去。"维格纳将数学的成功归为"奇迹"或"天赋之物"，就仿佛数学背后深刻的原因超越了我们理解世界的极限。

诚然，所有揭示宇宙运行规律的物理研究，归根结底都是用特定的数学方程式来表达——整个宇宙都在用数学说话。事实上，数学的每一次发展也决定了科学的发展进程。古希腊学者阿波罗尼奥斯提出的圆锥曲线成了 2000 年后开普勒描述行星运动的轨迹。而哈雷彗星、海王星和电磁波的发现则得益于微积分的创立。1831 年伽罗瓦提出的群论变成了 20 世纪物理学的一个中心课题，成为理解基本粒子的思维工具。1928 年，英国物理学家狄拉克建立了一组有关电子波的方程式，这一方程的解很特别，既包括正能态，也包括负能态。狄拉克由此做出了存在正电子的预言。1932 年，美国物理学家安德森在研究宇宙射线中高能电子轨迹的时候，发现了狄拉克预言的正电子——正电子似乎就是从方程式中跳出来的。

数学不仅在力学和天文学上发挥了巨大作用，对其他学科也有很大的贡献。在生物学上，描述生物种群增长的规律、计算人口增长速度与人口密度的关系等都离不开数学。在分子水平上，对于器官机能的研究、实验遗传学密码的破译、基因序列的研究都是典型的用数学方法研究问题的案例。此外，DNA 的双螺旋结构与数学拓扑学的纽结理论密切相关。在医学上，医院里经常使用的扫描仪——CT 扫描、PET 扫描、超声波等，它们的共同之处是：通过分析专门设备探测到的信号，用数学方法计算得到被扫描物的形状。在经济学领域，市场预测、经济信息分析、金融信贷、价格体系、企业管理等无一不与数学有关。很多诺贝尔经济学奖获得者都有深厚的数学功底，甚至半数以上的人有直接从事数学研究的背景，例如，1994 年诺贝尔经济学奖获得者之一的数学家纳什，除对博弈论有巨大贡献外，更是在核心数学的研究中有不少贡献。

数学除了在自然科学和社会科学中发挥重大作用之外，更重要的——它还是一种普遍的思维方式，这对每个人都起作用。我们日常在做每件事的时候，都要考虑自己的言行是否合理合规，这就是数学理性思维的体现。比如，20 世纪初德国著名的哥廷根大学，当时在为是否聘用伟大的女数学家艾米·诺特（Emmy Noether）一事犹豫不决，原因是他们认为不能让学生跟随一名女性教师学习数学。数学大师希尔伯特说："候选人的性别竟然成为不被聘用的理由。我觉得这是没有道理的。我们办的是大学，而不是澡堂。"后来有人曾问当时哥廷根大学数学系主任埃德蒙·兰道（Edmund Landau），他的同事艾米·诺特是否真是一个伟大的女数学家，他回答道："我可以作证她是一个伟大的数学家，但是对她是一个女人这点，我不能发誓。"关于数学的理性思维，伊恩·斯图尔特在《现代数学的概念》中的一个笑话也可以给出充分的说明：

天文学家、物理学家和数学家坐着火车在苏格兰的大地上奔驰。他们往外眺望，看到田野里有一只黑色的羊。

天文学家说："多么有趣，所有的苏格兰羊都是黑色的。"

物理学家反驳道："不！某些苏格兰羊是黑色的。"

数学家慢条斯理地说："在苏格兰至少存在着一块田地，至少有一只羊，这只羊至少有一侧是黑色的。"

我国数学家张恭庆院士将数学在现代社会中的作用分为三个层次[一]：第一个层次是为其他学科提供语言、概念、思想、理论和方法，自然科学以及经济学、管理学等社会科学离开了数学便无从产生和发展；第二个层次是直接应用于工程技术、生产活动，这类例子有很多；第三个层次是作为一种文化，对全社会

[一] 参见毕全忠《数学——撬起未来的杠杆》。

的成员起着潜移默化的作用。今天，数学已成为人类文化中最基础的学科，它几乎渗透到人类智力活动的各个领域，成为信息社会中不可或缺的构成要件。数学教育家张奠宙说："数学是人类文明的火车头。"重大人类文明的先兆，往往是数学。同样，数学也是整个世界的幕后推手。没有数学，我们将永远无法揭开世界的奥秘，也无法发展现代科技。因此，我们可以说——是数学，改变了世界。

诚然，数学在改变世界的同时，也在改变着人们的生活，特别是数学家的生活正在悄然发生改变。2009 年 1 月 6 日出版的《华尔街日报》上发表了一篇题为"学数学以找到好的工作"（Doing the Math to Find the Good Jobs）的文章。该文称数学家列在美国最好职业榜第一位，保险精算师和统计学家分列第二位和第三位。这个排行榜是由 CareerCast.com 制作的，主要参考了工作环境、收入、就业前景、体力要求和工作强度。数学家在美国的地位之高，不仅得益于现代科技行业的迅速发展和数学在各个领域的广泛应用，更是因为数学家深厚的学术功底和开拓创新的精神使他们成为现代社会非常重要的人才。

1.2　什么是数学

数学家之间流传着一个老笑话，一个乘热气球旅行的人迷了路，对着一位过路人大喊："请问你能告诉我现在在哪儿吗？"

路人思考许久说："在热气球上。"

热气球上的人脱口而出："你肯定是数学家！"

"是，你怎么知道？"

"原因有三，一是你花了很长时间思考，二是你的回答无懈可击，三是……你的回答一点用也没有！"

这个笑话好像要告诉我们：数学给大家的印象是它与生活无关，数学什么用也没有，以至于大家无法感受到何为数学。实际上，这个笑话传递的信息是：数学最重要的特征是推理的准确性和结论的绝对确定性，而不是实际应用。无独有偶，美国数学文化专家怀尔德也曾讲过一个例子：

有一次，代数拓扑学家埃米尔·阿廷（Emil Artin）在美国科学研究协会演讲，内容是关于纽结和辫子的研究，这对大多数听众来说都是很清楚的。但有一个听众站起来说："你的研究非常有趣，但这样的研究有什么用呢？"阿廷回答道："我靠它谋生！"他意识到，与其辩护是徒劳的。实际上，对于一个事物的"这有何作用"不仅仅在数学上，其他学科也有类似的问题。比如，在电磁感应现象发现之初，英国财政大臣就问道："它到底有什么用呢？"法拉第回答说："也许要不了多久你就可以对它收税了。"确实，现在生产、生活中不可或缺的交变电流就是应用电磁感应现象产生的。

长期以来，数学都隐藏在幕后发挥作用。数学给人的印象往往是枯燥乏味、严肃高冷、脱离实际、大量机械的解题训练、缺乏与现实世界的联系。学生望数学而生畏，对数学"想说爱你不容易！"实际上，"每枚硬币都有两面"，大家看到的往往是数学作为科学的一面，看到的是数学符号、公式、定理等外表"冰冷的美丽"，而没有看到数学作为文化的另一面，没有看到冷冰冰的外表之内蕴藏着生动的、人文的"火热的思考"。著名数学家冯·诺伊曼曾说："如果人们认为数学很难，那仅仅是因为他们没有意识到生活有多么不易。"将数学思维回归到文化常识，展示数学文化的魅力，将是一件非常有意义的事。

1.2.1　数学文化观

数学不仅是一门科学，也是一种文化。在过去的几十年中，人们从社会文化的视角对数学进行研究。广义"文化"的概念，是与"自然"概念相对应，一般是指人类在社会历史实践过程中所创造的物质与精神财富的总和。按照这样的理解，人们把一切非自然的、由人类所创造的事物或对象都看成文化物。数学对象是人类抽象思维的产物，它是一种人为约定的规则系统。因此，数学就是一种文化。

对于数学对象的"文化"特性，古希腊的亚里士多德在《形而上学》里早已作了十分明确的论述："数学是它们所研究的量和数，并不是那些我们可以感觉到的、占有空间广延性的、可分的量和数，而是作为某种特殊性质的（抽象的）量和数，是我们在思想中将它们分离开来进行研究的。"苏联数学史家亚历山大洛夫对此作了具体的诠释："我们运用抽象的数字，却并不打算每次都把它们同具体的对象联系起来。我们在学校中学的是抽象的乘法表，而不是男孩子的数目乘上苹果的数目，或者苹果的数目乘上苹果的价钱。""同样，在几何中研究的，例如，是直线，而不是拉紧了的绳子。"显然，数学对象的这种抽象性就清楚地表明了数学对象的文化属性。

数学作为一种文化，它具有自己独有的特征。譬如，形式化、符号化的语言特征，逻辑的准确性，自由创造的理性精神（如非欧几何就是这种理性精神的创造结果），等等。这使得数学文化与其他文化领域有着质的区别，成为一种特殊的文化领域。波兰裔美国数学家乌拉姆在其自传《一位数学家的历险》里提到，杨振宁曾讲过一个故事，目的是想说明数学家和物理学家之间思考方式的不同：

一天晚上，一帮人来到一个小镇。他们有许多衣服要洗，于是满街找洗衣房。突然他们见到一扇窗户上有标记："这里是洗衣房"。一个人高声问道："我们可以把衣服留在这儿让你洗吗？"窗内的老板回答说："不，我们不洗衣服。"来人又问道："你们窗户上不是写着是洗衣房吗？"。老板又回答说："我们是做洗衣房标记的，不洗衣服。"

"只做标记，不洗衣服"这似乎很像数学家，数学家们只做普遍适合的"标记"，而物理学家却在不断"洗衣服"的过程中创造了大量的数学。

而另一个广为人知的例子，匈牙利著名数学家路沙·彼得曾提出下面一个问题，也说明了数学家们独特的行为"规范"：

"假设在你面前有煤气灶、水龙头、水壶和火柴，你想烧些水，应当怎样去做？"

人们会说："在壶中放上水，点燃煤气，再把壶放在煤气灶上。"

下一个问题是："如果其他的条件都没有变化，只是水壶中有了足够多的水，那你又应当怎样去做？"

这时，人们会说："点燃煤气，再把水壶放到煤气灶上。"

但是，这一回答并不能使数学家感到满意，因为他们认为，只有物理学家才会这样做，而数学家则会倒去壶中的水，并声称他已把后一问题化归为原先的问题了，所以问题就可用前面问题的方法加以解决。这个幽默的例子形象地说明了数学研究的一个重要思想方法——化归。化归指的是在解决新的问题时，数学家往往不直接求解，而是不断地对问题进行变形，直至把它转化成某个（或某些）已经得到解决的问题。

数学文化不但是人类文化中的特殊领域，同时也是一个具有高度开放性的领域，其主要表现为：它的发展不仅可以由内部的矛盾运动推进，而且还受到社会、文化因素的制约。前者称为推动数学发展的"遗传力量"，后者则是"环境力量"。对此，希尔伯特在1900年的著名演讲"数学问题"中就指出："在每个数学分支中，那些最初、最老的问题肯定是起源于经验，是由外部现象世界所提出……。但是，随着一个数学分支的进一步发展，人类的智力，受成功的鼓舞，开始意识到自己的独立性。它自身独立地发展着，通常并不受外部的明显影响，而只是借助于逻辑组合、一般化、特殊化，巧妙地对概念进行分析和综合，提出新的富有成果的问题。……其间，当纯思维的创造力工作时，外部世界又重新开始起作用，通过实际现象向我们提出新的问题，开辟新的数学分支。……据我看，数学家在他们这门科学各分支的问题提法、方法和概念中所经常感受到的那种令人惊讶的相似性和仿佛事先有所安排的协调性，其根源就在于思维与经验之间反复出现的相互作用。"

在"遗传力量"的推动下，数学家们自由创造会产生一些"超前"的成果，有时这些成果在数学共同体（数学家构成的特殊群体）内也无法得到认可，往往需要借助"权威"的推举得到认可。非欧几何学就经历了这样的接受过程，一方面，这是"环境力量"——数学共同体中传统观念及数学共同体内权威层次格局的必然结果；另一方面，人类存在着各种不同文化群体的文化体系，而造成数学成果超前现象的一个重要原因是不同文化群体间的交流困难，这也应归于数学发展的"环境力量"的因素在起作用。只有通过适当的途径，打破不同的亚文化体系间的交流障碍，才是实现数学创造成果向社会效果转化的最好出路。例如，作为超前成果的黎曼几何、整体微分几何，是在被物理学家爱因斯坦、杨振宁获取后，才使抽象的数学原理变为物理学的工具，使"超前"变成"实在"。

关于"环境力量"对数学发展影响的研究，已经形成一门专门的数学社会学。数学社会学的基本观点是：在承认数学自身的独立性具有决定作用的前提下，充分意识到数学的进展是人类文化各个领域相互作用、相互促进的过程，并进而研究彼此之间的关系。

1.2.2　数学的定义

对于"什么是数学"，历来是数学家、哲学家、科学家等争论的热门话题。它涉及对数学本质的认识，也就是数学观的问题。一个比较经典的定义是，恩格斯在 19 世纪中叶对数学本质的概括："纯粹数学的对象是现实世界的空间形式和数量关系。"进入 21 世纪，这个定义已经不能概括现代数学的全貌了。

历史上，对数学的认识有着两种截然不同的观点。法国数学家波莱尔认为："数学是我们确切知道我们在说什么，并肯定我们说的是否对的唯一的一门科学。"与此相对，英国数学家、逻辑学家和哲学家罗素提出："数学是所有形如 p 蕴含 q 的命题的类，而最前面的命题 p 是否正确，却无法判断。因此，数学是我们永远不知道我们在说什么，也不知道我们说的是否对的一门科学。"而作为对形式化数学的反击，美国数学家理查德·柯朗（Richard Courant）在其著作《什么是数学》中提出："数学，作为人类思维的表达形式，反映了人们积极进取的意志、缜密周详的推理以及对完美境界的追求。它的基本要素是逻辑与直观、分析与构作、一般性与个别性，……正是这些互相对立的力量的相互作用以及将它们综合起来的努力才构成数学科学的生命、用途和崇高价值。"

20 世纪 60 年代，《苏联哲学百科全书》从本体论的角度揭示了数学的本质：数学是一门撇开内容只研究形式和关系的科学。数学研究的首要对象是数量的和空间的关系及形式，……除此之外，数学还研究其他关系和形式。

从 20 世纪 80 年代开始，将数学概括为"模式"的科学得到普遍的认同。美国数学家斯蒂恩在"模式的科学"一文中提出："数学是模式的科学。数学家们寻求存在于数量、空间、科学、计算机乃至想象之中的模式。数学理论阐明了模式间的关系；函数和映射、算子和映射把一类模式与另一类模式联系起来从而产生稳定的数学结构。"

可见，要准确地给"什么是数学"一个恰当的回答绝非易事，关键是看问题的角度。数学，作为一个多元化的产物。对"数学"的认识，也应当从一元论走向多元论。菲尔兹奖得主高尔斯在他的《数学》一书中，反复强调并解释他的一个基本观点：对于数学，不要问它是什么，而只是问它能做什么。著名数学家柯朗也说道："……无论对于专家，还是对于普通人来说，唯一能回答'什么是数学'这个问题的，不是哲学，而是数学本身活生生的经验。"正是基于这种认识，本书无意给"什么是数学"下定义，而是从文化的角度来理解数学。正如著名数学家、数学史家莫里斯·克莱因（Morris Kline）所说："在西方文明中，数学一直是一种主要的文化力量，数学不仅是一种方法、一门艺术或一种语言，数学更是一门有着丰富内容的知识体系，其内容对自然科学家、社会科学家、哲学家、逻辑学家和艺术家十分有用，同时影响着政治家和神学家的学说；满足了人类探索宇宙的好奇心和对美妙音乐的冥想；有时甚至可能以难以察觉到的方式但毋庸置疑地影响着现代历史的进程。"下面主要从数学的文化价值方面来理解数学的内涵。

1. 数学是科学的语言

德国数学家和哲学家莱布尼茨曾指出，数学之所以有如此成就，之所以发展极为迅速，就是因为数学有特定的符号语言。在数学中，各种量、量的关系、量的变化以及量与量之间的变化关系，都是用数学特有的符号语言来表示的。数量、重量、长度、体积、速度、频率……，是我们生活中时刻都会遇到的，我们总是用各种各样的量去测试、比较、分析和演算。数不仅是量的表现形式之一，而且是量的最主要的表现形式。

在科学研究中，运用数学语言有许多好处。首先，数学语言摆脱了自然用语的多义性，用符号来表示科学概念具有单义性、确定性，在推理过程中容易保持首尾一致，不至于因发生歧义而造成逻辑混乱。其次，符号语言简洁明确，便于人们进行量的比较，对事物的某种数量级做出直接的判断，对所研究问题能做出比较清晰的数量分析。有一个有趣的"醉鬼走路"例子，可以说明数学语言的有效性：

在一个硕大无比的广场中间有一个灯柱，一个喝得烂醉的人靠在灯柱上，呆若木鸡。突然，他想走几步。大家可以想象，他的行走轨迹必然是折线，我们不妨把组成折线的每一段直线段称为路径。该如何描述这种行为呢？

如果要求对这种行为进行描述，我觉得作家不会有兴趣，因为醉鬼脑子一片空白，没有思想活动，没有太多可描述的东西。但是，有了数学语言以后，这个行为会变得非常深刻，比如说可以将这个现象叙述为一个无序定律：醉鬼走一会儿后停下来，他距离灯柱最可能的距离为折线路径的平均长度乘以路径段数的平方根。多么深刻而又生动的描述啊！如果没有这些数学语言，这个定律是无法描述的，这就是数学语言的神奇之处。实际上，这是统计学中的一个重要定律，把这个定律运用到物理学中可以研究热分子的布朗运动。

数学作为一种科学语言，还表现在它能以其特有的数学语言（概念、公式、法则、定理、方程、模型、理论等）对科学真理进行精确和简洁的表述，如牛顿的万有引力定律。历史上，牛顿是少数幸运地被苹果砸中头部，从而悟出了万有引力定律的科学家。实际上，古希腊时期就有科学家思考为什么向空中扔的物体会落到地上、水为什么会有浮力等问题，但没有人给出明确的答案。伽利略注意到了这个问题，他说："让我们来看看这些变量之间的数学关系吧！"事实上，牛顿受到了伽利略的这句话的启发。而科学史的发展也表明，伽利略的方法是最有效的科学方法，开创了现代科学的先河，他也因此被称为"现代科学之父"。而后来的麦克斯韦通过其建立的麦克斯韦方程组，预见了电磁波的存在。他把光、电和磁统一起来，创立了系统的电磁理论，实现了物理学上一次重大的理论整合和飞跃。此外，黎曼几何也为爱因斯坦发现相对论提供了绝妙的描述工具。对此，爱因斯坦体验到了数学语言的特异性。他写道："人们总想以最适当的方式来画出一幅简化的和易领悟的世界图像，……理论物理学家的世界图像在所有这些可能的图像中处于什么地位呢？它在描述各种关系时要求尽可能达到最高标准的严格精确性，这样的标准只有用数学语言才能做到。"

2. 数学是思维的工具

1914 年诺贝尔物理学奖得主马克斯·冯·劳厄（Max von Laue）说：数学是思维的工具。数学思维具有逻辑的严谨性、高度的抽象性和概括性、丰富的直觉与想象等特征。这些特征使得数学思维在寻求事物本质属性、探究事物间联系、把握事物结构、对事物发展趋势做出预测等方面显示出惊人的优势。数学作为一种思维工具，是人们分析问题和解决问题的重要思想方法。

事实上，在现代数学中，数学研究的基本对象是集合、结构等，这些概念本身就是一种思维的创造物。因此，数学概念是以极度抽象的形式表现的。与此同时，数学的研究方法也是抽象的。数学命题的真理性不可能建立在经验之上，必须依赖于演绎证明。运用数学方法从已知的关系推求未知的关系，所得的结论就是逻辑上的确定性和可靠性，非欧几何的产生就充分说明了这一点。因此，数学赋予科学知识以逻辑的严密性和结论的可靠性。

由数学公理化方法发展起来的科学公理化方法，是使认识从感性阶段发展到理性阶段，并使理性认识进一步深化的重要手段。当数学被应用于实际问题的研究时，人们常常使用数学模型方法，而建立数学模型的过程是一个科学抽象的过程，要能够找出所要研究问题与某种数学结构的对应关系，最终把实际问题转化为数学问题，进而在数学模型上展开数学推导和计算，最后形成对问题的认识、判断和预测。这些都是运用数学思想方法把握现实的力量所在。

大家知道，爱因斯坦在人类历史上首次提出了狭义相对论。在狭义相对论提出之后，爱因斯坦的大学老师、德国数学家闵可夫斯基就用四维空间的演算来解释狭义相对论，很快受到爱因斯坦的重视。爱因斯坦开始研读闵可夫斯基的工作，并在此基础上推演出广义相对论。爱因斯坦借助数学实现了从狭义相对论到广义相对论思维上的飞跃，这是最典型的数学思维。对此，爱因斯坦深有体会地说："迄今为止，我们的经验已经足以使我们相信，自然界是可以想象到的最简单的数学观念的实际体现。我坚信，我们能够用纯数学的构造来发展概念以及把这些概念联系起来的定律，这些概念和定律是理解自然界的钥匙。经验可以提示合适的数学概念，但是数学概念无论如何都不能从经验中推导出来。当然，经验始终是数学构造的物理效用的唯一判据。但是这种创造的原理都存在于数学之中。"

现代数学哲学的"数学活动观"强调了数学创造过程中各种思维方法的重要作用，从而使数学的思维方法可以成为"锻炼人的思维的体操"，进而为人类进行创造性活动提供强大的方法论武器。恩格斯就曾指出，数学是辩证的辅助工具和表现方式。意思是说，在数学中充满着辩证法，而且有着特殊的表现方式。就数学的研究成果而言，数学家用数学的符号语言、简明的数学公式明确地表达出各种辩证关系及其转化。比如，牛顿－莱布尼茨公式描述了微分和积分两种运算之间的联系和相互转化，概率论和数理统计表现了事物的必然性与偶然性的内在关系，等等。在数学的探索过程中，除了数学中严谨的推理方法，还使用了许多人类思维的通用方法，如归纳、类比、一般化、特殊化等。更为重要的是，数学研究方法也呈现出明显的辩证关系。

3. 数学是理性的艺术

在大众心目中，数学殿堂是深不可测、高不可攀的，它那冰冷的逻辑外表丝毫没有艺术的魅力。然而，从数学的历史发展历程中，我们可以发现数学是一种充满理性艺术的科学。美国现代数学家哈尔莫斯则说："数学是创造性的艺术，因为数学家创造了美好的新概念；数学是创造性的艺术，因为数学家的生活、言行如艺术家一样；数学是创造性的艺术，因为数学家就是这样认为的。"有人把数学家视为古时候的铁匠，铁匠的任务是为社会其他行业提供必需的生产工具，但同时他们也是艺术家，有时他们会打造出一些精美的、用途不太明确的物品。

事实上，数学理论虽然以逻辑的严密性为特征，但是提出新概念、创立新理论需要借助于直觉、想象或幻想。数学史上的众多成就都证实了这种规律性，费马猜想及其证明就是很好的例证。著名数学家庞加莱说："没有直觉，数学家便会像这样一个作家——他只是按语法写诗，但是却毫无思想。"

古希腊著名数学家普罗克洛斯（Proclus）的名言："哪里有数，哪里就有美。"数学总是美的，数学的魅力是诱人的。但数学艺术的美感不同于一般艺术的"情感美"。数学上的美学标准在很大程度上从属于数学共同体（即数学家构成的一个特殊群体）的"数学标准"，因此数学的艺术被称为理性艺术。尽管不同的数学家关于数学美的感受带有强烈的个人色彩，但是，数学的和谐性、简单性与奇异性可以作为数学美的重要表现。

数学的和谐性主要表现在统一、有序、无矛盾以及对称、对偶等方面。庞加莱曾有这样一段名言："科学家研究自然，是因为他爱自然，他之所以爱自然，是因为自然是美好的。如果自然不美，就不值得理解；不是那种激动感官的美，也不是质地美和表现美；不是我低估那种美，完全不是，但那种美与科学不相干。我说的是各部分之间的有和谐秩序的深刻的美，是人的纯洁心智所能掌握的美。"这种激励数学家、科学家去奋力追求的美，其实就是客观事物所固有的和谐秩序或规律。当我们创造了一种简便的方法，做出一种简化的证明，找到了一种新的成功应用时，就会在内心深处激起强烈的美感。数学系统的无矛盾性就是协调性，历来都是数学家们追求的数学和谐的境界之一。而悖论的产生破坏了协调性，人们又通过各种手段去解决和消除悖论，使数学内部结构达到和谐。数学的和谐性的另一个重要表现是对称性。对称在数学中无处不在，它不仅表现在数的对称性——正数与负数，有理数与无理数，实数与虚数等，也表现在几何图形的对称性上，数和点的对称性上等，还表现在数学理论之间的对称性上，如微分与积分、欧几里得几何与非欧几何、普通集合与模糊集合等，它们都展示出了数学世界的美妙。

简单性是数学美的表现之一。我国数学家王元认为，数学美的本质在于简单。它是一种"简单"的美，而不是华丽的美。被称为"最美数学公式"的欧拉恒等式 $e^{i\pi}+1=0$，通过数学的 3 个最基本的运算（加法、乘法、指数运算），把自然界中 5 个最重要的常数 $0,1,i,e,\pi$ 有机地联系起来，体现了数学的符号美、抽象美、统一美和常数美。据说 19 世纪美国著名的数学家本杰明·皮尔斯在初次遇到这个公式时，他很风趣地对学生说："先生们，该公式肯定是真实的，也绝对是充满矛盾的。我们不能理解它，也不知道它的内涵。但我们已经证明了它，所以，我们知道它是一个真理。"

许多著名数学难题的解决最初都是相当复杂的，且使用了特殊的或高深的数学理论，普通人很难看懂，于是数学家会进一步追求简单的初等的解决方法。高斯自 1799 年在他的博士论文中给出了代数基本定理的证明之后，一生中又数次重新证明它，他对简单性的追求使他为此不遗余力。我国著名数学家陈景润在 1973 年发表了关于哥德巴赫猜想的研究成果，但在此后几年中，国际上又发表了五篇关于同一命题的论文，而这些论文的共同特点就是证明过程比较简单。数学的简单性还表现在数学公理化方法中公理系统的选择上。最好的公理系统、最优美的公理方法中所选择的公理都要求彼此独立，不能相互推出，这就要求公理数目尽可能少。例如，欧几里得几何公理系统中的平行公理，由于其叙述烦琐且不自明，致使许多后来的数学家都想通过其他公理来证明它，试图把它从公理系统中剔除，但都未能成功。这就说明欧几里得几何公理系统中的平行公理并不多余，因此也说明欧几里得几何体系的完美性。

数学的奇异性就在于其"新"与"奇"。好奇是人的天性，未知的东西往往是神秘的，每个人都想揭开它背后的未解之谜，甚至不由自主地想去探索它。数学的发展历史表明：从有理数到无理数、虚数和四元数的发展，从解一元一次方程、一元二次方程、一元三次到五次以上的方程求根公式的探索，从一维、二维直到多维空间的建立，数学这门学科正是在一步步对未知领域的探索之中才形成了今天的格局。

数学学科中很多新分支的诞生与发展，其实都是人们对奇异美研究的结果。正当有人用数学归纳法证明了世界上所有的人都是秃子时，诞生了数学的一个新分支——模糊数学；当许多数学家都在设法证明欧几里得平行公理而徒劳无功时，罗巴切夫斯基等人却产生了与众不同的想法，将平行公理用一个与之对立的命题进行替换，这样做不但没有导致矛盾，还得到了一系列违背常识的命题。罗巴切夫斯基由奇异想法得到了奇异命题，创立了新的美妙的几何理论体系，这又一次显示了数学奇异性的魅力。人们常说，世界本身是一个未知数，而数学就是探寻这个未解之谜的方程。

总之，数学家对于和谐性、简单性、奇异性的追求，使其在极度无序的对象中展现出清晰的关系和结构；在极度复杂的对象中建立起数学模型；在极度离散的对象中发现奇异的统一性。数学美由此对数学发展起着推波助澜的作用，这正如著名的拉丁语格言所说——美是真理的光辉。

数学是美丽的，曾经在北大未名 BBS 发帖连载的 ukim 在 "Heroes in My Heart" 的结尾写道：

在一次采访当中，数学家 Thom 同两位古人类学家讨论问题。谈到远古的人们为什么要保存火种时，一位人类学家说，因为保存火种可以取暖御寒；另外一位人类学家说，因为保存火种可以烧出鲜美的肉食。而 Thom 说，因为夜幕来临之际，火光摇曳妩媚，灿烂多姿，是最美最美的。

美丽是我们的数学家英雄们永恒的追求。

1.3　数学对象的历史演进

数学与人类的语言、宗教、艺术一起构成最古老的人类文化，而研究数学发展规律的科学就构成了数学史的内容。在五千余年的数学历史发展过程中，重要的数学概念、数学方法、数学思想的诞生和发展，构成了数学史乃至人类文化史最富魅力的题材。

人类在认识自然的过程中逐渐认识到形和数，形成了最早的数学概念。随着人类社会的发展，不同的民族和地区逐渐出现了最早的数学思想、方法和相应的数学知识体系。其中最具代表性的有两类：

- 古希腊数学以演绎思想为核心，采用朴素公理化方法构建几何学。它将数学从现实中抽象出来，形成了最早的几何学理论。

- 中国古代数学以实用思想为指导，创立了以算法化为主要特征的数学方法和数学理论体系。

在此后的几千年里，随着数学思想、方法的不断丰富与发展，数学经历了从常量数学到变量数学，再到近、现代数学的发展阶段。数学研究以其更为严谨的姿态出现在世人面前：它以公理化方法为主要研究方法，成为一门纯粹的演绎科学。最终确立了数学的基本特征：高度的抽象化和形式化，逻辑的严密性与结论的确定性，内在的统一性，应用的广泛性。

1.3.1 几何学的诞生

数学是运用逻辑展开的科学，那么，从哪些最为普遍的概念、原理或定义出发去构造数学的大厦呢？在数学史上，古希腊哲学家柏拉图明确提出了关于"理念世界"与"现实世界"的区分：前者是真实的、完美的、永恒的、不变的；后者则是不真实的、有缺陷的、暂时的、变动的。而数学对象就是理念世界中的存在，是一种不依赖于人类思维的独立存在。此后亚里士多德又对数学对象进行了系统的哲学分析和概括，他在《形而上学》一书中认为，数学家在开始研究之前，先剥去一切可感的质，而留下量性和连续性，他认为研究数及其属性的学科叫算术；研究数量及其属性的学科叫几何学，所以，他把当时的数学定义为研究数量的科学。

由于"不可公度线段"无法表示成整数的比，因此，古希腊数学家认为应当以几何学为基础来从事全部数学的研究。正是基于这样的认识，欧几里得在《几何原本》中用几何方法表示代数恒等式和解代数方程；阿基米德在用力学方法求出弓形面积之后，立即又用几何和穷竭法加以证明。由于此后古希腊的数学传统得到了广泛的传播，致使上述这种以几何作为全部数学基础的做法也产生了十分深远的影响。著名数学史家莫里斯·克莱因则对此评述道："在欧多克索斯最早解决了如何用几何来从事无理数研究的问题以后的两千年间，几何学便成了几乎全部严密数学的基础。"

迟至 15 世纪，仍有很多数学家认为研究三次以上的方程是"荒唐可笑"的，原因就在于它们并不具有明显的几何意义。16 世纪，意大利数学家吉罗拉莫·卡尔达诺（Girolamo Cardano）在发表代数一元三次方程的一般解法的同时，又立即用几何方法证明这种解法的正确性。17 世纪的牛顿偏爱且擅长几何，他正是用几何方法来创立微积分的。在《自然哲学的数学原理》中，他用几何方法说明和论证自己的力学概念、定律和定理。18 世纪，创立不久的微积分受到英国主教贝克莱的猛烈攻击。这时，英国数学家麦克劳林（Maclaurin）主张根据古希腊的几何和穷竭法来建立微积分，用严谨的几何方法证明牛顿微积分方法的有效性。

显然，数学家认为，几何是获得严密性的唯一方法，所以他们感到有必要用几何证明来为代数方法辩护。而且很多人确实说过绝对相信几何的话。牛顿的老师巴罗指出几何有八大优点：概念清晰、定义明确、公理直观可靠且普遍成立、公设清楚可信且易于想象、公理数目少、引出量的方式易于接受、证明顺其自然、避免未知事物。牛顿自己不仅经常表示对古希腊数学家的崇敬，还为自己不能紧密地追随他们而自责。他说："方程是算术计算的表达式，它在几何里，除了表示真正几何量（线、面、立体、比例）间的相等关系以外，是没有地位的。近来把乘、除和同类的计算法引入几何，是轻率的而且是违反这一科学的基本原则的。"

然而，就几何本身来说，古希腊的几何具有逻辑性强、严谨性高的优点，但它也有致命的弱点。美国数学史家莫里斯·克莱因说："由于坚持要把古希腊几何学搞得统一、完整和简单，把抽象思维同实用分开，所以古希腊几何成为一门成就有限的学科。它限制了人们的视野，阻碍了人们采纳新思想和新方法，内含自我毁灭的种子。"

1.3.2　代数学的兴起

在古人探索自然的过程中，为了能够应对实践中提出问题的要求，就需要讨论各种类型的应用问题，以及对这些问题的解法。在积累了大量的、关于各种数量问题的解法后，这就启发人们去寻求系统性的、更普遍的一般方法，以解决各种数量关系的问题。于是，就产生了以字母表示数，以解方程为中心问题的初等代数。

方程求解是初等代数乃至高等代数研究的主要问题。比如四大文明古国，都已经涉及求解方程的问题。我国古代著名的数学著作《九章算术》，就是由246 个数学应用问题组成，其中"盈不足术""方程术"就是有关解方程问题的讨论。虽然古希腊文明前期的一些数学家注重几何学，但古希腊文明后期的丢番图却是个例外。他的著作《算术》是人类最早的代数学巨著，在历史上可与欧几里得的《几何原本》齐名。在这本著作中，丢番图研究了多种类型的方程，特别是对不定方程做了广泛而深入的研究。古希腊最后一位数学家希帕蒂娅，也是数学史上第一位女数学家，也曾为丢番图的《算术》做过评注。

在古希腊文明之后，下一个数学文化中心转移到东方的巴格达，数学家花拉子米（约780—850）就是在这里的"智慧宫"完成了他最著名的著作《代数学》。这部书以其逻辑严密、系统性强、通俗易懂和联系实际等特点成为代数教科书的典范。在这部书中，花拉子米基本建立了解方程的方法，并指出了这门科学的方向是解方程，因此，方程的解法作为代数的基本特征，被长期保存下来。如果把丢番图的《算术》看作是从算术向代数学的过渡，那么花拉子米的著作标志着代数学的诞生。

在这之后，11世纪的波斯数学家海亚姆（1047—1123）的著作《代数学》，比花拉子米的代数著作有明显的进步，他的方法是中世纪数学的最大成就之一，也是对古希腊圆锥曲线论的发展。其中详尽地研究了一元三次方程，并指出了用圆锥曲线解一元三次方程的方法。到了16世纪，意大利数学家卡尔达诺发表了他的著作《大术》，书中记载了代数一元三次方程的一般解法，以及一元四次方程的解法。因此，直到16世纪，代数学研究的中心内容依然是探究各种代数方程的解法。随着研究的深入，各种特殊形式的代数方程也随之迅速增长，例如，卡尔达诺《大术》一书中方程就有66种之多。然而方程的表示方法仍然是使用自然语言表述求解的过程，缺乏抽象的符号表示。用自然文字语言表示代数的研究对象，难以揭示代数对象之间的关系结构，不便于代数学的发展。因此，与几何学相比，代数学迟迟未能成为独立的数学分支，而且发展相当缓慢。

自16世纪中期开始，法国著名数学家韦达推动了符号代数学的发展，使代数得以摆脱几何学的束缚而获得新生。韦达认真研究了前人的著作，他认识到：要使方程具有一般的形式，关键的一步就是用字母来表示数和未知量。因此在他的著作《分析方法入门》一书中，第一次有意识地、系统地使用了字母。在这部著作中，韦达不仅用字母表示未知量和未知量的乘幂，而且还用字母来表示方程的系数。通常他用辅音字母来表示已知量，用元音字母表示未知量。现今我们常用字母表的后面几个字母 x,y,z 表示未知数，用前面几个字母 a,b,c 表示已知量，这种做法是数学家笛卡儿于 1637 年引进的。从此之后，代数逐渐形成了初等代数的理论体系，并且在方程求解的研究中创立了后来的抽象代数。

1.3.3 解析几何与微积分的出现

1. 解析几何

文艺复兴时期，代数开始摆脱几何学的束缚而获得了独立的发展。例如，尽管一元三次以上的方程无法被赋予直观的几何解释，数学家们仍然开始了高次方程的研究。到了笛卡儿时代，原本将几何视为数学全部基础的做法更被彻底改变了。笛卡儿明确指出："代数居于数学其他各分支的前列，它是逻辑的延伸，是一门处理量的有用学科。因此，从这个意义上来说，它甚至比几何还具有根本的意义。"这样，笛卡儿成为"第一个把代数放在学术系统的基本地位上"的人。也正是基于这样的认识，笛卡儿创立了坐标几何这样一门用代数方法来从事几何学研究的新兴学科，而坐标几何的成功则又进一步强化了代数学的基础地位。正如数学史家莫里斯·克莱因所指出的："从古希腊时代直至 1600 年，几何在数学领域中占据主导地位，而代数则处于从属地位。然而，自 1600 年以后，代数逐渐成为数学的基本分支。"

解析几何的出现改变了数学的面貌。过去，人们用线段来表示数，用面积来表示两个数的乘积。现在，人们用数来表示几何上的点，用方程来表示几何中的曲线。过去，人们用几何方法来解代数方程，现在，人们用代数方法来处理几何问题，并最终将几何问题归结为数的关系和计算。所以，解析几何使几何算术化了。

2. 微积分

历史上，彻底改变数学的面貌，使几何与代数的地位完全颠倒过来的决定性因素是微积分。微积分与解析几何不同，解析几何的对象仍然是几何图形，而微积分的研究对象是函数。函数概念是研究运动和变化的重要工具，微积分则提供了计算变速运动的速度、非匀速运动的路程以及曲边形物体的面积或体积等一系列问题的通用方法，解决了几何、算术、代数根本不能解决的问题。

微分方程的出现，显示出使用新方法的更大威力。微分方程所具有的意义在于，可以把许多物理问题和技术问题的研究化为这类方程求解，使微分方程成为研究自然现象的有力工具。力学、天文学、物理学和技术科学借助微分方程取得了巨大成就。除了微分方程之外，还出现了微分几何、变分法、复变函数等。微积分学的蓬勃发展，不仅成为数学学科的研究中心和主要部分，而且还渗透到了数学中较古老的领域，像代数、几何乃至数论。人们开始把代数理解为用多项式来表示的单变量或多变量函数的理论。将微积分方法引入几何促进了微分几何的诞生，使得解析几何和微分几何开始在几何学领域中占统治地位。最后，欧拉把微积分方法引入数论，从而奠定了解析数论的基础。正是因为有了微积分，数学才在自然科学和技术的发展中成为精确表述它们的规律和解决它们的问题的方法。

由于微积分广泛的应用，自 18 世纪中期以后，几何方法逐渐被分析方法所替代，分析方法从此成为数学研究的主要方法。拉格朗日对此评论道："当一个人沉湎在分析运算中时，他就被这个方法的普遍性和它的不可估量的优越性引导着，这种优越性体现在它能把力学推理转变成通过几何往往无法得到的一些结果。分析是如此地多产，只需把一些特殊的真理译成这个普遍的语言，就会看到从它们本身的表达中又出现众多新的出乎预料的真理。"

但是，应该指出，微积分所占据的中心和主导地位是很不牢固的，因为微积分刚建立时很不完善，其根本问题在于它自身没有一个牢固的基础。从 19 世纪上半叶开始，出现了分析的严格化运动，而其直接目标就是为微积分理论奠定一个可靠的理论基础，于是，大多数数学家把目光转向了算术理论。分析的严格化经历了三个阶段：

其一，以极限理论为基础建立起严格的微积分理论。这一工作是由波尔查诺、柯西和魏尔斯特拉斯等人完成的。其直接结果就是严格的极限理论完全取代了原来的无穷小分析。

其二，以算术理论为基础建立起严格的实数理论。1872 年，魏尔斯特拉斯、康托尔和戴德金几乎同时完成了建立严格的实数理论的工作，他们以有理数理论为基础建立起了实数理论，由于后者又可划归为自然数理论，这样，微积分理论就被"算术化"了。

其三，算术理论的公理化。这一工作的最终成果就是所谓的"皮亚诺算术公理系统"。由于自然数理论可以从这一公理系统得以构建，因此，在当时的数学家看来，皮亚诺的算术公理系统事实上就构成了整个数学的基础。

但是，从基础研究的角度出发，人们会问：算术理论的基础应该是什么？或者说，什么是数学的最终基础？这个问题成为 19 世纪末关于数学基础研究的核心问题。由于不同的数学群体在这一问题上的观点分歧，直接导致了逻辑主义、直觉主义和形式主义三大学派的形成。现代数学基础研究的结果表明，集合论事实上构成了整个数学的逻辑基础。然而，集合论悖论的发现却清楚地表明集合论本身并不是完全可靠的。这在过去的一个世纪中，依然是数学基础研究未能解决的问题。

1.3.4 20 世纪以来的数学

在 1900 年的巴黎国际数学家大会上，德国数学大师希尔伯特提出的 23 个数学问题将数学带入了 20 世纪。同时它也给数学披上了现代意义下纯粹数学的外衣。数学是那些充满创造力的数学家利用纯粹思辨方法解决问题的成果，这些成果共同构建了一个可以完全形式化的数学体系。在这一时期，利用康托尔的集合理论，可以把数学中长期存在的问题用集合论的丰富语言重新描述或重新解决。在抽象意义下形成的拓扑学、近世代数、抽象分析，构成了现代数学的基础。也正是以这三门学科为基础，在过去的百年间萌生并发展了众多的数学分支。波兰逻辑学家塔尔斯基在描述现代数学发展情况时说："当前，在科学研究领域中，数学正经历着罕见的迅猛发展阶段。这种发展不仅速度惊人，而且极其多样。数学在高度上不断攀升，数百年乃至数千年积累的传统理论不断孕育出新问题，而这些问题的解决又带来了愈发全面而深入的结果。在宽度上，数学的方法正广泛渗透到其他科学分支中，而其研究范畴日益囊括了越来越广泛的现象，并且越来越多的新理论被包括在数学学科的庞大体系之中。此外，在深度上，数学的基础日益坚实，它的方法日益完备，基本原则也日益稳固。"

随着数学变得越来越抽象，它与普通大众之间的距离也越来越远，多少显得有些曲高和寡。19 世纪以前，数学是一门易于被数学家乃至普通人所熟练掌握的科学，但到了 20 世纪，就算是科学领域的大师爱因斯坦，也会感到数学变得颇具挑战性，难以轻松驾驭。爱因斯坦在研究广义相对论时，需要数学家同学来帮他解决数学问题。这一点也不奇怪，因为数学本身已经非常难了，超出了爱因斯坦的能力范围。另外，19 世纪以前，数学都是为科学服务的，但到了

19 世纪以后，数学逐渐占据了主导地位。随着这一变化，人们日益减少了对技术术语的依赖，这一过程却无意中构筑了专业壁垒，把外行人拒之门外。比如，人们从麦克斯韦偏微分方程组来理解电磁波，利用矩阵力学来解释量子行为，从广义相对论方程预测黑洞的存在。而这些对普通人来说，都是非常陌生的内容，给人的印象只是一堆数字和运算法则。举个例子：

在 20 世纪 90 年代，美国政府面临一个艰难的抉择：到底是支持国际空间站（ISS）项目还是资助超导超级对撞机（SSC）项目。SSC 是一种大型粒子加速器，其研究成果将有助于进一步了解宇宙的基本规律，而 ISS 的研究则可以帮助我们进一步探索太空和太空旅行的秘密。结果 ISS 获得了资金支持，SSC 被迫取消，原因也许是政府认为 ISS 在未来会更有实用价值，负责拨款的政客可以听懂这些内容，知道这个项目是干什么的，即便它可能对科学研究没有太多贡献。而 SSC 项目太复杂了，让那些政客理解相关的内容实在太难了。

这当然不是数学的错，有些深奥的问题如果不借助数学方法，就很难讲清楚；但问题是，一旦使用了数学用语，听众就会兴趣全无，再也不想听下去。如果普通人不了解你所研究的科学，他们就不会轻易同意政府将纳税人的钱投入这个领域，尽管他们都知道数学在现代社会、现代科技的发展中所起的基础性作用。这也凸显出数学普及的重要性，如何让大众关注数学、了解数学是本书的一个主要目标。

随着数学在纯粹数学和应用数学两个方向上的发展，现代社会也越来越重视数学。在 20 世纪初，希尔伯特提出了 23 个问题，把数学研究的问题定位于数学内部或一些与数学相关的少数科学领域。而到了 20 世纪末，数学研究更多地聚焦于社会经济、科学理论、科学技术等与人类的社会生存和发展息息相关的领域。科学史家萨顿说："根据我的历史知识，我完全相信 25 世纪的数学将不同于今天的数学，就像今天的数学不同于 16 世纪的数学那样。"

今天，数学研究的范围空前广阔，数学应用的场合无处不在，而数学家的队伍也空前壮大，数学正处在一个新的黄金时代。21 世纪已经过去了 20 多年，数学与信息通信、先进制造、人工智能、航空航天、生物医药等许多科学技术和工业领域深度融合，数学的引领支撑作用日益凸显，愈发受到社会关注和重视。除了上述领域，数学几乎从所有科学领域的研究中获得了推动。无论你从事哪一个领域的研究，都能发现数学紧密相随。有理由相信，数学在未来的科学发展中会绽放出更加耀眼的光芒。

1.4　数学交流

人类文化的一个重要特征是超越个体的"群体性"。文化最初表现为少数人创造性思维的结果，但只有在相应的群体普遍接受这些个体的思维结果之后，它才能成为人类文化的组成部分。数学文化的形成也需要这种由个体向群体转移的过程。在数学共同体中，实现这种转移的重要途径就是数学交流。

在古希腊的贵族民主政治背景下，学者们热衷于街头辩论，这种环境促进了论证数学的诞生；同样，笛卡儿的变量数学的产生与梅森所创办的"科学院"不无关系；欧拉、高斯等人用通信的方式传播着数学家的新发现；等等。到了18 ~ 19 世纪，一些国家相继成立了由宫廷和政府支持的科学院，如柏林科学院（1700 年）、圣彼得堡科学院（1724 年）。这些科学院出版科学期刊、组织学术交流与评价，对数学发展起到了积极的推动作用。然而那时的数学活动还只是在为数不多的人员之间进行。19 世纪下半叶，随着数学教育与研究规模的空前扩大以及数学家人数的迅速增加，产生了真正的民间团体的数学家组织——各国数学会。这些数学会通过出版数学刊物、组织学术交流、颁发数学奖励、普及数学知识等活动，大大促进了数学的交流。

1893 年，在纪念哥伦布发现美洲大陆 400 周年的博览会上，克莱因发出呼吁："数学家们必须继续前进……""全世界数学家联合起来！"1897 年，由闵可夫斯基等 21 名数学家发起召开国际数学家大会。来自 16 个国家的 208 名数学家在瑞士苏黎世举行了第一次国际数学家大会，并决定以后定期召开这样的大会。1900 年，第二次国际数学家大会在巴黎举行。从那以后，国际数学家大会（International Congress of Mathematician，ICM）每隔四年举行一次，除两次世界大战期间未能举行外，从未中断过。现在国际数学家大会已经成为规模最大、水平最高的全球性数学科学学术会议，平均与会人数达 3000 人左右。会议上的报告反映了当时数学科学的重要成果与进展，每次大会，在开幕式都会举行菲尔兹奖颁奖仪式。

1920 年，在第六次国际数学家大会上，英、法等 11 个国家的代表发起成立了最早的国际数学联盟（International Mathematical Union，IMU）。但由于第一次世界大战后政治气氛的不利影响，这个联盟没有组织什么活动。一直到1950年，22个国家的数学团体重新发起成立国际数学联盟。1952年，在意大利罗马正式举行了成立大会。到1995年，已有59个国家和地区成为IMU的成员。而中国的现代数学教育与数学研究在20世纪30年代已初步形成规模。从1934年开始，数学家何鲁、熊庆来、胡敦复、顾澄、范会国、陈建功、苏步青、朱公谨等发起并着手筹备全国性数学会。1935年7月25日，中国数学会宣告成立。1996年，中国数学会加入国际数学联盟。

20世纪纯粹数学的研究形成了影响数学全局的数学学派。例如，德国的哥廷根学派、法国的布尔巴基学派、波兰的集合论与泛函分析学派、莫斯科的函数论学派、英国的哈代–李特尔伍德的剑桥学派等。这些学派是数学重要理论研究的生力军，如亚历山德罗夫和霍普夫的拓扑学、诺特的理想论、巴拿赫的赋范空间论、施瓦兹的广义函数论、嘉当的流形分析、陈省身的整体微分几何等。

在20世纪之前，世界各国只有为数不多的数学奖项，如俄罗斯设立的罗巴切夫斯基奖。20世纪则出现了国际性专门数学奖——菲尔兹奖（1932年）与沃尔夫数学奖（1976年）。由于诺贝尔奖没设数学奖，因此有人将菲尔兹奖誉为数学界的诺贝尔奖。此外，还有40余种国家性或地区性的数学奖项。

菲尔兹奖的提案人是加拿大数学家菲尔兹（1863—1932）。他生于加拿大的渥太华，在多伦多上的大学，在美国的约翰·霍普金斯大学获得博士学位，1902年回国后执教于多伦多大学。菲尔兹的主要研究领域是代数函数。在1924年，他凭借卓越的组织才能，成功地在多伦多举办了ICM。正是在这次大会上，菲尔兹提议利用大会的结余经费设立一个数学奖项。1932年8月，菲尔兹在去世

菲尔兹

前立下遗嘱并捐赠了一笔资金，以增加原先的结余经费，这笔资金被转交给了1932年在苏黎世召开的ICM。这次大会决定采纳菲尔兹的建议，正式设立了"菲尔兹奖"。首届菲尔兹奖于1936年奥斯陆国际数学家大会上颁发，此后由

于第二次世界大战爆发而中断，1950 年又恢复颁奖。按照惯例，该奖的获得者一般都不超过 40 岁。在 1974 年温哥华 ICM 上，明确规定该奖只授予 40 岁以下的数学家。从 1936 年开始，获菲尔兹奖的已有 40 余人。因为只有成就显著者才能获此殊荣，所以菲尔兹奖享有很高的声誉。

与诺贝尔奖相比，菲尔兹奖的奖金似乎有点微不足道，只有 15 000 加元，以及一枚金质奖章（见图 1-1）。菲尔兹奖章正面的头像是阿基米德，文字为拉丁文" TRANSIRE SVVM PECTVS MVNDOQVE POTIRI"，意即"超越自我，掌握世界"。背面图案是阿基米德墓碑上的几何图形：球的外切圆柱体。文字同样是拉丁文" CONGREGATI EX TOTO ORBE MATHEMATICI OB SCRIPTA INSIGNIA TRIBVERE"，意为"汇聚全世界数学家，表彰杰出贡献"。而菲尔兹奖得主本人的名字，以及得奖年份则是刻在奖章的侧边上，是很小的一行字。菲尔兹奖的获得者是由国际数学联盟（IMU）从全世界一流数学家中遴选出来的，就其权威性与国际性而言，任何奖项都无法与之相比。该奖项旨在表彰在纯数学领域取得卓越成就的个人，其获得者无疑是当代数学家的杰出代表。1978 年，当代著名数学家迪多内，作为布尔巴基学派的创始人之一，发表了题为"论纯数学的当前趋势"的论文，该文对近 20 年来纯数学各分支的前沿发展进行了全面的概述和总结，他列举了 13 个当时处于主流的数学分支，其中 12 个分支中的部分重要工作都是由菲尔兹奖获得者做出的。因此，菲尔兹奖是一个窥视现代数学的"窗口"，在这里可以一睹现代数学的风采。

图 1-1　菲尔兹奖章的正面和背面

关于菲尔兹奖章，历史上还有一个传奇的故事。阿尔福斯（L. V. Ahlfors）

和另一位美国数学家共同获得了第一届菲尔兹奖。他的研究工作之一是揭示复分析和双曲几何之间的深刻联系。二战时期，欧洲多地遭受封锁，出行极为不便。当时身处芬兰的阿尔福斯因持有菲尔兹奖章而意外获得了一个很实际的帮助。在获得许可前往瑞典的时候，他计划搭火车去见一下自己的妻子，可是身上只有10元钱。他翻出了菲尔兹奖章，把它拿到当铺当了，从而有了足够的路费……"我确信那是唯一一个在当铺待过的菲尔兹奖章……"阿尔福斯这样说道。

菲尔兹奖的授奖对象是40岁以下的年轻数学家，难以全面评价数学家一生的重大贡献。从1978年开始，沃尔夫数学奖弥补了这一空缺。该奖项由捐设沃尔夫基金的沃尔夫博士（1887—1981）设立，他出生于德国汉诺威的犹太家庭，在德国学习化学，第一次世界大战前移居古巴。沃尔夫早年致力于从炼钢废物中提取有用金属的工艺研究，最后获得成功并因此致富。1961年，沃尔夫作为卡斯特罗革命的早期支持人之一，被任命为古巴驻以色列大使。在1973年古巴和以色列断交之后，沃尔夫留在了以色列并在那里度过余生。沃尔夫基金会设立的目的是"促进科学和艺术，以造福人类"。沃尔夫奖于1978年首次颁发，最初涵盖农业、化学、数学、医学、物理这五个领域，1981年增设艺术奖，每年颁发一次。每个领域的奖金额为十万美元，用于奖励"为人类利益和促进人民友好关系做出成就"的学者。沃尔夫奖的颁奖仪式在耶路撒冷的以色列国会举行，由以色列总统颁奖。

由于数学领域没有诺贝尔奖，许多杰出的数学家一直没有机会得到国际数学大奖。因此前八届的沃尔夫数学奖获得者的年龄都很大，平均年龄为72岁（相比之下，化学奖获得者为61岁，物理学奖获得者为58岁，医学奖获得者为57.5岁）。沃尔夫数学奖的人选是根据候选人的数学成就，经过综合评价而确定的，这些获奖者获奖时多已蜚声世界。迄今沃尔夫数学奖获奖者的平均年龄在60岁以上，而最年轻的获奖者是英国数学家怀尔斯，他因为证明了费马大定理于1996年获得了沃尔夫奖，当时年仅43岁。沃尔夫数学奖与菲尔兹奖并列为当代全球数学研究领域的两大重要奖项。

此外，为了纪念挪威著名数学家阿贝尔200周年诞辰，挪威政府于2002年设立了一项数学奖——阿贝尔奖。该奖项每年颁发一次，奖金高达80万美元，与诺贝尔奖奖金相当，是世界上奖金最高的数学奖。法国数学家让－皮埃尔·塞尔是阿贝尔奖的第一位得主（2003 年）。他还是当时最年轻的菲尔兹奖获奖者（1954 年，他才 28 岁），他也是 2000 年度沃尔夫奖得主。

数学领域的相关奖项还有邵逸夫奖，它被称为"东方诺贝尔奖"。该奖是由邵逸夫（1907—2014）于 2002 年 11 月在香港设立，旨在表彰在学术研究或应用领域取得突破性成果，并对人类生活产生深远影响的科学家。该奖设有天文学、生命科学与医学、数学科学三个奖项（"诺贝尔奖"所没有的）。每年颁奖一次，每项奖金 120 万美元。我国数学家陈省身（整体微分几何，2004 年）、吴文俊（数学机械化，2006 年）获过邵逸夫数学奖，2005 年英国数学家怀尔斯因证明费马定理而获奖，2023 年华裔数学家丘成桐因他在微分几何以及数学与物理方面的贡献而获奖。

1.5　数学文化的普及

数学作为一种文化，对全体社会成员有着潜移默化的作用。尽管数学在现代社会中的应用是广泛的，但却不易为大众所察觉。当人们惊叹原子弹的巨大威力时，却很难知道和真正理解它所依赖的质能公式——$E=mc^2$；当人们接受 CT 扫描仪的检查和诊断时，很少有人理解它背后的数学原理——拉东变换；当人们在尽情享受动画片带来的娱乐体验时，很少联想这些动画制作背后的数学方法——微积分的无穷逼近原理。数学是无声的音乐，数学是无色的图画。当今社会的科技进步对人们的数学能力提出了很高的要求。早在 1980 年，美国学者桑德斯进行了一项调查，他询问了代表美国全经济领域 100 种职业的从业者，发现 62% 的职业要求从业者必须具备基本的算术知识，65% 的职业还需要从业者掌握统计知识。如果人们没有基本的数学知识，就根本读不懂《纽约时报》头版中 93% 的文章。

越来越多的人日益感受到数学的重要性，但是通过学校教育之外的途径学到的数学知识是很有限的，数学的思维方式更是远远没有被多数人所掌握。为此，在 20 世纪 80 年代，国际数学教育学会以"大众数学"为题开展了系列讨论，并发表了名为《大众数学》（*Mathematics for All*）的报告集。从此，"大众数学"的口号迅速传播并形成了全球性的运动，对各国的数学教育改革都产生了实质性的影响。"大众数学"倡导：人人都学有用的数学，人人掌握必需的数学，不同的人学习不同的数学。它使数学告别了"精英"时代，成为大众文化的一部分。

1984年，美国国家研究委员会在《进一步繁荣美国数学》中提出："在现今这个技术发达的社会里，扫除'数学盲'的任务已经替代了昔日扫除文盲的任务，而成为当今教育的主要目标。"自20世纪90年代，美国为了提高基础教育的质量，发起了大规模的教育改革运动，即"标准化改革"，但至今收效甚微。由于美国各州基础教育仍自成体系，质量参差不齐。此外，美国学生在历次大型数学国际测量评价中（如TIMSS、PISA）成绩平平，这促使美国开始思考并借鉴先进国家的数学教育经验。

2010年，美国颁布了新课标CCSS（Common Core State Standard，共同核心国家标准），这是美国K-12（幼儿园到高中毕业的12年级）的统一标准。从此，美国的教育不再是各州各自为政，教学内容有了统一的标准。CCSS宣称，制定统一标准的目的是"为所有的美国学生升入大学和未来的职业生涯做好准备"。在数学方面，CCSS要求学生尝试以数学方式思考现实世界中的问题，强调培养学生的批判性思维、解决问题和分析能力三大核心素养。

我国的义务教育数学课程标准（2022版）也强调：数学在形成人的理性思维、科学精神和促进个人智力发展中发挥着不可替代的作用。数学素养是现代社会每一个公民应当具备的基本素养。义务教育阶段的数学课程以习近平新时代中国特色社会主义思想为指导，落实立德树人根本任务，致力于实现义务教育阶段的培养目标，使得人人都能获得良好的数学教育，不同的人在数学上得到不同的发展，逐步形成适应终身发展需要的核心素养。而数学课程的核心素养主要包括以下三个方面：会用数学的眼光观察现实世界；会用数学的思维思考现实世界；会用数学的语言表达现实世界。

的确，学校教育如何推进数学的普及工作是长期困扰人们的事情，其中面临的根本问题是如何正确处理好"数学科学"与"作为教育的数学"的关系。教育的实践表明，数学教育中只注重数学知识的教育是不行的，也是行不通的。20世纪50年代，美国开展了一场声势浩大的"新数学运动"课程改革，起因是苏联在1957年发射第一颗人造卫星，美国感受到自己在理科教育特别是数学教育方面的落后，于是美国人开始反思并进行改革。随后美国成立了一个"学校数学研究小组"，其主要成员是美国一些著名大学的数学教授，大力推进数学教育并编纂从幼儿园到大学预科的全套教材，开展广泛的数学教育改革实验。"新数学运动"历时十年之久，最后以失败告终。究其原因，在于改革太激进，把中小学数学教材写得太精炼、太抽象、太现代化，在教材中过早地引入许多抽象、现代的数学概念和知识，忽视了中小学生的认知水平。

当时，著名的数学史家、数学教育家莫里斯·克莱因对"新数学运动"进行了尖锐的批判："数学家花了几千年时间才理解无理数，而我们竟贸然给中学生讲戴德金分割。数学家花了 300 年才理解复数，而我们竟马上教给学生复数是一个有序实数对。数学家花了约 1000 年才理解负数，现在我们却只能说负数是一个有序自然数对……从古埃及人和巴比伦人开始直到韦达和笛卡儿，没有一个数学家能意识到字母可用来代表一类数，但现在却可以通过简单的集合思想马上产生了集合这个概念。"

无独有偶，在 20 世纪 80 年代，苏联也进行了类似的中学数学教育改革，改革的重要内容就是在中学数学中引入集合论思想。例如，向量的概念在一般教科书上都会被定义为"有向线段"这种直观的解释，但改革后的教材却这样描述："由不重合的两点（A,B）确定的向量（平移）是一种空间变换，在此变换下，每个点 M 都映射到一点 M_1，使得射线 MM_1 与 AB 同向，且距离 $|MM_1|$ 与 $|AB|$ 相等。"庞特里亚金认为："这些堆砌的文字令人费解，更主要的是毫无用处。这是什么？胡闹吗？还是无意间的荒唐之举？"在众多反对声中，苏联教育部门最终认定当时的中学数学教学大纲不符合要求，要及时纠正现存的问题。

这些批评是尖锐的，当然也是很有道理的。莫里斯·克莱因说："历史上数学家所遇到的困难，正是学生也会遇到的学习障碍，因而数学史是数学教学的指南。"在数学教育过程中适当地插入数学历史，让学生理解数学知识在历史上的来龙去脉，体验数学知识的创造和发现过程，对培养学生的探究和发现能力都是非常有益的。

美国数学家、数学教育家波利亚提到以下事实：只有 1% 的学生会需要研究数学，29% 的学生将来会使用数学。因此，学校教育不仅仅是数学知识的教育，更要重视数学思想方法、数学精神的培养和普及。日本数学教育家米山国藏认为："我搞了多年的数学教育，发现学生在初中、高中等学到的数学知识，因毕业进入社会后几乎没有什么机会应用而通常在出校门后不到一两年就很快忘掉了。然而，不管他们从事什么工作，唯有深深地铭刻于头脑中的数学精神、数学的思维方法、研究方法、推理方法和着眼点等（若培养了这方面的素质的话），却随时随地发挥着作用，使他们受益终身。"由此他认为："无论是对于科学工作者、技术人员，还是数学教育工作者，最重要的就是数学的精神、思想和方法，而数学知识只是第二位的。"美国著名的诺贝尔物理学奖得主费曼曾举了一个他学数学的例子：

小时候，费曼的父亲告诉他，任何一个圆的周长与直径的比值都是一样的。于是，这个叫作 π 的数字就成了费曼心中"一个美妙的数字，一个很深奥的数字"。从此，他就到处寻找这个 π。有一天，他在一本书上看到了振荡电路的频率计算公式：$1/2\pi\sqrt{LC}$。于是，他的问题来了：这里有个 π，但是圆在哪儿呢？之后，他猜想可能是因为线圈是圆的，可是后来，他又发现方形线圈的频率计算公式中也有 π……他通过"到处寻找"，手算 π 值，思考电势能的公式，等等，不断地进行探寻和研究，拼命想了解这个神奇的数字，也不断体验到了探究过程中发现的乐趣。

今天的学生，没有不知道 π 的，但在绝大多数学生的心中，这只是一个在计算圆的周长或面积时用到的定值罢了。而很少有学生思考为什么大量的公式中都有 π，用什么方法计算 π，能否找到 π 中的数字规律等问题。如果没有这样的数学探究，学生的数学方法、思维和数学精神就难以培养。

复旦大学的李大潜院士认为⊖，数学教育的根本目的是要让学生明白：数学知识的来龙去脉；数学的精神实质与思想方法；数学的人文内涵。因此，数学教育肩负着数学知识、数学思想方法以及数学理性精神的传承与传播，这也是撰写本书的初衷和目的。我们希望能够用大众都能理解的语言来了解数学，达到传播和普及数学的效果。伟大的数学家盖尔范德（Gelfand，1913—2009）曾举过一个经典的例子：

人们觉得他们无法理解数学，其实关键在于你是怎样向他们解释数学知识的。如果你问一位醉汉，2/3 和 3/5 哪个大？他肯定答不上来。但是如果你换一

⊖ http://edu.people.com.cn/n1/2021/0121/c1053-32007812.html.

种问法：三个人分两瓶伏特加，和五个人分三瓶伏特加，哪一个方案更好？他会毫不犹豫地告诉你，当然是三个人分两瓶伏特加更好。

在数学文化的普及和传播方面，2010 年 4 月国内第一本《数学文化》杂志出版，其目的就是弘扬数学文化，推动数学教育。中国数学会每年都会组织召开"全国数学文化论坛"。近年来，国内有越来越多的数学名家加入普及数学文化的行列中去。例如，已故的中国科学院院士杨叔子在担任华中科技大学校长期间，率先倡导在理工科高校要加强大学生文化素质教育，他指出："数学是文化，是人类文明的重要基础；数学是科学，是哲理思维，蕴涵着深刻而丰富的人文文化。学习数学，既要提高数学素质、提高科学素质，又要提高思维品质、提高人文素质。""一个国家、一个民族，没有科学技术，就是落后，一打就垮；然而，一个国家、一个民族，没有人文精神，就会异化，不打自垮。"而我国的著名数学家、曾任武汉大学校长的齐民友先生在《数学与文化》中也说："历史已经证明，而且将继续证明，一种没有相当发达的数学的文化是注定要衰落的，一个不掌握数学作为一种文化的民族也是注定要衰落的。"此外，中国科学院张景中院士、李大潜院士、汤涛院士、周向宇院士、南开大学的顾沛教授、浙江大学的蔡天新教授等人对推动我国数学文化的普及和传播都做出了积极的贡献。

在国际上，数学文化的传播也越来越受到重视。许多著名的数学科普书籍、杂志、网站、电影、纪录片等，都在世界范围内、不同层面上传播着数学。在联合国教科文组织（UNESCO）网页上写道："数学科学，对于提高全球认识和加强教育，对于应对人工智能、气候变化、能源和可持续发展等领域的挑战，以及对改善发达世界和发展中世界的生活质量至关重要。"联合国教科文组织于2019 年 11 月 26 日第四十届大会上宣布：每年的 3 月 14 日为"国际数学日"。在许多国家和地区，3 月 14 日被确定为圆周率日，这一天从著名数字（常数 π）常用的近似值 3.14 而来。但随着影响力的增大，它得到了国际数学联盟和联合国教科文组织的认可。这一天也是爱因斯坦的诞辰日，是马克思、霍金逝世的日子，具有非凡的意义。

根据国际数学日（The International Day of Mathematics，IDM）官方网站⊖提供的信息，每年的国际数学日都会发布不同的主题：

　　⊖　https://www.idm314.org.

2020 年第一次国际数学日的主题是"数学无处不在"（Mathematics is Everywhere），它扩大了"圆周率日"的范围，涵盖了数学领域的各个方面。在这一天，世界各地举办了各式各样的庆祝活动。

2021 年国际数学日的主题为"数学让世界更美好"（Mathematics for a Better World）。2022 年国际数学日的主题是"万物皆数"（Mathematics Unites）。

2023 年国际数学日的主题是"给每个人的数学"（Mathematics for Everyone），就像联合国教科文组织官方新闻通讯稿中所说："我相信数学应该适合每个人，因为我们所有人都有数学能力，只是程度不同而已。此外，我们必须让每个人都享受数学的奇迹。数学只适合有天赋的人和天才的观念必须改变。"

2024 年国际数学日的主题是"游于数"（Playing with Math）。官方海报也"装满"快乐，包含 6 个来自数学世界的经典游戏，人们熟悉的"数独""一笔画"都在其中。

2025 年国际数学日的主题是"数学、艺术与创意"（Mathematics，Art，and Creativity），即庆祝数学发现和艺术中的创造力。在艺术中，使用数学为新思想、美丽和迷人的创作打开了大门。

第 2 章

数学的诞生

> 当人们认识到两只山鸡和两天有某个共同东西（数字 2）的时候，数学就诞生了。
>
> ——罗素

2.1 数感与记数法

古希腊诗人荷马（约公元前 9 世纪至公元前 8 世纪）的史诗《奥德赛》中有这样的一个故事：主人公奥德修斯刺瞎了独眼巨人波吕斐摩斯仅有的一只眼睛后，离开了独眼巨人的土地。据说，那个不幸的独眼老人每天都坐在自己的山洞里照料他的羊群。早上羊群外出吃草，每出来一只，他就捡起一颗石子。而晚上羊群返回山洞时，每进洞一只，他就从早上捡起的石子中扔掉一颗。当他将早上捡起的石子都扔光时，他就放心地认为羊都返回了山洞。

这种一一对应的记数方法是原始人类形成数的概念的重要途径。考古研究发现，人类在五万年前就已经有了一些记数的方法。1937 年，一位考古学家在捷克斯洛伐克的摩拉维亚发现了一根有刻痕的狼骨。骨头上一共有 55 道刻痕，每 5 道刻痕一组。一般认为这根狼骨的年代约为 3 万年以前，这是人类发现的最早的记数证据。后来，古埃及纸草书上的象形数字，古巴比伦泥板书上的楔形数字，中国古代的甲骨文数字，等等，这些刻痕记数方法都反映了人类早期的数学活动。

现代人通过理性分析，将数的起源的进程归结为：依赖于本能感觉（数感）形成一一对应的记数方法，建立集合的等价关系并给出一个标准（或代表集合）的符号规定。数感，即感知事物多少的心理能力。在茹毛饮血的时代，原始人类在狩猎和采集食物的过程中，体验着较早的"有"与"无"、"多"与"少"的区别。在早期的社会实践中，人类表现出数感的本能，这是人类形成数的概念的基础。法国哲学家列维·布留尔（1857—1939）在《原始思维》一书中指出：在原始社会中，许多原始民族用于数的单独名称只有一和二，间或也有三，当超过这个数时，人们就说"许多"或"很多"。对甲骨文的研究发现，"一"字有时就代表"余"（"余"即我一个人），而"二"字与"尔"（"尔"就是你，你和我是两个人）字通用，很形象的"众"是三个人字在一起表示多数人。由此看来，数感只具有区别"多"与"少"的功能。同时也表明数在早期人类中是被感觉到或知觉到的，而不是被抽象地想象的。

　　一一对应的记数方法最常见的例子是用手指计算物体的个数。例如，在计算猎物和羊的个数时，每数一只就搬动一根指头。类似的方法还有搬动和积攒石块或木棍，在物体上刻痕或在绳上打结。它们都是一一对应的记数方法。英国著名作家丹尼尔·笛福在1719年写的小说《鲁滨逊漂流记》中记载了这样的故事：鲁滨逊海上航行遭遇暴风雨，小船触礁搁浅在一个荒无人烟的小岛上。鲁滨逊成为这次海难的唯一幸存者，其他船员全部遇难。

　　在岛上待了十天或十二天之后，我突然想到，我没有纸笔和墨水，可能会忘记时间，甚至会把休息日和工作日弄混。为了避免这种情况，我把一个树干做成十字架立在自己第一次上岸的地方，并用小刀在树干上刻下：我于1659年9月30日这一天在此处上岸。我每天都会在树干的两边刻下划痕，第七天的刻痕比前面的长一倍。到了每个月的第一天，刻痕也会比前一天的长一倍。如此一来，我就有了自己的日历……

　　鲁滨逊在身处绝境时想到和使用了人类最原始的记数方法。在20世纪30年代，欧洲学者在对澳洲土著人的调查中发现：这些土著人是用身体的各部分来读自然数的。当计数一个规模不大的集合时，人们可以利用手指或身体的不同部位进行一一对应，从而实现计数的目的。而当计数规模较大的集合时，人类往往采用积累石子或木棍、在绳上打结、在石块上做记号、在骨棒或木棒上刻缺口等方法达到一一对应的计数目的。

　　一些早期文明，基于手指或指节的构造，可能导致不同记数方法的产生。例如，一只手除了大拇指，其他四根手指都有三根指节。也有的文明会根据每个手指的弯曲手势来表示不同的数字，有的甚至手脚并用。例如，南美的土著人通过相继圈拢手指来记数：圈拢小指代表 1，再圈拢无名指代表 2，再圈拢中指代表 3，只伸大拇指代表 4，所有手指都圈拢代表 5，双手的手指都圈拢代表 10，等等。但不同文明用手势表示数的习惯或许有些差异，英国人 R. 梅森（Mason）讲过一个关于第二次世界大战的有趣故事：

当印度和日本两国爆发战争时，一个日本姑娘正在印度。为了避免可能会遇到的麻烦，她的朋友把她乔装成中国人介绍给侨居印度的英国人赫德利先生。这位英国人有点怀疑，要求这个姑娘用手指依次表示 1、2、3、4、5，她踌躇了一下，还是这样做了。这时赫德利先生大笑起来，得意地说："怎么样！你看见了吧？你看见她是怎样做的？她是先伸开手，然后把手指一个一个地蜷上。你看见过中国人这样做吗？没有！中国人和英国人一样，在数数时先把手蜷拢。她是日本人！"

使用一一对应的计数活动，表明人类掌握了一种序数的编排规则。应用它可以得到有限自然数的计算结果，可以把加法看作连续向前的计数，而减法则是往回的计数，进一步还可以发现无限。19 世纪，德国数学家康托尔则利用一一对应的记数方法，创造了无限集合的超限基数理论。所以，一一对应的记数方法与人的数感相比，更具有抽象思维的特征，它对数的概念以及数学发展具有重要的作用。

法国科普学者米卡埃尔·洛奈（Mickaël Launay）认为："如果必须为数学的诞生选定一个日期的话，我无疑会选择这一刻。正是在这一时刻，数字开始独立存在了，正是在这一时刻，数字从现实中被抽离出来，人们能够从更高层次观察数字。"而国际知名数学史专家翁贝托·博塔兹尼（Umberto Bottazzini）也说："一个不知名的誊写人，在数千年前的一个宿命时刻，冒出 个天才的想法——用同一个抽象符号表示相同数量的动物或东西。伯特兰·罗素说，两只山鸡和两天都是数字 2 的例子。印度、中国、东南亚地区和中美洲的人民，都陆续迎来那些宿命时刻，在他们的头脑中，一个非凡的想法成形了，即用一个特殊的符号表示虚无，这个符号后来成了一个数字。一个又一个世纪流逝，千千万万个人来到这世上又离去，才等到这些时刻的来临。"

2.2 早期文明的记数系统

2.2.1 中国古代的算筹记数法和干支记数法

1.算筹记数法

在数字尚未产生之前，结绳记数是人类早期采用的一种表示计数的方法。中国古籍中记载有"民结绳而用之"，或称伏羲"结绳而治"。这大约发生在旧石器时代晚期和新石器时代的早期。《易・九家言》明确地解释了这种方法："事大，大结其绳；事小，小结其绳。结之多少，随物众寡。"也就是说：每一个结表示一个数或一件事；大事或大数，打大结；小事或小数，打小结；绳结的多少，根据事物多少而定。这种结绳记数方法，不仅可以数数，而且可以把数数的结果记录下来并长期地保存下去。

人类结绳记数或记事的遗风，可以从近代一些边远地区的实物中得到证实。例如，在印加文明所在地秘鲁发现的"奇普"（见图 2-1），其中绳结的扭转次数代表数字，单结代表某个大数，结在左边就表示"出库"或者"支付"，结在右边就表示"入库"或者"收入"，这算是一种基本的"结绳记数"。而在琉球群岛也曾呈现一种类似"奇普"的苇草记事绳把（见图 2-2），岛上的工人将稻草或者芦苇编织成绳结状，并用不同形式的麦穗表示工资。每种穗饰都表示一个特定的价值单位，每个穗饰的位置不同，因此它们一起组成了一种位置值表示法。一个自由端代表一个单元，一个结代表五个单元。

图 2-1 秘鲁的"奇普"

图 2-2 琉球群岛的结绳

在我国青海，1974 年至 1978 年出土了一批带刻口的骨片，是新石器时代末期用于记事、记数的实物。在出土的 3 万余件文化遗物中，有 1000 余片带有一些刻口的长方形骨片，它们长为 2 ～ 2.4cm，宽为 0.5 ～ 1cm，厚约 0.1cm。在这些长方形的骨片的长边上，有的一边有刻口，有的两边有刻口，刻口数目少则有 1 个，多的有 8 个。每片骨片上刻口的数目均不超过 10 个。对于这些骨片的研究，一种认为，每个刻口都代表"一"。也有研究认为，这些骨片可能是一种货币，刻口是代表"面值"，骨片作为墓主人的殉葬品。这种解释方法，也同样有记数的意义。

从刻划记数，人类很自然地创造出第一批数字。新石器时代中晚期的遗址（西安半坡、山东城子崖等）中都出现了数字符号。在西安半坡人的遗址（距今 5000 ～ 6000 年）中，发现陶器上刻的符号中有数字符号。商代是中国奴隶制经济发展时期，社会文化形态由彩陶文化进入青铜文化。商代占卜盛行，卜辞刻写在牛的肩胛骨或龟甲上，被称为甲骨文，如图 2-3 所示。甲骨文中的数字与记数系统已日益定型化。这个记数系统采用了完整的"逢十进一"的十进制。个、十、百、千、万五个十进制的数字（尽管表达形式尚不统一）都能准确无误地表达出来。商代对于数字的表述尚未形成位值制，但在沿袭前人数字符号表示法的基础上，又创造了百、千、万等数字名称。

图 2-3　殷墟甲骨文，1983 年河南安阳出土

我们现在使用的数系是十进制的位值制记数法，它不仅采用十进制，而且在不同位置上的数码，表示这个数码与 10 的某个幂次的乘积。因此，这是一种位值进位记数系统。十进位制，不仅需要十个不同的数码（数字），而且还需要同一个数码在不同的数位上，表示出不同单位的数，即用位置来表示数。这种位值制记数法最早出现在中国古代的筹算之中。

算筹（见图 2-4）是我国古代人民智慧的结晶，但具体的发明时间已不可考。早在西周初年（公元前 11 世纪），中国的先民们就在蓍草占卜、演卦中得到启示，发明了用作演算的算筹（简称筹），用以表示数和进行计算。算筹在我国春秋战国时期使用较为频繁，到了秦朝，数学得到了更为蓬勃的发展，这些都与筹算息息相关。据记载，墨子"止楚功宋"的故事里就提到过算筹。

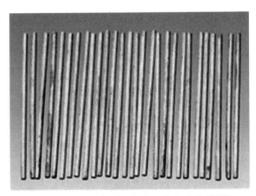

图 2-4　1971 年陕西西汉墓出土的算筹

"子墨子解带为城，以牒为械，公输盘九设攻城之机变，子墨子九距之。公输盘之攻械尽，子墨子之守圉有余。"这句话描述的是墨子与公输盘（公输盘是鲁国人，常被称为'鲁班'）会面时使用筹进行沙盘演练的情形。当墨子听说能工巧匠公输盘给楚国制造了云梯，要拿去攻打宋国，他急忙赶到楚国去见楚王说自己制造的反攻城器械可以抵御公输盘的云梯。于是"墨子解下衣带当作城，用竹片当器械。公输盘一次又一次地设下攻城的方法，墨子一次又一次地挡住了他。公输盘的攻城器械都用尽了，墨子的守城办法还绰绰有余。"

据说墨子及他的弟子在路上行走时，人们总能发现他们腰上系着一个布袋。这个布袋就是筹袋，用来盛放这些小木棍、竹片做成的算筹，系在腰部随身携带。当需要计数和计算的时候，便打开布袋，取出算筹，找到一个合适的地方进行计算。他们把这些小木棍或竹片摆来摆去，口中念念有词，名曰"布算"，不一会，就给出答案，常常令旁观者啧啧称奇。

算筹的长度一般为 13 ～ 14cm，径粗 0.2 ～ 0.3cm。当时市面上最常见的算筹多用竹子制成，另外也有取材于木头、兽骨等的，更为高级一些的算筹则使用象牙或者贵重金属制成。算筹的摆放方式有纵、横两种形式：

	1	2	3	4	5	6	7	8	9
纵式	丨	丨丨	丨丨丨	丨丨丨丨	丨丨丨丨丨	丅	丅丅	丅丅丅	丅丅丅丅
横式	一	二	三	三	三	⊥	⊥	⊥	⊥

　　在筹式上摆放数字的方法规定为：个位、百位、万位……上的数用纵式，十位、千位、十万位……上的数用横式，纵横相间，以免发生误会；又规定用空位来表示零。例如，197 和 1907 的筹式分别表示为

│ ☰ ∏　和　一 ∭ ∏

　　南宋数学家秦九韶著的《数学九章》中首次出现"〇"这个占位符，例如，409 写成"四百〇九"，505 写成"五百〇五"。但它却不读"零"，而读作"空"。到了 13 世纪，中国数学家又明确地用"〇"表示零，从而使中国记数法完全位值化了。

　　表示数的符号在历史上经历了漫长的演变过程，一直到 1522 年，所谓的印度–阿拉伯数码才被世界各国所接受。1859 年，我国数学家李善兰在翻译《代微积拾级》时仍然用一、二、三、四等，到 1892 年才开始采用阿拉伯数码，但数的写法还是竖写，直到 20 世纪才采用现代写法。但在我国民间，长期流传着一种进位制记数方法——苏州码子，如图 2-5 所示。

图 2-5　消失的符号：苏州码子

　　苏州码子又称花码、草码、商码等，简称码子，产生于中国苏州，由中国的算筹演变而来。因为苏州码子用毛笔书写便捷，一串数字能连笔写出，可以配合算盘使用，所以曾经广泛用于商业，在账簿和发票等中均有使用。

　　苏州码子在中国大陆几近绝迹，但在港澳台地区的街市、旧式茶餐厅及中药房偶尔仍然可见。香港小学数学课程中将之称为中国古代数字或中国数码，并于小学五年级教授有关用法。据 2021 年 5 月 1 日《上观新闻》报道，中国第一条铁路——京张铁路（北京—张家口）的青龙桥站，收集到了多块用"苏州码子"标记的石碑。例如，图 2-6 中右前一石碑代表是"坡道牌"（川三上，33 上坡），右前二石碑代表的是"里志牌"（〤〥，59km 处）。

图 2-6　京张铁路青龙桥站内的"苏州码子"石碑

　　作为中国人自主设计修建的第一条铁路，京张铁路对于中国人来说意义非凡，"苏州码子"石碑的发现，就是最直接、最有力的佐证。京张铁路开通时采用的标志共有五种，分别是里志牌、桥志牌、坡道牌、放汽牌和道拨牌。早期标志上的数字均用"苏州码子"进行书写，有着非常鲜明的时代特点。

图 2-7　里耶秦简"九九乘法表"

　　在乘除法方面，中国在公元前 7 世纪就普及了能够进行乘除法的口诀"九九乘法表"，并一直沿用至今。2002 年湘西出土的约 3.8 万枚里耶秦简中，就有 3 枚保存了十分完整清晰的"九九乘法表"（见图 2-7）。据考古专家称，这是目前全世界发现最早的"乘法口诀表"实物，足可改写世界数学历史。关于"乘法口诀"，还有一则小故事。

　　春秋战国时期，齐桓公发出告示招贤纳士。有一天，一位书生模样的人来应招，就将"九九八十一……六六三十六……二二而四"的"乘法口诀"背了一通。在场的大臣们都觉得好笑，齐桓公也笑着说："九九歌"也算一技之长吗？此等技能，我们这里连小孩子都会。应招人对答：假若你连我这个能背诵"乘法口诀"的人都重视，能够以礼相待，还怕比我高明的人不来吗？果然，一个月后，四面八方的贤士接踵而来了。

　　由此可见，2600 多年前的齐桓公时期，"乘法口诀"已经很常用了。秦始皇统一中国后，里耶秦简"九九乘法表"已成为当时的数学教材，非常流行了。对此，三国时代的数学家赵爽说："九九者，乘除之源。"

2. 干支记数法

　　干支记数法是中国古代特有的序数记数方法，并且沿用至今。它是一种特有的六十进制的记数方法。干，就是十天干：甲、乙、丙、丁、戊、己、庚、辛、壬、癸。支，是指十二地支：子、丑、寅、卯、辰、巳、午、未、申、酉、戌、亥。将 10 个天干和 12 个地支搭配起来，成为甲子、乙丑、……、癸亥，共 60 个不同的干支名，称为六十甲子（见表 2-1）。

表 2-1　干支记数法

干支	干支	干支	干支	干支	干支	干支	干支	干支	干支
1	2	3	4	5	6	7	8	9	10
甲子	乙丑	丙寅	丁卯	戊辰	己巳	庚午	辛未	壬申	癸酉
11	12	13	14	15	16	17	18	19	20
甲戌	乙亥	丙子	丁丑	戊寅	己卯	庚辰	辛巳	壬午	癸未
21	22	23	24	25	26	27	28	29	30
甲申	乙酉	丙戌	丁亥	戊子	己丑	庚寅	辛卯	壬辰	癸巳
31	32	33	34	35	36	37	38	39	40
甲午	乙未	丙申	丁酉	戊戌	己亥	庚子	辛丑	壬寅	癸卯
41	42	43	44	45	46	47	48	49	50
甲辰	乙巳	丙午	丁未	戊申	己酉	庚戌	辛亥	壬子	癸丑
51	52	53	54	55	56	57	58	59	60
甲寅	乙卯	丙辰	丁巳	戊午	己未	庚申	辛酉	壬戌	癸亥

　　用 10 个天干、12 个地支相互循环搭配，含有组合数学的意味。由于天干与地支数目相差为 2，循环搭配起来，逢单的甲、丙、戊、庚、壬 5 个天干，只能与逢单的子、寅、辰、午、申、戌这 6 个地支相配；逢双的乙、丁、己、辛、癸 5 个天干，只能与逢双的丑、卯、巳、未、酉、亥这 6 个地支相配。逢单的 5 个天干与逢单的 6 个地支，搭配成 $5 \times 6 = 30$ 个不同的干支名；逢双的 5 个天干与逢双的 6 个地支又搭配成 30 个不同的干支名。所以不同的干支名，总共有 60 个。

　　在中国的历史上，夏代帝王中已有孔甲、履癸等带有天干的名字，商代各帝王的名字中第二个字也是天干中的某一个"干"字，如盘庚、武丁、祖甲、太丁、帝乙、帝辛等。帝辛就是殷纣王的名字。这表明十天干先于十二地支出现。在商代的甲骨文中出现了大量较为完整的干支表（见图2-8），这些干支表尽管都有些残损，但从排列上看，全是由上到下竖行排列，而且都是甲起头，10对一行，排列整齐，这说明商代人已有了60对干支一循环的序数概念。

中国早在商代就使用干支纪日法，据考证，甲骨文中的干支表可能就是用来记录日序的。殷商的帝王们大多以其出生的那一天的干支名来命名。史料上对禹结婚的过程也用干支进行了描述。《尚书·皋陶谟》记夏禹的话："予娶涂山，辛壬癸甲。启呱呱而泣，予弗子，惟荒度土功。"这就是说：他娶涂山的女儿为妻，结婚时在家待了辛、壬、癸、甲四天，就又出外忙于治水，后来生了儿子启，他也顾不上照顾

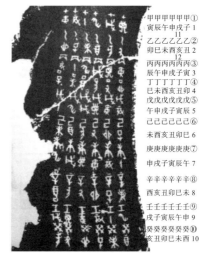

| 甲甲甲甲甲甲① |
| 寅辰午申戌子 1 |
| 11 |
| 乙乙乙乙乙乙② |
| 卯巳未酉亥丑 2 |
| 12 |
| 丙丙丙丙丙丙③ |
| 辰午申戌子寅 3 |
| 丁丁丁丁丁丁④ |
| 巳未酉亥丑卯 4 |
| 戊戊戊戊戊戊⑤ |
| 午申戌子寅辰 5 |
| 己己己己己己⑥ |
| 未酉亥丑卯巳 6 |
| 庚庚庚庚庚庚⑦ |
| 申戌子寅辰午 7 |
| 辛辛辛辛辛辛⑧ |
| 酉亥丑卯巳未 8 |
| 壬壬壬壬壬壬⑨ |
| 戌子寅辰午申 9 |
| 癸癸癸癸癸癸⑩ |
| 亥丑卯巳未酉 10 |

图 2-8　甲骨文上的干支表拓片

和关爱儿子，全力完成了平治水土之功。据考证，中国第一次记录的日食事件发生在春秋时期，具体为鲁隐公三年（即公元前720年）二月己巳日。根据现代科学推算，这个记录是准确的。而且自那以后，各代史书就开始连续使用干支纪日，直至清末，2600多年从未间断，这是世界上使用时间最长的纪日法。

干支纪年，始于东汉初年，是从东汉《四分历》颁布实行的那一年——汉章帝元和二年（85年）开始的，这一年的纪年干支是甲申。干支纪年，我们今天仍用在农历纪年上，近代史上许多重大事件，也常以该事件发生的干支年号来命名，如"甲午战争""辛丑条约""庚子赔款""辛亥革命"等。

把公历纪年换算成中国的干支纪年，可以使用换算公式 $n=x-3-60m$，这里 n 是干支表中的序数，x 是所求年的公历纪年数，$m=0, 1, 2, \cdots$，取整数值，适当选择 m 的值，使 $0 < n \leqslant 60$。得到 n 后就可立即从表2-1中查出 x 对应的干支来。例如，求1894年的干支，这里 $x=1894$，选取 $m=31$，则 $n=1894-3-60 \times 31=31$。从干支表中查出，对应的干支是甲午，这正是甲午战争发生的

年代。我国宋代著名词人苏轼在其词作《水调歌头·明月几时有》的开篇便写道:"丙辰中秋,欢饮达旦,大醉,作此篇,兼怀子由。"这里"丙辰"就是干支纪年,是指宋神宗熙宁九年,即 1076 年。按照上述公式,$x=1076$,选取 $m=17$,则 $n=1076-3-60 \times 17=53$。从干支表 2-1 中查出,对应的就是丙辰年。

这里值得注意的一点是,由上述公式只能取到公元 4 年以后的 x,而公元 4 年以前的干支纪年的换算可由以下方法得到:将公元元年记为 +1 年,公元前 1 年记为 0 年,公元前 2 年记为 −1 年,公元前 3 年记为 −2 年,……把公元 4 年以前的 x 值按这种方法取值,而且 m 也可以取负整数,那么,上述换算仍旧成立。例如,求公元前 221 年的干支。这时,依规定 $x=-220$,取 $m=-4$,则 $n=-220-3-60 \times 60 \times (-4)=17$。从表 2-1 中查出,公元前 221 年的干支为庚辰,这正是秦始皇称帝的那一年。

用干支纪日、纪年的同时,我国还用干支纪月、纪时。古人将一昼夜划分为十二个时辰,以十二地支表示:子时(晚上 11—1 点),丑时(1—3 点),寅时(3—5 点),卯时(5—7 点),辰时(7—9 点),巳时(9—11 点),午时(11—午后 1 点),未时(午后 1—3 点),申时(午后 3—5 点),酉时(午后 5—7 点),戌时(晚上 7—9 点),亥时(晚上 9—11 点)。后来又将一个时辰分为初、正两部分,如子初即等于晚上 11 点,子正即等于晚上 12 点。这样就和现在的 24 小时制大体对应起来了。今天我们所说的 1 个"小时",也就是古代半个时辰的意思。中国人习惯上用年、月、日、时来记录人的出生时间,而年、月、日、时的干支名分别由两个字表示,总共八个字,旧时人们常称之为生辰"八字"。这个生辰"八字",只是记录一个人出生的年、月、日、时的干支名,起着纪时的作用,并没有更多的意义。宿命论者认为"八字"决定人的一生命运,这是一种缺乏科学依据的迷信说法。

2.2.2　古巴比伦的楔形数字

古巴比伦人生活在两河流域——"美索不达米亚"(意为两河之间的地方)。两河流域是指发源于现今土耳其境内的底格里斯河和幼发拉底河的广大地区,是今日伊拉克的一部分。大约公元前 30 世纪,两河流域的苏美尔人发明了"楔形"文字,又称"箭头字"。这些文字符号因刻写的轻重不同而成"木楔"的形状，故而得名。古巴比伦最具代表性的《汉谟拉比法典》，全文包括 8000 多个楔形文字。

古巴比伦人的记数系统是六十进制，60 以内的数用简单累加制。所谓"累加制"，是同一单位用同一符号累加，达到较高单位时才换一个新符号。楔形数字 1 ～ 59 如图 2-9 所示。

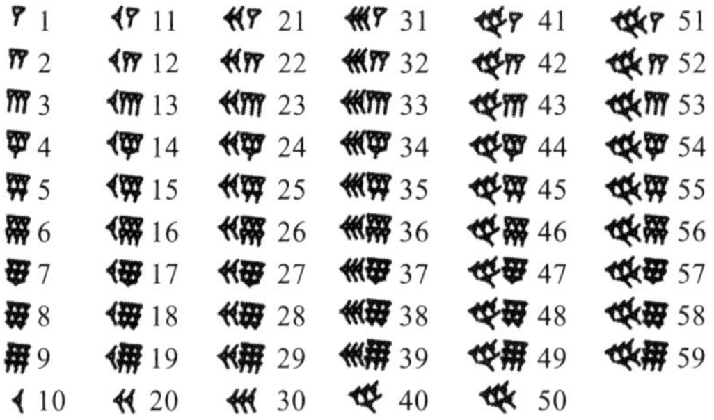

图 2-9　楔形数字 1 ～ 59

在公元前 30 世纪到公元前 20 世纪之间，古巴比伦人发展了应用定位原则的六十进位制的数系。但是，这种数系是不完全的。一方面，60 以上的数依定位原则写出；另一方面，60 以内的数则按照以十进制的简单分群数系写出，例如：

$$524\,551 = 2 \times 60^3 + 25 \times 60^2 + 42 \times 60 + 31 = $$

公元前 300 年之后，古巴比伦人引入零符号，它由两个小的斜楔形符号组成。但它只用于表示在六十进位制的数内的零，而没有用于数尾。例如，在古巴比伦数系中，

$$10\,804 = 3 \times 60^2 + 0 \times 60 + 4 = $$

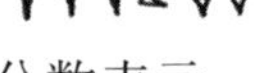

对于小于 1 的数，古巴比伦人用六十进制分数表示，即用 60 乘幂（如 60、60^2 等）的倒数和表示。例如，将 $\frac{1}{8}$ 表示为 $\frac{7}{60} + \frac{30}{60^2}$。

2.2.3　古埃及的象形数字

约公元前 3100 年，古埃及形成了统一的、法老专制的奴隶制国家。截至公元前 332 年古埃及被古希腊所征服，共经历了 30 个王朝，古埃及人主要在尼

罗河中下游的狭长河谷地带活动。大约公元前 3000 年，古埃及人开始使用象形文字，这些文字被刻写在石头、木头和纸草书上。纸草是尼罗河泛滥后所形成的沼泽地中生长的一种植物，很像芦苇。古埃及人把它纵向劈成小条，经蒸制、压平使它们粘在一起连成长幅，卷在杆子上形成卷轴，用作书写的"纸"。因为纸草容易干裂成粉末，不易保存，所以古埃及的纸草书很少保存下来。

　　现在对古埃及数学的认识，主要是从两本纸草书中获得的。一本是保存在莫斯科国立造型艺术博物馆的"莫斯科纸草书"，该书约成书于公元前 18 世纪。另一本是 1858 年由在埃及访问的英国学者莱因德发现的，被称作莱因德纸草书（公元前 1650 年）。莱因德纸草书被认为是古埃及数学最重要的文献来源，1864 年莱因德纸草书被收藏于伦敦大英博物馆。

　　古埃及象形文字的数系不是位值制，该记数系统中的每个数字都由一组符号决定，其数值与所在数字中的位置无关。古埃及象形数字如图 2-10 所示。古埃及人用形如"轭"的符号来表示 10，用一圈绳子表示 100，用一枚莲花表示 1000，用一个指头表示 10 000，用一只青蛙表示 100 000，用举起双臂端坐着的神祇形象来表示 1 000 000。任何数都可以用这些符号相加的方法来表示，其中每一个符号重复必要的次数。例如，13 015 用古埃及象形数字表示为

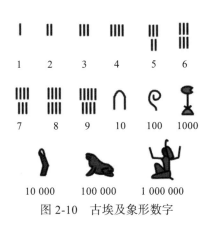

图 2-10　古埃及象形数字

$$13\ 015 = 1 \times 10^4 + 3 \times 10^3 + 1 \times 10 + 5 =$$

另外，古埃及人比较习惯于从右往左写数字，而我们还是按照从左往右的书写习惯来写这个数。

　　在古埃及已经有了分数，但除去几个特殊的分数有单独记法外，其余都是单分数，即分子是 1 的分数，也称单位分数（见图 2-11），其他分数都化为单位分数来进行计算。

$\frac{1}{5}$　　$\frac{1}{7}$　　$\frac{1}{10}$　　$\frac{1}{15}$　　$\frac{1}{20}$

图 2-11　古埃及的分数表示方法

莱因德纸草书的内容涉及各种数学问题，包含分数、代数和金字塔几何学，还有测量、建筑和各种实用数学。书中记载有分数表，记录了分子为 2、分母为 5 至 101 的奇数的所有分数，它们都被表示成单位分数的和，但书中没有记载这种分解是用什么方法进行的。例如：

$$\frac{2}{5} = \frac{1}{3} + \frac{1}{15}, \quad \frac{2}{39} = \frac{1}{26} + \frac{1}{78}, \quad \frac{2}{73} = \frac{1}{60} + \frac{1}{219} + \frac{1}{292} + \frac{1}{365}$$

古埃及人通过逐次加倍的方法来完成乘法、除法运算，例如，要想计算 9×8 就得将其分解为 $[(9 \times 2) \times 2] \times 2$ 或 $9 \times (2+2+2+2)$，做除法时则将除数逐次加倍，使之等于被除数或还余多少的程度即可。

莱因德纸草书上最令人感兴趣的是编号为 79 的问题，这个问题可以说是数学的一个谜题，如图 2-12 所示。现在把它称为"七间房子的故事"："一个庄园有 7 间房子，49 只猫，343 只老鼠，2401 棵麦穗，16 807 赫克特粮食。以表格形式列出上述信息，并包括它们的总数。"书中附有解答：$2801 \times 7 = 19\ 607$，用现在的等比数列求和很容易求出这个答案，但古埃及人在 4000 多年前就掌握了这种特殊的求和方法。

财　产	
房子	7
猫	49
老鼠	343
麦穗	2401
粮食（以赫克特为单位）	16 807
	19 607

图 2-12　莱因德纸草书第 79 号问题

这个有趣的问题也引发了无数后人更多的解读。例如，中世纪数学家斐波那契在《算盘书》（1202 年）中写了这样一个问题："7 个老妇同赴罗马，每人有 7 匹骡，每匹骡驮 7 个袋，每个袋盛 7 个面包，每个面包带有 7 把小刀，每把小刀放在 7 个鞘之中，问各有多少？"

古代俄罗斯民间流传："7 个老头走在路上，每个老头拿着 7 根手杖，每根手杖上有 7 个树杈，每个树杈上挂着 7 个竹篮，每个竹篮里有 7 个竹笼，每个竹笼里有 7 只麻雀，总共有多少只麻雀？"

古老的英国童谣："我赴圣地爱弗西，途遇妇女数有七，一人七袋手中提，一猫七子紧相依，妇与布袋猫与子，几何同时赴圣地？"

更有趣的是，我国古代书籍里也记载了一个很相似的题目："今有出门望有九堤，堤有九木，木有九枝，枝有九巢，巢有九禽，禽有九雏，雏有九毛，毛有九色。问各几何？"

2.2.4 其他文明的记数方法

玛雅文明起源于约公元前 10 世纪，覆灭于约公元 16 世纪。古代玛雅人的数系是 16 世纪在墨西哥被发现的。玛雅文明一直披着神秘的外衣，直到近些年来，玛雅石碑上书写的符号才逐渐开始被解读。玛雅人记数系统是二十进制，20 以内的数也是采用简单累加制。研究认为法定的玛雅年是 360 天，因此其数系本质上是二十进制。古代玛雅数字（见图 2-13）仅用三个符号就组成了所有数字，这三个符号为：贝壳符号（0）、点符号（1）、横线符号（5）。玛雅人用这三个符号就可以演变出数字 0 ~ 19。例如，将 19 写作 3 道横线上另加 4 个点。大于 19 的数字以 20 为权累进，任何数的下方加一个贝壳，就表示这个数扩大到 20 倍。例如，20 就写作一个点（代

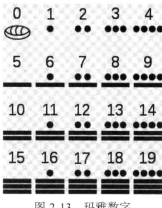

图 2-13 玛雅数字

表 20），下加一个贝壳形；而 33 写作一个点，下加一个 13（3 个点 + 两道横线）。古代玛雅人没有计算符号，其数字是自上而下排列的，图 2-14 是 806 与 16 125 的玛雅记法：

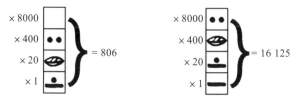

图 2-14 玛雅数字：806 与 16 125

与古代中国、巴比伦、玛雅人不同的是，古罗马的记数法采用的是非进位制。在罗马记数系统里，采用的是五进累加制：Ⅰ—1、Ⅴ—5、Ⅹ—10、L—50、C—100、D—500、M—1000。在表示其他数时，若大单位在左，小单位在右，则表示累加，如Ⅶ（7）；若大单位在右、小单位在左，则表示减法，如Ⅳ（4）。我们比较熟悉的罗马数字 1 ~ 9 为 Ⅰ—1、Ⅱ—2、Ⅲ—3、Ⅳ—4、Ⅴ—5、Ⅵ—6、Ⅶ—7、Ⅷ—8、Ⅸ—9，它们现在仍出现在钟表表盘上，用来表示时数。

罗马数字系统里没有表示零的数字，据说当 0 通过阿拉伯传入欧洲时，受到了罗马教会的反对。教皇认为：罗马数字是上帝创造的，不允许 0 的存在，这个邪物加进去会玷污神圣的数。一位罗马学者因偷偷地传播 0 而被教会投入监狱，施以酷刑，结果惨死狱中。由于罗马数字里面没有 0，在表达大数时很不方便。例如，151 记为 CLI，1515 记为 MDXV，2021 记为 MMXXI，2869 记为 MMDCCCLXVIIII。罗马数字因书写复杂，后人很少采用。但在钟表表盘、公共纪念性建筑及电视节目制作年份中仍然可以看到罗马数字的应用。

我们现在常用的阿拉伯数字 0,1,2,3,4,5,6,7,8,9 实际上是印度人创造的。古印度地处印度河、恒河的两河流域的南亚次大陆及其邻近的岛屿，其文明是在农业发达的基础上发展起来的。古印度人一开始使用的就是十进制，早在公元前 1200 年，古印度的《吠陀经》里面就记载了有关十进制数字的计算。而在公元前 3 世纪古印度的一些石刻上可以找到数的记号，并且数 1, 2, 3, …, 9 都有了单独的记号，不过当时还没有出现 0（见图 2-15）。

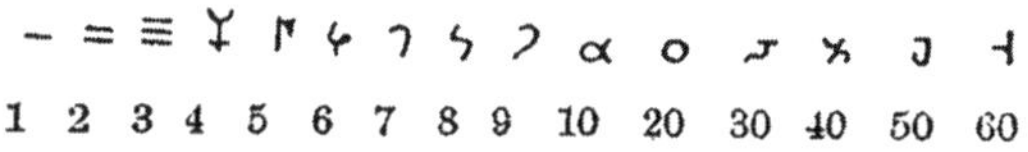

图 2-15　公元前 3 世纪左右的印度婆罗门数字

后来印度人又正确使用了零，并在这个基础上形成了整套计算法则。"印度 - 阿拉伯数字"及其记数制后来经由阿拉伯传到西方并传遍世界。

据考查，世界上大多数地区采用的是十进位制。美国数学家易勒斯曾对美洲原住民各族的 307 种记数系统进行调查，结果显示，其中 146 种采用十进制，106 种属于五进制或二十进制，其余 55 种则采用其他不同的进位制。与古代其他民族相比，中国古代创造的十进位值制的算筹记数法，是最先进、最美妙的。中国科技史专家李约瑟指出："在商代甲骨文中，十进位制已经明显可见，它比古巴比伦和古埃及的数字系统更为先进。虽然古巴比伦和古埃及的数字系统均具有进位概念，但中国商代创造的十进位值制算筹体系取得了巨大进步——仅用不超过 9 个算筹符号即可表示任意量值。"这也促进了我国古代数学算法的快速发展。

最后，图 2-16 展示了世界几个主要早期文明的"记数系统"，以供参考[⊖]。

　　⊖　图片来源：李文林的《文明之光——图说数学史》（山东教育出版社，2005）。

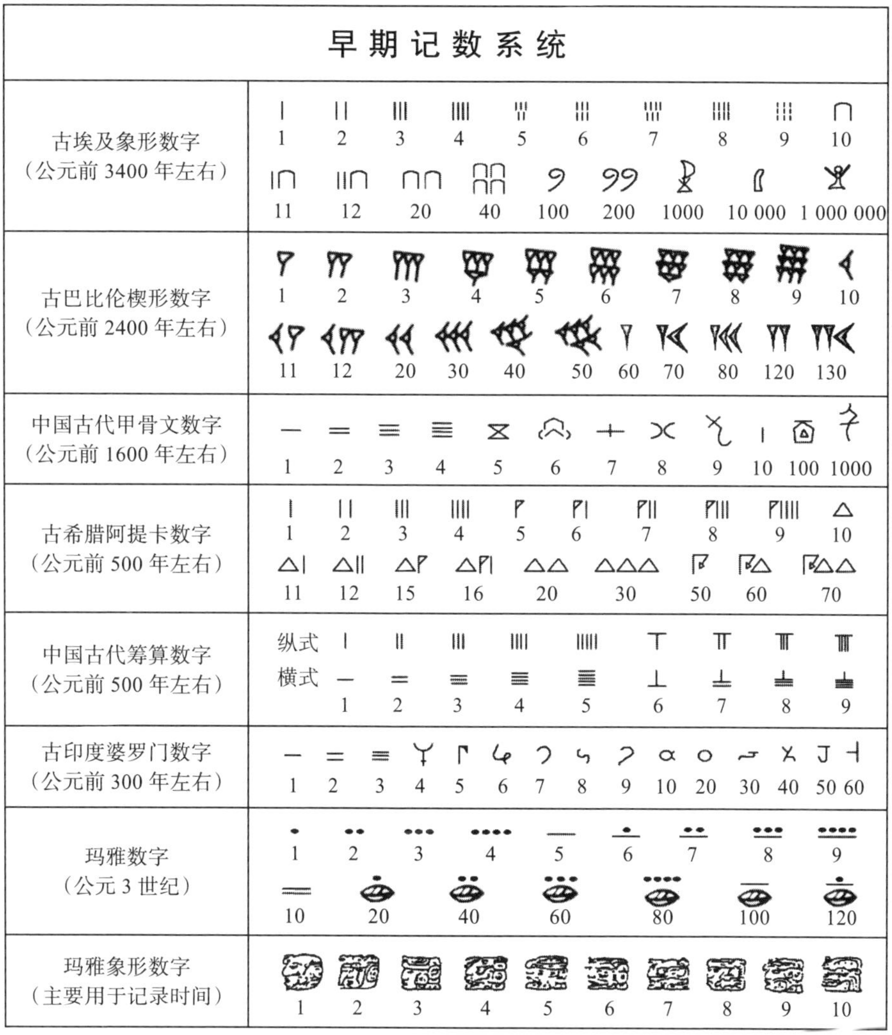

早 期 记 数 系 统

古埃及象形数字 （公元前 3400 年左右）	1	2	3	4	5	6	7	8	9	10
	11	12	20	40	100	200	1000	10 000	100 000	1 000 000
古巴比伦楔形数字 （公元前 2400 年左右）	1	2	3	4	5	6	7	8	9	10
	11	12	20	30	40	50	60	70	80	120	130
中国古代甲骨文数字 （公元前 1600 年左右）	1	2	3	4	5	6	7	8	9	10	100	1000
古希腊阿提卡数字 （公元前 500 年左右）	1	2	3	4	5	6	7	8	9	10
	11	12	15	16	20	30	50	60	70
中国古代筹算数字 （公元前 500 年左右）	纵式 横式	1	2	3	4	5	6	7	8	9
古印度婆罗门数字 （公元前 300 年左右）	1	2	3	4	5	6	7	8	9	10	20	30	40	50	60
玛雅数字 （公元 3 世纪）	1	2	3	4	5	6	7	8	9
	10	20	40	60	80	100	120
玛雅象形数字 （主要用于记录时间）	1	2	3	4	5	6	7	8	9	10

图 2-16　早期记数系统

2.3　神秘的数字

　　早期人类对自然的认识是有限的，缺乏可靠的经验来认识和改造自然，他们怀着对世界万物的敬畏感和神秘感，往往借助数字——这个思维的抽象物，来解释世界上无法理解或控制的各种现象。在古巴比伦文化早期，数字 7 有着神秘的力量：一周 7 天、7 阵风、7 个神、7 个魔鬼、7 颗行星、地球有 7 个区域、神庙有 7 级台阶等。古希腊的毕达哥拉斯学派最早赋予了数字神秘特性，他们用"万物皆数"的哲学观来解释自然现象。在古代，很多国家和民族都利用数字的神秘特性来预测事物的未来。于是神秘数就被不断用于占卜、祈祷或其他宗教活动中，通过宗教、神话来影响人类的生活，甚至一度成为治国的工具。

2.3.1 中华文化的源头——河图与洛书

在中国古代，与数字相关的两幅神秘图案——河图与洛书，历来被认为是中华文明的源头，被誉为"宇宙魔方"。相传，上古伏羲氏时代，洛阳东北孟津县境内的黄河中浮出龙马，它背负"河图"，并将其献给伏羲。伏羲依此而演成八卦，后为《周易》来源。又相传，大禹治水时，洛阳西洛宁县洛河中浮出神龟，它背驮"洛书"，并将其献给大禹。大禹依此治水成功，遂划天下为九州。又依此定九章大法，治理社会。《易·系辞上》说："河出图，洛出书，圣人则之。"这暗示河图、洛书同属天生神物，其兆象可以预示天地变化和吉凶利害，是圣人治世的准则。《算法统宗》中的河图与洛书如图 2-17 所示。

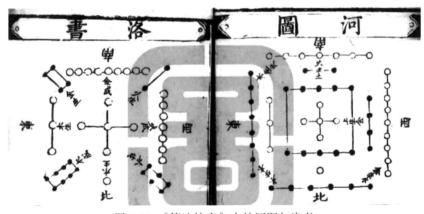

图 2-17 《算法统宗》中的河图与洛书

河图（见图 2-18a）是由十个黑白圆点排列而成的数字方阵，其形态常常让人想到古代的八卦图。有人提出，河图乃是上古星图，河图之中藏有宇宙的奥秘，河图之河，乃是宇宙银河！河图最初的原型是一条白色旋转的龙，它将银河画成白龙，围着中心点——北极星旋转，后来演变为一黑一白的两条龙，最终成为大家都非常熟悉的阴阳太极图。河图本是星象，故在天为象，在地成形。有天为象也就是二十八星宿，在地成形则是青龙、白虎、朱雀、玄武四象。河图四象、二十八宿俱全，其布置形意，上合天星，下合地理，且埋葬时已知必被发掘。1987 年，河南濮阳西水坡发掘出一座形意墓，它距今已有约 6500 多年。墓中用贝壳摆绘的青龙、白虎图像栩栩如生，与近代几无差别。这可说明"河图乃上古星图"其言不虚。

洛书（见图 2-18b）是由 9 个数字组成的方阵，其特点是纵、横、斜三条线上的三个数字之和都等于 15。明代程大位（1533—1606）的《算法统宗》中，洛书被表示为图 2-17 中的形式。有人认为洛书其实是脉络图，是表述天地空间变化脉络的图案，其实洛书表达的内容是空间，包括整个水平空间、二维空间以及东南西北方向。无独有偶，也许是机缘巧合，或者冥冥之中自有天意。在 1987 年出土的安徽含山龟腹玉片上，又发现了洛书图像，距今约 5000 多年。自此，神话传说中的河图洛书竟然真的出现在了世间。这表明，那时人们已精通天地物理、河图洛书之数了。

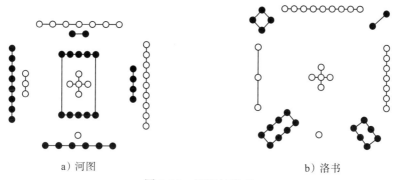

a）河图　　　　　　　　　　　　b）洛书

图 2-18　河图与洛书

洛书上的数字常常用九宫图表示（见图 2-19a），有时又称为数字幻方，或幻方，自古以来也是人们娱乐或研究的游戏。古人曾用诗歌描述九宫的数字规律："四海三山八洞仙，九龙五子一枝莲；二七六郎赏月半，周围十五月团圆。"而在金庸小说《射雕英雄传》中也有一段情节：

那女子（瑛姑）沮丧失色，身子摇了几摇，突然一跤跌在细沙之中，双手捧头，苦苦思索，过了一会，突然抬起头来，脸有喜色，道："你的算法自然精我百倍，可是我问你，将一至九这九个数字排成三列，不论纵横斜角，每三字相加都是十五，如何排法？"黄蓉心想："我爹爹经营桃花岛，五行生克之变，何等精奥？这九宫之法是桃花岛阵图的根基，岂有不知之理？"当下低声诵道："九宫之义，法以灵龟，戴九履一，左三右七，二四为肩，六八为足，五居中央。"边说边画，在沙上画了一个九宫图。

4	9	2
3	5	7
8	1	6

a）三阶幻方（九宫图）

16	2	3	13
5	11	10	8
9	7	6	12
4	14	15	1

b）四阶幻方

图 2-19　数字幻方

黄蓉又笑道："不但九宫，即使四四图，五五图，以至百子图，亦不足为奇。就说四四图吧，以十六字依次作四行排列，先以四角对换，一换十六，四换十三，后以内四角对换，六换十一，七换十。这般横直上下斜角相加，皆是三十四。"那女子依法而画，果然丝毫不差。

显然，古人常将河图、洛书与数字联系在一起。实际上，九宫格除了大家常知道的一些性质外，它还有一个少为人知的特性，我们称之为"平方回文特性"。如果把各行与各列的三个数字分别看作三位数，然后求平方和，就会发现有趣的现象：

$$492^2+357^2+816^2=294^2+753^2+618^2$$
$$438^2+951^2+276^2=834^2+159^2+672^2$$

而某些"对角线"也具有类似的现象，如 $456^2+312^2+897^2=654^2+213^2+798^2$，是不是很神奇！而四阶幻方也有一些有趣的特点，在图 2-19b 的四阶幻方中，所有行、列的和以及对角线的和都是 34，同时幻方中所有的 2×2 正方形、中间四格、幻方的四个角中的 4 个数字之和也是 34。

如果传说中的河图与洛书就是八卦图与九宫格，那么其中的数字组合就更为巧妙。我们知道，古典名著《易经》是利用爻卦的变化来预测吉凶的，"爻"字包含交错变动的意思，是卦的基本符号，分别用"—"与"– –"表示阳爻和阴爻，合称"两仪"。每次取两个排列，就有四种组合，称作"四象"。每次取三个排列，就有八种不同的组合，就是"八卦"，如图 2-20 所示。八卦中的每一个卦面相应的名称叫乾、坤、震、巽、坎、离、艮、兑，依次象征天、地、雷、风、水、火、山、泽。将八卦中每两个卦叠合，又组成六十四别卦。《易经》就是针对这些别卦进行"卦辞"解释的。由八卦演变而成的六十四别卦也各有象征意义，并逐一解说，预卜吉凶。

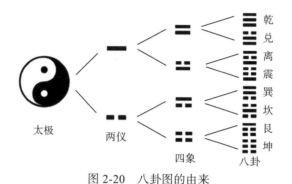

图 2-20　八卦图的由来

在太极八卦图（见图 2-21）中，按照中国经典的"九六"说——每个阳爻代表数字 9，每个阴爻代表数字 6，那么在相对称的两个卦象中，如乾与坤，其象数之和均为 45，这是一种十分均衡的数字配置，而它与洛书中 1 至 9 的数字之和又恰恰相等。这种巧妙的配置不可能只是巧合，而是一种精细设计的结果。洛书中组成中间十字交叉的 5 个数字都是奇数，奇数代表"阳"；而四个角上的数都是偶数，偶数代表"阴"，这幅图也预示着宇宙的阴阳和谐和平衡。

图 2-21　太极八卦图

一个有趣的事是，17 世纪的德国数学家莱布尼茨在发明了二进制数之后，曾尝试用二进制数对中国的六十四别卦做出解释。大约在 17 世纪 70 年代，莱布尼茨发明了二进制算术，给出了用 0，1 表示的二进制数，并规定了二进制数改写为十进制数的法则，以及二进制数的加法、乘法与除法运算法则。1701 年，在中国传教的法国传教士白晋将宋代邵雍绘制的六十四别卦图送给了莱布尼茨。莱布尼茨惊奇地发现，古老的易图可以解释成 0 至 63 的二进制数表。此后，莱布尼茨在 1703 年完成了论文"关于仅用 0 与 1 两个记号的二进制算术的说明，并附其应用以及据此解释中国古代伏羲图"。图 2-22 是宋代邵雍六十四卦圆图的二进制数译图[一]。

图 2-22　宋代邵雍六十四卦圆图的二进制数译图

2021 年 7 月，第十四届国际数学教育大会在上海召开，其会议标志充分彰显了我国传统数学文化特色（见图 2-23）。会标的基本设计思想来自河图，会标中位于中心的弦图替代了河图中心的五个点，弦图外的圆圈表示河图中的带十个点的圈。在此圈外侧画了阴、阳两个外切的左旋悬臂，分别代表原来河图上的阴数（偶数）和阳数（奇数），但会标只突出上方的阴数 2 和阳数 7 的点列。2 和 7 之积是 14，表示大会的届数。弦图是三国时期的

图 2-23　ICME-14 会标

──────────
㊀　图片来源：吴文俊. 世界著名数学家传记（上）. 北京：科学出版社，1995. P598.

数学家赵爽给出的勾股定理的一个绝妙证明，现在是中国数学会的徽标。画面右下方标明"ICME-14"，它下方的"卦"是用中国古代八进制的记数符号写出的八进制数字 3745，换算成十进制就是 2021，表示开会的年份。螺线的运用巧妙地体现了现代教学理论中的"螺旋式上升"理念。主画面以"S"形呈现，既象征着会议举办地在上海（Shanghai），又展现出一种向前的动感，寓意中国张开双臂，热情欢迎来自世界各地的与会者，同时也代表中国向世界开放的姿态。在这个会标中，数学元素无处不在，画面非常具有几何美感，主画面由圆和螺线组成，中心对称，会标充分展示了中国古代数学的灿烂文化。

2.3.2 来自西方的神秘数字

1. 金字塔里的神秘数字——142857

"142857"这串数字出自古埃及的金字塔。有着"世界七大奇迹"之一美称的金字塔，同时也是当今世界上最为神秘的建筑之一，一直给世界带来不少令人惊奇的宝藏。金字塔留给人们很多神奇的未解之谜，比如 142857，它又被称为"走马灯数"。如果我们将"142857"分别和 1 ~ 6 的数字相乘，神奇的事情就发生了，如图 2-24 所示。就像走马灯中"人骑着马的图像反复地出现在人们的视野中"那样，"1，4，2，8，5，7"这六个数字也反复规律地出现，这一发现着实令人

1 × 142857=142857
2 × 142857=285714
3 × 142857=428571
4 × 142857=571428
5 × 142857=714285
6 × 142857=857142

图 2-24 走马灯数

惊叹不已。当我们继续进行乘法运算，将这个数字与 7 相乘时，一件神奇的事情发生了：142857 × 7=999999。在中国的传统中，我们对"9"这个数字有着非常特殊的解释——人们常说"九九归一"。这一理念与数字 142857 的乘法规律不谋而合：一个星期有七天，当将 142857 自我累加（通过与 1 ~ 7 相乘）时，前六天得到的是六个数字的组合，而到了第七天，结果就是 999999，即数字 142857 前六天都"上班"，只有第七天休息，其他的数字"放假"，每个星期一个轮回。如果仔细研究，还会发现很多有趣的事情。例如，369 并不在这个神奇的数组之中。如果说，142857 是我们三维世界中最神奇的数字，那么 369 或许是通往更高维度的钥匙！

2. "圣经数"153

如果你问大家自己的幸运数字是什么，答案肯定五花八门，例如，3, 6, 8, 9,

5, 520, 1314, …。要是有人面露微笑报出一个 153 来，你也不会感到惊讶，只是会在心底想：这位肯定是基督徒。理由很简单，因为 153 是圣经数。

这个数字的名称出自圣经，因此"153"后来便被称为"圣经数"。颇具数学眼光的科恩立刻对 153 产生了兴趣。他发现，153 具有一些有趣的性质：

（1）$153=1+2+3+\cdots+17$，$153=1!+2!+3!+4!+5!$，$153=1^3+5^3+3^3$。

（2）153 数字游戏：任取一个是 3 的倍数的自然数，然后进行如下变换。把该自然数所包含的各位数字的立方相加，其和再作为变换后的新数字。反复进行上述变换，经过有限次以后，结果必然达到 153。例如，对 24 进行变换，过程是：$24 \rightarrow 72 \rightarrow 351 \rightarrow 153$。对 123 进行变换，过程是：$123 \rightarrow 36 \rightarrow 243 \rightarrow 99 \rightarrow 1458 \rightarrow 702 \rightarrow 351 \rightarrow 153$。

数学人士开始思考如何给科恩的发现以严格的数学证明。最终，英国学者奥皮亚奈（T. H. O'Beirne）圆满完成了这一证明。

3. 最有名气的数字黑洞：冰雹猜想

1976 年的一天，《华盛顿邮报》于头版头条报道了一条数学新闻。文中记叙了这样一个故事：20 世纪 70 年代中期，美国各大名牌大学的校园内，人们都仿佛陷入了一种狂热之中，夜以继日、废寝忘食地玩一个数学游戏。这个游戏十分简单：任意写出一个自然数 N（$N \neq 0$），并且按照以下的规律进行变换：

（1）如果 N 是奇数，则下一步变成 $3N+1$。

（2）如果 N 是偶数，则下一步变成 $N/2$。

不单单是学生，甚至连教师、研究员、教授与学究都纷纷加入。为什么这个游戏的魅力经久不衰？因为人们发现，无论 N 是怎样一个非零自然数，最终都无法逃脱回到谷底 1。准确地说，是无法逃出落入底部的 4-2-1 循环，永远也逃不出这样的宿命。

这就是著名的"冰雹猜想"，其得名与冰雹的形成过程有着异曲同工之妙。大家知道，小水滴在高空中受到上升气流的推动，在云层中忽上忽下，越积越大并形成冰，最后突然落下来，变成冰雹。"冰雹猜想"就有这样的意思，它算来算去，数字上上下下，最后一下子像冰雹似的掉下来，变成一个数字 1（见图 2-25）。

冰雹猜想最大的魅力在于其不可预知性，数字 N 的转化过程变幻莫测，有些平缓温和，有些剧烈沉浮，但都无一例外地会坠入 4-2-1 的谷底，这好比是一个数学黑洞，将所有的自然数牢牢吸住。有人把冰雹路径比喻为一棵参天大树，下面的树根是连理枝 4-2-1，而上面的枝枝叶叶则构成了一个奥妙的通路，把一切（非零）自然数统统都覆盖了，这个连小学生都看得懂的问题，迄今为止却没有任何数学手段和超级计算机可以证明其普遍性，尽管目前已经证实的数字达到 10^{18}。

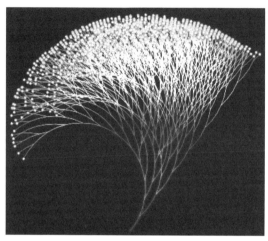

图 2-25　冰雹猜想（见彩插）

这个猜想还有很多其他的名称，如考拉兹猜想、$3n+1$ 猜想、乌拉姆猜想、哈斯算法、叙拉古问题等。尽管考拉兹猜想尚未得到正式证明，但大多数数学家仍然相信它是正确的，所有实验证据和概率启发式论证都强烈支持这个猜想是成立的。这一问题最新的研究是由著名的数学家陶哲轩做出的，他取得了"最接近考拉兹猜想"的结果。在 2019 年 9 月，陶哲轩在博客上发文称，他证明了考拉兹猜想对于"几乎"所有数"几乎"都是正确的。这一成果已经是过去几十年来该问题取得的最大进展。

第 3 章

古希腊数学

> 世界上曾经存在 21 种文明，但只有希腊文化转变为现代的工业文明，究其原因，乃是数学在希腊文明中提供了工业文明的要素。
>
> ——汤因比

> 如果不知道古希腊各代前辈所建立和发展的概念、方法和结果，我们就不可能理解近年来数学的目标，也不可能理解它的成就。
>
> ——外尔

半费之讼

古希腊有一个名叫欧提勒士的人，他十分仰慕当时著名的辩者普罗泰戈拉，于是拜他为师学习法律。在欧提勒士刚进门的时候，辩者普罗泰戈拉和他订了合同，告诉欧提勒士，现在不收他学费，等到毕业时付一半学费，另一半学费则等欧提勒士毕业后头一次打赢官司后再付给他。欧提勒士同意了。

可是，让辩者普罗泰戈拉没想到的是，欧提勒士在毕业后并没有投身到律师行业中去，从来不打官司。这样一来，当时约定好的一半学费自然也就不了了之了。最后，普罗泰戈拉等得不耐烦了，于是向法庭状告欧提勒士，他提出了一个二难推理：如果欧提勒士这场官司胜诉，那么，按合同的约定，他应付给我另一半学费；如果欧提勒士这场官司败诉，那么按法庭的判决，他也应付给我另一半学费；他这场官司不管是胜诉还是败诉，都要付给我另一半学费。

欧提勒士在接到法院的传票后，当然也听说了老师提出的这个"二难推理"。欧提勒士不愧是普罗泰戈拉的高徒，他以老师之道还治老师之身。针对老师的二难推理，他也提出一个相反的二难推理：如果我这场官司胜诉，那么，按法庭的判决，我不应付给普罗泰戈拉另一半学费；如果我这场官司败诉，那么，按合同的约定，我也不应付给普罗泰戈拉另一半学费；无论我是胜诉还是败诉，都不用付给他另一半学费。

据说，这场官司当时可难倒了法官，使得法官无法做出判决。

如果说逻辑推理是在与诡辩的长期斗争中逐渐发展起来的。那么，古希腊的数学就是一些思想家为了追求精神满足、探寻真理和相互辩论的结果。这种求真求实、打破砂锅问到底的理性精神，最终造就了古希腊独特的论证数学，从而在数学界独领风骚数千年。

数学史家莫里斯·克莱因曾说：数学作为一门有组织的、独立的和理性的学科，在公元前 600 年到公元前 300 年之间的古希腊学者登场之前是不存在的。但在更早期的一些古代文明社会（如古巴比伦、古埃及）中已产生了数学的开端和萌芽。从公元前 6 世纪开始，古希腊数学家在继承和发展古巴比伦和古埃及数学的基础上，推动了数学向演绎数学的新阶段迈进。到公元前 300 年左右，随着古希腊数学著作《几何原本》的问世，数学正式成为科学史上第一门演绎科学。数学史家希思说："对于数学家来说，最重要的莫过于数学的基础。而这个基础相当大的一部分来自希腊，是古希腊人建立了基本原则，发明了第一性原理，并修正了基本术语。简言之，无论现代数学分析带来或将要带来什么新的内容，数学归根到底是希腊人的科学。"

古希腊是继中国、印度、巴比伦、埃及之后世界文明的又一发源地，自公元前 6 世纪起，古希腊数学开始走上独立发展的道路。在长达一千年的时间里，古希腊数学可分为两个不同的发展时期：

- 古典时期（约公元前 6 世纪至公元前 4 世纪末）。这一时期的哲学研究推动了论证数学的诞生，创立了朴素的公理化方法和逻辑推理规则，奠定了初等几何的理论体系基础。
- 亚历山大时期（约公元前 4 世纪至公元 6 世纪）。在亚历山大前期，欧几里得完成了《几何原本》；阿基米德最早求出球的体积公式；阿波罗尼奥斯完成了《圆锥曲线论》。在亚历山大后期，三角学和代数学得到了发展，如托勒密的《至大论》、丢番图的《算术》等。与此同时对前人研究成果进行了一些注释和整理，这对传承古希腊前期的数学成果起到了积极的作用。

3.1　毕达哥拉斯与勾股定理

3.1.1　毕达哥拉斯的"万物皆数"

　　毕达哥拉斯（约公元前580—约公元前500）出生在爱琴海萨摩斯岛上一个富裕的宝石雕刻工匠家庭，从小他就爱好数学和音乐。青年时代在埃及、巴比伦多年，曾就学于爱奥尼亚学派，学习了东方文明古国的数学、天文学和宗教知识。在经历了近20年"苦行僧"的游学生涯后，毕达哥拉斯返回国内，他创立了集政治、学术、宗教于一体的团体，被人称为"毕达哥拉斯学派"。毕达哥拉斯学派是以贵族式的观念形态为基础的，与当时萨摩斯岛的古希腊民主制的观念形态形成尖锐的对立，是具有神秘主义宗教色彩的组织。这个学派的主张和观念曾引起萨摩斯岛公民的不满情

毕达哥拉斯

绪，毕达哥拉斯为了避开舆论风波，只好离开故乡，逃往希腊移民聚居的亚平宁半岛，并定居在克罗托内城，重新建立学派。由于毕达哥拉斯与贵族党结盟，参与政治活动，后来遭到民主党势力的反对，最终不幸被杀害。他死后，其门徒散居到希腊其他学术中心，继续传承他的学说达200年之久。

　　毕达哥拉斯学派发现，物质世界中各种各样的现象都显示出相同的数学特征，他们在数与数量关系的研究中发现了各种现象的本质。于是，毕达哥拉斯学派提出了他们的哲学观点"万物皆数"，即世界上的一切事物都可以表现为数，把抽象的数作为万物的本原。

　　例如，毕达哥拉斯学派将1, 1+2, 1+2+3, …称为三角形数，并给出了正方形数，五边形数等数的概念（见图3-1），这样他们就巧妙地将形与数联系在了一起。如果将三角形数的图形补画成菱形，那么图中的点数之和便是高斯使用的等差级数公式 $1+2+3+\cdots+n=\dfrac{n(n+1)}{2}$。还有许多关于多边形数的有趣结论，可以很容易通过相应数的图形表示来得到证明。例如，任何正方形数都是两个相继的三角形数之和；第 n 个五边形数等于 n 加上第（$n-1$）个三角形数的三

倍；从 1 开始的任意多个相继的奇数之和都等于一个正方形数；等等。这些多边形数，借助于形的直观形象，找到了自然数序列构成的级数公式或规律。它是人类早期用形来认识数的成功范例。

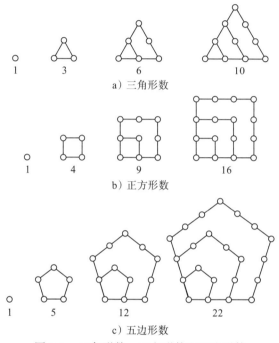

a）三角形数

b）正方形数

c）五边形数

图 3-1　三角形数、正方形数和五边形数

　　除了图形表示数以外，毕达哥拉斯学派还赋予单个属性值以十分有趣的类比和解释。例如，"1"代表理性，因为理性只能产生于一个连续的整体；"2"代表观点；"4"代表正义；"5"是婚姻的象征，因为它是第一个奇数与偶数之和（他们认为，偶数代表女性，奇数代表男性）；"7"代表健康；"8"代表爱情和友谊；"10"是一个理想数，因为它是连续 4 个整数 1、2、3、4 的和。此外，他们还定义了"完全数"，即等于它的真因子之和的数。例如，6 的真因子为 1、2、3，而 1+2+3=6；常被用于占卜的完全数是 28，当时人们认为月亮绕地球一周为 28 天，而 28=1+2+4+7+14，这样的发现带来了许多的神秘色彩。还有"亲和数"，图 3-2 所示的亲和数为 220 和 284。220 的真因子之和：1+2+4+5+10+11+20+22+44+55+110=284；而 284 的真因子之和：1+2+4+71+142=220。他们

认为这两个数充满着爱情的味道，你中有我，我中有你，宛如一对恋人，两者彼此"含情脉脉"！据说有人问毕达哥拉斯结交朋友时是否有数的作用，毕达哥拉斯回答说："朋友是你的灵魂的情影，要像 220 和 284 一样亲密，什么叫朋友？就像这两个数，一个是你，另一个是我。"

有一部名为《牵牛花开的日子》的电视剧，它讲述了一个男孩的成长历程。剧中的男女主角分别被称为"284 男孩"和"220 女孩"。他们之间那感性而凄美的爱情故事，竟然与古希腊的毕达哥拉斯有着不解之缘，源于 220 和 284 这两个数字之间的特殊关系。

图 3-2　亲和数：220 和 284

毕达哥拉斯学派还把音乐归结为"数"，他们发现了如下事实：一根拉紧的弦发出的声音取决于弦的长度；每根长度成整数比的弦，则会发出和谐的声音。例如，当长度比例为 1∶1 时，产生的是同音；当长度比例为 2∶1 时，产生的是八度和音；当长度比例为 2∶3 时，产生的是纯五度和音；当长度比例为 3∶4 时，产生的是四度和音。这种以数学方式研究音乐的行为看上去似乎无足轻重，但它一直被视为人类第一次利用数字推出某些科学法则的尝试，因此是科学发展史上的一个重要里程碑。从此以后，定量研究登上了历史舞台。

此外，毕达哥拉斯学派将行星的运动也简化为数量的关系。他们认为物体在空间中运动会产生声音。运动较快的物体比运动较慢的物体发出的音调要高，行星与地球的距离越大，则行星的运行速度也越快。然而由于宇宙本身蕴含着和谐之美，这种"天体音乐"实际上是一种"和谐之音"，虽然我们无法听到，但它就像琴弦的和声一样，是数量关系的一种简化体现，因此行星的运动也可以归结为"数"。

这样，毕达哥拉斯学派就把算术（作为数的理论）、音乐（作为数的应用）、几何学、天文学称为"四艺"，将其作为学派的研究领域。这一"毕达哥拉斯四艺"传统一直持续到中世纪，还通行于欧洲教育体制里。

3.1.2　勾股定理

勾股定理是人类认识最早、关注最多、应用最广的一个定理，享有"千古第一定理"的美誉。虽然迄今尚无证据可以直接表明第一个给出勾股定理证明的是毕达哥拉斯，但西方各种文献都把这一定理称为毕达哥拉斯定理。

据说毕达哥拉斯是在参加一次朋友的宴会上发现这个定理的（见图 3-3）。相传在 2500 年前的一天，毕达哥拉斯应邀参加一位富有政要的餐会。这位主人宫殿般豪华的餐厅铺着令人赏心悦目的正方形大理石地砖。由于丰盛的餐宴迟迟未能上桌，一些饥肠辘辘的贵宾在一旁颇有微词，但唯有毕达哥拉斯略显得与众不同。这位善于观察和探索的数学家正在专心致志、若有所思地凝视着脚下这些排列规整、华丽肃穆的方形瓷砖。然而，吸引毕达哥拉斯的不只是欣赏美丽瓷砖所产生的愉悦感，各块瓷砖的组合与"数"之间的奇妙关系更吸引了他的注意。只见毕达哥拉斯迅速拿起画笔，蹲在地上，选了一块瓷砖，以它的对角线为边画出一个正方形，他发现这个正方形的面积恰好等于两块瓷砖的面积之和。

图 3-3　瓷砖上的勾股定理

这一发现令他更加好奇……于是当他再以两块瓷砖拼成的矩形之对角线作另一个正方形时，他发现这个新正方形的面积恰好等于 5 块瓷砖的面积，也就是以两股为边作正方形的面积之和。至此，经过认真求证的毕达哥拉斯给出了一个大胆的假设：任何直角三角形，其斜边的平方恰好等于另两边的平方和。

当然，我们现在不能确认这个定理是毕达哥拉斯证明的，还是这个学派后来的学者证明的。但据传，毕达哥拉斯找到了勾股定理的证明后，欣喜若狂，杀了一百头牛来祭神。由此，这个定理又有"百牛定理"之称。事实上，在中国古代的《周髀算经》一书中，就记载了勾股定理，"……故折矩，以为勾广三，股修四，径隅五。"在书中另一处叙述了勾股定理的一般形式："……以日下为勾，日高为股，勾股各自乘，并而开方除之，得邪至日。"而在公元 3 世纪初，我国数学家赵爽在《周髀算经注》中给出了勾股定理的一般形式和几何证明。

此外，毕达哥拉斯三元数组在古巴比伦楔形文字泥板上就已经出现了，该泥板文书现存于美国哥伦比亚大学。这块名为"普林斯顿 322 号"的泥板文书（见图 3-4）的历史大约可追溯到公元前 1900 年至公元前 1600 年。除此之外，在古印度建造祭坛时也应用了毕达哥拉斯定理。总之，有了勾股定理，毕达哥拉斯学派能够从细节上更深入地研究数与形之间的联系，并发现更多创造性的结果，无理数的发现就是其中之一。

图 3-4　古巴比伦泥板文书"普林斯顿 322 号"

3.1.3　无理数与黄金分割

对勾股数的深入研究，使毕达哥拉斯学派发现了无理数。毕达哥拉斯学派倡导的"万物皆数"主要是指有理数，即可通约的数，但毕达哥拉斯学派的一个门徒希帕索斯发现，正方形对角线与边长之比是一个不可通约的数，即无理数。

从后来亚里士多德的记述中可以了解到，等腰直角三角形的斜边是无理数的证明是毕达哥拉斯学派给出的，运用的是归谬法。对于这一事实，欧几里得在《几何原本》里给出了证明。我们可以这样重新表述：

在单位正方形（见图 3-5）中，设其边长为 1，并设对角线 $d = \dfrac{m}{n}$，假定 m

与 n 没有公约数，则 m 与 n 中至少有一个是奇数。根据毕达哥拉斯定理，有 $1^2 + 1^2 = 2 = d^2 = \dfrac{m^2}{n^2}$，所以 $m^2 = 2n^2$ 是偶数，从而 m 必为偶数，于是 n 是奇数。设 $m=2p$，则 $4p^2 = 2n^2$，又有 $n^2 = 2p^2$。由上述讨论，可知 n 为偶数。这就导致了矛盾。于是古希腊人称这种数为不可通约量，即指今天的无理数。

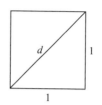

图 3-5　单位正方形

在古希腊几何学家试图构造正五边形时，也曾遇到过另一个有趣的无理数——黄金分割数。要作出正五边形，只要能构造出 36° 的角即可，因为这个角的二倍（即 72° 的角）正好是圆内接正五边形一边所对的圆心角。于是问题转化为构造顶角为 36° 的等腰三角形。如图 3-6 所示，设 AC 平分底角 $\angle OAB$。这时，$OC=AC=AB$，且 $\triangle BAC$ 与 $\triangle AOB$ 相似。设 $OA=1$，$AB=x$，于是有 $\dfrac{AB}{BC} = \dfrac{OA}{AB}$，即 $\dfrac{x}{1-x} = \dfrac{1}{x}$，即 $x^2 + x - 1 = 0$，由此得到 $x = \dfrac{\sqrt{5}-1}{2}$。在数学中，无理数 $\dfrac{\sqrt{5}-1}{2} \approx 0.618$ 称为"黄金比"。

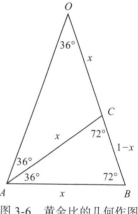

图 3-6　黄金比的几何作图

毕达哥拉斯学派对正五边形有着深入的研究，并把正五角星作为其团体的象征。五角星之所以给人以美感，是因为其各部位比值中多次出现黄金分割数。五角星的边互相分割为黄金比，不论是横向还是竖向看，它都是匀称的，这都反映了五角星中的黄金分割美。所以，毕达哥拉斯学派对这个数肯定也是非常了解的。

黄金分割数在艺术中与美有着不解之缘。在雅典城内至今保存着一座公元前 5 世纪的神庙，它的宽和高的比是按黄金分割数设计的。以至于艺术家画的人像以及雕塑像，大多数是以这个为比例。古希腊人认为一个拥有完美体型的人，其肚脐位置能把人体从头到脚进行"黄金分割"。如图 3-7a 所示，这座断臂维纳斯雕像是举世公认的女性人体美的典范，有人认为这是因为她完全符合黄金分割的人体美比例关系。黄金分割的比例关系是 1 ∶ 0.618，把它用在人体上，就是将人体分为上下两个部分，其分界点正位于肚脐，使得人体上下两部分的比例正好是 0.618 : 1，展现出匀称之美。在著名画家达·芬奇的名画《蒙娜丽莎》（见图 3-7b）里，也巧妙地融入了黄金分割比例，蒙娜丽莎的脸型接近于黄金矩形，头宽和肩宽的比例接近于黄金分割比例。如果我们画一条黄金螺旋，这条黄金螺旋可以经过蒙娜丽莎的鼻孔、下巴、头顶和手等重要部位。这些精妙的设计绝非偶然，而是达·芬奇有意为之的。

a）断臂维纳斯   b）蒙娜丽莎

图 3-7　艺术中的黄金分割数

无理数的发现极大地挑战了毕达哥拉斯学派"宇宙万物皆依赖于整数"的信条，这一数学领域的逻辑困境，被后人称为"第一次数学危机"。然而，"逻辑上的矛盾"并未改变他们的哲学信条，毕达哥拉斯的信徒们将坚持"无理量"存在的门徒希帕索斯扔入了大海，而在公元前 370 年左右，欧多克索斯通过重新定义比例的方式，暂时"解决"了这一危机，从而维护了该学派的信条。

3.2　柏拉图与亚里士多德的方法论

公元前 4 世纪，希腊的哲学思想研究主要集中在雅典的柏拉图学园和亚里士多德的吕园。这两个学派，发展了毕达哥拉斯学派的思想，为演绎几何体系的形成奠定了方法论基础。

3.2.1　柏拉图学园

柏拉图（公元前 427—公元前 347）出生于雅典的一个贵族家庭，从小受到良好的教育。20 岁时，柏拉图开始师从古希腊著名哲学家苏格拉底（公元前 469—公元前 399）。苏格拉底后来因被指控犯有"不敬神"和"腐蚀青年"的罪名而受审并被处死。为此柏拉图离开雅典，先后去过埃及、昔兰尼（现在的利比亚东部地中海沿岸）、意大利南部和西西里等地。在意大利塔伦图姆（今塔兰托），他结识了在数学和力学上颇有造诣的毕达哥拉斯学派的代表人物阿尔希塔斯。公元前 387 年，柏拉图在雅典阿卡德米圣殿附近开办了一所学校，史称"柏拉图学园"，他在此执教 40 年。

柏拉图提倡唯心主义的理念论，认为精神是第一性的，物质是第二性的。例如，在拉斐尔名画《雅典学院》中，柏拉图的手指向天空，而他的弟子亚里士多德则手指向下，这表达了两人不同的哲学观（见图 3-8）。柏拉图的数学哲学思想和他的理念论密切相关，他认为数学的研究对象应是超越感观的抽象形式——如理想化的数理概念和几何图形。柏拉图及其学派把数学概念和现实中相应的实体分开，譬如他将算术和实用计算严格区分开来，他所说的"算术"其实是指数论。柏拉图受到了毕达哥拉斯学派的影响，但柏拉图更强调几何学的基础地位，他认为宇宙本质是几何化

图 3-8　柏拉图（左）与亚里士多德（右）

的理念世界投影。在数学中，柏拉图笃信几何学的真理性。在他的学校里，有"不懂几何者，不得入内"的校训。他本人的贡献在于哲学方法论，具体几何定理多由学园成员（如泰阿泰德）完成。

柏拉图是第一位清晰阐述从公理出发建立数学命题的哲学家。他把世界分为理念世界和现实世界，即客观存在和对它的理性认识。他在谈到人类认识客观世界的过程时说，第一步是由假定到结论，第二步则是完全依据理念进行的推理研究。为了更清楚地说明这个认识过程，柏拉图列举了数学中的推理证明过程："你知道研究几何学、数学以及这一类学问的人在开始的时候要假定偶数与奇数、各种图形、三种角等概念，将这些视为已知且无须额外阐释的自明假设。他们就是从这些假设出发，通过一系列的逻辑推理，最终抵达他们所追求的结论。"这就是从假设出发进行推理论证的方法。在柏拉图的理论体系中，公理等同于数学的这些假设，是数学家论证某一结论的出发点，它们都被认为是自明的，不需要去证明。

3.2.2　亚里士多德的吕园

雅典另一个哲学学派是吕园学派，它的创始人和领导者是哲学家亚里士多德（公元前384—公元前322）。他出身于马其顿的一个医生家庭，曾就学于柏拉图学园，是柏拉图的学生和挚友，柏拉图称他是"学园的智者"。公元前343年，亚里士多德被马其顿国王聘为亚历山大王子的教师。数年后他回雅典的吕园开办学校，形成吕园学派（亦称逍遥派，这是因为亚里士多德喜欢在林荫道上边散步边讲学）。他在这里讲学达13年之久，开设的学科包括哲学、政治学、修辞学、辩证术、物理学等。随着马其顿民族的壮大，雅典与马其顿民族的矛盾日趋恶化，作为马其顿国王亚历山大老师的亚里士多德只得逃离雅典。

亚里士多德有一句名言："吾爱吾师，吾更爱真理。"这句话鲜明地表达出他与柏拉图"精神第一，物质第二"哲学观的不同。亚里士多德将现实世界的客观存在作为他的整个哲学的出发点，注意数学与现实世界的联系，构建描述物理现象的理论。亚里士多德从日常的观察中得出地球是球形的，并用推理的方法得出了一个科学的结论。

亚里士多德发展和完善了演绎推理的思想和方法，并开始考虑如何建立公理化方法和公理体系的问题。在他的著作《后分析篇》中，亚里士多德认为："一切学说和一切依据于推理的科学都是从以往的知识中产生的。我坚决主张，并非一切知识都可以证明，直接的知识（命题）就无法证明。"在其《形而上学》中还指出："在几何学上，有些命题不证而明，而其他一切命题的证明却有赖于这些命题，我们称这些命题为几何的要素。"在《后分析篇》里，他将证明所依赖的基础命题分为三类，即论题、公理和公设。论题里包括假设和定义（定义确定的是某物究竟是什么，而假设确定的是某物是否存在），公理是一种无法论证的命题，公设是不经证明就被采用的命题。公理具有普遍的意义，而公设是只为某一门科学接受的原理。

在理性论证的数学中，定义是不可或缺的，亚里士多德将它列为"出发命题"。例如，亚里士多德对几何上的点、线、面、体给出了如下定义："当我们观察那些在量上不可分的元素（且这些元素本身具有量）时，若某元素在一切方向上都不可分且没有（确定）位置，则称之为单位；若某元素在一切方向上都不可分但占有位置，则称之为点；若某元素仅在一个方向上可分，则称它为线；而在两个方向上可分的元素称为面；在量上，在一切方向（即三个方向上）都可分的元素称为体。如果我们按照相反的次序来看，那么在两个方向上可分的元素是面，在一个方向上可分的元素是线，在量上根本不可分的元素是点和单位；单位没有位置，而点有位置。"亚里士多德关注的是量的各种可分性，即所能占据的空间范围。亚里士多德不但关注到了位置和大小，而且还涉及了空间维度的思想。

逻辑论证规则是理性论证的必要工具。在毕达哥拉斯时代，人们不自觉地在实际中运用了一些逻辑方法。此后，古希腊学者在哲学、自然科学的研究中逐步积累了逻辑方法。亚里士多德在此基础上创立了三段论，总结了前人积累起来的逻辑知识，系统阐述了形式逻辑规则，创立了人类历史上第一门逻辑学。逻辑学是关于思维形式及其规律的科学。亚里士多德的这一工作，使逻辑学从哲学、自然科学中分离出来，成为独立的科学分支。此外，他将数学的演绎推理作为形式逻辑的一个重要应用领域，为此后欧几里得几何体系的建立奠定了方法论的基础。

3.3　欧几里得的《几何原本》

欧几里得（活跃于公元前 330 年前后）出生于雅典，是亚历山大学派早期核心学者。关于欧几里得的生平，目前并没有可靠史料记载。根据普罗克洛斯在《几何原本注释》中的记载，他可能年轻时曾受教于雅典的柏拉图学园。由

于雅典是古希腊文明的中心，很多人慕名前来柏拉图学园学习，欧几里得也是
其中一个。但柏拉图学园大门紧闭，门口挂着一块
木牌"不懂几何者，不得入内！"这是当年柏拉图
立下的规矩，以让学生们知道他对数学的重视。这
一规矩令前来求教的年轻人困惑了：正是因为我不
懂数学，才来这儿求教，如果懂了还来这儿做什
么？据说欧几里得对自己的数学能力非常自信，果
断地推开了学园大门，头也没有回地走了进去。

欧几里得

在公元前 300 年左右，欧几里得在托勒密国王
的邀请下来到亚历山大里亚从事数学教学。据普罗
克洛斯（约 412—485）记载，托勒密国王曾经问欧
几里得，除了他的《几何原本》之外，还有没有其
他学习几何的捷径。欧几里得回答说："在几何里，
没有专为国王铺设的皇家大道。"这句话后来成为传诵千古的学习箴言。

有这样一个故事，有很多人拜欧几里得为师学习几何，但也有来凑热闹的，
其中一位学生曾这样问欧几里得："学习几何会让我得到什么好处？"欧几里得
请仆人拿 1 块钱给这位学生，讽刺道："看来你想从学习中获得好处！"由此可
见，欧几里得治学严谨，是一个温良敦厚的数学教育家，他提倡学生刻苦钻研，
反对投机取巧、急功近利的狭隘思想。

欧几里得的《几何原本》运用先人开创的公理化方法，选择 5 条公理和 5
条公设，推出了 465 个命题，将前人的几何研究成
果整理成一个完整系统。以《几何原本》为标志，
数学科学从哲学学科中分离出来，成为一门严谨
的、独立的学科。《几何原本》手稿早已失传，我
们现在能看到的是根据后人的修订本、注释本、翻
译本重新整理出来的。据统计，《几何原本》至今
已出版了 1000 多个版本，在西方发行量仅次于《圣
经》，没有任何一本教科书可以与其相提并论，《几
何原本》因此也被称作"数学家的圣经"。

中国最早的汉译本是 1607 年意大利传教士利

徐光启

玛窦（1552—1610）和徐光启（1562—1633）合译出版的（见图3-9）。徐光启本人在谈到自己学习《几何原本》时的感悟说："此书有四不必：不必疑、不必揣、不必试、不必改；有四不可得：欲脱之不可得，欲驳之不可得，欲减之不可得，欲前后更置之不可得。""此书为益，能令学理者祛其浮气，练其精心；学事者资其定法，发其巧思。"他更预言："此书为用至广……窃意百年之后必人人习之！"

约公元前300年，古希腊数学家欧几里得的《几何原本》问世，这标志着人类历史上第一个数学理论体系的建立。在古希腊"原本"与"字母"是用一个词表示的。古希腊人用"原本"来指在一门学科中具有广泛应用的那些最重要的命题，其作用如同"字母"，是语言构成的基本单位。欧几里得把他认为最重要的定理选入了《几何原本》，而将不值得收入《几何原本》的其他定理写在了自己的其他著作中。《几何原本》的内容几乎包括欧几里得之前的所有数学成果，是他之前数学成果的整理和总结。全书共13卷，其中第1、3、4、6、11、12和13卷，是我们今天熟知的平面几何和立体几何的知识，其余各卷则是数论和（用几何方法论证的）初等代数知识。全书证明了465个命题。

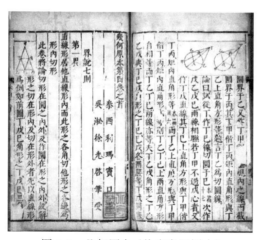

图 3-9　几何原本（徐光启汉译本）

3.3.1 《几何原本》的公理化体系

演绎推理的方法最早由公元前6世纪的泰勒斯（约公元前625—公元前

547）使用，他常被认为是希腊科学和哲学的始祖。他给出了不少平面几何定理的论证，如直径平分圆、直径所对的圆周角是直角、对顶角相等。泰勒斯把命题证明的思想引入数学中，标志着人们对客观世界的认识从经验开始上升到理论，这是数学史上的一次飞跃。可以说，他改变了数学的发展轨迹，为后来的毕达哥拉斯学派奠定了理性数学的基础。

在柏拉图和亚里士多德的演绎方法论的基础上，欧几里得通过对过去三百多年的几何发展成果进行总结和整理，形成了《几何原本》的公理化体系。在这部著作中，许多命题及其证明并非欧几里得的成果，然而全书的陈述方式却是他独创的：全书先给出若干条定义和公理，再按由简到繁的顺序编排出一系列的定理。

《几何原本》共有 23 个基本定义、5 条公理、5 条公设和 465 个命题，其中公理是适用于一切科学的真理，而公设则只适用于几何学。由于公理和公设都是不证自明的真理，只是适用范围有所区分，后统称为公理。欧几里得的高明之处就在于精心选定了 10 条公理，作为全书逻辑推理的起点。《几何原本》给出的公理和公设如下：

公理：

（1）跟一件东西相等的一些东西，它们彼此也是相等的。

（2）等量加等量，总量仍相等。

（3）等量减等量，余量仍相等。

（4）彼此重合的东西是相等的。

（5）整体大于部分。

公设：

（1）在任意两点之间可作一直线。

（2）线段（有限直线）可任意延长。

（3）以任意点为中心及任意距离为半径可作一圆。

（4）所有直角彼此相等。

（5）若一条直线与两条直线相交，且同侧的内角之和小于两直角，则那两条直线任意延长后会在内角之和小于两直角的一侧相交（现今称为平行公理）。

欧几里得对第五公设的设置是十分精细的，这个公设是在他已经证明了第

47 个命题之后才列入书中的。这表明他认识到第五公设在建立几何命题链时是不可或缺的。其次，第五公设的陈述方式不如前四条公设那样具有自明性，它涉及无限远空间的概念。这在人们囿于经验认识，尚不能对无限远空间有清晰认识的时代，无疑是一种勇敢的设定。

欧几里得利用上述 10 条公理，推导出了全书的 465 个命题，这不仅使得整个几何学知识形成了一个演绎体系，而且是欧几里得在几何学领域的重大贡献。因此，现今人们将《几何原本》中的几何学称为欧氏几何学。

3.3.2 《几何原本》中的勾股定理

在《几何原本》里，欧几里得给出了勾股定理的严格证明，这是现存有文字资料记载的最早证明方法。

《几何原本》第一卷中的命题 47 ："直角三角形斜边上的正方形等于两直角边上的两个正方形的面积之和。"在众多的证明方法中，欧几里得的证明方法是非常独特而奇妙的。《几何原本》中勾股定理的证明如图 3-10 所示。

欧几里得首先证明 △ *ABF* ≌ △ *CAD*，可得矩形 *ADLK* 的面积 = 正方形 *ACGF* 的面积。同理可得，矩形 *KLEB* 的面积 = 正方形 *CBIH* 的面积。定理由此得证。

除了欧几里得的方法之外，有资料表明，古今中外关于勾股定理的证明方法已有 500 多种，仅我国清末数学家华蘅芳就提供了 20 多种精彩的证法。我国古代数学家赵爽的弦图、刘徽的出入相补法都是比较经典的证法。在国外，知名画家达·芬奇与美国第 20 任总统加菲尔德的证法也尤为著名，在数学史上被传颂为佳话。

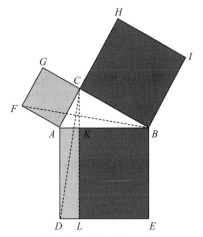

图 3-10　《几何原本》中勾股定理的证明

在一些科技馆或科普平台，你也可以亲自参与勾股定理的现场演示，如沙漏或注水模型的勾股定理，如图 3-11 所示。通过旋转，斜边上的正方形里的水流连续移动到两个直角边上的正方形里面。这种"两个容器中的水恰好可以注满第三个容器"的实验演示，不仅给人身临其境之感，极具吸引力，还可以让人获得对勾股定理的直观验证，加深记忆。

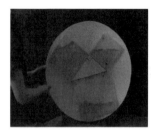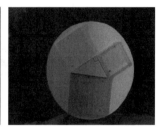

图 3-11　勾股定理的水流展示（见彩插）

3.3.3　《几何原本》的文化意义

1. 逻辑严谨数学体系的最早典范

在公元前 3 世纪，最著名的数学中心是亚历山大城，亚历山大城最著名的数学家是欧几里得。像伟大的古希腊几何学家欧几里得这样千古流传的人物在历史中寥寥无几，虽然他没有像凯撒大帝那样建功立业、没有像柏拉图那样创立自己的学说，但他凭借一本教科书声名显赫。而在人类众多的书籍中，像《几何原本》这样影响巨大的书也是非常少见的。

《几何原本》的伟大历史意义在于，它是用公理方法建立起演绎的数学体系的最早典范。由区区 5 条公理和 5 条公设，竟能推导出那么多的数学定理来，这是一个奇迹！ 2000 多年后，大科学家爱因斯坦仍然怀着深深的敬意称赞道：这是"世界第一次目睹了一个逻辑体系的奇迹"。而且，这些公理和公设，多一个显得累赘，少一个则基础不牢固，其中自有很深的奥秘。

16 世纪英国哲学家托马斯·霍布斯（Thomas Hobbes，1588—1679）与几何结缘的故事非常传奇。从未学习过数学的他，40 岁的时候偶然在一个图书馆的书桌上，看到一本摊开的《几何原本》，书上的

霍布斯

内容正是第 47 个定理——勾股定理。对于勾股定理的结论，霍布斯当时非常惊讶。于是他仔细观看了证明过程，这使得他又去参考了书中之前的一个类似的定理，然后又参考了更之前的一个定理，就像俄罗斯套娃一样，一直追溯到了五大公理。就这样，他被严格的证明过程彻底征服，最终相信了这个定理。

这次经历让霍布斯迷恋上了几何学。因为其中每一个证明都建立在另一个更简单的结果之上，所以人们可以逐步进行逻辑推理，从不证自明的公理出发，一直可以得到更复杂的结果。这在霍布斯看来是非常了不起的成就，终于有一门学科可以真正证明其结果，同时人们又不会对该结果产生任何疑问，进行任何争论了。在随后的几年里，霍布斯努力学习几何学，最终成为当时最受人尊敬的几何学家之一。

美国总统林肯（1809—1865）自任国会议员以来，为了提高自己的逻辑和语言能力，他开始学习《几何原本》。每次出行，他总是随身携带这本书，直到能够轻而易举地证明《几何原本》前六卷中的所有命题。他常常学到深更半夜，枕边烛光摇曳，而同事们的鼾声却已此起彼伏，不绝于耳。

欧几里得这种独创的陈述方式被历代数学家广泛沿用。这部著作给后人以极大的启发，不仅由此引出了公理化演绎的结构方法，成为数学乃至其他自然科学的典范，还由于其中第五公设的不可证明性质，激发了非欧几何的诞生与发展。

2. 理性精神的诞生

数学史家莫里斯·克莱因认为："欧几里得几何的创立，对人类的贡献不仅仅在于产生了一系列美妙的定理，更主要的是它孕育了一种理性精神。人类任何其他的创造，都不可能像欧几里得的几百条证明那样，显示出这么多的知识都是仅仅靠推理而推导出来的。这些大量深奥的演绎结果，使得希腊人和以后的文明了解到理性的力量，从而增强了他们利用这种才能获得成功的信心。"受这一成就的鼓舞，西方人把理性运用于其他领域。

"如果你有一把锤子，所有东西看上去都像是钉子。"《几何原本》中的理性思维方式就是那把"锤子"。凡是学习过《几何原本》的人，无不赞赏这种思维方式，并想把这把"锤子"用在别的地方。例如，牛顿和爱因斯坦都深受这种思维方式的影响，并且恰当地用在了自己关注的领域。牛顿的伟大著作《自然哲学的数学原理》把牛顿力学三定律和万有引力定律作为其论述的公理化基础；在狭义相对论中，爱因斯坦把整个理论建立在相对性原理和光速不变原理这两条公理之上；荷兰哲学家斯宾诺莎的经典名著《伦理学》，结构完全仿照《几何原本》；而美国宪法《独立宣言》采用的也是《几何原本》的方法，首先写道："我们认为下面这些真理是不言而喻的：人人生而平等。造物主赋予他们若干不可剥夺的权利，其中包括生命权、自由权和追求幸福的权利。"

3. 作为一门美学的思维艺术

欧几里得几何学的重要性，远远超出了其作为逻辑实践和推理模式本身的价值。随着清楚、明晰、简洁的欧氏几何结构和精美推理的发展，数学变成了一门艺术。希腊人是这样欣赏数学的，他们追求简洁、普遍、确定和永恒的知识，而数学领域的知识恰好最符合他们的这种追求。例如，通过观察太阳、月亮、星星的形状和运动轨迹，他们坚信球是最完美的形状，而这些星球运行的圆形轨道也使他们深信，圆和球具有同样的美学魅力。因此，圆与球在欧氏几何里占据重要的位置。他们感叹宇宙的和谐之美，并努力发现和寻求这些和谐的要素，在其他领域里创造这些美的特征。例如，在古希腊的古典文学创作中，可以看到简练、清晰、求实的希腊风格；在建筑中，可以看到简单、质朴的希腊庙宇，以及没有多余繁杂的服饰、军功勋章、花纹镶边的雕像，等等。这些都体现了古希腊文化的思维方式和世界观。

4. 对希腊文化的影响

欧氏几何经常被描绘成是封闭的和有限的。这有几层意思：第一，尺规作图的限制。欧氏几何里的图形都是能用直尺和圆规画出来的，这保证了图形的存在性，比如，不能用尺规作图作出的三等分角在欧氏几何里找不到位置；第二，欧氏几何仅仅用5条公理和5条公设进行推理，没有再引进其他新的公理；第三，避免无穷的概念，所讨论的图形基本上都是封闭的、有限的。他们偏爱圆周运动，讨论直线并不对直线做整体考虑，而是将直线定义为一条可以向两个方向延伸至充分远的线段，他们似乎害怕直线这种永远不会终结的感觉。在处理无穷问题上，亚里士多德说："无穷是不完美的、未完成的，因而是不可想象的。"于是他倡导潜无穷的观念，这与后来康托尔的实无限观念形成鲜明的对照。古希腊文化推崇的这种封闭、有限的特征，在希腊建筑上也占据了支配地位。希腊神庙的完美比例以及优美的整体结构让人一览无余，给人一种终极、完美而明快的印象，希腊艺术不允许比例不协调或出现混乱。

欧氏几何呈现的另一个特征是静态的。欧氏几何研究的都是能够用尺规作出的图形，在整个图形给定之后才进行研究，并且它不研究变化图形的性质。这一特征反映在思想与精神处于宁静状态的希腊神庙上，并且希腊雕像也具有静态的、冷漠的气质。此外，希腊戏剧也常常表现出静态特征，这不仅仅体现在形式上，还反映在剧情结局上，通常能够让人们预先猜测到。希腊悲剧强调命运、必然性的结果，好像与欧氏几何演绎推理的先天必然性相一致。从前提出发，数学家不能自由地选择结论，只能不得不接受必然的结论。

3.4 古希腊三大作图问题与圆锥曲线

3.4.1 古希腊三大作图问题

《几何原本》的前 3 条公设，都是关于直线与圆的存在性的命题。而这些图形的存在性，是由古希腊人特有的作图工具——无度量单位的直尺和圆规予以保证的。古希腊人利用这两种作图工具成功地解决了许多作图问题，如正三角形、正方形、正五边形、正六边形等，在《几何原本》中就呈现了许多这样的命题。然而，有些问题是古希腊人不能用尺规解决的，例如，以下三个作图问题：倍立方，即作一立方体的边，使该立方体的体积为给定立方体的体积的两倍；三等分角，即将一个给定的角分为三个相等的部分；化圆为方，即作一正方形，使其面积与一个给定的圆的面积相等。

1. 一个囚徒的冥想与"化圆为方"

公元前 5 世纪，古希腊数学家、哲学家安纳萨格拉斯（Anaxagoras，约公元前 500—公元前 428）在研究天体过程中发现，太阳是个大火球，而不是所谓的阿波罗神。由于这一发现有悖宗教教义，安纳萨格拉斯被控犯下"亵渎神灵罪"而被投入监狱，并判处死刑。在监狱里，安纳萨格拉斯对自己的遭遇感到愤愤不平，夜不能眠。夜深了，月光透过正方形的铁窗照进牢房，安纳萨格拉斯不断地变换观察圆月的方位，一会儿看见圆月比窗大，一会儿看见方窗比圆月大。最后他说："算了，就算两个图形的面积一样大好了。"

于是，他把"作一个正方形，使其面积等于已知圆的面积"作为一个问题进行研究（见图 3-12）。化圆为方的问题解除了安纳萨格拉斯的烦恼，使他在苦闷的牢狱生活中找到了精神上的寄托。不过，安纳萨格拉斯终其一生也没有解决这个问题。

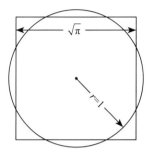

图 3-12　化圆为方问题

在西方数学史上，几乎每一个称得上是数学家的人都曾被化圆为方的问题吸引过，包括一些数学爱好者也为之神魂颠倒，连欧洲最著名的艺术大师达·芬奇也拿起过直尺和圆规，试图解决这个问题。它看起来是如此简单，却使无数的数学家束手无策。该问题直到 1882 年才被德国数学家林德曼（Lindemann，1852—1939）证明为不可能。

2. 祭坛与"倍立方问题"

约公元前 429 年，希腊首府雅典发生了一场大瘟疫，导致四分之一的居民不幸丧生，连希腊的统治者裴里克里斯也未能幸免。雅典人派代表到第罗（Delos）的太阳神庙祈求阿波罗神，询问如何才能免除这场灾难。一位术士转达了阿波罗神的谕示：由于阿波罗神神殿前的祭坛太小，阿波罗神觉得人们对他不够虔诚，才降下这场瘟疫，只有将这个祭坛体积放大两倍，才能免除这场灾难。居民们觉得神的要求并不难做到，因为他们认为，祭坛是立方体形状的，只要将原祭坛的每条边长延长一倍，新的祭坛体积就是原祭坛体积的两倍了。于是，人们按照这个方案建造了一个大祭坛放在阿波罗神的神殿前。但是，这样一来，瘟疫不但没有停止，反而更加流行。居民们再次来到神庙，讲明缘由，术士说道："他要求你们做一个体积是原来祭坛两倍的祭坛，你们却造出了一个体积为原祭坛 8 倍的祭坛，分明是在抗拒他的旨意，阿波罗神发怒了。"居民们明白了问题所在，但是他们绞尽脑汁也始终找不到建造的方法。他们请教当时最有名的数学家柏拉图，可是这位宣称"不懂几何者，不得入内"的专家和他的徒儿们用圆规和直尺在地上画来画去，无论如何也画不出一个不改变原有形状却能使原有体积增大到两倍的立方体来，这个问题就作为一个几何难题流传了下来。

这就是著名的"倍立方问题"（见图 3-13），该问题直到 1837 年才由皮埃尔·旺策尔（Pierre Wantzel，1814—1848）给出否定的答案。

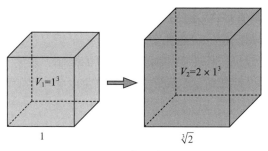

图 3-13　倍立方问题

3. 公主的别墅与"三等分角问题"

公元前 4 世纪，托勒密一世定都亚历山大城。亚历山大城郊有一片圆形的别墅区，圆心处是一位美丽的公主的居室（见图 3-14）。别墅区中间有一条东西方向的河流将别墅区一分为二，河流上建有一座小桥，别墅区的南北围墙各修建了一个大门。这栋别墅建造得非常特别，两个大门与小桥恰好在一条直线上，巧的是，从北门到小桥的距离与从北门到公主的居室的距离正好相等。

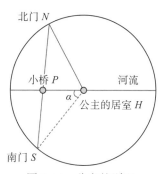

图 3-14　公主的别墅

过了几年，公主的妹妹（小公主）长大了，国王也要为小公主修建一座别墅，小公主提出她的别墅要与姐姐的相似，有河流、有小桥、有南门、有北门，国王答应了。小公主的别墅很快就动工了，但是，当建好南门，确定北门和小桥的位置时，工匠们却犯了难。如何才能保证北门、小桥、南门在一条直线上，并且北门到小公主的居室和北门到小桥的距离相等呢？要确定北门和小桥的位置，关键是算出夹角 $\angle NSH$。记 α 为南门 S 与居室 H 连线 SH 与河流之间的夹角，则通过几何知识可以算出 $\angle NSH = \dfrac{\pi - 2\alpha}{3}$。这相当于求作一个角，使其等于已知角的三分之一，这就是著名的"三等分角问题"。工匠们试图用尺规作图法确定出北门的位置，却始终未能成功。

这个问题流传下来，直到 1837 年才由皮埃尔·旺策尔给出否定的答案。这才结束了无数人徒劳无功的尝试。

4.三大作图问题的反思

看完这三大作图问题，可能大多数人会有一个疑问：希腊人为什么非要要求用没有刻度的尺规进行作图呢？对作图工具的限制，表明了古希腊人对待数学的态度。第一，保持几何学的简单、和谐以及由此产生的美学上的魅力。我们知道，直尺与圆规是直线与圆的实物对应物。因此，希腊人在研究几何时，都是仅仅限于直线与圆这两种图形，以及由此直接导出的图形。这种对于直线与圆的自我约束、非理性的限制，是为了保持几何学的简单、和谐与美，也是希腊人追求真理、追求美的标志；第二，培养和锻炼人的逻辑思维能力，提高智力。对于希腊学者来说，引入更复杂的工具来解决这些作图问题，对于手工绘图是可取的，但是对于一个思想家来说则是不足为道的。柏拉图认为：利用复杂的或有刻度的工具，"几何学的优点"就会荡然无存，因为这样就又重新使几何学倒退回了感性世界，而不是利用思想中永恒的、超越物质的思维想象力去提高、充实它。

虽然三大作图问题均以失败告终，但也并非没有意义。这就启示我们：首先，对于历史长、影响深并且经过一些著名数学家钻研而尚未得到解决的那些著名问题，往往需要超越传统思维模式和方法才能解决；其次，问题本身的意义不仅在于这个问题的解决，更在于解决问题的过程中可能得到不少新的成果和发现新的方法；最后，对几何三大作图问题的研究，不仅开创了对圆锥曲线的研究，还发现了一些有价值的特殊曲线，并提出了尺规作图的判别准则等重要理论。这些都比解决几何三大作图问题本身的意义深远得多。

3.4.2　圆锥曲线

对三大作图问题的深入探索，对希腊几何学产生了巨大的影响，并引发了大量的发现。例如，古希腊数学家希波克拉底（约公元前 4 世纪）虽然没有解决化圆为方问题，但解决了下述相关的问题：设 $\triangle ABC$ 是一个等腰三角形，并设它内接于中心为 O 的半圆（见图 3-15）。设 AEB 是以 AB 为直径的半圆，则有 $\dfrac{\text{半圆}ABC\text{的面积}}{\text{半圆}AEB\text{的面积}} = \dfrac{AC^2}{AB^2} = \dfrac{2}{1}$。

因此，*OADB* 的面积等于半圆 *AEB* 的面积。现在把两者公共部分 *ADB* 的面积去掉，则有月牙形 *AEBD* 的面积等于△ *AOB* 的面积。这样，一个以曲线弧为边的月牙形面积等于一个直边图形的面积，而直边形的面积是能计算的。在这个证明里，应用了圆面积之比等于其直径平方之比这一事实。

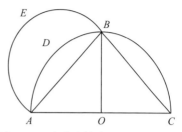

图 3-15　希波克拉底的"月牙定理"

另一位古希腊数学家梅内克缪斯（Menaechmus，约公元前 4 世纪）在研究三大作图问题的过程中最先发现了圆锥曲线：他通过用一个不过顶点且垂直一条母线的平面去截割三种不同的直圆锥（其顶角分别为直角、锐角和钝角），从而分别在这三种圆锥曲面上得到了抛物线、椭圆和双曲线的一支，如图 3-16 所示。

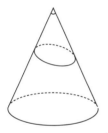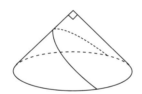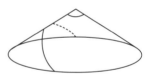

图 3-16　梅内克缪斯的三种圆锥截线图

200 多年之后，古希腊数学家阿波罗尼奥斯（约公元前 262—公元前 190）又建立起系统的圆锥曲线理论。与梅内克缪斯不同的是，阿波罗尼奥斯通过截同一个圆锥，就可以得到圆、椭圆、双曲线、抛物线四种图形，如图 3-17 所示。

阿波罗尼奥斯的主要数学著作是《圆锥曲线论》，一共 8 卷，现仍保存的有第 1 卷到第 4 卷，第 5 卷到第 7 卷只保留了阿拉伯语译本，第 8 卷失传。这部著作借鉴了欧几里得的研究方法，以《几何原本》的 10 条公理（设）为基础，从圆锥曲面的定义开始证明了 487 个命题，其逻辑结构浑然成为一体，几乎囊括了圆锥曲线的所有性质。

阿波罗尼奥斯在其著作中通过纯几何方法系统推导了圆锥曲线的核心性质，

涵盖了现代中学数学课程中关于圆锥曲线的主体框架。可以说，阿波罗尼奥斯
的《圆锥曲线论》是古希腊时代演绎几何发
展的理论巅峰。美国数学史家莫里斯·克莱
因认为：这确实可以看成古希腊几何的登峰
造极之作，它是一个巍然屹立的丰碑，以至
于后代学者至少从几何上几乎不能再对这个
问题有新的发言权。我国数学史家李文林认
为：阿波罗尼奥斯用纯几何的手段得到了今
日解析几何的一些主要结论，这是令人惊叹
的。但同时这种纯几何的形式也制约了其后
数千年的几何学发展，直到 17 世纪笛卡儿
坐标几何的出现才得以打破这一希腊式的演
绎传统。

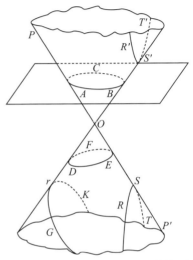

图 3-17　阿波罗尼奥斯圆锥截线图

3.5 "数学之神"阿基米德

阿基米德（约公元前 287—公元前 212）出生于西西里岛上的叙拉古，他的
父亲是数学家和天文学家，为他提供了良好的数学教育。阿基米德早年曾在亚
历山大跟随欧几里得的门徒学习，对欧几里
得数学的进一步发展做出了一定的贡献。阿
基米德有"数学之神"的美誉。数学史专家
贝尔（1883—1960）说："任何一张列出有
史以来最伟大的三位数学家的名单中，必定
会包括阿基米德，另外两位是牛顿和高斯。
但要是考虑到这些巨匠各自生活的时代，即
当时数学和物理学的发展是处于相对繁荣还
是贫瘠的阶段，并依据他们所处的时代背景

阿基米德

来评价他们的成就，一些人会将阿基米德排在首位。"这些赞美无不反映人们对
阿基米德的崇敬。当然，有人认为阿基米德是一位科学家。然而，据希腊历史
学家的说法，阿基米德对自己的机械发明不过是"研究几何学之余的消遣"，根

本不值一提。

　　阿基米德留下的数学著作有 10 多种，多数为希腊文手稿，其中包括《论球与圆柱》《圆的度量》《论劈锥曲面体与回转椭圆体》《论螺线》《数沙器》《抛物线求积法》《论浮体》等。阿基米德的著作"论述简单、完整，显示出巨大的创造性、计算技巧和严谨的证明。"这些著作的体例深受欧几里得《几何原本》的影响，都是先设计若干定义和假设，再依次证明各个命题，各篇独立成章，论证严谨。阿基米德比中国的刘徽与祖冲之等早几百年算出圆周率 π，他通过把圆内接正多边形和外切正多边形的边数逐步增加至 96 边形，计算出 π 的值在 $3\frac{10}{71}$ 与 $3\frac{1}{7}$ 之间。

　　阿基米德既长于缜密的推理、严格的证明，又工于开辟新的领域，有着众多的发明创造。他创立了著名的阿基米德浮力原理，并且利用杠杆原理造出了起重机，在物理学领域取得了许多成就。他曾发出这样的豪言壮语：给我一个支点，我能撬动地球。他曾向叙拉古国王子奏称："有些人认为砂粒是无限的，我的著作中所给出的一些数字不仅超过了地球的砂粒，而且还超过了大小等于宇宙的物体。"

　　马其顿帝国建立不久，很快就受到了罗马人的威胁。在阿基米德生活的时代，双方争夺领地的战争频频不断。在反对罗马人的战争中，阿基米德制造各种机器和仪器，用于国家的防御。利用阿基米德的创造，叙拉古与罗马人对峙了大约两年时间。叙古拉陷落时，传说阿基米德正在聚精会神地思考几何问题。当罗马士兵跑到他跟前时，他说："走开，不要动我的图。"恼怒的罗马士兵刺死了阿基米德（见图 3-18）。

　　得知阿基米德死后，罗马军官马塞拉斯痛心疾首，他严肃处理了杀害阿基米德的士兵，亲自在西西里岛为阿基米德举行葬礼、修墓立碑。在阿基米德的墓碑上，马塞拉斯刻上了阿基米德一生最满意的作品——一个球内切于圆柱的图案（见图 3-19），聊表敬仰之情。图案上镶嵌着"3 : 2"以纪念阿基米德在几何上的伟大发现——圆柱体的表面积：球的表面积 = 圆柱体的体积：球的体积 =3 : 2。历史上，阿基米德的墓长期未被人发现，直到 1965 年，当地的一家旅馆在挖地基时，意外地发现了这个墓碑。

图 3-18　阿基米德之死

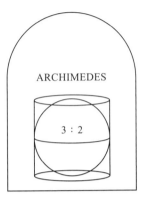

图 3-19　阿基米德的墓碑

对于阿基米德之死，著名哲学家怀特海（Whitehead，1861—1947）评论道："阿基米德死在罗马士兵手里，这个事件对世界的变化具有头等的象征意义：热爱科学的古希腊人被现实且实际的罗马人赶下欧洲领袖的位置。古罗马人是伟大的民族，但他们没有增进父辈的知识，他们的成就仅限于工程上的微小技术细节。他们不是梦想家，未能提供一个视角来更加深入地控制自然力量。没有一个罗马人会由于沉迷于对数学图形的思考而丢掉性命。"

阿基米德在生死面前仍然痴迷于数学的故事激励着一代又一代的数学家前行，其中特别需要提到的是女数学家索菲·热尔曼（Sophie Germain，1776—1831）求学的事情。在当时的欧洲国家中，法国对女性的歧视（学术上的）尤为严重。热尔曼当初读过一本讲阿基米德的数学史书，说当初他正专心研究一堆沙子组成的几何图形，以至于一个罗马士兵问他话，他充耳不闻，那个士兵一怒之下把阿基米德杀死了。热尔曼认为："一个人可以如此

热尔曼

地痴迷于一个东西以至于置生死于不顾，那么这个东西一定是世界上最美的、最迷人的。"于是她选择了数学。热尔曼后来又在物理学，尤其是在弹性力学理论方面取得了卓越的成就，并最终荣获了法国科学院的金质奖章。在生命的最后几年，高斯说服了哥廷根大学，授予热尔曼名誉博士学位。在那个时代，这

是极大的荣誉。

　　阿基米德成功地开创了数学与力学研究相结合的先河。他用公理化的方法建立了杠杆平衡理论、重心理论及静止流体浮力理论，成为力学的创始人。反之，他又利用力学原理（杠杆原理和重心理论）去发现几何的结论，如球体积、抛物线弓形的面积等。在阿基米德的论著《方法》的序言中，阿基米德总结了这种思想方法。他写道："用这种方法可能使你获得借助于力学方法来研究某些数学问题的出发点。我相信这种处理方法是不会没有用的，甚至对于定理证明本身也会有用，因为对我来说最初搞清某些事情用的就是力学方法。虽然，用这种方法所进行的研究不能作为真正的证明，而且还需要用几何方法对它们进行证明，但是在我们事先用这种方法得到问题的某些知识后再去提供证明，就要比预先没有任何知识去寻找证明容易得多。"

　　在现存的阿基米德的著作中，《方法》发现的历史最为有趣，这部书差一点就被遗失在历史中，有人无意中在一份抄写祈祷文的羊皮纸书里发现了它（见图 3-20）。

图 3-20　羊皮纸书中未被洗掉的数学痕迹

　　1899 年，一位希腊学者公布了他在土耳其的一家图书馆发现的一部数学的羊皮纸书。羊皮纸书中原来的内容已被洗去，上面写的是一些祈祷文。幸运的是，原稿上的字迹并没有完全被彻底地洗尽，后人还能依稀看见原来文字中的一些淡淡的数学痕迹。正是这份公布手稿中的那几行希腊文，引起了丹麦学者海伯格（Heiberg，1854—1928）的关注。从那几行文字独有的特点，他猜测这份手稿一定是阿基米德的著作。1906 年，海伯格亲自前往伊斯坦布尔，亲自考察了这份羊皮纸书，赫然发现这本祈祷书就是阿基米德的著作，其中最重要的就是早已失传的《方法》，它的开头是"阿基米德向厄拉多塞致意。"而羊皮纸上的其他著作也证明了作者的身份。

受限于当时的环境与科技条件，海伯格无法对阿基米德羊皮纸书进行更完整的解读。为抢救这本书，海伯格把能辨认出来的大约三分之二内容重新抄录了一遍，并以《阿基米德方法》为名刊行于世。当后来的其他学者想继续研究剩余的"三分之一"时，这部弥足珍贵的羊皮纸书竟因战乱而不知所踪。直到1998 年，这部古籍才出现在纽约的一个拍卖场，一位匿名富翁用 200 万美元买下了它，并委托美国巴尔的摩的"华特斯美术馆"典藏并加以复原。

2005 年，借助现代技术，阿基米德这部曾经失传八百多年的作品，终于以更为完整的面貌重见天日。《阿基米德方法》的完整现身，不仅使人们对科学巨匠阿基米德的认识更加"完整"，还改写了数学发展历史，并丰富了古希腊文化的内容。华特斯美术馆善本书籍部主任诺尔说："这犹如从公元前 3 世纪（阿基米德的时代）收到一份传真，真是令人兴奋不已。"

阿基米德在继承前人工作的基础上完成了圆面积、球表面面积和球体积的计算等一些重要命题的论证。例如，在《抛物线求积》中，记载着阿基米德如何求弓形面积的方法。

如图 3-21 所示，抛物线有内接 $\triangle PQq$，抛物线上点 P_1、P_1' 与 QP、Pq 中点 V_1、V_1' 的连线平行于抛物线的轴。阿基米德通过物理方法发现：抛物线被 Qq 截得的抛物线弓形的面积与 $\triangle QPq$ 的面积之比是 4 : 3。阿基米德然后使用穷竭法计算：对于抛物线弓形 PQq，阿基米德认为它可以被一系列三角形"穷竭"。易知 $\triangle PQq$ 面积大于抛物线弓形 PQq 的一半。在弦 PQ 和 Pq 上进行类似的分割，同样有 $\triangle PP_1Q$ 面积大于抛物线弓形 PP_1Q 的一半；$\triangle PP_1'q$ 面积大于抛物线弓形 $PP_1'q$ 的一半。阿基米德利用已知几何命题证明了

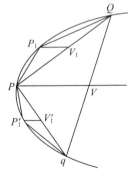

图 3-21　阿基米德求弓形面积

$$\triangle PP_1Q + \triangle PP_1'q = \frac{1}{4}\triangle PQq$$

重复这一过程，对其后的三角形，也有同样的面积关系。因此，抛物线的弓形 PQq 的面积可以用所有这些内接三角形的面积和来"穷竭"，也就是说，可以用几何级数 $S + \dfrac{1}{4} S + \dfrac{1}{4^2} S + \cdots$ 的有限项之和来逼近（这里以 S 记 $\triangle PQq$ 的面积）。

最后，阿基米德用间接证法来完成他的穷竭法证明。首先他证明抛物线弓形的面积 A 不能大于 $\dfrac{4}{3} S$，同理可证 A 不能小于 $\dfrac{4}{3} S$，那么 A 只能等于 $\dfrac{4}{3} S$。这个结果与现代微积分中用等比级数求和算出的结果是完全一样的。

英国数学史家希思评述道，希腊几何学家对他们发现定理所用的方法并没有提供任何线索或暗示，这种鲜明的特色既令后人惊叹不已，又使其百思不解。这些定理作为完美的杰作流传下来，却没有留下任何形成时期的痕迹，也没有线索暗示推断它们所用的方法……。《方法》却是个例外，从中我们可以撇开事物的表面洞察到阿基米德探求本质的思想。在《方法》中，他告诉我们他是如何发现关于求面积和体积的定理，同时他特别强调下述两者之间的差别：其一，发现定理所用的方法虽然不能作为定理的严格证明，但足以说明定理的真实性；其二，这些定理在最后被确认之前，必须经过无懈可击的几何方法的论证。用阿基米德本人的话说，前者使定理得以被研究，但不能用来证明之。该书中明确指出，书中所用的、对于发现定理极为有效的力学方法并不能提供定理的证明。

第 4 章

中国古代数学

中国古代数学，就是一部算法大全。

——吴文俊

在金庸的小说《射雕英雄传》中，有一段关于瑛姑与黄蓉用几道数学题过招的情节，其中瑛姑是"神算子"，而黄蓉她爹是东邪黄药师，擅长"奇门数术"。话说当年黄蓉被裘千仞打成重伤，生命危在旦夕，郭靖将她送到南帝一灯大师那里救治，结果误入瑛姑茅舍。正巧撞见瑛姑正在算一道开平方的问题，黄蓉脱口道出答案。瑛姑又给他们出了一些数学题，如果答对了就放他们两人走。黄蓉天资聪慧，都一一作答了。在与瑛姑告别时，她也留下三道数学题来为难瑛姑，其中一题为"鬼谷算题"："有一个数，除五剩二，除四剩三，除三刚刚好，问这个数是多少？"

这个问题听起来比较难，当时可把瑛姑难倒了。黄蓉固然天资聪慧，但更重要的是，她掌握了这类问题的算法之道。实际上，这也显示出中国古代传统数学与古希腊论证数学的不同之处。在不同的社会、经济、文化背景的影响下，中国古代数学走上了一条迥然不同的发展道路，形成了传统实用数学，创立了以算法化、数值化为主要特征的数学方法和理论体系。

中国古代数学经历了以下主要发展阶段：

- 数学知识体系的形成时期（公元前 3 世纪末至公元 1 世纪初）。
- 以理论研究为重点的发展时期（公元 1 世纪初至 8 世纪初）。
- 古代数学发展的黄金时期（公元 11 世纪至 14 世纪初）。

自元代中期开始，中国古代数学高水平的研究突然停止。到了明代，一些有名的数学家甚至不能真正理解宋元时期的数学成就。代之而起的是数学的歌诀化，以及珠算逐渐取代算筹而成为主要的计算工具。明末至清代中期（1607—1760），国外初等数学传入中国，中西方数学开始融合，但形式基本上是中国的。此后的近百年间（1760—1850），西方数学的传入工作逐渐停止，整理中国历史上的数学著作成为主流，但高水平数学成果十分有限。大约从1850 年开始，西方古典高等数学传入中国，这时吸收西方数学成果才成为中国数学的主要发展方向。直到 20 世纪 30 年代，中国古代数学完全转变为西方数学，除珠算外，中国古代数学形式的影子已毫无踪迹。中国数学自此完全融入了世界数学发展的洪流。

4.1 刘徽与《九章算术》

4.1.1 《九章算术》

《九章算术》是中国传统数学的经典著作。按史料记载，秦代主管数学统计的官员张苍（？—公元前 152 年）最先对当时的数学题简进行了分类整理，以后张苍归顺刘邦，官至丞相，继续从事各种宫廷管理所需的算法的研制和推广工作，这便形成了《九章算术》的雏形。此后的 200 年间，西汉的官员出于管理的需要，不断对之进行补充，使之成为比较完善的官方管理手册。直到西汉末年的王莽新政之前，尚无称为《九章算术》的数学著作。公元 9 年，王莽将当时负责历法、度量衡编制工作的刘歆（？—公元 23 年）委以重任，刘歆对当时国家收藏的简中的数学知识进行了系统的整理，使得《九章算术》成为定本。东汉中后期，精通或研习《九章算术》的官员和学者相当多，在这一时期，《九章算术》已成为中国古代数学的经典著作。并且随着造纸术的成熟与推广，纸抄本的《九章算术》（见图 4-1）在民间得到了流传，大大推动了它的传播。

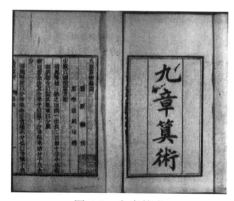

图 4-1　九章算术

《九章算术》是以应用问题集的形式表述，一共收入了 246 个问题。在编排上，把 246 个问题分为九章：

第一章 方田，叙述田亩面积的计算方法。

第二章 粟米，叙述粮食交易的计算方法。

第三章 衰分，叙述如何用比例分配的方法解决问题。

第四章 少广，叙述如何根据面积或体积来计算开平方与开立方。

第五章 商功，主要解决建筑工程中的体积计算问题。

第六章 均输，叙述怎样处理粮食运输及合理摊派赋税问题。

第七章 盈不足，叙述如何设定两个未知数，来解决盈亏类问题计算。

第八章 方程，叙述一元和多元一次方程或方程组的解法。

第九章 勾股，利用勾股定理来解决生产中的应用问题。

全书的编排方法是：先举出问题，再给出答案，通过对一类问题解法的考察，最后给出"术"，全书共有 202 个"术"。术，是一类问题的一般算法描述，它是研究中国传统数学成果的主要依据。

《九章算术》是对古代中国数学知识的系统整理和传承发展，书中给出的上百个公式和解法中，有完整的分数四则运算法则，比例和比例分配算法，若干面积、体积公式，开平方、开立方程序，盈不足算法，方程术即线性方程组解法，正负数加减法则，解勾股形公式和简单的测望问题算法，其中许多成就在世界上处于领先地位，形成了以计算为中心的中国古代数学特点，确立了中国古代数学以术文（公式、解法）挈领应用问题的基本形式。公元元年前后，盛极一时的古希腊数学走向衰微，《九章算术》的成书标志着世界数学研究重心从地中海沿岸转到了中国，开创了东方以算法为中心的数学，并在千余年里占据了世界数学舞台的主导地位。

现今人们能够看到的最早的《九章算术》是魏晋时期的刘徽于公元 263 年写的《九章算术注》。这一时期，经过汉末、三国时期的社会动乱，军阀士族割据，使两汉经学受到冷落，儒学衰微，知识分子比较能按自己的特长和社会的需要发挥才智，挣脱了追求功名利禄及代圣贤立言的精神枷锁的束缚，思想界出现了春秋战国百家争鸣之后所未有过的解放与活跃局面。这就为在数学研究中发挥创造性打开了大门。

刘徽（约 225—295）是山东人，魏晋时期伟大的数学家，中国古典数学理论的奠基人之一。山东古代为齐鲁之邦，儒学的发祥地，春秋时代就是百家争鸣的中心之一。在刘徽生活的时代，这里出现了若干著名思想家、数学家，这就给刘徽少年师承贤哲，成年后"采其所见"深入研究准备了丰富的资料。刘徽治学严谨，实事求是，否定圣人创造世界的看法，善于汲取历代思想家的思想资料用于自己的数学创造，但是他从不迷信古人。《九章算术》在东汉已是经典著作，刘徽为之作注，对之自然十分推崇。然而，刘徽并不盲从。他在全面论证了《九章算术》的公式、解法的同时，指出了它的若干错误及不精确处。譬如，刘徽说"以周三径一为率，皆非也。"他批评前人"以作圆周率"是不精确的。正是刘徽的这些个人素质使之完成了《九章算术注》，并成为中国历史上最伟大的数学家。

刘徽

刘徽在《九章算术注》中，开始了其独特的推理论证的尝试。他称自己是"析理以辞，解体用图。"针对《九章算术》缺乏对概念的定义，刘徽在《九章算术注》中提出"审辨名分"，不但对自己提出的每一个新概念都给出界定，同时对《九章算术》中大量约定俗成的术语进行了精确的定义。例如，他提出"幂"这个概念，接着就给出定义"凡广从相乘谓之幂"。又如，《九章算术》虽有正负数加减法则，但何谓正负则没有说明，刘徽则说："今两算得失相反，要令正负以名之。"刘徽以"率"的概念为中心，建立了各种算法间的内部联系，证明了《九章算术》中大部分题目算法的合理性；为了阐明几何命题和证明几何定理，刘徽创立了"出入相补"的方法，为计算圆周率提出了"割圆术"，在中国数学史上首次将极限概念用于近似计算；他引入十进制小数的记法和负整数的知识；他试图建立球体积公式，虽然没有成功，但为后人提供了科学的方法；他对勾股测量问题的深入研究，使得他感到以往的形式已不能满足要求，故不得不重立新说，于是写成了《海岛算经》。这些与先前的中国数学著作的风格迥然有别。《九章算术注》丰富了《九章算术》的内容，发展了《九章算术》的方法，《九章算术注》的出现，标志着中国古代数学形成了独有的理论体系。

4.1.2 以率推术

《九章算术》中的"术"，即算法，除个别存在误差外，绝大多数算法都具有正确性、普及性和有效性。这些算法虽已形成完整体系，但是受历史条件限制，均未能提供理论推导过程。因此，刘徽在《九章算术注》中充分利用率的概念和性质对许多算法的正确性进行了证明，将《九章算术》中的算法提升到系统理论的高度。

率的概念，在中国古代数学中是分数的概念，并且中国很早就形成了成熟的分数运算方法。刘徽推广了中国古代数学中率的概念，他给出率的定义是："凡数相与者谓之率。""相与"指共同，也就是相关，这里的相关实际上就是成比例，就是凡是一组有着比例变化的相关的量都叫作率。"令每行为率"，即方程各项成比例地扩大或缩小，不改变方程组的解。从这个定义出发，刘徽给出率的重要性质："乘以散之，约以聚之，齐同以通之"。即成率关系的所有数可以同乘某一数，亦不改变率关系，这就是"乘以散之"。相反，成率关系的一组量如果有等数（即公因子），则可以用此等数约所有的量，而不改变率关系，这就是"约以聚之"。"凡所得率知，细则俱细，粗则俱粗，两数相抱而已。"即一组成率的数，在投入运算时，其中一个缩小或扩大某倍数，则其余的数必须同时缩小或扩大同一倍数，根据率的这一性质，刘徽提出了乘、约、齐同三种等量变换。

齐同术原本是一种分数通分的方法，最先由三国时代的赵爽提出，通过刘徽的研究形成了系统的理论。刘徽对齐同术的定义是："凡母互乘子谓之齐，群母相乘谓之同。"这是对一组分数说的，就是使分母相同，而要对分子所做的相应变动，这就是"齐同以通之"。例如，对分数 $\frac{a}{b}$ 和 $\frac{c}{d}$ 进行通分时，《九章算术》用 ad 和 cb 作为分子，bd 作为公分母。刘徽把 ad 和 cb 定义为"齐"；把 bd 定义为"同"。这个定义显然适合于多个分数的情形。刘徽还进一步解释说："同者，相与通同，共一母也；齐者，子与母齐，势不可失本数也。"意思是说，"同"是一群分数的公分母；"齐"是由"同"而来，也是为了使每个分数之值不变。刘徽提出了用诸分数分母的最小公倍数去求"齐""同"的方法，完成了齐同术的理论。刘徽将率及齐同原理作为运算的普适方法，广泛用于许多算法之中。

盈不足术是中国古代数学中的一大亮点。"盈不足"章第 1 题提出的问题是：要凑钱买一样东西，若每人出 8 元，则加在一起多 3 元；若每人出 7 元，则付款总额比物价又少 4 元。问人数、物价各是多少？

用盈不足术解之：设前、后两次每人付款数为 a_1 和 a_2，第一次付款总额比物价多 b_1，第二次付款总额比物价少 b_2，则

$$每人应付款数为：\frac{a_1b_2 + a_2b_1}{b_1 + b_2} \tag{4.1}$$

$$人数为：\frac{b_1 + b_2}{a_1 - a_2} \qquad (a_1 > a_2) \tag{4.2}$$

$$物价为：\frac{a_1b_2 + a_2b_1}{a_1 - a_2} \tag{4.3}$$

刘徽对上述解法的解释为：依题目条件，如果买 b_2 个物，每人付 a_1b_2，总付款数比物价要多 b_2b_1；买 b_1 个物，每人付 a_2b_1，总付款数比物价少 b_2b_1。那么每人共付 $a_1b_2+a_2b_1$，买了 b_2+b_1 个物，就没有盈亏。故有式（4.1）。又题中付款总数从盈变到不足，付款总数变化幅度是 b_1+b_2，这种变化是由每个人前后两次付款数的变化幅度 a_1-a_2 引起的。故式（4.2）成立。进而可得式（4.3）。

方程术是《九章算术》中最为突出的成就。刘徽用率给出方程的定义："群物总杂，各列有数，总言其实。令每行为率，二物者再程，三物者三程，皆如物数程之，并列为行，故谓之方程。"刘徽还阐明了方程变形的性质：如果方程的两边都加上（或减去）同一数（即"举率以相减"），那么所得的方程和原方程是同解方程（即"不害余数之课也"）。在第八章问题的解法中还可以发现下述方程变形的性质：如果方程两边同乘以（或除以）一个不等于零的数，那么所得的方程和原方程是同解方程。下面是第八章中的第 1 题：

"今有上（等）禾（指稻或黍米）三秉（指三束或三捆），中（等）禾二秉，下禾一秉，实（指打下来的稻子或谷子）三十九斗；上禾二秉，中禾三秉，下禾一秉，实三十四斗；上禾一秉，中禾二秉，下禾三秉，实二十六斗。问上、中、下禾实一秉各几何？"即求每捆上、中、下等的稻子各打谷子多少斗。

该问题相当于解一个三元一次方程组，设上、中、下禾各打谷子 x、y、z 斗，用现代的写法列出如下方程组：

$$\begin{cases} 3x + 2y + z = 39 \\ 2x + 3y + z = 34 \\ x + 2y + 3z = 26 \end{cases}$$

但《九章算术》没有表示未知数的符号，而是用算筹将 x、y、z 的系数和常数项列成一个方阵，再进行加减消元运算，与现代数学的矩阵类似：

$$\begin{pmatrix} 1 & 2 & 3 \\ 2 & 3 & 2 \\ 3 & 1 & 1 \\ 26 & 34 & 39 \end{pmatrix}$$

刘徽在注释《九章算术》时，还使用了代入法并创立了"互乘相消法"来求解线性方程组。他把"互乘相消法"也称为"齐同术"。例如，第八章中的第7题及其解法如下："今有牛五、羊二，值金十两。牛二、羊五，值金八两。问牛、羊各值金几何？"刘徽在注文中指出此题可以用相减消元法求解，但他却详尽地记述了齐同术解法。他解释道："假令为同齐，头位为牛，当相乘左右行定，更置右行牛十、羊四，值金二十两；左行牛十、羊二十五，值金四十两。牛数等同，金多二十两者，羊差二十一使然也。以少行减多行，则牛数尽，惟羊与值金之数见，可得而知也。"对于刘徽的注文，我们用现代的方式表述如下：

$$\begin{pmatrix} 2 & 5 \\ 5 & 2 \\ 8 & 10 \end{pmatrix} \xrightarrow{\text{互乘}} \begin{pmatrix} 10 & 10 \\ 25 & 4 \\ 40 & 20 \end{pmatrix} \xrightarrow{\text{相消}} \begin{pmatrix} 0 & 10 \\ 21 & 4 \\ 20 & 20 \end{pmatrix} \xrightarrow{\text{约简}} \begin{pmatrix} 0 & 5 \\ 21 & 2 \\ 20 & 10 \end{pmatrix} \xrightarrow{\text{互乘}}$$

$$\begin{pmatrix} 0 & 105 \\ 42 & 42 \\ 40 & 210 \end{pmatrix} \xrightarrow{\text{相消}} \begin{pmatrix} 0 & 105 \\ 42 & 0 \\ 40 & 170 \end{pmatrix} \xrightarrow{\text{遍约}} \begin{pmatrix} 0 & 1 \\ 1 & 0 \\ \dfrac{20}{21} & \dfrac{34}{21} \end{pmatrix}$$

即每头牛、每头羊的金数分别为 $1\dfrac{13}{21}$ 两和 $\dfrac{20}{21}$ 两。

刘徽在注文中明确指出，齐同术可推广到更多元的方程组中去。他在注文中说："以小推大，虽四、五行不异也。"这就是说，互乘相消法可以推广到解四元、五元的线性方程组，足见其应用之广。

刘徽将率的概念和性质广泛用于几何问题之中。例如，他指出在相似勾股形中，勾股弦"相与之势不失本率"，意指相似的两勾股形对应边成比例。这就是刘徽概括出的一个原理，并被他广泛用于解决勾股容方、勾股容圆和测望问题。第九章中的第20题："今有邑方不知大小，各中开门。出北门二十步有

木。出南门十四步，折而西行一千七百七十五步见木。问邑方几何?"如图 4-2
所示，其解法是以 $\overline{CBED} \times 2 = 71\ 000$ 为"实"
（常数项），以 $\overline{CB} + \overline{EF} = 34$ 为"从法"（一次项
系数），然后"开方除之"。

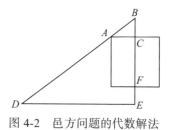

这相当于今天我们令正方形边长为 x
（邑方），利用直角三角形 $\triangle\,BAC$ 与 $\triangle\,BDE$
相似得到的关系式，解一个一元二次方程
$x^2 + 34x = 71\ 000$。这种几何代数化的做法，经

图 4-2　邑方问题的代数解法

过刘徽和更晚的宋、元数学家的发展，成为中国古典数学的重要思想方法。

4.1.3　出入相补原理

出入相补原理又称以盈补虚法，是中国古代数学中证明面积和体积问题的
主要方法。该原理是指一个平面图形从一处移至他处，面积不变。又若把图形
分割成若干块，那么各部分面积的和等于原来图形的面积，因而图形移植前后
诸面积的和、差有简单的相等关系。立体的情形也是这样。

刘徽在《九章算术注》中概括并发展了出入相补原理。"出入相补"见之于
刘徽为《九章算术》勾股术——"勾股各自乘，并而开方除之，即弦"所给出
的注："勾自乘为朱方，股自乘为青方，令出入相补，各从其类，因就其余不动
也，合成弦方之幂，开方除之，即弦也。"

如图 4-3 所示，在直角三角形勾上作正方形，染上红色（朱方）；在股上作
正方形，染上青色（青方）；再在弦上作正方
形（弦方，即图中虚线所组成的正方形）。朱
方、青方合起来，与弦方比较，朱方多给出
一个三角形（朱出），青方多给出两个三角形
（青出）。如果能将这多出的三块恰好填入弦
方中不足的部分，那么两者的面积相等。为
此，将弦方中不足的大块分为两个三角形，
将"朱出"填入"朱入"，"青出"填入"青
入"，正好"出入相补"，故勾方（朱方）与
股方（青方）之和等于弦方。

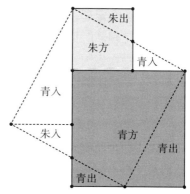

图 4-3　刘徽的"出入相补"原理

　　三国时期的赵爽首创以"弦图"对勾股定理进行证明，也使用了出入相补原理。所谓"弦图"，是指由弦方和四个勾股形（直角三角形）组成的正方形，如图4-4a所示。弦方中四个勾股形着红色（朱实），中间的勾股差方着黄色（中黄实）。

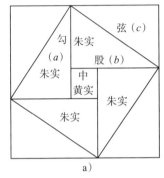 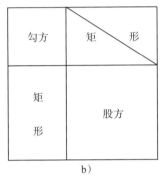

图4-4　赵爽对勾股定理进行证明时使用的"弦图"

　　赵爽用弦图来证明勾股定理的方法是：这个大正方形是由四个勾股形盘在弦方四周而成的，两个勾股形合成一个矩形，因而有：

$$大方 = 弦方 + 2 个矩形 \tag{4.4}$$

　　另外，这个大方，是勾与股和的平方。由图4-4b可以看出：

$$大方 = 勾方 + 股方 + 2 个矩形 \tag{4.5}$$

比较式（4.4）与式（4.5），得：弦方 = 勾方 + 股方。

　　这就是勾股定理的结论。在数学领域中，或许难以找到另一个定理，其证明方法的数量能超过勾股定理。勾股定理同时也是数学领域中应用最广泛的定理之一。世界很多国家都发行了一些有关勾股定理的纪念邮票。在我国举行的2002年国际数学家大会上，赵爽的弦图也被列为此次大会会标，如图4-5所示。

图4-5　2002年北京国际数学家大会会标

　　出入相补原理贯穿于刘徽的整个《九章算术注》中，这一原理简明且直观，能帮助人们把许多算法联系起来并得出更多的有效算法。刘徽在开平方、开立方和解一元二次方程等算术、代数运算中也使用了出入相补原理。

利用出入相补原理，可以实现图形的互相转化，还可以实现数与形的互相转化，如勾股数和正方形面积的转化，平方根和正方形边长的转化，等等。这些转化包含了朴素的辩证思想。这也是中国古代数学思想方法的一大特色。

4.1.4　徽率

刘徽在《九章算术注》中，用割圆术计算圆的周长、面积以及圆周率。他从圆内接正六边形出发，将边数逐次加倍，并计算逐次得到的正多边形的周长和面积。刘徽指出："割之弥细，所失弥少，割之又割，以至于不可割，则与圆周合体而无所失矣。"以下是割圆术的基本原理。

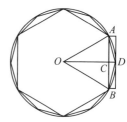

图 4-6　刘徽求圆周率方法

如图 4-6 所示，设圆面积为 S_0、半径为 r、圆内接正 n 边形边长为 l_n、周长为 L_n、面积为 S_n。将边数加倍后，得到圆内接正 $2n$ 边形，其边长、周长、面积分别记为 l_{2n}、L_{2n}、S_{2n}。

刘徽首先指出，由 l_n 及勾股定理可求出 l_{2n}，事实上，

$$l_{2n} = \overline{AD} = \sqrt{\overline{AC}^2 + \overline{CD}^2} = \sqrt{\left(\frac{1}{2}l_n\right)^2 + \left[r - \sqrt{r^2 - \left(\frac{1}{2}l_n\right)^2}\right]^2}$$

其次知道了圆内接正 n 边形的周长 L_n，又可求得圆内接正 $2n$ 边形的面积：

$$S_{2n} = n\left(\frac{1}{2}\overline{AB} \times \overline{OD}\right) = n \times \frac{l_n r}{2} = \frac{1}{2}L_n \times r$$

刘徽还注意到，如果在圆内接 n 边形的每边上作一高为 $\overline{CD}$ 的矩形，就可以证明刘徽不等式：

$$S_{2n} < S_0 < S_{2n} + (S_{2n} - S_n)$$

这样，不必计算圆外切正多边形就可以推算出圆周率的上限和下限。在刘徽之前，人们以圆内接正六边形周长为长、圆半径为宽的矩形面积，近似表示圆的面积，这实际上取圆周率为 3。东汉时期的张衡（78—139）是中国给出圆周率估值的科学家之一，他先后算出 π 的近似值为 $\frac{92}{29} \approx 3.1724$、$\sqrt{10} \approx 3.1623$ 和 $\frac{730}{232} \approx 3.1466$。刘徽认为张衡的近似值偏大，他从圆内接正六边形出发，并

取半径 r 为 1 尺[⊖]，一直计算到圆内接正 192 边形，算出圆内接正 192 边形面积等于 $314\frac{64}{625}$ 寸²。此时取 314 寸² 为圆面积 S 的近似值，反求出圆周长："以半径一尺除圆幂，倍所得，六尺二寸八分，即周数。"接着"令径二尺与周六尺二寸八分相约，周得一百五十七，径得五十，则其相与之率也。"得出圆周率的近似值 $\pi \approx 3.14$，化成分数为 $\frac{157}{50}$，这就是有名的"徽率"。刘徽指出，将多边形边数增加，还可得出更精密的近似值来。至此，刘徽成为中国数学史上第一位利用理论方法推算圆周率的数学家。同时刘徽认识到，当圆内接正多边形的边数无限增大时，正多边形与圆周就会重合，于是"割之又割，以至于不可割，则与圆周合体而无所失矣。"

4.2　祖冲之与球体积公式

　　祖冲之（429—500）出生于南北朝时期南朝的建康（今江苏南京）。祖父与父亲为官，谙熟历法。从青年时起，祖冲之就对天文学和数学产生了浓厚的兴趣，他"专攻数术、搜烁古今"，但决不"虚推古人"，他"亲量圭尺，躬察仪漏，目尽毫厘，心穷筹策"。对前人总结出来的结论进行仔细的研究，纠正其中的错误。祖冲之于 462 年编制出《大明历》，希望国家能采用，但直到去世亦未能如愿。其子祖暅承继父亲的遗志，通过对天象的实际观测，对《大明历》进行了校验，又请皇帝予以采用，经两代人的努力，终于在祖冲之去世后的第 10 年（510 年）这部历法才得以正式颁布。祖冲之是位多才多艺的科学家，作为地方官员，在发展辖区经济的过程中，亲自设计了各种机械，如指南车、快船。在数学研究方面，密率（也称为祖率，即祖冲之求得的圆周率 π）是当时最好的结果，早于西方同样的发现近千年。迟至 16 世纪，德国人奥托与荷兰人安托尼兹又重新推演出祖率。为了纪念祖冲之这一贡献，

祖冲之

　　⊖　三国时期，1 尺 ≈ 23.1 厘米，1 寸 ≈ 2.31 厘米。——编辑注

20 世纪，日本天文学家将自己发现的一颗行星以祖冲之的名字命名。

祖冲之对中国古代数学最大的贡献，就是推导出了球体积公式和圆周率。从东汉以来的四百多年中，有关球体积的计算公式，经过刘徽等人的不懈研究，最后由祖氏父子推出，成为中国数学史上的一件大事。祖氏父子对球体积公式的精确推导，完成了刘徽未完成的工作，创立的"祖暅原理"和方法具有很强的理论意义。在今日的中学教材中，"祖暅原理"仍是各种体积公式证明的基本原理。令人遗憾的是，祖冲之的著作《缀术》早已失传，其成就只散见于古代的典籍之中。据史料研究认为：《缀术》的内容可能是一些有关一元二次方程、一元三次方程的解法，并且其中的系数可正可负。假如这种推断是对的，那么可以说这些成果为宋元时期中国数学家在高次方程解法上的探索奠定了基础。656 年，唐朝的国子监添设算学馆，规定《缀术》是必读书籍之一，学习期限为四年，是学习时限最长的一种。《缀术》还曾流传至朝鲜和日本，在朝鲜、日本古代教育制度、书目等资料中，都曾提到《缀术》。

史书记载，祖冲之求得 π 值的取值范围为 $3.141\,592\,6 < \pi < 3.141\,592\,7$，但是史料中并没有记载祖冲之是如何推算出这个值的，后人只能对其推导过程进行推测。鉴于当时除了刘徽的割圆术，并没有其他求 π 值的方法，所以一般认为祖率也是利用割圆术得到的。祖冲之的圆周率用古代中国习惯使用的分数表示为 $\dfrac{355}{113}$（称为"密率"或"祖率"）和 $\dfrac{22}{7}$（称为"约率"）。

祖氏父子关于球体积公式的推导过程，被唐代李淳风记录在自己的《九章算术注》中，这使人们得以了解到祖氏父子的具体研究方法。在祖氏父子的这一研究工作中，他们使用了"幂势既同，则积不容异"的祖暅原理。意思是：两等高立体图形，若在所有等高处的水平截面积相等，则这两个立体圆形的体积相等。刘徽已经发现这一原理的一般形式，17 世纪意大利人卡瓦列利（Cavalieri）又独自提出，因而西方把它称为卡瓦列利原理。这一原理对微积分原理的建立有着不容忽视的作用。

刘徽在《九章算术注》中提出了刘徽原理：如果两个等高的立体，用平行于底的平面截得的平面面积之比为一定值，那么这两个立体的体积之比也等于该定值。根据这一原理，刘徽着手建立球体积计算公式。刘徽考虑的是先求"牟合方盖"（见图 4-7）的体积，刘徽将两个圆柱垂直相交所得的公共部分称为

"牟合方盖"。牟，相等；盖，伞。由于图形如同两个方口圆顶的伞对合在一起，故取名"牟合方盖"。

刘徽先作球的外切立方体，同时用两个直径等于球径且互相垂直的圆柱贯穿立方体，如图 4-8a 所示，这时球就被包含在两圆柱相交的公共部分中，而且与圆柱相切。然后用水平截面去截球和"牟合方盖"，如图 4-8b 所示。可知截面的面积之比恒为 $\pi : 4$，于是由刘徽原理立即得到：$V_球 : V_牟 = \pi : 4$，即 $V_球 = \dfrac{\pi}{4} V_牟$。

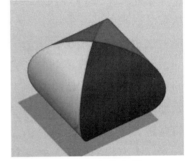

图 4-7　牟合方盖

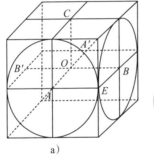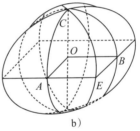

a)　　　　　　　　　b)

图 4-8　两圆柱内切于正方体与牟合方盖

如果"牟合方盖"的体积能够计算出来，那么整个问题就解决了。刘徽力图求出 $V_牟$，但是没有成功。祖冲之父子在刘徽研究的基础上，开始深入探讨球体积公式。他们沿着刘徽的基本思路，抓住关键性的"牟合方盖"的体积计算。但他们另辟蹊径，不直接计算牟合方盖本身，而是计算一个立方体取出其内切牟合方盖的剩余部分。为方便起见，我们把它叫作"方盖差"。再把"方盖差"自然分成八个相等的小立方体，每一个称为"小方盖差"。

祖氏父子从八分之一立方体和所含的八分之一的牟合方盖入手。在小牟合方盖中，如图 4-9a 所示，$\overline{PQ}$ 是小牟合方盖被水平截平面截得的正方形的一边，设为 a，$\overline{SO}$ 是球半径 r，$\overline{PO}$ 是高 h。$\triangle\, OPS$ 是一个直角三角形，根据勾股定理得 $a^2 = r^2 - h^2$，这正是截平面 $PQRS$ 的面积。在同一位置上的小立方体的截面面积为 r^2，而 $r^2 - a^2 = h^2$，正是小方盖差在等高处的截面面积，如图 4-9b 所示。这个面积正好等于 h^2。祖氏父子抓住了这个特点，发现底边为 r，高也是 r 的倒立正四棱锥的截面面积也有这个特点，如图 4-9c 所示。这就是说，在等高 h 处作小方盖差与倒立正四棱锥的截面，其截面的面积总是相等的。根据祖暅原理可知：小方盖差和倒立正四棱锥的体积相等。

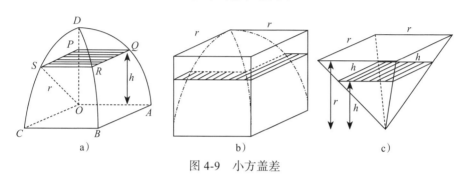

图 4-9　小方盖差

又已知正四棱锥的体积为 $\dfrac{1}{3}r^3$，因而小方盖差的体积也是 $\dfrac{1}{3}r^3$。由小立方体的体积减去小方盖差的体积，余下的就是八分之一牟合方盖的体积。因此有 $\dfrac{1}{8}V_{牟}=r^3-\dfrac{1}{3}r^3$，故 $V_{牟}=8r^3-\dfrac{8}{3}r^3=(2r)^3-\dfrac{1}{3}(2r)^3=\dfrac{2}{3}(2r)^3$。利用刘徽已求出的 $V_{球}=\dfrac{\pi}{4}V_{牟}$，祖氏父子就得到了球体积公式：$V_{球}=\dfrac{4}{3}\pi r^3$。

在西方，球的体积计算方法虽然早已由古希腊数学家阿基米德发现，但刘徽和祖冲之父子通过"牟合方盖"而推出的球体积公式，比阿基米德的内容要丰富，涉及的问题更复杂，并且这是由中国人自己独立研究得出的，他们借助的"祖暅原理"方法也是自行创出的，这不能不算是一项杰出的成就。这一球体积公式虽然比欧洲阿基米德的出现得晚，但二者有异曲同工之妙。

4.3　宋元数学四大家

在西方还处在黑暗的中世纪时期，世界东方的中国却是一幅欣欣向荣的景象。著名的《马可波罗游记》就是反映当时中国社会状况的一部奇书。13 世纪，意大利旅行家马可·波罗根据自己在中国 17 年的游历写出了自己的旅行见闻。书中讲述了这个来自遥远东方的、神秘的、繁荣富足的国度。特别是神奇的东方文明，让无数的欧洲人心之神往，影响了一代又一代的欧洲人民。造纸术、印刷术、火药和指南针，这四大伟大的发明标志着中国古代科技远远走在当时世界的前列。在 13 世纪前后它们陆续传入欧洲，成为此后欧洲崛起的利器。而我国古代数学，历经 1000 多年的发展，也在此时达到了光辉的顶峰，取得了许多具有世界历史意义的成就。这一时期的代表人物是秦九韶、杨辉、李冶和朱世杰，他们被后人称为"宋元数学四大家"。

4.3.1 秦九韶与"中国剩余定理"

中国人对世界科学史的贡献，除经常被提起的四大发明外，其实还有一些得到西方学者认可的其他成就。例如，"中国剩余定理"——这是西方数学史著作中少有的几个以中国命名的定理。由于这个问题最先出现于中国南北朝时期的数学著作《孙子算经》中，所以又被称为"孙子定理"。

1.《孙子算经》

孙子是中国古代著名数学家之一，他姓孙，大家都尊称他为孙子，其生平事迹不详，但他与《孙子兵法》的作者孙武不是同一人。《孙子算经》大约成书于公元四五世纪。书中有不少有趣的题目，其第 26 题是："今有物，不知其数。三三数之剩二，五五数之剩三，七七数之剩二。问物几何？"这便是世界闻名的"孙子问题"。

实际上，中国古代类似的问题也很多，如"韩信点兵"。韩信是中国古代一位足智多谋并善于用兵的将领，他辅佐刘邦，亡秦灭楚，完成西汉统一大业。有一道数学题叫作"韩信点兵"，便是借韩信的聪明才智出了一道难题。每当部队集合时，他只要求士兵按 1～3、1～5、1～7 报数后，报告一下各次最后一个士兵的号数，便可知道部队出操人数和缺额。

韩信点兵的奥秘在哪里？其中的数学原理是什么？孙子在他的《孙子算经》中给出了这一类问题的解法。由于当时数学还未产生，没有用字母来代替数，其解法让人难以弄懂。到了明代，数学家程大位在其名著《算法统宗》一书中用一首诗歌概括了这种解法："三人同行七十稀，五树梅花廿一枝，七子团圆正半月，除百零五便得知。"这种解法的大意是："拿用 3 除所得余数乘以 70，加上用 5 除所得余数乘以 21，再加上用 7 除所得余数乘以 15，结果如果比 105 多，便减去 105 的倍数，所得到的就是所求的数。"列成算式就是：$70 \times 2+21 \times 3+15 \times 2-2 \times 105=23$。

为什么要这样计算？原来，70 是 5 和 7 的公倍数，而且被 3 除余 1，所以 2×70 被 3 除就余 2，并且能被 5 和 7 整除；21 是 3 和 7 的公倍数，被 5 除余 1，所以 3×21 被 5 除就余 3，且能被 3 和 7 整除；15 是 3 和 5 的公倍数，被 7 除余 1，所以 2×15 被 7 除就余 2，且能被 3 和 5 整除。因此，$2 \times 70+3 \times 21+2 \times 15=233$ 满足被 3 除余 2，被 5 除余 3，被 7 除余 2。而 $3 \times 5 \times 7=105$，即 105 是 3、5、7 的最小公倍数，从 233 中减去 105 的倍数，自然不会影响所求数被 3、5、7 除所得的余数了。

2. 秦九韶与《数书九章》

秦九韶（1208—1268）是南宋人，因其父在四川做官，所以他出生于四川。南宋时期，朝廷内部政治斗争激烈，外部又有金、元的威胁，秦九韶生活在一个战乱频仍的年代。秦九韶曾历任多地地方官职，但因热衷名利、攀附权贵而屡遭非议，在官场落有"至郡数月，罢归，所携甚富"的骂名。但即使攻击他的人，也承认他"性极机巧，星象、音律、算术以至营造等事无不精究"。秦九韶利用他优越的家庭条件，青少年时得以

秦九韶

"访习于太史"（向掌管历法的太史官员学习天文历法），并"从隐君子受数学"（师从民间隐士研习算学）。公元 1236 年以后，北方的元兵攻入四川，战乱使秦九韶在颠沛流离中接触到社会实际，积累了许多数学应用方面的知识。他逐渐转向攻书立著，并在为母亲守孝三年（1244—1247）期间，写成了《数书九章》，总结了自己此前十年间探讨和研究的数学问题。1268 年卒于现今的广东梅州。

《数书九章》共 18 卷，约二十万字。把 81 个应用题分为 9 类，每类 9 题共 81 个算题。该书著述方式由"问曰，答曰，术曰，草曰"四部分组成。"问曰"是从实际生活中提出问题；"答曰"是给出答案；"术曰"是阐述解题原理和方法；"草曰"是给出详细的解题过程。《数书九章》的算法，是以算筹为计算工具的算法，它规定算筹的"布列""运筹"方法。但由于《数书九章》引入了许

多复杂的计算问题，常常需要多次地、反复地运用各种方法布列算筹。为便于理解和掌握算法，秦九韶在大多数题目中都作了演草并绘制了筹图，对算筹的布列方法作了示范，按图用筹就可以算出结果。秦九韶在数学上的主要成就是系统地总结和发展了高次方程数值解法和一次同余式组解法，提出了相当完备的"正负开方术"和"大衍总数术"。

秦九韶在深入研究了"孙子问题"及其解法后，才从理论上给出了说明，定名为"大衍求一术"。在"大衍求一术"中，秦九韶给出了解类似"孙子问题"的一整套方法，完善了孙子开创的一次同余式组求解的方法和理论。"大衍求一术"被写进了他的巨著《数书九章》之中。这部著作成书于 1247 年，内容丰富，精湛绝伦，特别是"大衍求一术"和高次方程的解法，在世界数学史上占有崇高的地位。

秦九韶在《数书九章》中创立的一次同余式组的解法，可用现代数学形式表述如下：设一次同余式组为 $N \equiv R_i (\mathrm{mod}\, a_i)$，$i = 1, 2, \cdots, n$，假设 $a_1, a_2, \cdots, a_n$ 两两互素，只要求出一组数 $k_1, k_2, \cdots, k_n$，满足 $k_i M_i \equiv 1 (\mathrm{mod}\, a_i)$，$i = 1, 2, \cdots, n$，其中 $M_i = \dfrac{M}{a_i}$，$M = a_1 a_2 \cdots a_n$，就可以得到满足上面一次同余式组的最小正整数解：

$$N = \sum_{i=1}^{n} R_i k_i M_i - PM，\text{其中 } P \text{ 为正整数}$$

秦九韶方法中的关键是计算出"乘率" $k_i (i=1, 2, \cdots, n)$，为求得满足方程式的乘率 k_i，秦九韶用到了现代初等数论中的"辗转相除法"，并称此解法为"大衍求一术"。下面我们看秦九韶在《数书九章》中用"大衍求一术"解答的一个问题：

某米店失盗，却不知被偷去多少米。米店一共用了三个箩筐装米，每个箩筐装的米一样多，但记不清是多少了。清查的结果为：第一个箩筐内剩下一合；第二个箩筐内剩下一升四合；第三个箩筐内剩下一合。过了一段时间后，小偷被抓获。经审问知：米拿回家后就开始吃，现在也记不清吃了多少。那么当时小偷是怎样偷的呢？小偷甲说，他是用马勺在第一个箩筐里舀米，每次都舀满了装进布袋里；小偷乙说，他是用一只木鞋在第二个箩筐里舀米，也是每次都舀满了装袋；小偷丙说，他是用一个漆碗在第三个箩筐里舀米装袋的，每次也是都舀满了。三个器具都找到了，标定的结果为：马勺一次舀米一升九合，木鞋一次舀米一升七合，漆碗一次舀米一升二合。

　　问：每箩筐原有多少米？甲、乙、丙三个小偷各偷了多少米？

　　按秦九韶算法，设每箩筐米数为 N，马勺、木鞋、漆碗三盗器容量为问数 19,17,12，两两互素，三箩筐米被盗后所剩米数 1,14,1，即为余数，依题意得到一次同余式组为（以合为单位）：

$$\begin{cases} N \equiv 1(\mathrm{mod}19) \\ N \equiv 14(\mathrm{mod}17) \\ N \equiv 1(\mathrm{mod}12) \end{cases}$$

　　三盗器容量为 19,17,12，称为定母；定母乘积为 $19 \times 17 \times 12 = 3876$，称为衍母；衍母除以各定母为 204,228,323，称为衍数；定母除以衍数之余为 14,7,11，称为奇数；求得乘率分别为 15,5,11，其求奇数之法，是用"大衍求一术"求之。

　　于是，可求得每箩筐平均米数为

$N = 1 \times 15 \times 204 + 14 \times 5 \times 228 + 1 \times 11 \times 323 - M \times 3876 = 22573 - M \times 3876 = 3193$

即每箩筐平均米数为 $N = 3193$ 合，故知左箩筐 $3193 - 1 = 3192$ 合，中箩筐 $3193 - 14 = 3179$ 合，右箩筐 $3193 - 1 = 3192$ 合。三个箩筐共失米数为 $3192 + 3179 + 3192 = 9563$ 合。

　　与"孙子问题"及"大衍求一术"相类似的问题在世界许多国家都陆续出现过。例如，13 世纪意大利数学家斐波那契讨论一次同余问题，但没能给出一般解法。瑞士数学家欧拉和德国数学家高斯分别在 1743 年和 1801 年研究求解一次同余式，才获得与我国"大衍求一术"相同的结果。1852 年"大衍求一术"传入欧洲，人们发现"大衍求一术"和高斯的定理是一致的，而中国人的研究早了 1000 多年，于是欧洲人就将求解一次同余式称为"中国剩余定理"或"孙子定理"。美国科学史家萨顿称赞秦九韶是"他那个民族、他那个时代，并且也是所有时代最伟大的数学家之一"。

　　"中国剩余定理"不仅完美地解决了"孙子问题"，而且提供了解决像"韩信点兵"之类剩余问题的一般方法，更为重要的是，它揭示了其中本质的算法结构，为一次同余式组求解理论奠定了科学基础，可谓数学的一大发现。"中国剩余定理"不仅在古代数学史上占有重要地位，其解法的数学原理在近代数学史上也占有重要地位，在现代电子计算机的设计中也有着重要作用。

4.3.2 杨辉与纵横图

杨辉，临安（现今杭州）人，出生年月不详，南宋杰出的数学家和数学教育家。南宋末年的杭州，受战争影响较小，社会相对稳定，经济不断发展，城市日益繁荣，商品经济有很大发展。随着商业贸易的繁荣，需要更多的人从事商业，这就需要有更多的人懂数学、会计算，因此需要从事普及数学教育工作的人，杨辉就是这方面的代表人物。他搜集和阅读了大量的数学著作并进行研究。为了教学的需要，他先后编写了五部数学著作：《详解九章算法》《日用算法》《乘除通变本末》《田亩比类乘除捷法》以及《续古摘奇算法》。这些著作深入浅出，通俗易懂，便于普及。

在《详解九章算法》中，杨辉记载了北宋人贾宪的著作《黄帝九章算经细草》（1050 年）的内容，其中包括现今称为杨辉三角形的"贾宪三角形"，在西方它被称为帕斯卡三角形（1655 年）。贾宪三角形又称为"开方作法本源图"，如图 4-10 所示。它包括相当于 0 次到 6 次的二项式展开式的系数表。表中左、右两斜行数字都是 1，除此之外的数字称为"廉"，每个廉都由它肩上的两数和求得。照此规律，可以将这个三角形无限制地扩展下去。今天"贾宪三角形"被当作二项式展开式的系数表，但在贾宪时代，它是从开方算法中总结出来的。贾宪利用贾宪三角形得到了开高次方的一般方法：增乘开方法。杨辉把这种开方方法的一般规律记载在《详解九章算法》中。

图 4-10　开方作法本源图

贾宪增乘开方法，是一个高度程序化和非常有效的算法，可适用于开任意高次方。这种随乘随加、能反复迭代计算减根变换方程各项系数的方法，与现代西方通用的"霍纳算法"（1819 年）已基本一致。高次方程数值求解的集大成者是秦九韶，他在《数书九章》中，将增乘开方法推广到了任意高次方程的情形，并将自己的方法称为"正负开方术"，这是一种求高次方程的算法。秦九韶明确指出，这个程序化的算法可以用来求解一般的高次方程，在他的《数书九章》中共包含了 21 个高次方程，其中次数最高的是十次方程。

　　杨辉的另一个重要数学成就是，他把纵横图（又称幻方）作为一个数学问题来研究。世界上最早的幻方，当推我国的洛书（前面第 2 章提到），即九宫格。长期以来，幻方只是被当作一种智力游戏，带有浓重的神秘色彩。杨辉是世界上第一个讨论幻方的构成规律，并依据规律排出丰富幻方的数学家。杨辉首先发现了九宫图的规律，按照类似的规律，杨辉后来又得到了"五五图""六六图""衍数图""易数图""攒九图"（它由 1 至 33 构成，每圈 8 个数，9 在圆心，其余排列在四个同心圆上）、"百子图"（百子图是一个十阶幻方，其纵横对角之和皆为 505）等许多类似的图。杨辉攒九图和百子图如图 4-11 所示。杨辉把这些图总称为纵横图，并于 1275 年将它们写进自己的数学著作《续古摘奇算法》一书中，并流传后世。

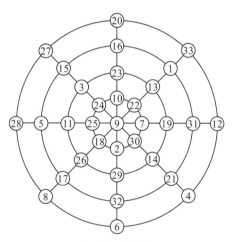

1	20	21	40	41	60	61	80	81	100
99	82	79	62	59	42	39	22	19	2
3	18	23	38	43	58	63	78	83	98
97	84	77	64	57	44	37	24	17	4
5	16	25	36	45	56	65	76	85	96
95	86	75	66	55	46	35	26	15	6
14	7	34	27	54	47	74	67	94	87
88	93	68	73	48	53	28	33	8	13
12	9	32	29	52	49	72	69	92	89
91	90	71	70	51	50	31	30	11	10

a）杨辉攒九图　　　　　　　　　b）杨辉百子图

图 4-11　杨辉攒九图和百子图

　　杨辉的纵横图在古代主要属于数学游戏，但现在已经在许多实际问题上得到了应用。目前，国际上有不少幻方爱好者正在绞尽脑汁研究它的规律。科学家甚至设想把宇宙飞船飞到一个有高级智慧生物存在的星球上，用纵横图这样的数学语言，也许可以作为媒介沟通彼此之间的思想。例如，美国 1977 年发射的宇宙飞船旅行者 1 号、2 号上，就携带了一个四阶幻方图（见图 4-12a），外星人不太可能认识我们的数字，所以这个幻方把数字用点来表示。而在 1999 年

12 月 20 日澳门回归祖国时，为纪念这一事件，在珠海板障山森林公园顶峰上建立了百子回归碑。这座碑刻的全是数字，是我国碑史上的第一座数字碑，实际上是一副十阶幻方，中央四个数连读即"1999·12·20"（见图 4-12b），标志着澳门回归日。

a）美国宇宙飞船携带的四阶幻方图   b）澳门百子回归碑

图 4-12　杨辉的纵横图的现代应用

杨辉不仅是一位著述颇丰的数学家，同时还是一位杰出的数学教育家。他在《详解九章算法》的基础上，专门增加了一卷，将书中的 246 个问题，按照解题方法的难易程度，重新分为九类。他一生致力于数学教育和数学普及，其著述有很多是为了数学教育和普及而写。《乘除通变本末》中载有杨辉专门为初学者制订的"习算纲目"，集中体现了杨辉的数学教育思想和方法。杨辉的几部著作极大地丰富了我国古代数学宝库，为数学科学的发展做出了卓越的贡献。

4.3.3　李冶与天元术

李冶（1192—1279），现今河北栾城人，原名李治，因与唐高宗同名而改名。他生活在金、元统治时期，曾在金朝做过地方官，1234 年蒙古灭金。李冶于 1232 年弃官隐居，开始了其学

李冶

术研究工作，1248 年写出了数学名著《测圆海镜》。1251 年，他回到少时求学的河北省元氏县，完成了他另一部名著《益古演段》（1259 年），时年李冶已经 67 岁。

晚年的李冶已成为元朝统治下的中国北方的知名学者，元世祖忽必烈诏之为官，但他托病辞官，自 1265 年起隐居于元氏县的封龙山，直到去世。李冶一生为人正直，当时正值动乱年代，他任钧州（今河南禹州）知事期间，亲自掌管出纳，一丝不苟。他说："积财千万，不如薄技在身。金璧虽重宝，费用难贮蓄，学问藏之身，身在即有余。"李冶治学严谨，他说："学有三，积之之多不若取之之精，取之之精不若得之之深。"他为科学研究付出了毕生的心血，在"流离顿挫"中"亦未尝一日废其业"。这些优秀的品质，使李冶成为中国科学史上的一个伟人。

李冶的数学成就主要是对"天元术"的研究，它是一种方程的代数求解方法。其核心思想是设未知量为"天元"（简记为"元"），并把天元各幂次的系数布列在筹式中，然后用程序化的方法求解"天元"。这种方法称为"天元术"。宋代以前的中国方程理论一直受几何思维束缚，如常数项只能为正，因为常数通常是表示面积、体积等几何量的；方程次数不高于三次，因为高于三次的方程就难于找到几何的解释了。随着数学问题的日益复杂，迫切需要一种一般的、能建立任意次方程的方法，天元术便应运而生了。它完全解决了一元代数方程的一般表示问题，这种方法与现代的方程表示方法是完全一致的。图 4-13 是李冶用算筹摆放的方程 $x^3 + 336x^2 + 4184x + 2\,488\,320 = 0$。

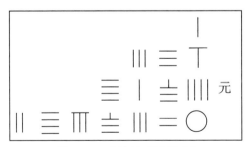

图 4-13　李冶的"天元术"

李冶的"天元术"是中国数学家创造的半符号代数，它在方程理论上具有以下的特点：第一，用一个文字（元）按其不同的位置表示未知数及其各次幂，方程按升幂排列，实现了一元高次方程在筹式中的准确表示方法。第二，利用乘法消去分母上的未知数，化分式方程为整式方程。第三，改变了传统的常数项都是正数的观念，使方程各项系数可正可负，各项可以移至等号的另一边，方程与多项式的表示方式得到统一。

李冶的天元术代表作是《测圆海镜》，这是一部系统研究勾股容圆（即内切于直角三角形的圆）性质的著作。书中给出"圆城图式"（见图4-14），图中用文字表示交点，相当于今天用字母表示点。李冶从中推导出关于勾股直角三角形边长、圆直径之间的关系式（或定理）680余条。他在去世前曾对儿子讲："吾平生著述，死后皆可燔去。独《测圆海镜》一书，虽九九小数，吾常精思致力焉，后世必有知者。庶可布广垂永乎？"

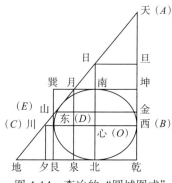

图 4-14　李冶的"圆城图式"

李冶也是一位数学教育家，他醉心研究数学，以教书为乐。元世祖忽必烈曾几次派人请他到朝修国史，他都以病为由拒绝了。这让当时许多人都不理解，有人甚至还称他为"数字牛"，言下之意就是把他比喻为一头醉心于数字堆的老黄牛。下面是一个关于李冶安贫乐道、醉心数学的故事：

公元1248年的一天中午，李冶正准备下午上课。这时，一位有过一面之缘的豪绅前来拜访。这人见李冶衣着简单，穿得和一般市民一样，桌上摆的也不过是两个素菜，一碗稀饭，便很是不屑。他本是来劝李冶到元朝当官的。谁知他刚开口说到"兄台放弃高官厚禄，甘愿粗茶淡饭，醉心那些死板的数字，何不到当朝为官，光宗耀祖？"时，李冶忙打断他的话："如果阁下愿意交流一下生活心得，欢迎请坐；如果让我不爱数学，投身官场，那请便！"

豪绅很尴尬，想了想，便赋诗一首为自己解围："玩物丧志戏贱技，高官厚禄美名留。荣华富贵青云路，何作庶民数字牛？"

李冶摇摇头，知道自己和豪绅不是一路人，便也口占诗歌一首："高官厚禄吾不爱，数字游戏兴趣稠。人间科技通四海，不耻贱技甘作牛。"

正是这种醉心甘为"数字牛"的精神，促使李冶几十年如一日地投身到天元术等数学研究之中，并取得了前人未有的成绩，无愧于宋元数学四大家之名。

4.3.4　朱世杰与四元术

朱世杰（1249—1314），字汉卿，号松庭，燕山（今北京）人，元代杰出的数学家和数学教育家，有"中世纪世界最伟大的数学家"之誉，与秦九韶、杨辉、李冶并称"宋元数学四大家"。他在"天元术"的基础上发展出了"四元术"，即列出四元高次多项式方程以及消元求解的方法。此外他还创造出了"垛积法"——高阶等差数列的求和方法，以及"招差术"——高次内插法。主要著作有《算学启蒙》与《四元玉鉴》。1272 年，元世祖忽必烈下诏改京师中都为大都，自此大都成为中国政治和文化的中心。生活在大都的朱世杰精习了《九章算术》，掌握了天元术的思想方法。随着 1279 年南宋的灭亡，朱世杰周游了中国南部 20 余年，并在扬州聚徒讲学。由于他广泛研究了中国南北方的数学成果，成为宋元时期中国数学的总结性人物，是中国历史上少有的职业数学家。

朱世杰于 1303 年刊刻的《四元玉鉴》，是他一生从事数学研究的结晶，其中的主要数学成就是求解方程的"四元术"。朱世杰综合前人数学各家之长，把"天元术"发展成"四元术"。朱世杰将第一个未知数设为"天元"，第二个未知数设为"地元"，第三个设为"人元"，第四个设为"物元"。这里的"天""地""人""物"相当于现在的四个未知数 x、y、z、u。朱世杰用"太"表示常数项，放于筹式的中心，按照"元气居中，天元于下，地元于左，人元于右，物元于上"方式排列。在"四元术"中，将方程的所有项移到方程的一边，将一个方程等同于方程左边的一个多项式。例如，方程 $-x^2 + 2x - xy^2 + xy + 4y + 4z = 0$ 的布列方式如图 4-15 所示。

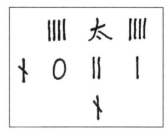

图 4-15　朱世杰的"四元术"

"四元术"是多元高次方程组的建立和求解方法，用四元术解方程组，是将方程组的各项系数摆成一个方阵。在解这个用方阵表示的方程组时，要运用消元法，经过方程变换，逐步化成一个一元高次方程，再用增乘开方法求出正根。由于"四元术"将方程布列成筹式的特殊形式，这使得"四元术"的消元法可以在近乎机械化的情形下进行。他将同解变换的算理蕴涵于四元消法之中，充分体现了朱世杰的转化思想。在西方，法国数学家艾蒂安·裴蜀（Étienne Bézout）的《代数方程的一般理论》（1779 年）中才第一次系统地叙述了高次方程组的消元法。朱世杰的"四元术"领先于世界 500 年，是我国数学史上的光辉成就之一。

《算学启蒙》是朱世杰于 1299 年刊印的另一部比较有影响的著作。全书共三卷，总计 259 个问题并配有相应的解答。这部书从乘除运算起，一直讲到当时数学发展的最高成就"天元术"，全面介绍了当时数学所包含的各方面内容。它的体系完整，内容深入浅出，通俗易懂，是一部很著名的启蒙读物。这部著作后来流传到朝鲜、日本等国，出版过翻刻本和注释本，对当时社会产生了很大影响。

朱世杰在总结数学理论的同时，也非常重视数学的普及。他的两部著作《算学启蒙》和《四元玉鉴》中的很多题目以及他们所体现的思想都与实际生活密切联系，这有助于数学的普及和发展。在书中，朱世杰常用歌谣和诗歌形式提出一些数学问题，这样既普及了数学知识，又为枯燥的数学增加了很多趣味性。这样的形式在以前的数学著作中是很少见的。例如，《四元玉鉴》中有一首诗："我有一壶酒，携着游春走。遇店添一倍，逢友饮一斗。店友经三处，没了壶中酒。借问此壶中，当原多少酒。"

朱世杰在数学科学上，全面地继承了秦九韶、杨辉、李冶的数学成就，并给予创造性发展，写出了《算学启蒙》《四元玉鉴》等著名作品，把我国古代数学推向更高的境界，形成宋元时期中国数学的最高峰。美国已故的著名科学史家萨顿是这样评说朱世杰的："（朱世杰）是中华民族的、他所生活的时代的、同时也是贯穿古今的一位最杰出的数学科学家。""《四元玉鉴》是中国数学著作中最重要的，同时也是中世纪最杰出的数学著作之一。它是世界数学宝库中不可多得的瑰宝。"可以看出，宋元时期的科学家及其著作，在世界数学史上起到了不可估量的作用。

自 1303 年朱世杰的《四元玉鉴》发表后，中国古代数学的发展便逐渐进入停滞状态。到了明代，珠算盘的广泛应用和蓬勃发展，筹算方法逐渐消失，这就使得建立在筹算基础上的天元术、四元术、高次方程和方程组的数值解法等数学成果被人们遗忘和抛弃了。整个明代，高深的数学问题几乎无人再研究讨论。甚至像顾应祥（1483—1565）这样的数学家在注释李冶的《测圆海镜》时说："虽经立天元一，反复合之，而无下手之术，使后学之士茫然无门路可入。辙不自揆，每章去其细草……。"于是就把该书有关天元术的细节完全删去。对此，清代天文学家阮元评论说："删去细草一节，遂贻千古不知而作之讥，惜哉！"这一切都可以说明，宋元时期的数学成果此时几乎成为绝学。

中国古代数学自明代以后逐渐衰落，一个原因是算筹在古代中国处于长期的统治地位，它阻碍了抽象符号的产生。没有抽象符号的数学，很难达到现代数学的发展水平。另一个重要原因是，明代封建统治者所制定的政策不利于数学发展。明朝虽然建立了比较完善的层次考试制度，但是也限定了死板的科目和八股文程式。当朱熹集注的"四书"被捧上天时，数学内容却被全部砍去。更有甚者，自明代初年起，朝廷就下令"国初学天文有历禁，习历者遣戍，造历者殊死"，法律也明确规定"私习天文者，杖罚一百"。虽然有人提出修改历法的建议，但均遭朝廷拒绝。严酷的禁令和长期拒绝修改历法，也使古代数学失去了来自天文历法的发展动力。

到了明末清初，由于外国传教士陆续把西方数学带入中国，给中国古代数学注入了新鲜血液，中国数学开始走向中西方融合发展的道路，其中徐光启、李善兰、梅文鼎、华蘅芳等数学家在翻译介绍西方数学成就方面做出了杰出的贡献。而到了 20 世纪初，中国数学教材已经与西方数学教材大致相同，中国数学开始走上了国际化的道路。

徐光启对明末算学界的衰落感叹道："算数之学，特废于近世数百年间尔。废之缘有二：其一为名理之儒士，苴天下实事；其一为妖妄之术，谬言数有神理，能知来藏往，靡所不效。"这句话的意思是，导致数学荒废落后数百年的原因有两个，一个是儒家理学的儒生们的阻碍破坏了天下事物的发展，一个是把数学当作迷信的工具。吴文俊也曾指出："中国古代数学至少自秦汉有记载以来，许多方面一直居于世界遥遥领先的地位，发展到宋元之世，已经具备西欧 17 世纪发明微积分前夕的许多条件，不妨说我们已经接近了微积分大门。尽管历代都有儒法斗争，儒家思想的阻挠放慢了数学发展的速度，甚至使许多创造湮没不彰或从此失传，但我们还是有可能先于欧洲发明微积分的。然而，宋朝的程朱理学已使当时的一些优秀数学家（例如杨辉）浪费精力于纵横图之类的数学游戏，陷入神秘主义，违反了我国自古以来的优良传统，到了明朝八股取士，理学统治了学术界的思想，我国的数学也就从此一落千丈了。"

4.4 中国古代数学的特征

中国古代数学受中国古代社会的政治、经济、文化的诸多因素影响，形成了自己独特的思想方法、基本模式及其特有的发展历程。在长达两千年的时间里，中国古代数学不受外来数学文化的影响，在封闭的状态下走自我独立发展的道路。对此，英国现代著名学者李约瑟在《中国科学技术史（第1卷）》中这样评述道："中国和它的西方邻国以及南方邻国之间的交往，要比一向所认为的多得多，尽管如此，中国思想和文化模式的基本格调，却保持着明显的、从未间断的自发性。这是中国'与世隔绝'的真正含义。过去，中国和外界是有接触的，但是，这种接触从来没有多到足以影响它所特有的文化以及科学的格调。"中国古代数学的特征可以概括为：算法化、实用性以及寓理于算。

4.4.1 算法化

中国古代数学的各种成果几乎都呈现着算法化的形式。中国古代数学称为"算术"，这个名称恰当地概括了以算为中心的算法化特征。中国古代的数学著作承继《九章算术》的体例，大多是以应用问题集的形式表述。每一个应用问题都有"问"与"答"，"问"中一般给出具体数据，"答"就是把"问"中的具体数据代入由"术"给出的算法进行数值计算的结果。"术"则是一个"能行性"的程序化计算程序。

中国古代数学形成的算法化的特点，在技术上得益于成熟的计算工具——算筹。筹算的方法，即用竹棍作为数学符号、作为运演操作的工具，这是中国古代文化对人类数学的一个独特贡献。这种运算操作不仅可以进行加、减、乘、除、开平方、开立方的运算，而且在方程的运算方面更达到了令人惊奇的地步，后者与现代数学中方程理论的矩阵解法有极大的相似之处。在西方数学中，行列式、矩阵是18世纪至19世纪开始发展形成的。在两千多年的时间里，算筹为中国古代数学发展提供了技术工具，使中国在世界上最早采用了十进位值制记数法；同时由于算筹可以使计算变得程序化和自动化，很容易解决数值的计算问题，从而加速了中国古代数学朝着数值化、算法化的方向发展。

数学的数值化、算法化，使数学的成果具有直观的合理性，容易被人们所接受。无论是从早期的爻卦揲法得出的数字，还是宋元时代由天元术或大衍总数术得到的数字，都毫无疑问地被人们认为是说明相关问题的合理有效依据。在这种思想方法指导下，中国古代数学毫无顾忌地发展计算技术，使祖率、中国剩余定理处于世界领先水平。

中国古代数学长期坚持走算法化的发展道路，大大限制了数学方法的改进。《九章算术》集中地体现了中国古代数学的特征，它的方法、构造形式、解决问题的范畴成为中国古代数学的典范，后世的许多数学研究可以从《九章算术》中找到渊源。刘纯在《大哉言数》中认为：“从西汉初以迄清末，《九章算术》成为中算家这一跨时空的科学共同体的主要学术规范和一种富有生命力的研究传统。它不但为中算家准备了统一的语汇辞典和著作体例，而且还提供了多种多样富有启发意义的思维模型。……正是由于《九章算术》示范作用的有效及研究传统的相对强固，中国古代数学中似乎未曾产生过足以摇撼其根基的挑战，当然也就不曾出现数学观念和方法的剧烈变革，即使际逢发展高峰时期的宋元数学也是如此。”

宋元时期，中国算经中的“演草”不断增多，这可以看作算筹向笔算的演进，然而中国未能有突破性进展。在朱世杰的《四元玉鉴》中，代数的内容已有了很大发展，但在数学语言方面，不用符号用算筹，使四元术未能涉足更多元的方程组求解。算法化的技术工具——算筹的长期统治地位，阻碍了抽象符号的产生。没有抽象符号的数学，很难达到现代数学的发展水平。同时，由于算筹摆放速度慢，占用的面积大，因此利用算筹进行数字计算也不适应数学发展的需要。但是到了 20 世纪，由于计算机的出现，中国数学算法化的特点显示出它的优势。在计算机的帮助下，许多以前未能解决的问题得到了完美解答和进一步拓展。

4.4.2　实用性

中国古代数学表现出“与生活实际保持着直接联系的实用性”，这种实用思想是中国古代“经世致用”思想的一个组成部分。“经世致用”主张经纬天下、治国安民。这就使得中国古代大多数数学著作都是以社会生产和生活实践中的问题为纲，这些问题基本按社会生活领域进行分类。这种体系持续了一千多年，成为中国古代数学的一大特色。

天文历法在古代社会占有十分重要的地位，历法的编算是古代天文学研究的中心课题，但天文学只有借助数学才能发展。我国最早的科学著作就是天文学的专著《周髀算经》，在此后的一千多年中，天文历法一直是中国古代数学发展的重要依托，历朝各代的科学家（如张衡、祖冲之、僧一行、沈括、郭守敬等人）都对历法有深入的研究，进行天文观测和历法计算。中国古代在历法的推算与数据处理中发展了代数的方法。由于历法中天文数据需要用分数表示，因此分数运算成为古代历法的重要部分。而天文数据的处理又促进了内插法的产生，观测天地则引发了关于直角三角形性质的研究，而"上元积年"的推算则孕育了举世闻名的大衍总数术，等等。中国古代历法与数学相互影响、相互促进，数学的新成果不断应用于历法，而历法中发展起来的新算法在数学中也得到反映。

在中国古代，由于"罢黜百家，独尊儒术"的儒家学说取得了中国文化的主导地位，这种儒家文化也决定了中国古代数学朝着实用性的方向发展。丁石孙认为，中国教育中虽然很早就将数学列为'六艺'之一，显示了对数学的重视，但是数学家只将其当作一种"济世之术"，因而导致中国古代数学教育以"经世济用"为目的。北齐颜之推著名的《颜氏家训》甚至告诫后人："算术亦是六艺要事，自古儒士论天道，定律历者，皆学通之，然可以兼明，不可以专业。"宋代的沈括被誉为"中国伽利略式的百科全书"，他精通工程技术、医学、天文、方志、律历、军事等，为博学喜文之士。但他严格遵守儒家关于九数之流皆为技艺的古训，把他自创的数学方法——"隙积术"和"会圆术"归入《梦溪笔谈》卷十八的技艺篇，与造弓术、活版印刷、中医艾灸、散笔作书等排列在一起。而南宋著名的理学大家朱熹认为："古人志道，据德，而游於艺。礼乐射御书数，数尤为最末事。若而今行经界，则算法亦甚有用。"朱熹虽然承认数学有用，却认为数学是最末等之事。由此可见，中国古代数学的实践应用地位是多么根深蒂固。

实用性数学思想对中国古代社会发展起到了积极的作用，也曾为数学的发展创造了广阔的现实空间。然而，数学发展的趋势必然要朝着更高的层次迈进。中国古代数学在某些方面确实也达到了这种高度抽象的层次，但是这种高度抽象的结果却要以"应用问题"的形式表现出来。例如，秦九韶的《数书九章》中的"遥度圆城"题就是为了建立一个十次的数字系数的方程而编出来的"应用问题"，只有这样才能引出他的高次方程的数值解法。受当时的生产水平限制，很难找到需要高次方程解决的实际问题。实际上，"遥度圆城"题只需要用三次方程就能求解，因此秦九韶的这种处理方法引起了许多非议和争论。

中国古代数学过分注重实用，也不利于抽象概念和命题的形成。数学上的概念大都是基于逻辑定义的，表示了超越感觉经验之外的推断。后人对中国古代数学的了解，主要是依靠算学家对算经的注释，自从有了《九章算术》，该书就一直作为古代数学的基本教材，师徒数代一直学习、研究、注释该书，保留了中国数学从《九章算术》开始所具有的鲜明特点，使得中国数学没有像古巴比伦、古埃及的数学那样中断。然而，大多数中国古代数学家不注重给概念下明确的定义，许多重要概念是直接提出来的，有时则用一些例子加以说明。因此后人不得不用自己的理解去揣摩。隔一段时间，就需要学者耗费巨大的精力去考证和注解。这种后果是双重的：对概念不加明确定义的做法妨碍了演绎体系的建立，而且不能为后人提供一种简单明了的、便于使用和发展的数学思想方法。中国古代数学坚持走实用性的发展道路，是阻碍中国古代数学朝向现代数学发展的重要原因。

4.4.3　寓理于算

朱家生等人认为："由于中国传统数学以追求实用为主，明'法'隐'理'，一般数学著作只叙述一个个算法，而其算理常常隐而不显，这就难免要使人产生这样或那样的错觉。"同时"中国传统数学注重算法，并不等于它没有逻辑推理。"

中国古代能够熟练操作算筹进行计算，其思维方式肯定运用了大量归纳、类比、直觉想象、灵感等方法。但是，它以一种独特的方式展示了表格化、形式化的运算，从而具有与现代数学矩阵初等变换极为相似的特征。由此我们也就可以理解筹算运演方法本身的创意性及其背后独特的理论形式，因此，中国古代数学具有明显的"寓理于算"的特点。

杨静等人认为："刘徽的《九章算术注》主要使用的是演绎逻辑。"比如，刘徽的正负数定义"今两算得失相反，要令正负以名之"，基本符合现代数学和逻辑学关于定义的要求。而刘徽的《九章算术注》，不仅给出了中国古代分式运演的方法、开方的筹算运演方法、正负数的筹算运演方法、割圆术的极限思想方法、方程筹算解法等，还对一系列内容都给出了"析理以辞，解体用图"这一中国独有的证明论述。刘徽说："事类相推，各有攸归，故枝条虽分而同本干知，发其一端而已。"他用面积的割补来证明勾股数的一般表达式，并由此发展了"出入相补"原理，不仅证明了勾股定理，并由此建立了中国古代几何证明"数形结合"的特色理论体系。在推导球的体积时，他又提出了"刘徽原理"，给后来祖冲之父子利用"祖暅原理"成功推导出球体积公式奠定了基础。这些球体积、圆周率等复杂而又精确的公式，不经过一定的逻辑推理而仅凭经验的总结是不易得到的。2011 年，《中华读书报》曾对中国科学院自然科学史研究所郭书春教授进行采访，题目就是"中国古代数学：不仅重'实用'，而且有'理论'"。这也是当代数学史家对中国古代数学的新观点。

值得一提的是，在中国历史上，春秋战国时期的墨子（约公元前480—公元前390）是少有的从逻辑上思考数学的人，他是中国历史上第一个站在理性的高度对待数学的科学家。在诸子百家中，墨家可谓是最特立独行的一派。与儒家关心的数学之用，把数学看作一种技能不同，墨家关心的是数学自身的和谐与完美，把抽象和逻辑用于数学。《墨经》（六篇）中含有丰富的逻辑知识，提出了研究抽象概念的方法，其中包括这样三种逻辑方法："以名举实（用概念'名'反映实在），以辞抒意（用判断'辞'表达意思），以说出故（用推理'说'指明原因）。"这些方法，都具有比较明确的逻辑思维形

墨子

式，其中名（概念）、辞（判断）、说（推理）非常类似演绎数学中的定义、定理和证明。

墨家首先从实践中抽象出数学概念，然后在概念的基础上进行推理。在几何上，墨子完整地提出了点、线、面、体等概念。他首次定义了"点"的概念："端，体之无厚而最前者也。"他还定义了"圆，一中同长也""平，同高也""体，分于兼也""穷，或有前不容尺也"等概念。这些概念都与欧几里得的《几何原

本》相似。除了定义一些概念，墨子还对极限有初步的认识，如《墨经·经下》："非半弗斫则不动，说在端。"这里"斫"即砍，分割之意，"非半弗斫"即每斫必半。"非半弗斫则不动"就是如果按这种方法不断地分割下去，最后必达到一个不可分割（即"不动"）的端。这与惠施的"一尺之棰，日取其半，万世不竭"的说法不同，惠施认为这种分割过程是无限的，这个极限永远也达不到。墨子则认为通过不断逼近的方法，最后必能达到极限位置——不可分割的端，这隐含了"点是线段无限分割之极限"的思想。

在认识无穷小的基础上，《墨经》提出"次"的概念，表达了"不可分量可积"的思想。《墨经·经上》说："次，无间而不相撄也。"这句话是说排列的东西没有间隙又不相重叠。受墨子对极限和无穷分量可积的认识的启发，后来的数学家刘徽提出了"割圆术"，祖冲之父子提出了"祖暅原理"。

除了数学之外，墨家在政治上、哲学上都有着巨大的贡献，提出了我们熟悉的"兼爱、非攻、尚贤、尚同"思想。墨家在力学、光学、声学等物理学分支中，给出了不少物理学概念的定义，并有不少重大的发现，总结出了一些重要的物理学定理。墨家动手能力也很强，擅长制造各类机械，墨家的"机关术"给人留下了深刻的印象。可以说，墨子是中国古代能与西方的阿基米德相媲美的科学家。蔡元培（1868—1940）说："先秦唯墨子颇治科学。假使今日中国有墨子，则中国可救。墨子也许是中国出现过的最伟大的人物。"

第 5 章

素 数 之 美

数学是科学之王，数论是数学的皇后。

——高斯

数学家库默尔的故事

德国著名数学家库默尔对素数很有研究，特别是在费马定理的证明过程中，他有过突出的贡献。他曾经做过一段时间的中学教师。有一天上课，他在黑板上运算，却忘了 7 乘以 9 的积等于多少！正在他犹豫了很久讲不下去时，一个学生说答案是 61，他依着写下了 61，这时另一个学生说应该是 69。库默尔当然晓得正确答案只有一个，至于是 61、69 还是其他数目，他无法确定。于是他开始对这个问题进行分析，只听见他高声说：61 是素数，不会是两个数的乘积，65 是 5 的倍数，67 也是素数，69 看来太大，所以答案是 63 吧！

"上帝创造了自然数，其他一切都是人的创造。"数学家利奥波德·克罗内克（Leopold Kronecker）的这句名言揭示了数学的起源，即数学是从算术开始的，而自然数或正整数的数学理论就是众所周知的算术。我国哲人老子也表达了同样的思想："道生一，一生二，二生三，三生万物……"

由于算术产生于计数的过程，因此，在文化发展的最初阶段就产生了最基本的自然数的概念，例如，1,2,3,…。在认识了它们并为它们取好名字之后，人们的注意力开始转向数和数之间的关系，于是就产生了加、减、乘、除四则运算方法。把数和数的性质、数和数之间的四则运算在应用过程中的经验累积起来，并加以整理，就形成了最古老的一门数学——算术。

在长期进行自然数四则运算的过程中，人们发现只有除法比较复杂，有的能除尽，有的除不尽，有的数可以分解，有的数不能分解，有些数有大于 1 的公约数，有些数没有大于 1 的公约数。为了寻求这些数的规律，发展出了专门研究自然数性质的一个数学分支——数论，而素数以及素数的性质是数论研究的主要问题。

5.1 素数

在涉及自然数的研究中，有一个最基本、最本质的概念就是素数。如果一个整数比 1 大，而且不能写成更小的整数之积，那么这个整数就是素数（或质数）。例如，2,3,5,7,11,13,17 都是素数。与素数相对的另一个概念是合数，它是除了 1 和它自身之外，还存在其他的整数因子约数，例如，4,6,9,21,…。一般而言，2 是最小的素数，1 既不是素数也不是合数，它是最基本的整数单位。

素数是所有数字的基础，就如元素周期表中的化学元素一样。素数包含了数的所有奥秘，所以数学研究者对素数有着特殊的喜爱。在数论中，有一个最基本、最重要的命题——算术基本定理（或称"唯一分解定理"）：任何正整数（1 除外）都能够用一种方式且只能用一种方式写成素数之积。这个定理包含两层意思：

第一，素数是整数进行乘法分解的最基本元素，所有整数都是由这些基本元素构成的。素数在整数中扮演的角色如同化学元素在化合物中的角色，正如任何自然化合物都是由元素周期表中的一些元素按照某种方式组合而成，任何一个整数都可以分解成它的素数因子之积。例如，合数 45 也可分解为两个素数 3 和一个素数 5 之积，用指数形式表示为 $45 = 3^2 \times 5$。

第二，分解的唯一性。如同一个 H_2O 分子可分解为两个氢原子和一个氧原子，而不能分解为其他原子的组合。类似地，合数 45 也只能唯一地分解为两个素数 3 和一个素数 5 之积，不能分解为 2 或者 7 等素数之积，这就保证了素数不仅是基本元素，还是唯一的基本元素，这也是我们上面为什么说素数是最基本、最本质的概念之意。

既然素数是最基本的元素，那么面对一个自然数，我们自然而然要提出的几个问题就是：（1）素数到底有多少个？是有限多个还是无限多个？（2）素数有没有一个通用的表示形式？（3）素数在自然数列中的分布是否有规律可循？这几个问题是素数研究中的基本问题。

5.1.1 素数有无限多个

实际上，早在古希腊时代，欧几里得在《几何原本》中就给出了"素数有无限多个"的巧妙证明。下面给出欧几里得反证法的阐述。

证明：假设素数只有有限个，且最大的一个素数是 p。设 q 为所有素数之积加上 1，因为素数是有限个，所以 $q=(2 \times 3 \times 5 \times \cdots \times p)+1$ 就不是素数，它是一个合数。因此，q 就可以被 2, 3, $\cdots$, p 中的某个数整除，而 q 被这 2, 3, $\cdots$, p 中任意一个整除都会余 1，与上面的结论相矛盾。所以，素数是无限的。证明完毕。

关于"素数有无限多个"这个命题，匈牙利的数学大师保罗·埃尔德什（Paul Erdős，1913—1996）也间接地给出了证明。埃尔德什是 20 世纪最多产的数学家，也是一个最古怪的传奇式人物，获得过 1984 年沃尔夫数学奖。埃尔德什说："当我十岁时，我的父亲给我讲了欧几里得关于素数有无限多个的证明后，从此我就上瘾了。"在他 17 岁

埃尔德什

时，埃尔德什就因为给出了"两个整数 n 与 $2n$ 之间至少存在一个素数"的证明而享誉数学界。虽然这个定理不是埃尔德什首先发现和证明的，但埃尔德什的证明是如此简单，并且出自一个 17 岁年轻人之手，这着实令人吃惊。这个定理表明，在 2 和 4、4 和 8、8 和 16 等之间都有素数，因为 n 是无穷大的，故素数也一定是无穷的。这就给出了素数无穷的另一种证明。

埃尔德什遍访世界各地的数学研究中心，据说他从来不在一个地方停留超过一个月，他常说："Another roof,another proof"（另一个屋顶，另一个证明）。这位漂泊的数学家不断四处游历，与许多数学同行合作研究，每天工作 20 小时，当朋友劝他休息时，他回答道："坟墓里有的是时间。"据统计，他一生与 500 多人合作发表了近 1500 篇论文，这在历史上是无人能及的。因此，他也常被称为"20 世纪的欧拉"。埃尔德什获得沃尔夫数学奖时，获奖词这样写道：他激发了全球数学家的创造力。对此，数学界有一个说法叫作 Erdős 数，据说

是为了回报埃尔德什对数学所做的贡献。埃尔德什本人计作零，与埃尔德什合作过的人，Erdős 数计作 1。与 Erdős 数为 1 的人合作过的人，Erdős 数计作 2，以此类推。就如同一棵大树一样，这棵埃尔德什树跨越了整个数学界。Erdős 数越小，说明此人和埃尔德什的学术关系越近。据说，当今世界 90% 的还活跃的数学家的 Erdős 数小于 8。到了今天，数学家们聚在一起，还会互相炫耀一下自己的 Erdős 数。

5.1.2　寻找梅森素数

数学家高斯在他的名著《算术研究》中这样描述："素数与合数的区分以及合数的素因子问题是算术中最重要且最有用的问题之一，……这门科学本身的高贵性似乎要求人们应该探索每一个能够解决这一巧妙、著名问题的方法。"从古希腊学者到现代的数论专家都对这一问题进行了不懈的研究，取得了一些成果，但仍有相当多的问题还没有得到解决。

梅森

法国的马林·梅森（Marin Mersenne，1588—1648）在 17 世纪数学科学中扮演了一个非常重要的角色，这不仅是因为他提出了"梅森数"而得名，而且他还承担了数学家之间的信息交流中介的角色。像当年的费马、笛卡儿、帕斯卡等数学大家都是通过梅森进行数学成果交流的，在没有科学会议、专业期刊以及电子邮件的时代，这样的信息交流通道的价值是无法估量的。

梅森提出了著名的梅森数 $M_p=2^p-1$，其中 p 为素数。实际上，欧几里得在《几何原本》中早已指出，部分素数可以写成 $M_p=2^p-1$，其中 p 为素数。古希腊数学家已经知道当 $p=2,3,5,7$ 时，M_p 为素数。1456 年，数学家发现 M_{13} 是素数；1588 年，意大利数学家卡塔尔迪（P. Cataldi）发现了当 $p=17, 19, 23, 29, 31, 37$ 时，M_p 为素数。但后来的数学家证实当 $p=23, 29, 31, 37$ 时，M_p 不是素数。实际上，卡塔尔迪仅仅发现了 M_{17} 和 M_{19} 两个素数。到了 1644 年，梅森对此类正整数进行了详细的研究，他公布了当 $p=13, 17, 31, 67, 127, 257$ 时，M_p 也是素数（后来把这种形式的素数叫作梅森素数）。可是人们发现梅森的结论并不都正确，M_{67} 和 M_{257} 都不是素数，而 M_{61}、M_{89} 和 M_{107} 是素数。关于 M_{67} 不是素数的发现，还有一个有趣的故事：

那是在 1903 年美国数学学会的一次会议上，哥伦比亚大学的柯尔（F. N. Cole）教授是演讲者之一，轮到他上台时，只见柯尔走到黑板前，静静地把 2 与它自身相乘了 67 次，再减去 1，得到一个巨大的结果 147 573 952 589 676 412 927。在见证了这样沉默不语的计算之后，迷迷糊糊的观众接着看到柯尔在黑板上写下了一串数字：193 707 721×761 838 257 287。他仍默默地计算着，而这个乘积不是别的数，正是上面列出的 147 573 952 589 676 412 927。随后，柯尔回到座位，他完美地演出了一幕哑剧。

在座的观众目睹了柯尔把梅森数 $2^{67}-1$ 明明白白地分解成两个大因子的过程，他们一度像柯尔一样哑口无语。随后，他们送上了热烈的掌声，并站起来向他祝贺！希望这掌声能够温暖柯尔的心，因为后来柯尔承认，为了这一刻，他已经计算了 20 年！

到目前为止，已发现的梅森素数共 52 个，其中从 $p=521$ 开始的素数 M_p 是 1952 年以后用计算机陆续发现的。素数 M_{21701} 和 M_{23209} 是在 1978 年与 1979 年由两个 18 岁的美国中学生尼克尔和诺尔陆续发现的，他们经过 3 年的时间，用 CYBER 174 型计算机做了 350 小时的计算才得到了有 6533 位数字的 M_{21701}。2005 年 12 月 15 日，中密苏里州立大学的两位学者发现了第 43 个梅森素数——$2^{30\ 402\ 457}-1$（即 2 的 30 402 457 次方 −1），这个新素数有 9 152 052 位数。

2008 年 8 月，美国科学家埃德森·史密斯发现了第 46 个梅森素数——$2^{43\ 112\ 609}-1$（即 2 的 43 112 609 次方减 1），该素数有 12 978 189 位。史密斯是第一个发现超过 1000 万位的梅森素数的人，这一重大发现曾被美国《时代》周刊评为 "2008 年度 50 项最佳发明" 之一。

截至 2019 年，一位名叫帕特里克·罗什的美国人利用 "互联网梅森素数大搜索（GIMPS）" 项目，成功发现第 51 个梅森素数——$2^{82\ 589\ 933}-1$（即 2 的 82 589 933 次方减 1），该素数有 24 862 048 位。如果用普通字号将它打印下来，其长度将超过 100km！2024 年 10 月 21 日，据 GIMPS 网站报道[⊖]，人类历史上

⊖ https://www.mersenne.org/primes/?press=M136279841.

最大素数纪录再创新高：第 52 个梅森素数诞生。这个新的素数——$2^{136\,279\,841}-1$（即 2 的 136 279 841 次方减 1），也称为 $M_{136279841}$。它比之前记录的最大素数多 1600 多万位，属于一类极其罕见的素数。

另外，验证 M_{11}、M_{23}、M_{29}、M_{37} 等都不是素数，并且这些数的素因子分解式都已求出，比如 $M_{11}=2^{11}-1=2047=23\times89$，费马于 1640 年得到 $M_{23}=47\times178\,481$，欧拉于 1732 年得到 $M_{29}=233\times2\,304\,167$。与费马素数一样，人们猜想梅森素数有无限多个，但目前这还是个未解决的问题。

此外，为了寻找素数通用的表示形式，1640 年，费马在给梅森的信中断言，形如 $F_n=2^{2^n}+1$，$n=0, 1, 2, \cdots$ 的数永远是素数，人们将 F_n 称为费马数。然而，费马关于费马数的结论是大错特错的。欧拉在 1732 年证明了 F_5 不是素数，它有一个因子 641，率先推翻了费马关于费马数的结论。后来人们又相继证明了从 5 到 16 的所有 n，F_n 都是合数。至今只知道 $n=0, 1, 2, 3, 4$ 时，F_n 是素数。人们进而希望解决的问题是：是否存在着无限多个费马素数？这是一个至今未解决的难题。虽然人们不敢断言费马素数只有五个，但倾向于认为费马素数是有限个。现代人解决这个问题也是相当困难的，即使是使用计算机验证一下，其工作量也大得惊人。若要把 F_{73} 的各位数字打印在纸带上，那么这一纸带可绕地球赤道大约 6×1010 圈。

尽管验证费马素数十分困难，但是，在利用费马素数时人们却得到了意想不到的丰硕成果。譬如，高斯利用费马素数，解决了欧氏几何中的古老问题，得到了正多边形是可以尺规作出的判定定理。早在古希腊时代，人们就知道如果有了正 n 边形，用圆规和直尺就不难作出正 $2n$ 边形，于是我们用尺规又可作出 $n=6, 12, 24, \cdots$ 和 $n=10, 20, 40, \cdots$ 的正 n 边形。那么对于哪些 n 值，用圆规和直尺可以作出哪一些正 n 边形呢？1000 多年之后，高斯用尺规作出了正 17 边形，于是也可以作出正 34 边形、正 68 边形等。大家可能已经注意到，3, 5, 17 恰好是前三个费马素数。高斯指出，当且仅当 n 是有限个费马素数之积或者是它们的 2 倍、4 倍、8 倍、……、2^i 倍（i 为正整数）的时候，可以用尺规作出正 n 边形。高斯对他的这一发现极为自豪，希望能把正 17 边形刻在他的墓碑上。虽然这个愿望未能实现，但后人在他的出生地（德国布伦瑞克）立了一块纪念碑，碑上刻了正 17 边形，在他任教的哥廷根大学也立了一块碑，碑的基座底边也是正 17 边形。在高斯之后，有人用 80 页纸给出了正 257（费马数 F_3）

边形的尺规作图方法，而赫尔梅斯作出了正 65 537（费马数 F_4）边形，其手稿装满了一箱。

寻找素数有什么意义呢？众多科学家认为梅森素数的研究是一个国家科技水平的体现，它不仅推动了数论的研究，也促进了计算机技术、程序设计等相关技术的发展，一些素数已经被用于加密和其他实际应用中。值得一提的是，我国著名数学家和语言学家周海中（1955—）于 1992 年首次给出了梅森素数分布的准确表达式，为人们探究梅森素数提供了方便，这一重要成果被国际上命名为"周氏猜测"。

5.1.3 素数的分布

在涉及素数的众多问题中，一个尤为引人关注的问题涉及素数在整数中的分布规律。它们是随机分布的还是存在某些规律？例如，下面我们观察小于 100 的 25 个素数分布：

2,3,5,7,11,13,17,19,23,29,31,37,41,43,47,53,59,61,67,71,73,79,83,89,97

如果存在某种模式的话，那么它不是那样显然。比如，23 到 29、89 到 97 之间都是没有素数的，存在很大的缺口，还存在形如 5 和 7、29 和 31、59 和 61 这种背靠背的"孪生素数"。而从整体上看，素数的分布规律则不是那么明显。

实际上，在公元前 250 年，亚历山大的学者埃拉托斯特尼（Eratosthenes）就创造了"筛法"，用程序化的方法系统地找出了有限范围内的所有素数，由此可见，古代数学界对素数分布规律的研究已经达到相当深入的层次。为了确定素数分布的规律，数学家从埃拉托斯特尼筛法引申出一个复杂的算法：用不大于 $\sqrt{n}$ 的素数逐个去试除 n，如果试到 $\sqrt{n}$ 还没有找到能整除 n 的数，那么 n 一定是素数。若 n 不是素数，则它可以表示成两个不大于 n 的两个因子的积，而其中至少有一个不大于 $\sqrt{n}$。

例如，我们要求小于 100 的素数，如图 5-1 所示。我们注意到小于 100 的合数一定有一个小于 $\sqrt{100}=10$ 的素因子，而小于 10 的素数只有 2,3,5,7，那么首先用水平线（—）删去那些大于 2 且能被 2 整除的数，然后用斜线（／）删去除了 3 以外能被 3 整除的数，用反斜线（＼）删去除了 5 以外能被 5 整除的数，最后用竖线（｜）删去除了 7 以外能被 7 整除的数。那么剩下的数除了 1

以外都是素数。

1	2	3	4	5	6	7	8	9	10
11	12	13	14	15	16	17	18	19	20
21	22	23	24	25	26	27	28	29	30
31	32	33	34	35	36	37	38	39	40
41	42	43	44	45	46	47	48	49	50
51	52	53	54	55	56	57	58	59	60
61	62	63	64	65	66	67	68	69	70
71	72	73	74	75	76	77	78	79	80
81	82	83	84	85	86	87	88	89	90
91	92	93	94	95	96	97	98	99	100

图 5-1　埃拉托斯特尼筛法求小于 100 的素数

　　这一方法对检验"不太大"的素数是实用的，但若数字太大，它就变得十分笨拙，有时甚至是无效的。假如你在一个快速计算机上使用高效的程序进行试除。对于一个 10 位数字的数，运行程序几乎瞬间就能完成；对一个 20 位的数需要 2 小时；对于一个 50 位的数，则需要 100 亿年。

　　通过优化素数判定算法，可以显著提升计算机检验素数的效率。为了确定一个 100 位的数是否是素数，目前可用的最好方法是 20 世纪 80 年代初提出的。APR-CL 检验法是由数学家阿德勒曼（Adleman）、波默朗斯（Pomerance）和鲁梅利（Rumely）首先提出的，后来得到科恩（Cohen）和伦斯特拉（Lenstra）的改进，现以他们的名字的第一个字母命名。APR-CL 检验法是一种高效的算法，用于验证一个数是否为素数，特别是在处理大数时显示出其优越性。使用上面提到的那类计算机进行 APR-CL 检验，对于 20 位的数，只需 10 秒，对于 50 位的数，需要 15 秒，对于 100 位的数，需要 40 秒。如果要检查一个 1000 位的数，一个星期也就够了。这种检验需要相当多的高深的数学知识，其中包括费马小定理：若 p 为素数，则 $a^p \equiv a(\bmod p)$。

　　数学家唐·查吉尔（Don Zagier）评论说："尽管素数的定义很简单，并且它们是自然数的基础组成部分，但素数像自然数中的杂草一样生长。没有人可以预测下一个素数发芽冒出来的地方。更令人惊讶的是，素数表现出惊人的规律性，冥冥之中有规律在支配着它们的行为，它们几乎像军队一样精确地遵循这些规律。"这个规律最早被数学家高斯发现了：如果用 $\pi(n)$ 表示不超过 n 的素数的个数，那么顺着自然数的序列，越往后素数的"密度" $\pi(n)/n$ 就变得越小。表 5-1 中就是一些特例。

表 5-1　一些特例

n	$\pi(n)$	$\pi(n)/n$
1000	168	0.168
10 000	1229	0.123
100 000	9592	0.096
1 000 000	78 498	0.078

1792 年，15 岁的高斯在对一个很大素数表的考察基础上，提出了猜想：

$$\lim_{n \to \infty} \frac{\pi(n)\ln n}{n} = 1 \tag{5.1}$$

1896 年，法国数学家雅克·所罗门·阿达马（Jacques Solomon Hadamard，1865—1963）与比利时数学家瓦莱·普桑（Vallée Poussin，1866—1962）分别独立证明了高斯提出的素数猜想（即素数定理），他们共享了解析数论领域这一里程碑成就。式（5.1）被称为素数定理，是素数理论中一个十分重要且优美的结果。素数定理描述了素数在自然数中分布的渐近情况，它表明随着数字的增大，素的密度逐渐降低的直觉的形式化描述。自从有了电子计算机以来，寻求最大素数的进程取得了很大的进展，相关纪录也在逐年不断被刷新。

除了素数定理之外，还有一个描述素数分布规律的有趣现象，它被称为素数螺旋。在 1963 年，参与过美国"曼哈顿计划"的美籍波兰裔数学家乌拉姆（Ulam，1909—1984）在一次无聊的会议上，随手涂鸦发现了一个惊人的螺旋结构。他从纸的中心开始，由内向外按逆时针转着圈打出许多方形格子，写出各个正整数，随后他圈出了所有素数。随着螺旋的增大，他发现素数与整数方阵的对角线趋于平行，这些素数螺旋"开始呈现明显的非随机模式"。在素数方阵中，那些水平线、垂直线和对角线似乎包含更多的素数。乌拉姆的这个无意中的发现被后人称为"乌拉姆螺旋"（见图 5-2）。大小为 200×200 的素数方阵图如图 5-3 所示。

乌拉姆螺旋图展现了数学家能够以一种可视化的方法发现新的定理，借助计算机，这种研究引发了实验数学的飞速发展。在《知乎日报》的一篇文章中，列出了 500～1500 之间的素数与合数螺旋线（见图 5-4），蓝色表示素数，红色表示合数。

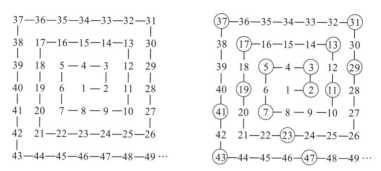

图 5-2　乌拉姆螺旋图

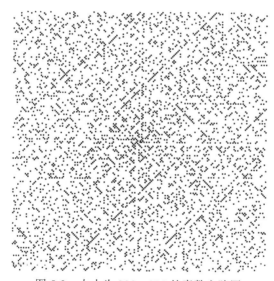

图 5-3　大小为 200×200 的素数方阵图

在维基百科网站的一个素数页面链接上，下载了前 100 万个素数。现在把区间 [1 006 721, 15 485 863] 内，也就是把 100 万到 1500 万之间的素数画出来，图 5-5 所示的是其中所有的素数构成的螺旋线。

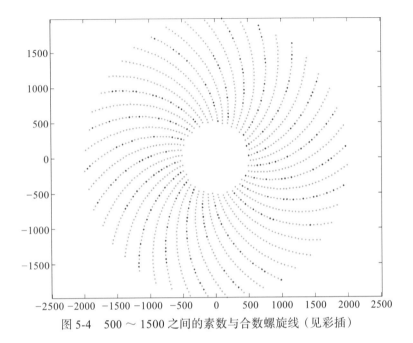

图 5-4　500 ～ 1500 之间的素数与合数螺旋线（见彩插）

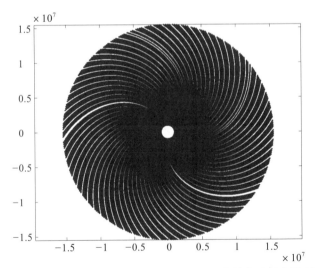

图 5-5　[1 006 721，15 485 863] 中所有的素数构成的螺旋线

5.2 数学猜想

数论研究的另一个重要方向是将一个整数表示为一些整数的和、差、积的问题。前面我们提到的算术基本定理"每个大于 1 的整数都可用唯一的方式分解为素数的乘积"就是这个方向所进行的第一步。

5.2.1 哥德巴赫猜想

1742 年,德国数学家哥德巴赫(1690—1764)在给欧拉的信中提出一个猜想:每个大于 4 的偶数都是两个素数之和。从此,这道著名的数学难题引起了世界上成千上万数学家的注意,但至今未被完全证明。哥德巴赫猜想由此成为数学皇冠上一颗可望而不可即的"明珠"。事实上,法国数学家笛卡儿早就提到过这个猜想。现今的哥德巴赫猜想,一般是指记录在英国数学家华林的《代数沉思录》(1770 年)的表述形式:每个偶数都是两个素数之和;每个奇数都是三个素数之和。华林在同一著作中还提出了他自己的一个猜想:任一自然数 n 可表示成至多 r 个数的 k 次幂之和,即 $n = x_1^k + x_2^k + \cdots + x_r^k$,其中 $x_1, x_2, \cdots, x_r$ 为自然数,r 依赖于 k,此猜想以"华林问题"著称。华林问题 1909 年由希尔伯特首次证明。

20 世纪初,哥德巴赫猜想的研究取得了实质性的进展。1920 年英国数学家哈代和李特尔伍德首先将他们创造的"圆法"应用于数论难题,并于 1923 年在广义黎曼猜想正确的前提下,有条件地证明了每个充分大的奇数都是三个奇素数之和,以及几乎每个充分大的偶数都是两个奇素数之和。1937 年,维诺格拉多夫利用圆法和他自己的指数和估计法无条件地证明了奇数哥德巴赫猜想,即每个"充分大"的奇数都是三个奇素数之和。1939 年,维诺格拉多夫的学生博罗兹金确定了这个"充分大"的下限是 3 的 14 348 907 次方。但是博罗兹金的这个下限还是太大,即使是用今天的超级计算机也无法一一验证所有比这个下限小的奇数。到了 2001 年,香港大学的数学家廖明哲与王天泽把这个下限降到了 e 的 3100 次方。2013 年 5 月 1 日,法国数学家赫尔夫戈特(H. Helfgott)宣布彻底证明了奇数哥德巴赫猜想。他综合使用了圆法、筛法等方法,进一步把这个下限降到了 10 的 30 次方左右。同时,在计算机的验证下,这个下限范围内的所有奇数都符合猜想,从而彻底解决了这个较为弱化的哥德巴赫猜想。

　　然而圆法用于偶数哥德巴赫猜想效果却并不好。此后，偶数哥德巴赫猜想的研究进展主要是依靠改进后的筛法。1919 年挪威数学家布朗利用他的新筛法证明了：每个充分大的偶数都是两个素因子个数均不超过 9 的整数之和（记为 9+9，记号 $k+l$ 表示充分大的偶数分解为不超过 k 个奇素数的积与不超过 l 个奇素数的积之和，下同）。以后大约半个世纪时间内，数学家们利用各种改进的筛法一步一步地向最终目标 1+1 逼近。在这个问题上，中国数学家做出了很大贡献。1953 年，中国数学家华罗庚组织领导了哥德巴赫猜想讨论班，这个讨论班取得了丰硕的成果，其中有王元的 2+3（1957 年）和潘承洞的 1+5（1962 年）。到 1965 年，欧洲数学家邦别里（Bombieri）等三人差不多同时证明了 1+3。1966 年，中国数学家陈景润宣布证明了 1+2（1973 年发表详细证明）。陈景润的结果被认为"是筛法理论的光辉顶点"，它使数学家们离哥德巴赫猜想的最终证明似乎只有一步之遥，但就是这一步至今仍无任何进展。

陈景润

　　陈景润（1933—1996）出生于福建福州，父亲是邮局的职员，母亲在他少年时期去世，家中兄弟姐妹多，家境十分贫寒。1953 年，他从厦门大学数学系毕业，被分配到北京四中任教。由于他性格内向，不善与人交往，难以适应中学教师工作，遂于 1955 年重新回到厦门大学数学系任助教，自此开始了哥德巴赫猜想的研究工作。1957 年华罗庚注意到他在数论方面的研究成果，推荐他到中国科学院数学研究所工作。1966 年，陈景润宣布他证明了 1+2，但仅公布了几个引理，没有给出详细证明。当时这个结果没有得到国际数学界的承认。1973 年，他发表了 1+2 的详细证明，这一成果立即在国际数学界引起了轰动，并被国际数学界称为陈氏定理。由于这个定理所具有的启发性，人们曾先后对这个定理给出了至少五个简化证明，其中潘承洞、丁夏畦和王元所给出的证明尤为简洁。

中学时代陈景润就从老师那里了解到哥德巴赫猜想，并立志研究这个问题。1966 年到 1976 年，陈景润就住在一间只有 6m² 的小屋内，凭自己执着的信念，完成了陈氏定理的研究工作。

为了追求自己的理想，多年来陈景润始终坚持不懈地从事着解析数论及应用数学等方面的研究工作。从 1958 年至 1990 年，陈景润共发表研究论文 50 余篇，出版专著 4 部。他关于哥德巴赫猜想等问题的杰出研究成果，于 1982 年荣获国家自然科学一等奖。多年来营养不良及艰苦的工作，严重损害了陈景润的健康。1984 年他被确诊为帕金森病，从 1992 年起他只能坐在轮椅上活动。去世前的两年，由于帕金森病引起的神经系统失灵，陈景润完全生活在病榻上。1996 年，陈景润病逝，他为中国数学做出了卓越的贡献，中国人民永远怀念他。

陈景润的成就伴随徐迟的报告文学《哥德巴赫猜想》走入了 1978 年科学的春天，走进了千家万户！陈景润成了家喻户晓的明星，成了那个时代科学家攀登科学高峰的楷模！近年来因孪生素数猜想证明而成名的华裔数学家张益唐，在 2023 年 8 月的一次访谈中就坦言：在只能利用算盘、对数表和计算尺进行计算的情况下，据说陈景润的草稿纸就装了好几麻袋，张益唐表示他是相信的，他确实非常会算！"我非常佩服陈景润，应该说他对我也有影响，就像他对我们一代人都有影响一样。"

5.2.2　费马猜想

17 世纪，法国数学家费马是一位业余数学家，他的许多未加证明的结论和信件，是在他去世后由他儿子于 1670 年收集出版的。其中就有 1637 年费马读古希腊数学家丢番图的《算术》一书时，在写有方程 $x^2+y^2=z^2$ 的那一页的空白处，用拉丁文写下具有历史意义的一段文字：

一个立方数不能分拆成两个立方数，一个四次方数不能分拆成两个四次方数。一般来说，除平方之外，任何次幂不能分拆成两个同次幂。我发现了一个真正奇妙的证明，但书上的空白太小，写不下。

这就是著名的费马猜想。用确切的数学语言来说，费马断言他证明了对每个正整数 $n \geq 3$，方程 $x^n+y^n=z^n$ 均没有正整数解 (x,y,z)。

费马在 1659 年致朋友的信中提到自己用"无限下降法"证明了下述命题：对于正整数 x,y,z，若 $x^2+y^2=z^2$，则对应的三角形面积值 $\frac{1}{2}xy$ 一定不是完全平方数。无限下降法是一个证明有关正整数命题的一般方法，基本依据是自然数的最小数原理，即自然数集 $\mathbf{N}$ 的每个非空子集 A 中一定有最小数。费马利用上述结论证明了当 $n=4$ 时，费马猜想成立。然而遗憾的是，费马在丢番图的《算术》一书的页边上又给了这样的批注"我发现了一个真正奇妙的证明，但书上的空白太小，写不下。"

欧拉在研究费马的工作中，证明了费马许多未加证明的论断，其中包括费马猜想对于 $n=3$ 的情形（1753 年）。1825 年，年仅 20 岁的德国数学家狄利克雷（Dirichlet）和年过七旬的法国数学家勒让德（Legendre）各自独立地证明了 $n=5$ 的情形；1839 年法国数学家拉梅（Lame）证明了 $n=7$ 的情形。

显然，欧拉之后的数学家都只研究 n 为奇数的情况。这是由于：如果方程 $x^{nm}+y^{nm}=z^{nm}$ 有正整数解 $(x,y,z)=(a,b,c)$，即 $a^{nm}+b^{nm}=c^{nm}$，那么 (a^m,b^m,c^m) 就是方程 $x^n+y^n=z^n$ 的正整数解。换句话说，如果费马猜想对指数 n 成立，即 $x^n+y^n=z^n$ 无正整数解，那么对 n 的每个正倍数 nm，费马猜想也成立。每个大于 2 的正整数 n 或者有因子 4，或者有奇素因子。由于 $x^4+y^4=z^4$ 已经证明无正整数解，所以为了完全证明费马猜想，只需要证明 n（$n \geq 3$）为任意奇素数 p 时，$x^p+y^p=z^p$ 无正整数解。

对于较小的 n，数学家们使用代数中因子分解的技巧，证明了费马的猜想。例如，对于 $n=3$ 的情形，欧拉使用了因子分解式 $x^3+y^3=(x+y)(x^2-xy+y^2)$。然而随着 n 的增大，被分解的因式中的幂次就越高，单凭技巧来解决费马猜想，已经使得人们不堪重负。后来，法国女数学家索非·热尔曼（1776—1831）提出了"热尔曼素数"（即使 $2p+1$ 为素数的那些素数 p）以及热尔曼定理（即当 p 和 $2p+1$ 皆为素数时，$x^p+y^p=z^p$ 无整数解），给这个问题的研究提供了新的方向。

在热尔曼研究的基础上，狄利克雷证明了费马猜想对于 $n=5$ 的情形。此后，法国数学家拉梅（1795—1870）证明了 $n=7$ 的情形。德国数学家库默尔（1810—1893）在大约 1850 年间创立了理想数理论，他证明了在 100 以内除

37、59、67 这样的"非正则素数"以外的所有素数，费马大定理都成立，使该问题取得了第一次重大突破。1857 年，库默尔获得了法国科学院颁发的 3000 法郎奖金。

但库默尔指出，现在的数学技术还不能够攻克所有这种非正则素数。更为糟糕的是，这种非正则素数是无穷多的，一个一个地处理它们看上去毫无希望。在之后的半个世纪，费马大定理（见图 5-6）证明都停滞不前。一个名叫沃尔夫斯凯尔（1856—1906）的德国人曾立下遗嘱，悬

图 5-6　费马大定理

赏 10 万马克，奖赏在他死后 100 年内能证明"费马最后定理"（即费马大定理）的人。沃尔夫斯凯尔（Wolfskehl）是一个德国商人，1883 年跟库默尔学习数学，后来又学习医学。正是费马猜想阻止了他自杀的念头。

据说沃尔夫斯凯尔在读大学时，迷恋上一位漂亮姑娘，令他沮丧的是他被无数次地拒绝，这使得他备受打击、伤心至极，于是定下了自杀的日子，决定在午夜钟声响起的那一刻，告别尘世。沃尔夫斯凯尔在剩下的日子里依然努力工作，处理一些商业事务。最后一天，他写了遗嘱，并且给他所有的亲戚、朋友写了信。由于他的效率比较高，在午夜之前，他就搞定了所有的事情，剩下的几小时，为了消磨时间，他跑到了图书馆，随手翻到一本数学期刊。很快，他被其中一篇库默尔解释柯西和拉梅等前人为什么不能证明费马大定理的一篇论文吸引住了。那是一篇伟大的论文，特别适合要自杀的数学家在最后时刻阅读。沃尔夫斯凯尔竟然发现了库默尔证明的一个漏洞，一直到黎明的时候，他给出了这个证明。他自己骄傲不止，于是一切皆成烟云……他重新设立遗嘱，把他的大部分财产设立为一个奖项，奖给第一个证明费马猜想的人 10 万马克……，这就是沃尔夫斯凯尔奖的来历。

沃尔夫斯凯尔奖由哥廷根皇家科学协会管理，考虑证明的艰巨性，将期限定为 100 年。数学迷们纷纷把证明寄给数学家，期望获得桂冠。直到 20 世纪前期，大数学家勒贝格向法国科学院提交了一个费马大定理的证明论稿。由于勒贝格当时享有极高的权威和声望，大家都以为这类问题解决了，但经过广泛传

阅其证明稿件，人们遗憾地发现大数学家的分析证明还是错的。

1931 年哥德尔提出的不完备定理以及 1963 年科恩对于"连续统假设"的不可判定性的证明，给数学界证明费马猜想留下了一层阴影——费马猜想有可能是其中那个无法证明的命题。

第二次世界大战后，随着计算机的出现，大量的计算已不再成为问题。借助于计算机，数学家们验证了在 1000 以内的素数，定理成立。1976 年，德国数学家瓦格斯塔夫证明了 n 小于 125 000 的正则素数，定理成立。并且发现，对于一个较大的 n，它包括的正则素数约占所有小于 n 的素数的 39%。这就是说，在一大批正则素数上，费马猜想是成立的。又如，1983 年，时年 29 岁的德国数学家法尔廷斯（1954—）证明了费马方程 $x^n+y^n=z^n$ 如果有整数解，那么只有有限个整数解。这一证明使他获得了 1986 年的菲尔兹奖。

费马猜想的最终解决是通过对椭圆曲线理论的深入研究而达成的，人们将费马猜想与形如 $y^2=x^3+ax+b$ 的椭圆曲线联系在一起。在关于椭圆曲线的许多悬而未决的重要猜想当中，有一个叫作"谷山－志村猜想"，它是由日本数学家志村五郎（1930—）和谷山丰（1927—1958）于 1955 年共同提出的。起初，大多数数学家都不相信"谷山－志村猜想"。20 世纪 60 年代后期，众多数学家反复地检验该猜想，既未能证实，亦未能否定它。到了 20 世纪 70 年代，相信"谷山－志村猜想"的人越来越多，甚至以假定"谷山－志村猜想"成立为前提进行论证。朗兰兹纲领被称为数学界的"大统一理论"，而"谷山－志村猜想"则是其一个关键支撑。

1984 年，德国数学家弗赖在一次会议上宣布，他可以构造出一条椭圆曲线（后来称之为弗赖曲线），并借助这条曲线证明了费马猜想与谷山－志村猜想是等价命题。也就是说，若费马猜想不成立，则可推出"谷山－志村猜想"也不成立。反过来说，由谷山－志村猜想可以推出费马猜想。可惜的是弗赖在 1984 年的证明中出现了错误，他的结果未获承认。因此这个还只能称为"猜想"。美国数学家里贝特经过多番尝试后，终于在 1986 年夏成功地证明了以下结果：如果"谷山－志村猜想"成立，则费马大定理成立。

对费马猜想的最后一击，落在了普林斯顿大学数学教授怀尔斯的身上。

怀尔斯（1953—），英国人，10 岁图书馆偶遇"费马猜想"，从此立志证明。1975 年，开始在剑桥大学进行研究，专攻椭圆曲线及岩泽理论。在取得博士学位后，怀尔斯就转到美国的普林斯顿大学继续研究工作。1986 年，当里贝特证明弗赖曲线猜想后，怀尔斯就决心要证明"谷山－志村猜想"。由于不想被别人打扰，怀尔斯决定秘密地进行此证明。经过 18 个月的准备工作，他开始引入"伽罗瓦群论"来处理"椭圆曲线"的分类问题。后来，他又花了几年时间来解决剩余的其他问题。在不为人知的 8 年里，怀尔斯像着魔般地一直钻研着这个问题，在后来的一次访谈中，怀尔斯这样描述他的研究经过：

我习惯每天进书房，试着找出模式。我尝试做些计算来解释一小部分数学疑问，尝试将它与某些数学已知的广阔架构整合，进而厘清我正在思考的特定数学问题。有时我会去查书，看看别人怎么处理；有时我得试试更改想法，再多做点计算；有时我会发现这些以前根本没人研究过，甭谈如何运用。这时我就得发展全新的想法，该如何解决还是一个谜。这个问题基本上一直盘旋在我的脑海。一早醒来想到它，整日思考不懈，一直到就寝也不放过。如果没有其他事分心，这个问题就会这样无时无刻不占据我的心神。唯一能令我放松的只有跟小孩相处的时光，年幼的他们根本对费马毫无兴趣，他们只想听故事，而且绝对不让你沾别的事情。

在像侦探般地对这个问题进行长期追踪后，终于，怀尔斯看到了胜利的曙光。1993 年 6 月 22 日至 24 日，在剑桥大学的牛顿研究所，怀尔斯以"模形式、椭圆曲线、伽罗瓦表示论"为题，连续三天发表了他对"谷山－志村猜想"的演讲。最后他宣布：他证明了谷山－志村猜想。也就是说，他完全证明了费马猜想。演讲非常成功，"费马大定理"已被证实的消息，很快便传遍世界。

然而噩梦也由此开始。演讲会过后，怀尔斯将长达 200 多页的证明送给 6 位数论专家审阅。起初，只发现稿件中有些细微的打印错误。但是同年 9 月，证明被发现有问题，尤其是他在证明中使用的"科利瓦金－弗莱切方法"，并未能对所有情况生效！怀尔斯以为此问题很快便可以修正过来，但结果都失败了！怀尔斯已失败的传闻，不胫而走。同年 12 月，怀尔斯发了一封电子邮件，对他的工作作了一个简短的说明，随后怀尔斯再次闭关。

1994 年 1 月，怀尔斯重新研究他的证明。此外，怀尔斯还找到他的学生泰勒一起合作，但到了同年 9 月，他们依然没有任何进展。其间，不断有数学家要求怀尔斯公开他的计算方法。更有人怀疑：既然过去都无法证明"费马大定理"，到底现在又能否证实"谷山 – 志村猜想"呢？但在 9 月 19 日的早上，当怀尔斯打算放弃并最后一次检视"科利瓦金 – 弗莱切方法"时，……，顿悟，他找到了克服困难的方法。

怀尔斯终于取得了最后的胜利！10 月 4 日，他把改进后的 104 页论文"模曲线和费马大定理"送交当代最权威的杂志——普林斯顿的《数学年刊》，1995 年 5 月正式发表。至此，费马猜想终于成为定理，它被称为费马大定理或费马最后定理。

怀尔斯在证明费马定理的过程中，综合地使用了在数论、代数与几何方面近年来取得的重要成果和方法。如此复杂的求解方法，在费马生活的 17 世纪是难以想象的。这也是纯数学在 20 世纪最辉煌的成就。由于怀尔斯解决这个问题刚满四十周岁，无缘菲尔兹奖的最高荣誉，1997 年怀尔斯获得了沃尔夫斯凯尔 10 万马克悬赏大奖，1998 年怀尔斯被授予菲尔兹特别贡献奖。

5.2.3 黎曼猜想

黎曼猜想是德国数学家黎曼于 1859 年提出的。在 1900 年国际数学家大会上，数学家希尔伯特提出的 23 个数学问题中的第 8 个问题就是黎曼猜想。而经历了 100 多年，还是没有人能解决。在 2000 年千禧年，美国克雷数学研究所悬赏 100 万美元，再次将黎曼猜想提出来，将其列为世界七大难题之一。国际著名数学家、哈佛大学教授、菲尔兹奖得主丘成桐认为，在这七个最亟待解决的猜想中，庞加莱猜想和黎曼猜想是两个最大的猜想。庞加莱猜想已经被俄罗斯数学家佩雷尔曼证明，而黎曼猜想至今悬而未决。

关于黎曼猜想的提出，也是十分有趣。1859 年，数学家黎曼当选柏林科学院的通信院士。为了表达对这一份崇高荣誉的感激之情，黎曼决定将自己的一篇论文"论小于给定数值的素数个数"献给柏林科学院，这篇只有短短八页的论文就是黎曼猜想的"诞生地"。在这篇论文中，黎曼发现，素数的分布跟某个函数 $\zeta(s) = \sum_{n=1}^{\infty} \frac{1}{n^s}$ [此后该函数被人们称作黎曼 ζ (zeta) 函数（见图 5-7）] 有着密切关系。在这个公式中，s 是复数，可以写成 $s=a+bi$ 这样的形式。当实变数 $s>1$ 时，级数是收敛的，这早已为欧拉所证明。当 s 的实部小于 1 时，整个级数和可能会发散。为了让函数适用于更广的范围，黎曼把上面的 ζ 函数推广到复数范围，并改写为如下形式：

$$\zeta(s) = 2^s \pi^{s-1} \sin\left(\frac{\pi s}{2}\right)\Gamma(1-s)\zeta(1-s)$$

当 s 为负偶数（s=−2, −4, −6,⋯）时，黎曼 ζ 函数为零。这些 s 值就称为平凡零点。不过，还有另一些 s 值能够让黎曼 ζ 函数为零，它们被称为非平凡零点。就是这些非平凡零点，对素数的分布有着决定性影响。

研究函数时，了解其零点至关重要。零点就是那些使得函数的取值为零的数值集合。例如，一元二次方程一般有两个零点，并且有相应的求根公式给出零点的具体表达式。黎曼指出：对于黎曼 ζ 函数，其非平凡零点的实部都等于 1/2（见图 5-8）——这就是著名的"黎曼猜想"。或者表述为，黎曼 ζ 函数的非平凡零点都可以写成 s=1/2+bi 的形式。但是黎曼无法给出证明，无法从数学上推导出黎曼 ζ 函数的非平凡零点的实部都等于 1/2。

图 5-7　黎曼 ζ 函数

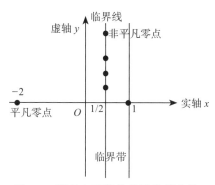

图 5-8　黎曼 ζ 函数的非平凡零点的
实部都等于 1/2

与乌拉姆的螺旋线相比，黎曼 ζ 函数的非平凡零点的实部都集中在 x=1/2 这条笔直的直线上，上面没有任何例外的点，没有人知道为什么会有这么整齐的排列，但如果解开了它，我们将看透素数的本质，从而揭穿数的奥秘。自黎曼提出这个问题之后，数学家纷纷开始对这个问题进行研究。1900 年，数学家希尔伯特在巴黎国际数学家大会上调侃道：如果能在 500 年后重返人间，他要问的第一件事情，就是黎曼猜想解决了没有。

● 1903 年，丹麦数学家格拉姆，采用欧拉－麦克劳林求和公式，第一次算出了前 15 个非平凡零点的具体数值。

- 1925 年，英国数学家李特尔伍德和哈代改进了欧拉 – 麦克劳林求和公式，使得数学家们计算出了前 138 个非平凡零点。

- 1932 年，德国数学家西格尔收集黎曼的手稿，希望在里面找到证据。历时两年，在辛辛苦苦的钻研之下，西格尔终于找到了三个有价值的命题，而那不过是黎曼随手写的罢了。为了纪念这一发现，把他找到的公式称作黎曼 – 西格尔公式。通过这个公式，竟然仅凭手算就可以得到许多非平凡零点的数值。这一发现，使得西格尔获得了菲尔兹奖。

- 黎曼 – 西格尔公式很快发挥了其巨大的威力，基于这一公式，人们可以很轻松地继续推进零点的计算。哈代的学生利用西格尔公式计算出了1041 个非平凡零点；人工智能之父图灵将非平凡零点推进到了 1104 个；随后的几十年，在计算机的辅助下，计算零点的接力赛进程更快了。

- 1966 年，非平凡零点已经验证到 350 万个；1986 年，这个数字到达 15亿；2004 年，这一记录达到 8500 亿；2008 年，法国团队用改进的算法，成功计算出了黎曼 ζ 函数的前 10 万亿个非平凡零点，迄今无一例外，都在那条临界线上。

- 2018 年，89 岁高龄的迈克尔·阿蒂亚（Michael Atiyah）爵士在德国海德堡获奖者论坛上声称，通过物理方法解决了黎曼猜想。很遗憾，阿蒂亚爵士没有得到数学界的认可。丘成桐虽然与阿蒂亚爵士相识已久，却表明"看不到物理或数学上的意义"。

- 2021 年 10 月 31 日，法国学者安德烈·昂特伯格（Andre Unterberger）在网上上传了一篇证明黎曼猜想的论文，并在 12 月 28 日进行了修改，但至今未得到认可。

- 2022 年 12 月，华裔数学家张益唐在网上上传了证明"朗道 – 西格尔零点猜想"的论文，这是一个弱化版的黎曼猜想，他声称已经证明了黎曼猜想，但论文至今未得到数学界的认可。

黎曼猜想是当今数学界最重要、最期待解决的数学难题。围绕黎曼猜想的研究极大地推动了解析数论和代数数论的发展，函数论和数论领域内一系列重要的问题和猜想都直接依赖于黎曼猜想的解决。据统计，在当今数学文献中以黎曼猜想（或其推广形式）的成立为前提的数学命题就已经超过 1000 多条。如果黎曼猜想被证明，所有那些数学命题就全都可以晋升为定理；反之，如果黎曼猜想被否定，则部分命题将受到影响。黎曼猜想是现今未获解决的众多数学猜想中最难的一个，它就像大海中的灯塔一样，为数学指明了新的发展方向。

数学大师希尔伯特将黎曼猜想列入了他提出的 23 个数学问题中第 8 个问题，他还预言也许只有在黎曼猜想得到彻底的研究之后，才能够去严格地解决哥德巴赫猜想，并且进一步着手解决孪生素数猜想，甚至能在更一般意义上解决线性丢番图方程 $ax+by+c=0$（具有给定的互素整系数）是否总有素数解。黎曼猜想也再次向人们展示出"数学在自然科学中不可思议的有效性"的一面。虽然非平凡零点好像是黎曼用 ζ 函数研究素数时提出来的，但是这一理论一经确立就展现出超越原始动机的自主性。比如，物理学家居然发现这个非平凡零点的分布跟复杂量子系统相互作用下能级的分布有着某种惊人的相似性。这些零点的分布到底有什么规律？这些零点到底有什么意义？它是不是无意中泄露了某种新的宇宙秘密？我们可能只是在对素数的研究过程中不经意间发现了这些非平凡零点，但是它们的实际影响力可能远超我们的预期。也正因为这些非平凡零点慢慢变得如此不平凡，黎曼猜想也变得愈发重要。

关于黎曼猜想，有很多相关趣事，其中一个故事涉及英国数学家哈代与丹麦数学家哈那德·玻尔（Harald Bohr），这两位数学家都对黎曼猜想怀有浓厚的兴趣。有一段时间，哈代常常利用假期拜访玻尔，一起讨论黎曼猜想，直到假期将尽才匆匆赶回英国。结果有一次，当哈代又必须匆匆赶回英国时，很不幸地发现码头上只剩下一条小船可以乘坐了。从丹麦到英国要跨越几百千米宽的北海，在汪洋大海中乘坐小船可不是闹着玩的事情，弄不

哈代

好就得葬身鱼腹。为了旅途的平安，信奉上帝的乘客们大都忙着祈求上帝的保佑。然而哈代却是一个坚定的无神论者，他甚至曾把向大众证明上帝不存在列入自己的年度心愿之一。不过在那生死攸关的旅程面前，哈代也没闲着，他给

玻尔发去了一张简短的明信片，上面只写了一句话"我已经证明了黎曼猜想"。哈代果真证明了黎曼猜想吗？当然不是。他为什么要发这么一张明信片呢？当他平安抵达英国后，他向玻尔解释了原因。他说，如果他所乘坐的小船果真沉没了的话，那句话就会成为无法验证的遗言，人们就只好相信他确实证明了黎曼猜想。而他深知，上帝是绝不会甘心让他这样一个坚定的无神论者获得如此巨大的荣誉的，因此一定不会让小船沉没的。

牛顿曾指出"没有大胆的猜想，就没有伟大的发现"。显然，数学猜想对数学发展有着重要的推动作用。正如高斯指出的："若无某种大胆放肆的猜测，一般是不可能有知识的进展。"上面提到的哥德巴赫猜想、黎曼猜想到目前为止仍旧无法突破，只有费马猜想变成了定理。著名数学家希尔伯特曾经说，费马猜想是只"会下金蛋的鹅"。费马大定理的证明是引人注目的，它也给数学带来无限的生机。怀尔斯成功的证明是令人仰慕的，因为他高超的证明技巧达到了几百年来人们可望而不可即的最高境界。怀尔斯结束了由费马猜想到费马定理的艰难历程，也使由猜想到证明的数学创造过程得到了完整的体现。

1958 年菲尔兹奖获得者、突变理论的创立者、法国数学家勒内·托姆（René Thom）以一种幽默的方式批评了数学界对于严格性的过分追求。他将数学分为三类，每类都用一个象征性的标记来表示：

1）活的数学：托姆将这类数学比作婴儿的摇篮，意味着它是活跃的、发展的，并且是充满活力的。在这种数学中，理论和证明是开放的，可以被质疑、讨论和改进。这种数学是动态的，允许数学家们自由地探索和创新，而不是被严格的规则所束缚。

2）坟墓数学：托姆用十字架来象征那些被认为已经完成、不可更改并且具有"不朽正确性"的数学工作。这类数学被看作是静态的，一旦证明被认为"严格"和完整，就不再接受进一步的讨论或质疑。这种数学被比作坟墓，意味着它已经"死亡"，不再有生命力。

3）教堂数学：托姆将这类数学比作教堂，象征着权威和教条。在这里，高级教士（即数学界的权威人士）决定了哪些工作可以被认为是"坟墓数学"，即哪些数学理论和证明是最终的、不可争议的。这种数学强调权威和传统，而不是创新和探索。

托姆的这种分类反映了他对数学发展的看法，即数学应该是一个不断发展和变化的领域，而不是一个封闭和固定的体系。他鼓励数学家们保持开放的心态，在研究中保持灵活性和创新精神，对现有的理论和证明持质疑态度，以促进数学的进步和发展，他的思想对后来的数学家和理论家产生了深远的影响。

5.3　素数的应用

高斯曾说："数学是科学之王，数论是数学的皇后"，可见他把数论这门学科分支看得如此重要和高贵。但是，不像几何学、微积分、微分方程等学科会给现实与工程技术带来直接的帮助，研究素数的数论属于纯粹思想的产物，它有实际的用处吗？

5.3.1　哈代 - 温伯格定律

现代纯粹数学家、英国数论专家哈代（1877—1947）就提出这样的观点："很多初等数学都相当的实用。但是，真正的数学家的'真正的'数学，像费马、欧拉、高斯、阿贝尔和黎曼的数学几乎统统是'不实用的'。"但是另一位数学史家莫里斯·克莱因则提出相反的论调："数学的首要价值不在于这门学科本身提供了如此之多的东西，而在于它能够帮助人类实现对物质世界的认识。"

尽管许多人可能认为克莱因的观点有些夸大其词了，但是大多数数学家并不会因为哈代坚定的不实用主义信念而有丝毫的退缩。职业数学家有这样一种共识：数学不仅仅是科学的仆人。数学的历史已经揭示出并不断反映出这样一种现象：数学家有时仅仅是出于理论研究的目的，绝对没有考虑过理论的实用性问题。但是在几十年后（甚至是几百年后）人们突然发现，他们的理论出人意料地为物理现实问题提供了解决方案，就像尤金·维格纳说的"数学在自然科学中不可思议的有效性"一样。你可能要问这怎么可能呢？我们还是以坚称"数论无用"的哈代为例来说明这一点吧！

哈代曾断然宣称："我的所有发现都未给世界带来丝毫影响，无论这种影响是直接的还是间接的，有益的抑或有害的。"猜猜结果如何？他错了！遗传学领域有一个基本问题是：某些遗传疾病（如色盲）是否会在群体中由于代代相传而使患者越来越多？ 20 世纪初，有些生物学家认为确会如此。如果是这样，那么势必后代每个人都会成为患者。哈代利用简单的概率计算证明了这种看法是错误的。他指出，如果一个基数很大的人口群体随机婚配（不包括人口迁移、基因突变和选择性婚配），基因构成将保持恒定，而且不因世代变化而变化。差不多与此同时，德国的一位医师温伯格也得到了同样的结论。这一研究成果因此以哈代和温伯格的名字命名，被称为哈代–温伯格定律，这个定律是遗传学家研究人口进化的基础。表面上看，哈代研究的是抽象的数论，却出乎意料地解决了一个现实问题。

哈代在 1940 年出版的名著《一个数学家的辩白》中声称："任何人都不可能将数论用于战争。"很明显，他又错了！密码学在现代军事信息传递中绝对不可或缺。因此，即使像哈代这样著名的实用数学批评者，也被"卷入"具有实用价值的数学理论研究中。如果他还在世的话，一定会对此高声抱怨！

5.3.2 华罗庚破译日军密码

哈代指出，任何人都不可能将数论用于战争。但我国数学家华罗庚却在抗日战争中利用数论破解了日本军队的密码。华罗庚与哈代有过一段有趣的师生缘分，在 1936 年，华罗庚受哈代的邀请成为剑桥大学的访问学者。而当华罗庚到校后，哈代却外出学术交流了。哈代读过华罗庚的论文，他让人转告华罗庚：如果他愿意的话，可以在两年之内获得博士学位，而其他人要三四年甚至更久。华罗庚听了后却说："谢谢，请转告哈代先生，我只有两年时间研究，我不是为了学位而来，而是为了学问。"在剑桥的两年时间里，华罗庚写了十几篇学术论文，他提出的"华氏定理"还改进了哈代的结论，哈代赞许他为"剑桥的光荣"。

华罗庚的弟子袁传宽在接受《往事》节目专访时回忆称，华罗庚先生早在 20 世纪 40 年代，曾经成功地运用数论方法破译了日军密码。在抗日战争时期，华先生曾在庐山集训。当时国民党政府的兵工署署长俞大维特地上山，看望先生，并请先生帮忙破译日军密码。俞大维说：已经研究了好几个月了，仍然一筹莫展。华先生答应"试试看"。俞大维很高兴地立马让人把他们近来的工作送来，以供华罗庚参考。华先生说："不必了，但需要给我几份你们近日截获的密码原文。"

日军那时使用的密码技术，是把原来的文件，俗称"明文"，用数学方法变换一下，谓之"加密"。加密后的文件，俗称"密文"。"密文"传输出去，即使被截获，别人也如同雾里看花，难解其意。看过截获的日军密文，华罗庚以他过人的智慧、对数论的精通、对数字的敏感和对密码原理的洞察力，极快地发现了日军密码的秘密：从明文变换到密文的加密过程，日军使用的原来是数论中的"默比乌斯函数"。就这样，华先生仅仅用了一夜的时间就把日军的密码破解了。

华罗庚（1910—1985），江苏常州人，中国科学院院士，曾任中国科学院数学研究所所长。他是中国最伟大的数学家之一，是解析数论、矩阵几何学、典型群、函数论等多方面研究的创始人和开拓者，被芝加哥科学技术博物馆列为当今世界 88 位数学伟人之一，华罗庚被称为"中国现代数学之父"。

华罗庚

华罗庚在中国是一个传奇式的人物，特别是他身残志坚的求学历程更是激发了一代又一代中国人的努力奋斗。他在逆境中顽强地与命运抗争，他说"我要用健全的头脑，代替不健全的双腿"。凭着这种精神，他终于从一个只有初中毕业文凭的青年成长为一代数学大师。他一生硕果累累，其著作《堆垒素数论》更成为 20 世纪数学论著的经典。这部著作是在抗日战争期间诞生的，其中的经历可谓曲折。日本侵华期间，国立西南联合大学（简称西南联大）在云南昆明办学。抗战期间，生活异常艰苦，吃住都成问题。华罗庚在城外的小村里找到一个房子，他楼上办公，楼下是猪圈牛棚。正是在这种环境下，华罗庚用三年时间写出了这部巨著，然后又把这本书翻译成英文。他把中文版书稿交给了当时国民党的研究院出版，但后来书稿被研究院弄丢了。苏联数学家维诺格拉托夫很欣赏这本书，于是这本书的英文版被翻译成俄文得以在苏联出版。新中国成立后，在国家的支持下，这部巨著终于从俄文翻译成了中文。

华罗庚作为当代自学成才的科学巨匠和誉满中外的著名数学家，一生致力于数学研究和发展，并以科学家的博大胸怀提携后进、培养人才。由于青年时代受到过"伯乐"——清华大学熊庆来教授的知遇之恩，因此，华罗庚对于人才的培养格外重视，他发现和培养陈景润的故事更是数学界的一段佳话。陈景润在研究中发现了华罗庚《堆垒素数论》中的一个小问题，并来信反馈，从而引起了华罗庚的注意。他建议把陈景润调到数学研究所，专门从事数学研究。熊庆来教授发现了华罗庚，华罗庚又发现了陈景润，数学的接力棒就这样薪火相传。

华罗庚还以高度的历史责任感投身祖国建设和应用数学推广，为我国数学科学事业的现代化发展做出了卓越贡献。1949年新中国诞生了，华罗庚毅然放弃美国优越的条件返回祖国。1956年起，他又不顾自己的疾患，走遍各地亲自宣讲，在工农业生产中积极推广优选法（又称0.618法），解决了很多实际问题，为当时国家的经济发展做出了极大贡献。他还写出科普著作《优选法平话》与《优选法平话及其补充》等，用通俗的语言和生活中的案例讲解优选法，使普通工人都能学得会，用得上，从而使优选法得到了广泛的应用。在以下华罗庚所写的这首诗中，我们可以感受到他"老骥伏枥，志在千里"的雄心壮志和赤子之心：

> 只管心力竭尽，哪顾水平高低。
> 人民利益为前提，个人成败羞计。
> 学龄已过六十，何必重辟新蹊。
> 贾藏、乘桴、翼天齐，奢望岂我所宜。
> 沙场暴骨得所，马革裹尸难期。
> 滴水入洋浩无际，六合满布兄弟。
> 祖国中兴宏伟，死生甘愿同依。
> 明知力拙才不济，扶轮推毂不已。

这首诗可以说是他一生的写照。华罗庚将其一生献给了祖国和人民，直到生命的最后一刻。1985年，华罗庚不顾70多岁高龄，东渡日本讲学，由于劳累过度突发心肌梗死而倒在讲台上。

华罗庚不仅是学贯中西的学术大师，他还对中国传统文化颇有研究，诗词歌赋、对联无一不精。下面有两个关于华老的广为人知的故事：

在1953年，当时中国科学院组织一批科学家出国考察。华罗庚先生便是考察团成员之一，当时带队的考察团团长是钱三强先生，还有著名的地球物理学家赵九章等人。在出国途中，他们聚在一起聊天，华罗庚先生突然觉得团长钱三强先生的名字，很有意思，于是华罗庚先生兴致盎然地说："我想到一个上联，请诸位对下联。"我的上联是："三强韩赵魏"。众人你一言我一语讨论了很久，还是不得工整的下联。许久之后，赵九章先生忍不住了，这位著名的地球物理学家笑着说："看来我们这些搞科研的、搞数理化的确实是缺乏文学头脑，传统文学功底不够啊，不知华老有没有合适的下联呢？"赵九章先生的问话，使得华罗庚灵机一动，这位赵九章先生不就是下联吗？于是华罗庚先生便说道：上联是"三强韩赵魏"，下联是"九章勾股弦"。众人把下联默念了好几遍，都齐声叫好："以战国的强国韩、赵、魏三强，对同样是我国古代经典著作《九章算术》中的勾股弦，内容恰切，字词对仗工整。最难得的是，上联包含团长钱三强的名字，而下联则暗含团里成员赵九章的名字，这才是真正的绝对。"这则对联的趣事，也一直被传为佳话，华老真正做到了数学与人文的融合。

华罗庚不仅在中国古典文学方面造诣精深，他还勤于思考。唐代诗人卢纶的名篇《塞下曲》这样写道："月黑雁飞高，单于夜遁逃。欲将轻骑逐，大雪满弓刀"。华罗庚提出了疑问：北方大雪时雁已南飞，在月黑天高的时候，人们怎么能看得见大雁？后来，华罗庚咨询有关学者，了解到塞外气候变化莫测，经常在阴历八九月和三四月下大雪。燕山大地白茫茫一片，而这时北雁南归，到了晚上，群雁憩息在草丛里，尤其掉队的孤雁在空中飞过，发出凄厉的叫声。虽然夜黑人们看不见雁飞，却能听到雁鸣。华罗庚醒悟到唐诗没有错，而是自己观察自然、体验生活不够，他勇敢地承认和纠正自己的认识错误，一时传为美谈。

华罗庚是研究数论的专家，他的杰出贡献在国际上得到了广泛认可。然而，华罗庚先生在后来的"文化大革命"期间，却身处逆境。在极"左"思潮纵容之下，数论这种纯粹理论学科被扣上"理论脱离实际"的帽子，但华罗庚仍然谆谆教导学生数论如何重要，让学生不要随波逐流，迷失方向。华先生私下对他的学生袁传宽说："数论虽然是很抽象的理论，可它非常有用。能不能把它派上用场，那要看自家的道行。自家没有本事，反怪罪'数论'，滑稽！"后来他又说："我就是用数论中的'默比乌斯函数'破解日军密码的！"等他神采飞扬地讲完这个故事后，再次叮嘱学生："数论有大用！"让我们记住华先生的忠告吧！

5.3.3 大自然中的素数——十七年蝉

在大自然中，有些生物利用素数的性质，使得自身种群在竞争中处于优势，比如北美洲的十七年蝉（即 17 年冒出一次），还有十三年蝉。这样的蝉在美国广泛分布，那么，这些蝉的奇特习性是如何形成的呢？

世界上有 3000 多种蝉，它们都会在地下度过漫长的幼虫期。绝大多数的蝉都会在地下待 1 到 10 年不等，但是北美洲的这种蝉，却以 17 年的间隔突然集体冒出地面，就像变魔法一样。

十七年蝉（见图 5-9）的生命周期为 17 年，幼虫时期潜伏于树根底下，每过 17 年就集体破土而出，长度约 2.5cm，再进行交配和产卵。几周后就会死亡。

图 5-9　十七年蝉[⊖]

为什么没有十四、十五、十六年蝉呢？其实就是因为 17 是素数，而 14、15 和 16 都是合数。之所以蝉这种低等的生物会选择素数作为自己的生命周期，科学家认为，这是它逃避捕食者的策略。这种特殊的 17 年生命周期，能有效避开它们的天敌。

简单地说：若蝉的天敌的生命周期为 2 年，即每 2 年天敌会大量出现一次，那么十四和十六年蝉钻出土壤的时候，必然会碰到天敌；若天敌的生命周期是 3 或 5 年，十五年蝉就会碰到天敌。也就是说，如果蝉会碰到的天敌的生命周期是蝉的生命周期的因子，那么蝉被捕食的概率就会大幅提升。如果十五年蝉在某一次大量钻出土壤时，遭遇到生命周期为 3 年的天敌的大量猎杀，那下一次十五年蝉钻出土壤时，也必然会有同样的遭遇。但十七年蝉呢？假如今年钻

⊖ https://cloud.kepuchina.cn/h5/detail?id=7198423551998070784.

出土壤时遇到生命周期为 3 年的天敌，那么下次与这种天敌碰面就是 3 × 17=51 年后了，中间还有两次机会可以安全钻出土壤，好好地繁殖下一代，因此以素数作为生命周期的蝉的存活率会大幅提升，就能在自然界中存活下来。

研究人员还发现，在十七年蝉出现后的第 12 年，捕食它们的鸟类数量出现明显下滑；在第 17 年时，捕食者数量降到最低，此时十七年蝉才破土而出。十七年蝉利用这种优势，种群得到了长久的延续，在北美洲，前面几次十七年蝉的出现年份分别为 1962 年、1979 年、1996 年和 2013 年。每到十七年蝉出现的年份，美国东海岸就会被铺天盖地的蝉占领，如果你恰好从此经过，可能会听到震耳欲聋的蝉鸣，犹如飞机从头顶飞过。

数学中简单的素数原理，竟然可以影响到动物的生存方式。虽然大家可能不认为蝉真的有数学头脑，能够自行选择生命周期。而十七年蝉，因为它们特有的素数生命周期，所遇天敌少，从而种群越来越大，这似乎也符合达尔文所说的"适者生存"原理。

第 6 章

方程求解与代数学的发展

方程式之美，远比符合实验结果更重要。

——狄拉克

代数学是数学中产生许多新思想和新概念的摇篮，它显著地丰富并发展了数学的许多分支学科，这些分支学科研究成为物理学与科学技术的共同基础。

——切博塔廖夫

《莉拉沃蒂》中的"蜜蜂问题"

带着美丽眼睛的少女——莉拉沃蒂，请你告诉我：

茉莉花开香扑鼻，诱得蜜蜂忙采蜜，熙熙攘攘不知数；

全体之半平方根，飞入茉莉花园里；

总数的九分之八，徘徊园外做游戏；

另外有一只雄蜂，循着莲花的香味，进入花朵中被困；

一只雌蜂来救援，环绕于莲花周围，悲伤地飞舞低泣；

问蜂群共有几支？

——出自印度数学家婆什迦罗的著作《莉拉沃蒂》

在古代算术中，为了能够解决实践中遇到的问题，人们需要讨论各种类型的应用问题，以及这些问题的解法。随着算术里积累了大量的、关于各种数量问题的解法，这就启发人们去寻求更为系统性、普遍的一般方法，以解决各种数量关系的问题。于是，就产生了以字母表示数，以解方程为中心问题的初等代数。

方程求解是初等代数乃至高等代数研究的主要问题。在早期的各民族数学中，已经涉及求解方程的问题，但都是使用自然文字语言表述求解的过程，缺乏抽象的符号表示。用自然文字语言表示代数的研究对象，难以揭示代数对象之间的关系结构，不便于代数学的发展。因此，与几何学相比，代数学迟迟未能成为独立的数学分支，而且发展相当缓慢。迟至 3 世纪，代数语言的符号化开始崭露头角，人们使用一种文字缩写的方式来表示代数对象。除去数字的符号化之外，未知量、运算关系的表示方法相继问世。但是到 16 世纪之前，这种缩记符号代数的发展是缓慢的，就连今日最普及的加、减号也没有出现，因此，这一时期的缩记符号只是不完备的代数符号体系。自 16 世纪中期开始，缩记符号代数学迅速朝着符号代数学发展，逐渐形成了初等代数的理论体系，并且在方程求解的研究中创立了抽象代数。

6.1　从简写代数到符号代数

6.1.1　丢番图的"简写代数"

亚历山大文明的后期，古希腊数学家丢番图（Diophantus，246—330）的著作《算术》是人类最早的代数学巨著，在历史上与欧几里得的《几何原本》齐名。由于他在代数方面的杰出贡献，常被人尊称为"代数学鼻祖"。《算术》共 13 卷，现尚存前 6 卷。这是一本问题集，现存部分包括 130 个问题的解法。在这本著作中，丢番图研究了许多种类型的方程，特别是对不定方程做了广泛而深入的研究。他善于把各类方程化为能解的形式，从全书中可以归纳出 50 余种解题方法。所用方法多得令人目不暇接，显示出丢番图惊人的构思。

与《几何原本》不同的是，丢番图的《算术》完全脱离了几何的形式，它的一个主要特点是，在求解代数问题时采用了未知数以及一整套缩记符号。丢番图将未知量称为"题中的数"，并用记号 δ 表示，相当于现在的 x_0，未知量的平方记为 Δ^y，"Δ"是希腊单字"ΔYNAMIE"（dynami，幂）的第一个字母。他还用一些符号表示分数，例如，他用 S^x 表示 $\dfrac{1}{x}$，减号用 ↑ 表示。在一个表达式中，L^p 表示等号，加法是用并列来表示的，而乘法和除法则通过累加和累减去进行。在他的符号系统中，没有加法、乘法和除法的运算记号。丢番图创用的这些记号，虽然还只具有缩写性质，但不失为代数符号的滥觞。有人称丢番图类型的代数为"简写代数"，是真正符号代数出现之前的一个重要阶段，这在代数发展史上是一个巨大的进步。

丢番图解一元一次方程的方法是：把已知项移到等式的一边，而把未知项移到等式的另一边，再合并同类项，两边除以未知数的系数。所不同的是，丢番图也像整个古代数学家一样，避免除法运算，而用重复的减法代替除法。丢番图还解决了一些一元二次方程问题，并且给出了每一类方程的解答。对于其他任意给定的一元二次方程，丢番图使用各种技巧将它归入上述的某一类方程加以解决。更为重要的是，丢番图的《算术》一书主要聚焦于求解不定方程的问题，这使得他成为此类研究的开创者，后人则称这类方程为丢番图方程。

丢番图的解题过程完全通过算术运算来完成，而不非借助几何直观性来进行说明。但是在丢番图的《算术》里还没有形成一元二次或更高次方程的一般解法，他的代数还没有完全脱离算术的思维方式，注意力放在解题技巧上，而没有放在寻求一般规律和发现各种方法间的内在联系上。他只能一个一个地去解决这些问题，而每个方程的解法都有其特殊的思路，找不出一般性的规律。对此，德国数学家汉克尔评论道："近代数学家研究了丢番图的 100 个问题后，去解第 101 个问题时仍然感到困难。"

以下是《算术》中的一些有代表性的问题和解法（用现代符号表述）：假设一个数的平方数是 16，试将这个平方数分为两个平方数。

丢番图的解答：令一个平方数是 x^2，另一个就是 $16-x^2$。为使 $16-x^2$ 是一个平方数，我们假定 $16-x^2=(2x-4)^2$，即 $16-x^2=4x^2-16x+16$。最后得 $x=\dfrac{16}{5}$。于是 $16=\dfrac{256}{25}+\dfrac{144}{25}=\left(\dfrac{16}{5}\right)^2+\left(\dfrac{12}{5}\right)^2$。

上述的丢番图问题涉及求解不定方程 $x^2+y^2=z^2$。这个问题后来被 17 世纪的法国数学家费马加以推广，他提出，当 n 是一个大于 2 的整数时，不定方程 $x^n+y^n=z^n$ 没有正整数解。这就是著名的费马大定理。

丢番图的墓志铭记录了他的一生，这是一个妙趣横生的一元一次方程问题："过路人！这儿埋着丢番图。他的童年占一生的 $\dfrac{1}{6}$；过了 $\dfrac{1}{12}$ 以后他开始长胡须；再过 $\dfrac{1}{7}$ 以后他结了婚；婚后 5 年得子。可惜儿子只活到父亲年龄的一半，丧子 4 年之后，老人也度完了风烛残年。"显然，他活了 84 岁。

6.1.2　花拉子米与海亚姆的代数学

1. "代数之父"花拉子米

第一部阿拉伯算术著作是花拉子米（约 780—约 850）写的。他出生于现今乌兹别克斯坦的花剌子模，早年在家乡接受的初等教育，后到中亚细亚古城默夫深造，到过阿富汗、印度等地讲学，不久成为远近闻名的科学家。阿巴斯王朝哈里发统治下的巴格达是一个伟大的文化中心，在这里建成了称为"智慧宫"的学院，一个能够查询已成书的文献而且能够举行演讲和学术会议的地方。这个学院最鼎盛的时期是第七代阿巴斯王朝哈里发马蒙统治的时期，花拉子米就生活在这个时期，并且是"智慧宫"学术工作的主要领导之一，直到去世。

花拉子米

花拉子米研究的范围十分广泛，涉及数学、天文、历史、地理等诸多领域。来自花拉子米的代数论文"移项与化简的科学"题目中的术语"al-jabr"（还原）是"代数学"（algebra）名称的由来，"还原"与"化简"是花拉子米提出的解方程的基本变形法则。我国清代数学家李善兰首先把 algebra 译为"代数"，他是根据 algebra 的词义"用符号代替数字"而意译的，这个精妙的翻译一直沿用至今。

在数学方面，他最著名的著作是《代数学》。这部书以其逻辑严密、系统性强、通俗易懂和联系实际等特点成为代数教科书的典范。在这部书中，花拉子米用十分简单的例题讲述了一元一次方程和一元二次方程的一般解法，并用几何方法给出了这些方法的证明。花拉子米基本上建立了解方程的方法，并指出了这门科学的方向是解方程，因此，方程的解法作为代数的基本特征，被长期保存下来。其中的配方法，给出了解一元二次方程的公式，并得到了一元二次方程的两个根。尽管这些方法在花拉子米的著作中是用实际问题的解法被记录下来的，但它们具有求解方程的一般方法的意义。如果把丢番图的《算术》看作从算术向代数学的过渡，那么花拉子米的著作标志着代数学的诞生，这是数学史上又一个里程碑式的重要事件。

在花拉子米的代数著作里，首先系统地研究了六种类型的一元一次方程和一元二次方程及其解法，然后再用例子说明如何把其他方程化为这六种类型。花拉子米给出的六种类型的方程用现代代数符号表示为

$$ax^2 = bx, ax^2 = c, ax = c, ax^2 + cx = c, ax^2 + c = bx, bx + c = ax^2$$

其中 a, b, c 都是正数。花拉子米已知道一元二次方程必有两个根，但是他只给出了正根，并且可以是无理根。

在讲述了六种类型的方程及其几何证明之后，花拉子米讨论了一般形式的方程。他指出，通过"还原"与"化简"两种变换，所有其他形式的一元一次方程和一元二次方程都能化为这六种标准方程。例如，对于问题"把 10 分为两部分，使其平方之和等于 58"，列方程为

$$x^2+(10-x)^2=58, \text{ 或 } 2x^2-20x+100=58$$

将"$-20x$"移到方程右端，变成"$+20x$"（即"还原"），得 $2x^2+100=58+20x$，再从方程两端同消去 58（即"化简"），得 $2x^2+42=20x$，再除以 2，得标准方程 $x^2+21=10x$。

显然，花拉子米提出的"还原"与"化简"两种变换，就是现代解方程的两种基本变形：移项与合并同类项。事实上，还原和化简在丢番图时代就已经被发现。与古巴比伦的解法相比，花拉子米虽然也是在求解实际问题过程中使用了一元二次方程的求根公式，但他用几何方法得到了一元二次方程求根公式的推导过程，该推导过程条理清楚，通俗易懂，能起到举一反三的作用，所以一直为后世著作所采用。

与丢番图的墓志铭相比，花拉子米的遗嘱也很有意思。在花拉子米的妻子正怀着他们的第一胎小孩时，他写下遗嘱："如果我亲爱的妻子帮我生个儿子，我的儿子将继承三分之二的遗产，我的妻子将得三分之一；如果生的是女儿，我的妻子将继承三分之二的遗产，我的女儿将得三分之一。"但不幸的是，花拉子米在孩子出生前就去世了，而他的妻子帮他生了一对龙凤胎。在这种情况下如何实现他的遗嘱，让人非常困扰。

2. 波斯数学家与诗人——海亚姆

欧玛尔·海亚姆（Omar Khayyam, 1047—1123），生于波斯的内沙布尔（今伊朗东北部）。他生活的年代，正值塞尔柱王朝统治波斯时期。他年轻时曾游学

于中亚古城撒马尔罕（今乌兹别克斯坦第二大城市），并在布哈拉（今乌兹别克斯坦城市）精研数学与天文。后应塞尔柱王朝苏丹马立克·沙赫之邀，前往首都伊斯法罕（今伊朗中部），进入宫廷，担任太医和天文台长。海亚姆最著名的著作《代数问题的论证》（后人简称《代数学》），论及一元三次方程的几何解法等当时的前沿问题，其阿拉文手稿和拉丁文译本已保存下来，近代被译成多种文字。并由此书将代数学定义为"解方程的科学"，这个定义一直保持到 19 世纪末。他还主持编制过天文表，参与了历法的改革。他晚年退居内沙布尔，直到 1131 年去世。

海亚姆的《代数学》比花拉子米的代数著作有明显的进步，他的方法是中世纪数学的最大成就之一，也是古希腊圆锥曲线论的发展，其中详尽地研究了一元三次方程，并指出了用圆锥曲线解一元三次方程的方法。关于解一元三次方程，最早可追溯到古希腊的倍立方问题，这在前面已经谈到过，即作一个立方体，使其体积等于已知立方体的两倍，将其转化为代数方程就是 $x^3=2a^3$。古希腊的梅内克缪斯发现可以将这个解方程问题转化为求两条抛物线的交点，或一条双曲线与一条抛物线的交点。而海亚姆的功劳在于，他考虑了一元三次方程的所有形式，并一一给予解答。

海亚姆

具体来说，海亚姆把一元三次方程分为十四类，其中缺一次项和二次项的一类，只缺一次项或二次型的各三类，不缺项的七类，然后通过两条圆锥曲线的交点来确定它们的根。如图 6-1 所示，以方程 $x^3+ax=b$ 为例，它可以被改写成 $x^3+c^2x=c^2h$，这个方程恰好是抛物线 $x^2=cy$ 和半圆周 $y^2=x(h-x)$ 交点 C 的横坐标 x，因为从

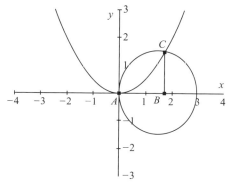

图 6-1　海亚姆几何法解一元三次方程

后两式中消去 y，就得到了前面的方程。

海亚姆也用几何作图方法给出了这类方程 $x^3+b^2x+a^3=cx^2$ 的解答，其中 a, b, c 被看成一些线段的长度，x 是待求未知量。这类方程的几何表述形式为："一个立方体、一些边和一些数，等于一些正方形。"用几何作图方法求解可以表述为：给定一个单位线段和三个线段 a、b、c，作线段 x，使得关于 a、b、c、x 的上述关系式成立。单单使用直尺和圆规来求解 x，一般是不可能的，因为在作图过程中的某一步，必须画出某一特定的圆锥曲线。

海亚姆是第一个察觉到一元三次方程可能有多个解的，但他没有意识到可以有 3 个解。他也承认他的研究是不完全的，并且寻求类似于解一元二次方程的公式来给出一元三次方程以及更高次方程的一般代数解，却没有成功。海亚姆的分析几何学是阿拉伯人将代数和几何融合在一起的产物。直到 400 年后，笛卡儿的研究才使分析几何学得到了进一步的发展。

海亚姆还是一位著名的诗人，有"波斯李白"之称，其代表作是《鲁拜集》。《鲁拜集》的诗体形式为一首四行，又称"四行诗"，和中国的绝句类似，内容多感慨人生如寄、盛衰无常，以及时行乐、纵酒放歌为宽解，在纵酒狂歌的表象之下洞彻生命的虚幻无常。海亚姆以其绝美的纯诗，将人生淡淡悲哀表达得淋漓尽致。诗作融科学家的观点与诗人的灵感于一体，成为文学艺术上的辉煌杰作！下面是《鲁拜集》第 29 首：

> 飘然入世，如水之潺潺。
>
> 不知何故来，来自何处？
>
> 飘然离去，如风之潇潇。
>
> 沿着戈壁，又吹向何方？

关于海亚姆，有一个广为流传的"三个同学"的故事，和我国小说《三国演义》中的"桃园三结义"有点相似。

在跟随波斯伟大的智者莫瓦华克（Mowaffak）学习期间，海亚姆结识了两位日后成就非凡的同学，分别是尼扎姆·穆尔克和哈桑·萨巴赫。三个杰出的学者，成了亲密的好朋友。于是有一天他们相约，以后无论谁发达了，都要有福同享、有难同当，"苟富贵，勿相忘"。后来尼扎姆交了好运，成为塞尔柱帝国的"维齐尔"，即"宰相"或"国家大臣"。同学立刻来找他，要他践行曾经的诺言，共享他的荣华。尼扎姆分别按两人的要求给出赏赐：哈桑要求官位，但因野心太大，在他试图推翻尼扎姆失败后被放逐。而海亚姆则不求名利，仅要求一个居住的地方以便钻研科学和祈祷，来传播他的科学和数学。尼扎姆有感于老同学的真诚和谦恭，于是，海亚姆每年可获得一笔价值不菲的黄金来从事他的研究。与哈桑的残暴和贪心相比，海亚姆真诚而平静地生活着，为当时的文学和科学做出了杰出的贡献。

6.1.3　婆什迦罗的代数学

从 5 世纪到 12 世纪，古印度数学出现了求解一元二次方程的一般方法，并允许方程的系数为负数。对于一元二次方程 $ax^2+bx=c$，古印度数学家婆罗摩笈多（约 598—约 660）就曾给出方程的求根法则。而后来的数学家婆什迦罗（1114—约 1185）对一元二次方程的讨论更为深入，在《莉拉沃蒂》中列举了各种一元二次方程的求解方法。

婆什迦罗是古印度最伟大的数学家和诗人，他的《天文系统之冠》（1150 年）代表古印度数学最高成就。此书由四部分组成，其中《莉拉沃蒂》是古印度最典型、最有影响力的算术著作。在印度，它被作为教科书使用了好几个世纪，现在一些梵语学校仍在使用。

《莉拉沃蒂》的意思是"美丽"，传说这是婆什迦罗的女儿的名字。当初有个预言家说她终生不能结婚，婆什迦罗本身也是个占星家，于是他也预卜了一下自己女儿的良辰吉日。他把一只杯子放在水中，杯底有一个小孔，水从小孔中慢慢进入杯中，杯子一旦沉没，那就预示着是他女儿的良辰吉日。他的女儿可能是着急了，跑去看杯子什么时候能够沉下去，没想到一颗珠子从首饰上滑落了下来，掉到杯子里去了，正好堵住了小孔，水不再进入杯中，杯子就无法下沉了。于是"莉拉沃蒂"命中注定永不能出嫁了。婆什迦罗为了安慰女儿，就以她的名字命名了这本书。

在《莉拉沃蒂》中，婆什迦罗用诗歌的形式讲述了许多数学题目，比如"莲花问题"："平平湖水清可鉴，面上半尺生红莲；出泥不染亭亭立，忽被强风吹一边；渔人观看忙向前，花离原位二尺远；能算诸君请解题，湖水如何知深浅？"

我们再看一个方程求解问题："一群天鹅，其总数的平方根的 $\dfrac{7}{2}$ 在池畔歇息，其余的两只仍在水中嬉戏，请告诉我这群天鹅的总数。"这个问题用现代方法处理，可以设 x 为天鹅的总数，则有 $x - \dfrac{7}{2}\sqrt{x} = 2$。婆什迦罗的解法是："把（平方根）前的系数的一半的平方加到给定的数上，取其和数的平方根，把这个平方根加上或减去系数的一半再平方起来，就是所求之数。"即

$$x = \left(\sqrt{\left(\dfrac{7}{4}\right)^2 + 2} + \dfrac{7}{4} \right)^2 = 16$$

这种方法显然与解一元二次方程有着紧密联系。

在古印度数学中，我们有时也能看到一些特殊的高次方程。婆什迦罗在他的著作中曾提到一元三次方程和双二次方程，比如，$x^3+12x=6x^2+35$ 只需改写成 $x^3-6x^2+12x-8=27$ 就很容易求解。他的双二次方程为 $x^4-2x^2-400x=9999$，只要在方程两边同加上 $4x^2+400x+1$，就可得 $(x^2+1)^2=(2x+100)^2$。所以，$x^2+1=2x+100$，即 $x=11$。

古印度数学在求不定方程时使用了辗转相除法。这类问题最初出现在印度天文研究中，为了求得某些星座出现在天空的时间，他们开始了不定方程整数解的研究。和丢番图不同的是，他们不满足于仅仅求出不定方程的一个有理数解和寻得某一具体问题的特殊解法，而是努力找出一般规律。从这个意义上讲，他们远远超过了丢番图。此外，古印度在求 $x^2+y^2=z^2$ 整数解（即勾股数）的研究中，婆罗摩笈多给出了勾股数的通式，即有理直角三角形的诸边可以写成：$a=2mn,\ b=m^2-n^2,\ c=m^2+n^2$。

古印度人也用缩写文字和一些记号来描述运算，问题和解答也都用缩记符号方式书写，比丢番图的缩写代数用得多。虽然古印度人的这套记号不多，也不完整，但基本上属于符号性代数。

6.1.4 斐波那契的《计算之书》

提到中世纪的代数学家，毫无疑问，莱昂纳多·斐波那契（Leonardo Fibonacci，约 1170—1250）是最有独创性、最有能力的数学家。斐波那契是意大利人，父亲是比萨一家商业团体的外交领事，经常派驻于北非地区，后来被派往埃及、叙利亚、希腊、西西里和普罗旺斯出差，所以斐波那契跟随父亲四处游历。公元 1202 年，斐波那契利用在旅行中所学到的知识撰写了《计算之

书》（*Liber Abaci*），书中的主要内容是算术和初等代数。这本书主要研究日常
问题的数学方法及其在商贸、度量衡、货币换算、单
利利率计算等场合的应用，它对当时处于资本主义萌
芽时期的意大利的商贸活动和后世的数学产生了很大
影响。

斐波那契

《计算之书》中记载着一个"兔子繁殖问题"：一
对兔子每个月都生一对兔子，生出来的兔子在出生两
个月之后，也每个月生一对兔子。那么，从一对小兔
子开始，满一年时可以发展到多少对兔子？

这就是著名的"兔子数列"（见图 6-2）：1，1，2，
3，5，8，13，…也称为"斐波那契数列"，其特点
是，从第三项开始，每一项都是其前面两项之和，即 $a_{n+2} = a_{n+1} + a_n$。这些数字
大量出现在数学学科和自然界里。比如，向日葵、松果、菜花种子的螺旋线排
列，花瓣的数目，等等，都可以用斐波那契数列来解释。但最令人不可思议的
是，这个关于自然数的数列，其通项公式 $a_n = \dfrac{1}{\sqrt{5}}\left[\left(\dfrac{1+\sqrt{5}}{2}\right)^n - \left(\dfrac{1-\sqrt{5}}{2}\right)^n\right]$ 却包
含无理数，而前一项与后一项的比值组成的数列竟然存在极限，且这个极限值
$\dfrac{a_n}{a_{n+1}} \to 0.618\cdots$ 恰好就是美学中非常重要的黄金分割比。

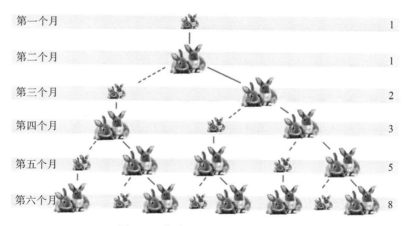

第一个月	1
第二个月	1
第三个月	2
第四个月	3
第五个月	5
第六个月	8

图 6-2　斐波那契的"兔子数列"

斐波那契的数学才能引起了神圣罗马帝国皇帝腓特烈二世的注意。为了检验斐波那契的数学才能，皇帝邀请他到皇宫参加数学问题答辩。皇帝的随从出了三道数学题来考他，斐波那契都顺利解决了，这为他赢得了极大的声誉。

20世纪以来，斐波那契问题及其派生的广泛应用突然变得活跃，成为热门的研究课题。1963年，斐波那契协会成立，还出版了《斐波那契季刊》，专门刊登与斐波那契数列有关的数学论文。同时，每两年一次在世界各地轮流举办斐波那契数列及其应用国际会议。这在世界数学史上可谓是一个奇迹，堪称"神性的兔子"。

在2003年出版的畅销书《达·芬奇密码》中，在雅克·索尼埃尸体旁的地板上留下了一串数字：13-3-2-21-1-1-8-5。他的孙女意识到这是祖父向她传递的信息，于是她将这串数字从小到大排列，就成了1-1-2-3-5-8-13-21，它出自斐波那契数列。后来，在开启祖父在银行的保险柜时，她开始试了其他密码都不成功，后来她想到了祖父留下的这串数字1123581321，成功地打开了保险柜。

斐波那契最重要的贡献在于，他在《计算之书》这本书里面把印度–阿拉伯数字系统引入了当时的拉丁语世界，尤其是十进制的引入，极大地推动了商人们的实际计算工作，加强了中亚和西欧的数学联系，并在此过程中也促进了代数的发展。不过，斐波那契的《计算之书》，其内容完全是修辞性的文字，方程式和运算过程完全用文字表达，只可见到代数的雏形。实际上，斐波那契的《计算之书》为代数学的发展打开了一扇窗，它启发了诸如塔尔塔利亚等后来的学者向着代数三次方程或高次方程的突破。

6.1.5　卡尔达诺的一元三次方程求根公式

有关一元二次方程的公式求解方法，早在古巴比伦、阿拉伯数学中就已经出现了，一元三次方程的几何解法也在11～12世纪产生，但作图的技巧性很难形成一元三次方程求解的通法。真正意义上的一元三次方程求解公式出现在16世纪意大利数学中。

1. 菲奥里挑战塔尔塔利亚

1494年，卢卡·帕西奥利（Luca Pacioli）的《算术大全》一书，重点讨论了一元一次方程和一元二次方程的解法。不久，希皮奥内·德尔·费罗（Scipione del Ferro，1465—1526）发现了形如 $x^3+mx=n$ 方程（缺项一元三次方程）的解法，并传给了自己的学生菲奥里。

尼科洛·塔尔塔利亚（Niccolò Tartaglia，约 1499—1557）是第二个得到一元三次方程求解法则的数学家。塔尔塔利亚出生于意大利的布雷西亚城，原姓丰坦那。幼年时法国士兵占领了他的家乡，父亲被打死，他的颔部和舌头被法国士兵砍伤，致使他一生丧失了准确说话的能力，所以人们叫他"塔尔塔利亚"，意思是"发音不清楚的"。塔尔塔利亚的母亲没有钱让儿子受到良好的教育，14 岁的塔尔塔利亚只上了两个星期的学，就因交不起学费而辍

塔尔塔利亚

学。他在母亲的指导下，完全凭借自学和顽强的毅力在数学上取得很大的成就。起初，他是这门学科的教师。1535 年，在与菲奥里的公开学术论战中，塔尔塔利亚战胜了对手赢得了轰动一时的荣誉⊖。《论数字与度量》是塔尔塔利亚最重要的数学著作。书中包括大量商业算术、数值计算和圆规几何等初等数学多个分支的理论，被称为数学百科全书和 16 世纪最好的数学著作之一。塔尔塔利亚培养了许多学生，他们在数学、力学等方面继承并发扬了塔尔塔利亚的理论，使之在意大利乃至整个欧洲产生了广泛影响。

塔尔塔利亚解决了不含一次项和不含二次项的两类一元三次方程问题。1530 年，教师科伊向塔尔塔利亚提出两个问题：求一个数，它的立方加上它的平方的 3 倍等于 5；求三个数，第二个数比第一个数多 2，第三个数比第二个数多 2，三个数的积是 1000。它们分别是一元三次方程 $x^3+3x^2=5$ 与 $x^3+6x^2+8x=1000$。

塔尔塔利亚找到了第一种方程（缺少一次项）的一般解法，得到一个正实根，并承认后一种方程的解法还未找到。这件事传到菲奥里那里，菲奥里不相信塔尔塔利亚会解一元三次方程，便向塔尔塔利亚提出挑战，要求进行公开竞

⊖ 16 世纪意大利学术界盛行这种公开辩论，双方约好辩论的内容、方式、地点、评判人以及双方所出资金（或赌金）数目。胜利者除可赢得全部资金外，还可名扬天下，得到各处的讲学邀请。

赛。二人相约于 1535 年 2 月 22 日，在米兰进行公开数学竞赛。双方各出 30 个问题，约定谁解出的题目多，谁就获胜。这些问题与塔尔塔利亚已解决的缺少一次项的方程不是一种类型，都是缺少二次项的一元三次方程 $x^3+px=q$。

就在公开辩论的前不久，1535 年 2 月 12 日，塔尔塔利亚找到了该类方程的解法。作为应战，塔尔塔利亚也向菲奥里提出 30 个问题，头两个就是缺少一次项的一元三次方程 $x^3+mx^2=n$ 与 $x^3+n=m^2x^2$。而这类方程菲奥里并不会解，最终塔尔塔利亚大获全胜。

米兰一战后，塔尔塔利亚瞬间红遍意大利乃至整个欧洲。不过，塔尔塔利亚没有急着将这一伟大成果发表出来：一是考虑到日后将一元三次方程的解法系统地写成一本书出版；二是成名后的塔尔塔利亚变得十分忙碌，常常被意大利各城邦君主邀请去计算炮弹弹道、改造城堡等，因此他只能推迟出书计划。

2.骗走解法的卡尔达诺

吉罗拉莫·卡尔达诺（Girolamo Cardano，1501—1576）是第三位对一元三次方程求解做出重大贡献的数学家，现在的一元三次方程求解公式就是以他的名字命名的。卡尔达诺在青少年时期，努力钻研数学、物理，而后进入帕维亚大学学习医学，毕业后，开业行医。后来又在米兰和波伦亚教书，并成为闻名全欧的医生。他同时还是一位哲学家和数学家，在意大利几所大学担任过数学教授。卡尔达诺的数学贡献主要

卡尔达诺

表现在算术和代数方面。他在各种知识领域里都显示出了出众的天赋，被誉为"百科全书"式的人物。他一生共写了各种类型的文章、书籍 200 多种。他曾因占星术争议、债务问题及儿子犯罪被判死刑等事件多次陷入困境，甚至因"异端"指控短暂入狱。卡尔达诺的坎坷经历使他的性格颇为奇特，因而常常被描述为科学史上的怪人。他在数学、哲学、物理学和医学领域都有一定成就。

话说塔尔塔利亚与菲奥里公开辩论获胜的消息传到米兰时，卡尔达诺也在研究一元三次方程的问题，准备写一部关于代数问题的专著。他当即托人打听塔尔塔利亚的方法，1539 年又亲自写信讨教，并邀请塔尔塔利亚到米兰做客。塔尔塔利亚来到米兰，在卡尔达诺当面再三请求，并发誓对此保密的情况下，

塔尔塔利亚才将他关于方程 $x^3+px=q$ 和 $x^3+q=px$（p、q 为正数）的解法写成一首 25 行的诗告诉卡尔达诺。塔尔塔利亚在 1541 年又找到 $x^3+px^2=q, x^3=px^2+q, x^3+q=px^2$（$p$、$q$ 为正数）等几类一元三次方程的解法，但没有告诉别人。

　　卡尔达诺详细研究了塔尔塔利亚的解法，并用几何方法证明了其正确性。继而，卡尔达诺又找到了其他类型一元三次方程的解法及其证明方法，并进一步提出了一元三次方程的不可约情形，即运用求解法则时遇到负数开方的问题，并由此提出虚数问题，它对方程理论的研究具有重要意义。这些研究远远超过了塔尔塔利亚已有成果的水平。卡尔达诺与他的学生费拉里（1522—1565）学习和继承了塔尔塔利亚的一元三次方程求解方法，此基础上，费拉里成功地发现了解一元四次方程的方法。1545 年，卡尔达诺出版了《大术》一书。《大术》的出版，瞬间在欧洲引起了巨大轰动，因此，一元三次方程的求根公式也被称作"卡尔达诺公式"。

　　《大术》中记载了以下一元三次方程的解法：对于含有 x^2 项的方程 $x^3+ax^2+bx=c$，若令 $y=x-\dfrac{a}{3}$，则可以消去 x^2 项，因此求解一元三次方程的问题就转化为求解形如 $x^3+mx=n$（其中 m 与 n 是正数）的方程的问题。对于这种缺少二次项的一元三次方程，卡尔达诺在书中给出的解法是：引入 t 与 u 两个参数量，并令

$$t-u=n \tag{6.1}$$

以及

$$tu=\left(\dfrac{m}{3}\right)^3 \tag{6.2}$$

然后他断言

$$x=\sqrt[3]{t}-\sqrt[3]{u} \tag{6.3}$$

他利用式（6.1）及式（6.2）进行消元并解所得的一元二次方程，得出

$$t=\sqrt{\left(\dfrac{n}{2}\right)^2+\left(\dfrac{m}{3}\right)^3}+\dfrac{n}{2}, u=\sqrt{\left(\dfrac{n}{2}\right)^2+\left(\dfrac{m}{3}\right)^3}-\dfrac{n}{2}$$

这里我们也像卡尔达诺那样取正根。求出 t 和 u 后，用式（6.3）给出 x 的一个值。据认为这就是塔尔塔利亚所得出的一个根。卡尔达诺还用几何方法证明了这个结果。

在《大术》中还出现了下列特殊类型的一元三次方程：

$$x^3=n+mx, \ x^3+mx+n=0, \ x^3+n=nx$$

但每类方程的解法以及相应的几何说明都各不相同。由于这一时期尚未出现用字母和符号表示方程，他们尚未能认识一元三次方程求解的一般公式。

在《大术》中，记载了费拉里解一元四次方程的方法，共给出 20 种不同的一元四次方程。如同一元三次方程求解，卡尔达诺只是通过一些具体例子给出了解法，而没有给出一般的一元四次方程的求解公式。值得注意的是，在卡尔达诺与费拉里的《大术》中，对如何求解一元五次方程也进行了探讨，其指导思想是用降幂法将其化作为一元四次方程求解，但未能达到目的。

由于卡尔达诺没有保守秘密，提前在《大术》中公开了一元三次方程的解法，这让塔尔塔利亚非常生气。在塔尔塔利亚看来，卡尔达诺背叛了他，尽管卡尔达诺也承认一元三次方程的解法并非他最初提出。卡尔达诺在《大术》里是这样写的："这一解法来自一位最值得尊敬的朋友——布雷西亚的塔尔塔利亚。塔尔塔利亚在我的恳求之下把这一方法告诉了我，但是他没有给出证明。我找到了几种证法。证法很难，我把它叙述如下。"但塔尔塔利亚忍受不了这种背叛，他于 1546 年出版了题为《各种问题和发明》的著作，在书中他以纪实的手法陈述了一元三次方程解法的发现过程，以及与卡尔达诺等人的交往活动，斥责卡尔达诺的失信行为。由此激怒了卡尔达诺的学生、一元四次方程代数解法发明者费拉里，费拉里代替老师出面，提出了通信解题比赛的挑战。随着论战的升级，1548 年 8 月 10 日，两人又在米兰教堂附近举行了公开论战，从上午 10 点一直持续到晚间。由于费拉里已经掌握了一元四次方程的代数解法，而塔尔塔利亚看着一大堆一元四次方程，愤怒至极，却解不出一道。

这次辩论使塔尔塔利亚的学术声誉受到很大打击。从此，心灰意冷的塔尔塔利亚退出了一元三次方程研究的历史舞台，后来甚至在孤独与忧郁中离世。

6.1.6 韦达的符号代数

直到 16 世纪，代数学研究的中心内容依然是探究各种代数方程的解法。随着研究的深入，各种特殊形式的代数方程也随之迅速增长，例如，卡尔达诺《大术》一书中方程就有 66 种之多。然而方程的表示方法仍然是半符号化的缩记形式。缺乏抽象符号的代数学，难以发现其本质的属性，因而对每一种方程都需要一种特殊的技巧，这无疑要耗费数学家们的巨大精力。随着大量特殊形式的代数方程不断涌现，每种方程都得寻找特定的解法，这无疑给当时的数学家们带来了很大的挑战。法国数学家韦达就是其中之一，他试图寻找一种能够求解各种类型代数方程的通用方法。

弗朗索瓦·韦达（François Viète，1540—1603）生于法国东部地区的一个贵族家庭，青年时期攻读法律，毕业后在家乡当律师。宗教战争爆发后，韦达开始从事政治活动，成为一名出色的国务活动家。由于国务活动繁忙，数学就只能是他的业余爱好，韦达几乎把所有的空闲时间都花费在研究数学上。今天，大家比较熟悉的是以他的名字命名的一元二次方程根与系数的关系法则——韦达定理。

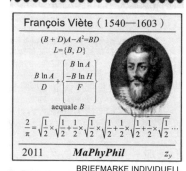

韦达

韦达认真研究了塔尔塔利亚、卡尔达诺、斯蒂文、邦贝利和丢番图等人的著作，从那里获得了灵感。他认识到，要实现自己的设想，首先要使方程具有一般的形式，而其中关键的一步就是用字母来表示数和未知量。因此在他的名著《分析方法入门》一书中，第一次有意识地、系统地使用了字母。

在这部著作中，韦达不仅用字母表示未知量和未知量的乘幂，而且还用字母表示方程的系数。通常他用辅音字母来表示已知量，用元音字母表示未知量。现今我们用字母表后面的字母（如 x, y, z）表示未知数，用前面的字母（如 a, b, c）表示已知量，这种做法是笛卡儿 1637 年引进的。韦达还用拉丁语表示各次方幂。例如，现在的 a, a^2, a^3，韦达分别记作 A、A quadratum、A cubum，有时还用缩写简化为 A、AQ、AC。韦达使用了"+"和"−"分别表示加法与减法，但没有使用固定符号来表示乘法和等号，仍用文字来说明。例如，韦达将恒等式 $a^3+3a^2b+3ab^2+b^3=(a+b)^3$ 表示为

A cubum+B in A quadr.3+A in B quadr.3+B cubum equalia $\overline{A+B}$ cubum

韦达把他的符号化的代数称为"类的算术"，以区别于"数的算术"，并明确指出，类的算术是施行于事物的类或形式的运算，而数的算术仅仅与具体的数字有关。韦达的这些论述，第一次将代数与算术区分开来，使类的算术（即

代数）成为研究一般类型的数学形式和方程的学问。在引入字母符号之后，韦达很快就发现了求解一元三次方程和一元四次方程一般解的方法。

韦达在研究三角学过程中，他于 1593 年还发现了一个圆周率 π 的计算公式：

$$\frac{2}{\pi} = \frac{\sqrt{2}}{2} \times \frac{\sqrt{2+\sqrt{2}}}{2} \times \frac{\sqrt{2+\sqrt{2+\sqrt{2}}}}{2} \times \cdots$$

这个公式被认为是圆周率 π 的最早分析表达式。这个公式的形式非常优美，仅仅借助数字 2，对其进行一系列加、乘、除和开方运算就可以算出 π 值。

代数表示法从文字描述、缩写形式进入符号形式，除有元素符号外还必须有运算符号、关系符号以及某些约定和辅助符号，因为它们都是简化逻辑推理所不可缺少的。近代运算符号和关系符号是在缩写符号的基础上发展起来的。"+""−"号最初并非作为缩记符号的形式引入，而是被理解为"超过"和"不足"，由德国数学家维德曼于 1489 年引进，直到 1514 年，荷兰数学家赫克才赋予它加号和减号的意义。乘号"×"是英国数学家奥特雷德于 1631 年在《数学之钥》一书中首先使用的。1698 年莱布尼茨又创用了点乘号"·"。除号"÷"是瑞士数学家拉恩于 1659 年首先使用并由牛顿、瓦里士提倡的，据说，它是由曾经用作除号的"−"与"："重新组合而成的。关系符号"="是英国数学家雷科德于 1557 年引入并由莱布尼茨倡导的。雷科德说："最相像的两件东西是两条平行线，所以这两条线应该用来表示相等。"辅助符号圆括号始见于 1544 年，方括号是瓦里士首先使用的，花括号是韦达于 1593 年引入的。正是由于这三类符号的出现，代数才在 17 世纪从自然语言文辞的、缩写的阶段进入符号化的阶段。

随着数学符号的不断增加，人们越来越多地利用这些具有特定数学内涵的符号来发展数学理论。正如韦达开创的"类的算术"——代数学那样，在过去的几个世纪中，人类借助于各类抽象化符号，创立和丰富了众多的数学分支理论，使数学逐渐成为一门"符号科学"。

6.2 一元五次方程

6.2.1 一元五次方程无根式解

16 世纪，数学家解决了用根式求解一元五次以下方程的问题，而且依赖于一元三次方程而得到一般一元四次方程的根式解。这就促使人们在寻求一元四次以上方程的解的过程中，企图将一般高次方程的求解划归为低一次的方程的求解。然而这种努力却失败了。譬如，人们发现在求解一元五次方程时，将面临先得到一个一元六次的辅助方程。这就使得用"降低方程的次数"的努力宣告破灭。

在这种"不成功"的探索中，人们得到了方程可解性的定性研究成果。首先，1799 年，年仅 22 岁的高斯（1777—1855）给出了代数基本定理的证明。这个定理是说：每个实系数和复系数方程至少有一个实根或复根。在这个定理的基础上就可以进一步证明：一元 n 次代数方程一定有 n 个根。在高斯之前，存在性都是通过实际获得或显示出问题中的量而建立起来的。与以往的做法有很大的不同，高斯的方法不是去计算一个根，而是去证明它的存在性。高斯对代数基本定理的证明方法开创了探讨数学中存在性问题的新途径。其次，法国数学家拉格朗日（1736—1813）在分析了已有的成果之后预见到：一般方程的可解性的问题，将归结为方程诸根的某种排列置换问题。拉格朗日在分析一元三次方程和一元四次方程解法时所考虑的"拉格朗日预解式"为

$$a+b\varepsilon+c\varepsilon^2+\cdots+l\varepsilon^{n-1}$$

其中 $a,b,c,\cdots,l$ 是方程的根，ε 是任意 n 次单位根。他明确指出这些式子与用根式解方程有密切关系。他甚至感觉到方程根的排列理论比方程根式解的理论更有意义，是"整个问题的真正核心"。实际上拉格朗日已涉及一个新的数学概念，即置换群的概念。他的这种思想成了后来数学家向世界难题发起攻击的导火索。沿着这个思路，拉格朗日的学生鲁菲尼（1765—1822）首先"证明了"一般一元五次方程不可能有根式解。然而他在证明中所使用的关键命题是未加证明的。显然，鲁菲尼得到了正确的结论，但证明过程却不完善。年轻的数学家阿贝尔接下来完成了鲁菲尼的工作。

阿贝尔（1802—1829）出生于挪威的一个穷牧师家庭。15 岁时数学家洪堡对他给予了热心指导，使他对数学产生了浓厚的兴趣。大约 1824 年，他首先证明了用公式解一般一元五次方程是不可能的，并将这一结果写进论文"论代数方程，证明一般五次方程的不

阿贝尔

可解性"中。他将论文浓缩成六页的文稿，寄给大数学家高斯，但未受到重视。由于这篇论文成功地证明了被鲁菲尼忽略的关键命题，解决了百年来困扰数学家们的难题，阿贝尔得到一笔数目不大的奖学金，这使得他有机会到德国、意大利、法国求学。1825 年，阿贝尔在柏林结识了业余数学家克雷尔，阿贝尔一生中的大部分数学著作，就发表于克雷尔的《纯粹数学与应用数学》杂志上，但没有引起数学家们的重视。此后他集中研究哪些高于五次的初等代数方程可以用公式求解。

1826 年，阿贝尔来到巴黎，他会见了柯西、勒让德、狄利克雷等人，然而这些数学家并没有真正认识到他的天赋。但阿贝尔仍然坚持数学的研究工作，撰写了"关于一类极广泛的超越函数的一般性质"的论文，提交给法国科学院。阿贝尔在给洪堡的信中非常自信地说："已确定在下个月的法国科学院例会上宣读我的论文，由柯西审阅……。不过，我认为这是一件非常有价值的工作，我很想尽快听到法国科学院权威人士的意见，现在正昂首以待……"可是，负责给阿贝尔审稿的柯西把论文放进抽屉里，一放了之（这篇论文的原稿于 1952 年在佛罗伦萨被重新发现），一直等到年底，仍然了无音信，阿贝尔一气之下离开巴黎。在柏林短暂停留之后，阿贝尔回到挪威。由于过度疲劳和营养不良，在旅途中感染了肺结核，这在当时是不治之症。他一边与病魔作斗争，一边继续进行数学研究。他原希望回国后能被聘为大学教授，可是他的这一希望又一次落空，他只好靠给私人补课谋生，并一度当过代课教师。由于他一生贫困，颠沛流离的生活严重损害了他的健康，导致未满 27 岁的阿贝尔因肺炎病逝于挪威的费罗兰。

就在阿贝尔死后的第二天，一封被耽搁的聘书送到了：柏林大学向他提供了教师职位。但为时已晚。在今日挪威首都奥斯卡的皇家公园里，耸立着纪念阿贝尔的一尊雕塑：平行六面体的底座上，矗立着手掷铁饼的裸体青年，在其脚下踏着两个被推倒的雕塑——它们可能代表了阿贝尔一生解决的重要数学问题。他的朋友克雷尔在纪念文章里是这样赞扬阿贝尔的："阿贝尔在其所有著作中都打下了天才的烙印，展现出了非凡的思维能力。我们可以说，他能够穿透重重障碍，直达问题的核心，拥有几乎无坚不摧的气势……，他还以纯朴高尚的品格以及罕见的谦逊精神而著称，这使得他的人品也像他的才华那样受到人们不同寻常的爱戴。"

当阿贝尔在研究这个问题时，他在阅读了拉格朗日和高斯的著作之后，试图用一些特殊高次方程的方法解决一般高次方程的可解性问题。起初，他相信这个问题肯定可以得到解决，并构造了一个证明。在发现自己的错误之后，阿贝尔改变了方向，试图给问题以否定的解决。他从拉格朗日的著作中受到启发，着手考察可用根式求解的方程的根具有什么性质。他修正了鲁菲尼证明的错误，在 1824 年至 1826 年间首先证明，如果一个方程可以用根式求解，则出现在根的表达式中的每个根式都可以表示成方程的根和某些单位根的有理数。接着又利用这个定理证明了现在以他的名字命名的定理：一般高于一元四次的方程不可能代数地求解。

从那时开始，数学家们才明白，在很多情况下，我们所能期望的就是求出方程具有任意给定精确度的近似数值解。

6.2.2　方程有根式解的条件

阿贝尔证明了一般一元四次以上方程根式求解的不可能性，并没有排除特殊高次方程的根式可解性。比如，高斯就给过一类二项方程 $x^p-1=0$（p 为素数）能用根式求解，阿贝尔自己也找到了一类很广泛的循环方程及更一般的阿贝尔方程也能用根式求解。因此，需要确定哪些方程可用根式求解，这或许比阿贝尔不可解定理更有意义，即寻找方程能用根式求解的充要条件。这个问题最终由另一位年轻的天才数学家伽罗瓦彻底解决。

伽罗瓦（1811—1832）出生于法国巴黎附近的一个小镇，父亲是该镇镇长，母亲受过良好的教育，她在给儿子的启蒙教育中，不仅传播知识，而且灌输了英雄主义。他 12 岁上中学。后来两次报考巴黎综合理工学院，两次落选。伽罗瓦在中学开始接触数学，随即沉迷数学，将全部精力投入到数学的学习中。由于厌恶当时的教材只注重技巧和形式而缺乏深刻的思想，他便直接阅读数学大师们的著作。他那顽强的钻研精神和惊人的理解力，受到老师里查教授的赏识。16 岁时，伽罗瓦就熟悉了包括阿贝

伽罗瓦

尔在内的当时著名数学家的著作。他于 1829 年考上巴黎高等师范学校，并在当

年就将自己的一篇关于方程求解的论文呈送给了法国科学院，并被转交给柯西审察，然而柯西却将论文遗失了。1830 年 1 月，伽罗瓦又写了另一篇论文，并呈交给了法国科学院秘书傅里叶。但不幸的是，随着傅里叶的去世，这篇论文又不知下落了。接着伽罗瓦又于 1831 年提交了题为"关于用根式解方程的可能性条件"的论文，同时附信给科学院院长：不要因为我是学生就先入为主地认为论文无价值。科学院在 1831 年 1 月 17 日收到稿件后，将其交给数学家泊松和拉克鲁阿审阅。由于文章提出群、域等诸多新概念，泊松批复：不知所云！责其再详尽阐述一遍。伽罗瓦此时已没有时间完成这一工作了。作为资产阶级革命的狂热支持者，伽罗瓦因公开抨击不支持革命的学监而导致入狱半年。获释后仅 1 个月，21 岁的伽罗瓦因爱情纠纷而卷入一场决斗，不幸丧生。在决斗前夜，伽罗瓦彻夜伏案，将自己的思路记录下来，并托付给了朋友。

伽罗瓦在遗嘱中预言，自己的理论在百余年之后将成为重要的数学分支。他死后，尽管保存他全部手稿的朋友四处奔走，却一直找不到愿意发表的人。直到 1846 年，著名数学家刘维尔才在自己的杂志上发表了他的著作。在伽罗瓦去世 40 年后，人们采纳了他的思想方法，并很快形成了代数结构的一般理论。

受拉格朗日的影响，伽罗瓦相信方程能否有根式解与方程根的排列（置换）的性质有着内在的联系。一个 n 次方程的 n 个根 $x_1, x_2, \cdots, x_n$ 的每一个变换，叫作一个置换。n 个根共有 $n!$ 个可能的置换，它们的集合关于置换的乘法构成一个群，叫作根的置换群。方程的可解性可以在根的置换群的某些性质中反映出来。基于这一认识，伽罗瓦把方程论的问题转化为群论的问题来解决。

6.2.3 伽罗瓦的群论

伽罗瓦的贡献在于，他给方程可解性问题提供了全面而透彻的解答，解决了困扰数学家达数百年之久的问题；伽罗瓦的工作也给出判断几何图形能否用直尺和圆规作图的一般判别法，解决了这个领域中长期未解决的著名问题。

在将伽罗瓦的这种思想用于解决尺规作图问题时，对于某个作图问题，只要将它归结到代数方程，看此方程能否用平方根解出。由于直尺和圆规只能作直线和圆，由解析几何知，直线和圆的方程只是一些一元一次、一元二次的代数方程，其解只可能是系数经过加、减、乘、除和正数开平方这五种运算的结果，即解中最多带有平方根。这样，通过尺规作图可以构造出的量的充要条件是给定量（即全体系数）通过加、减、乘、除和正数开方可以得到形如 $p+q\sqrt{k}$（p，q，k 属于系数域）的数。由伽罗瓦理论我们可以得到下述定理：一个方程能用平方根求解的充要条件是方程的伽罗瓦群的阶是 2 的方幂。由这个判别法可以证明：p（素数）边的正多边形能用尺规作出的充要条件是 p 具有 $2^{2^n}+1$ 的形式。由此可知，当 n=0, 1, 2, 3, 4 时，即 p=3, 5, 17, 257, 65 537 时，正 p 边形可尺规作图；当 n 大于 4 时，p 不一定为素数，对于 p=7, 11, 13 等素数，则不能用尺规作出正多边形。

有了伽罗瓦的理论，历史上几何的三大作图问题也可转化为代数根式解的存在性判定问题。1837 年，法国数学家万策尔证明了三等分角问题和倍立方问题都是不能用几何作图来解决的问题。化圆为方问题相当于用尺规作出 π 的值。1882 年，法国数学家林德曼证明了 π 是超越数，从而证明了化圆为方的不可能性。

此外，伽罗瓦在他的证明中完全用群论的方法进行处理，这一思想具有重要的方法论意义。当一个问题难以处理时，可将它置于一个整体结构之中来考虑，甚至可以将它置于另一个同构的数学结构中去考察。例如，上述可解性的讨论，就是将解方程问题转化为与系数有关的代数结构——群的问题来研究。这一思想方法在近代数学研究中广为应用，也引起了物理学家的兴趣。矿物学家布拉维为了晶体的可能结构而研究运动群。借助于群论这一数学工具，他于1849 年给出了在矿物中只能找到 32 种晶体的预见，开创了在物质结构研究中应用群论的先例。伽罗瓦提出了"置换群""子群""正规子群""极大正规子群"等全新的数学概念，后来都发展为近代抽象代数学的基本概念。从伽罗瓦时代起，代数学已不再以解方程作为研究的主要问题，而是以这些全新的概念作为研究对象，从而引领代数学进入了抽象代数的发展新阶段。

6.3 虚数不虚

数，是数学中的基本概念，也是人类文明的重要组成部分。一个时代，人们对于数的认识与应用反映了当时数学发展的水平。从古代算术到初等代数，再到高等代数与抽象代数的发展过程，数的概念也得到了进一步的发展。算术中讨论的整数和分数的概念进一步扩充到有理数、实数、复数的范围。数的概念的不断扩充，不仅是方程求解中的一项重要内容，而且数的概念的每一次扩充都标志着数学的巨大飞跃。

6.3.1 数系的自然扩充

1. 自然数

自然数是"数"出来的。自然数是人类历史上最早出现的数，其历史最早可以追溯到五万年前。自然数在计数和测量中有着广泛的应用，如物品的个数、时间（如年月日）的计数、长度的测量等；人们还常常用自然数来给事物标号或排序，如城市的公共汽车路线、门牌号码、邮政编码等。

2. 负数

负数是"欠"出来的。负数概念的产生有着深刻的社会背景，与早期的经济活动有关，它是由于借贷关系中量的不同意义而产生的。早在秦汉时期的汉简中，我们就可以发现很多有关"少"与"负算"的记账方式。"算"是汉代赋税的单位名称，在统计边疆戍卒家属的口粮时，计算结果出现不足便记作"少若干"或"负若干算"。"负"是缺少、亏欠的意思，与"得"相反，它们为正负数概念的形成奠定了基础。

我国数学家刘徽首先给出了负数的定义、记法和加减运算法则。在《九章算术》中，为了解决"遍乘直减"过程中的不足减的矛盾，引入了负数概念，以使"遍乘直减"的机械程序可以顺利进行下去。刘徽注释道："今两算得失相反，要令正负以名之。正算赤，负算黑，否则以邪正为异。"意思是说，正算与负算是相反意义的量。运算时，"加正等于减负，减正等于加负"，分别用红筹和黑筹，或者用正筹和邪筹来表示正数和负数。

3. 分数

分数是"分"出来的。分数的产生与人类早期社会的分配以及交易活动有关。原始社会的分配情况与分数使用情况，在各民族的早期文献中均可以见到有关分数的文字记录。例如，在我国的甲骨文和金文资料中，可以找到"分""半"等与分数有关的文字。在《九章算术》里，还给出了分数的定义：实如法而一，不满法者，以法命之。同时还给出了分数的运算法则，如"合分术""课分术""齐同术""约分术""减分术""乘分术""经分术""通分术""通其率术"

等。在中国传统数学中，首先规定了 10 进、10 000 进的大数与小数名称。中国古代的数就是通过这些大数和小数来表示的，虽然没有引用小数点，但是如果规定某一单位为整数第一位，则它们的表示效果与我们今天的小数表示法是一样的。

4. 无理数

无理数是"推"出来的。"无理数"的发现是数学发展史上的一个重要里程碑。毕达哥拉斯学派在数学上最大的贡献是发现了勾股定理，正是应用了这个定理，他们发现了无理数。在公元前 4 世纪，毕达哥拉斯学派的信徒希帕索斯发现存在某些线段之间是不可公度的，例如，正方形的对角线与边长之间就是不可公度的。据说，由于希帕索斯的这一发现触犯了毕达哥拉斯学派的信仰，他被其同伴抛进了大海。

尽管希帕索斯的不可公度观念未被古希腊人所接受，但由此引发了数学史上的第一次数学危机，它对古希腊的数学观点有着极大的冲击，整数的尊崇地位受到挑战。于是几何开始在古希腊数学中占有特殊地位，同时，人们开始不得不怀疑直觉和经验的可靠性，从此古希腊几何开始走向公理化的演绎形式。

在中国，当无理数最早出现《九章算术》中时，丝毫没有引起人们的异议。《九章算术》的开方术中说："若开之不尽者，为不可开，当以面命之。"作者起了个专门名字"面"来表示无理数。刘徽在计算平方根的近似值时离无限不循环已近在咫尺，但他说："虽有所弃之数，不足言之。"竟然放弃了。"重算法轻算理"使中国与无理数失之交臂，令人惋惜。

5. 虚数

虚数是"算"出来的。从古代起，人们便能够解一元二次方程甚至某些高次方程，然而一个最其貌不扬的一元二次方程 $x^2+1=0$ 却使得数学家狼狈不堪。难道存在平方为 -1 的数？经过长期的犹豫、徘徊，1637 年，法国数学家笛卡儿把这样的数叫作"虚数"（imaginary，想象中的数）。1777 年，瑞士数学家欧拉在其论文中给出了大胆选择：首次用符号"i"表示虚数单位，从而建立了一个复数系。

虚数概念在中国传统数学中没有形成，"虚数"是从李善兰（1811—1882）与伟烈亚力（A. Wylie，1815—1887）合译的《代数学》一书开始传入中国，虚数一词由李善兰首创。1873 年，华蘅芳（1833—1902）将意大利数学家邦贝利的《代数术》翻译为中文，也在解方程时提到虚数，华蘅芳认为："虽此种虚式之根，在解二次之式中，无有一定之用处。不过可借以明题之界限不合，故不能解而已，然在各种算学深妙之处，往往用此虚式之根，以讲明深奥之理，亦可以解甚奇之题，比它法更便，大抵算理愈深愈可用之。"显然他对复数的认识已经比较深刻了。

6.3.2　复数与超复数

如前所述，在人类对数系的认识过程中，形成了自然数、整数、有理数、实数以及复数五大数系。到了 19 世纪，五大数系的严格理论逐渐形成，实数理论的严密化的研究取得了重大突破，复数的逻辑结构、性质及意义也得到了深入的研究。此外，对数的理论研究还带来了众多数类的发现，如各种超复数、向量、矩阵等，开辟了一系列新的数学领域。

1. 复数的逻辑结构

虚数是负数开平方的产物，它是在代数方程求解过程中逐步为人们所发现的。公元 3 世纪的丢番图在求解特殊的一元二次方程时，只接受正有理根而忽略所有其他根，甚至当一元二次方程有两个正根时，他也只给出较大的一个。当在求解一个方程的过程中明显看出它有两个负根或虚根时，他就放弃这个方程，并称它是不可解的。原因是在他那个时代，人们不承认负数，当然负数的平方根更不会被承认。12 世纪，印度的婆什伽罗也遇到了负数平方根问题，对此他仅指出："负数没有平方根，因为负数不可能是平方数。"而没有深入研究。

当欧洲还没弄清无理数、负数时，又晕头晕脑地陷入虚数的"太虚幻境"之中。最早遇到虚数的人是法国数学家许凯（Chuquet，约 1445—约 1500），他在《算数三编》中，解方程式 $4+x^2=3x$，得根 $x=\dfrac{3}{2}\pm\sqrt{\dfrac{9}{4}-4}$，他声明这个根是不可能的。第一次认真讨论这种数的是前面提到的一元三次方程解法获得者之一的卡尔达诺，在他的名著《大术》中，他研究了下面这个问题并写道："把 10 分成两部分，使其乘积为 40。这是不可能的，不过我用下面方式解决了。"他列出的方程是 $x(10-x)=40$，他求得的根是 $5+\sqrt{-15}$ 和 $5-\sqrt{-15}$。这使卡尔达诺迷惑不解，他说这要受到良心的责备。于是，卡尔达诺称负数的平方根是

"虚构的""超诡辩的力量"。

与卡尔达诺同时代的意大利数学家邦贝利（1526—1572），在利用卡尔达诺公式求解一元三次方程时，得到了另一种一元三次方程根的表达式，在这个表达式中，包含着负数的平方根。邦贝利很快认识到，这类数既不能看作正数，也不能看作负数。他认为这种根像是人造的，而并非真实的。随后，他对这类数的运算法则进行了讨论，建立了虚数的运算法则，他得到了虚数单位的平方为 −1 的结论，它和现代的表述形式基本一致。在其《代数术》一书中，邦贝利发现方程 $x^3=7x+6$ 按卡尔达诺的求根公式求根时，有

$$x = \sqrt{3 + \sqrt{9 - \frac{343}{27}}} + \sqrt{3 - \sqrt{9 - \frac{343}{27}}}$$

他指出，在上面方程不可约的情况下，方程存在明显的虚根。他承认 $\sqrt{9 - \frac{343}{27}}$ 是确实存在的数。虽然邦贝利承认了虚数的存在，但是对虚数的本质仍然缺乏认识，他认为虚数"无用"而且"玄"。

17 世纪，尽管用公式法解方程时经常产生虚数，但是对它的性质，当时仍没有认识。1632 年，笛卡儿在解方程时，给负数的平方根取了一个名字叫"虚数"，把方程的根区分为实根和虚根，他也给出了"复数"的名字。可能是由于虚数缺乏物理意义，牛顿也不承认复数是有意义的。莱布尼茨虽然在形式运算中也使用复数，但他也不理解复数的性质。

历史进入 18 世纪，由于在微积分运算中经常用到复数，因而推动了复数的研究。欧拉（1707—1783）试图去理解复数究竟是什么，他说："因为所有可以想象的数都或者比 0 大，或者比 0 小，或者等于 0，所以很显然，负数的平方根不能包括在可能的数（实数）中。然而这种情况使我们得到这样一种数的概念，它们就其本性来说是不可能的数，因而通常叫作虚数或幻想中的数，因为它们只存在于想象之中。"虽然欧拉把复数叫作不可能的数，但承认它们是有用的。

1730 年，法国数学家棣莫弗（1667—1754）得到著名的公式：
$$(\cos\varphi \pm \sqrt{-1}\sin\varphi)^n = \cos n\varphi \pm \sqrt{-1}\sin n\varphi \quad (n\ 为正整数)$$
欧拉又把此定理推广到任意实数 n，并于 1748 年给出著名的欧拉公式 $e^{ix} = \cos x + i\sin x$，后来欧拉用 i 来表示虚数单位 $\sqrt{-1}$。对于这个公式，如果令 $x=\pi$，就得到了被称为"最美数学公式"的 $e^{i\pi} + 1 = 0$，因为在一个简单的方程

里，它把算术基本常数（0 和 1）、几何基本常数（π）、分析常数（e）和复数常数（i）联系在一起，堪称一个超级全明星阵容。这个公式的证明也很简单明了，只需要用到微积分的知识。

　　17 世纪至 19 世纪的数学家们普遍有着"眼见为实"的天性，他们不断借助几何的直观方式来认识复数。率先开展这方面尝试性工作的是英国数学家华莱士。他于 1685 年提出一种用几何直观表示实数系一元二次方程复根的方法：画一条数轴，将根的实部在数轴上表示为一点，在此点处画一条垂直于数轴的线段，其长度等于 $\sqrt{-1}$ 的系数，即表示根的虚部。接着，自学成才的数学家韦塞尔（Wessel，1745—1818）于 1788 年对此进行了改进：在已有数轴上，作与之垂直的虚轴，并以 $\sqrt{-1}$ 为单位，这样就建立了复平面，对于每个复数 $a+bi$，都对应着一个由坐标原点出发的向量。韦塞尔用几何方法的向量运算规定了复数的四则运算，这些定义在现今的教材中也仍保留着。最后，高斯在 1811 年提

出 $a+bi$ 可用点（a, b）表示，并于 1831 年阐述了复数的几何加法与乘法。同时他指出，在这个几何表示中，人们可以看到复数的直观意义已得以充分构建。复数的几何表示促使人们改变了对虚数的神秘印象，使其成为直观上可以被接受的数学对象。

　　1799 年、1815 年及 1816 年，高斯在证明代数基本定理的过程中运用了复数，并假定了直角坐标系中的点与复数存在一一对应的关系（见图 6-3）。鉴于高斯在数学界享有崇高的声望，他对复数的使用进一步巩固了复数在数学领域的地位。到 18 世纪末，以欧拉为首的一批数学家创立了"复变函数论"，使几百年来令人们感到"虚幻"的复数得以大显身手。

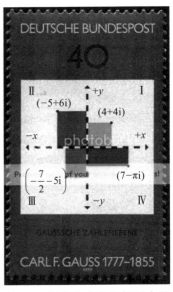

图 6-3　复数与直角坐标系中的
点一一对应

　　用平面上的点和有向线段解释复数，给复数提供了直观的几何表示，但是如果一种理论过于依赖几何直观表示，那么其基础是不稳固的。建立复数理论的逻辑基础，便成了数学家新的追求。1837 年，英国数学家哈密顿指出，复数 $a+bi$ 不是 2+3

意义上的和，复数 $a+bi$ 只不过是实数的有序偶（a, b），i 在复平面上可表示为（0，1）。哈密顿的定义不再涉及虚数，而是直接用实数演绎出复数。他还用有序偶给出了复数四则运算的定义：设 $a+bi$ 与 $c+di$ 是两个复数，a, b, c, d 是实数，则

$$(a,b)\pm(c,d)=(a\pm c,b\pm d)$$
$$(a,b)\cdot(c,d)=(ac-bd,ad+bc)$$
$$\frac{(a,b)}{(c,d)}=\left(\frac{ac+bd}{c^2+d^2},\frac{bc-ad}{c^2+d^2}\right),（c,d不同时为零）$$

在这种定义下，通常的结合律、交换律及分配律，都能用实数的有序偶推导出来。经过哈密顿的努力，复数理论的逻辑基础终于在实数的基础上牢固地建立起来了。

2. 哈密顿与四元数

哈密顿（1805—1865），父亲是都柏林市的律师。哈密顿自幼聪明，被称为神童。他 3 岁就能看懂英文书，4 岁喜欢算术，5 岁会讲拉丁语、希腊语

哈密顿

和希伯来语等，10 岁已经学会梵文、阿拉伯语等多种语言，堪称语言学家。

哈密顿不仅喜欢语言学，他也喜欢数学。哈密顿在叔叔的指导下，12 岁就读完了拉丁文本的《几何原本》，接着又继续学习初等代数。是什么原因促使哈密顿最后选择数学作为自己的终身事业呢？据说在 1818 年，哈密顿遇到了美国"计算神童"——科尔本，科尔本闪电般的运算能力，深深地刺激了他，从而激发了哈密顿学习数学的兴趣。到 1820 年，哈密顿阅读了牛顿的《自然哲学的数学原理》，并对天文学产生强烈的兴趣，常用望远镜观测天体；还开始读拉普拉斯的《天体力学》，并于 1822 年指出了此书中的一个错误。1823 年，哈密顿以入学考试第一名的成绩进入著名的三一学院。他在 1823 年到 1824 年间完成了多篇有关几何学和光学的论文，其中在 1824 年 12 月送交爱尔兰皇家科学院会议的有关焦散曲线的论文，引起了科学界的重视。1827 年，年仅 22 岁的哈密顿破例被任命为敦辛克天文台的皇家天文研究员和三一学院的天文学教授。

哈密顿工作勤奋，思维活跃，发表的论文一般都很简洁，以至于别人不易

读懂，但他的手稿却很详细，因而很多成果都由后人整理而得。仅现存于三一学院图书馆中的哈密顿手稿，就有 250 本笔记，还有大量学术通信和未发表的论文，此外，爱尔兰国家图书馆也收藏了一部分他的手稿。哈密顿的工作涉及多个领域，其中成果最大的是光学、力学和四元数。他研究的光学是几何光学，具有数学性质，他研究的力学则侧重于列出动力学方程并进行求解，因此哈密顿主要是一位数学家。凭借卓越的学术成就和崇高的声望，1835 年，哈密顿在都柏林召开的不列颠科学进步协会上被选为主席，同年还被授予爵士头衔。1836 年，由于他在光学上的成就，皇家学会授予他皇家勋章。1837 年，哈密顿被任命为爱尔兰皇家科学院院长。

与哈密顿的学术事业形成鲜明对比，他的家庭生活并不幸福。早在 1823 年，他曾倾慕一位同学的姐姐，但遭到了对方的拒绝，这段感情经历让哈密顿难以忘怀，对他产生了深远的影响。在恋爱生活中一再碰壁后，他于 1833 年仓促结婚。虽然他们生育二子一女，但终因感情不和而长期分居。哈密顿经常不能规律用餐，总是边吃边工作。他去世后，人们在他的论文手稿中发现不少肉骨头和吃剩的三明治残渣。

哈密顿关于复数逻辑结构的研究工作，揭示了数的概念具有维数差别的特征，实数是一维的，复数是二维的。由于复数与平面上的点一一对应，所以复数可以表示为有序实数对，因此，有人把复数称为"二元数"。那么，寻求建立新的数系的一个自然途径就是设法建立"三元数系"。这个"三元数系"应当承袭复数系的运算和运算律，复数系可以看作三元数系的子数系，并且能有类似复数 (a, b) 那样的运算性质。今天人们把具有这样性质的新数域称为超复数域。高斯等人就研究过这个问题，而哈密顿则捷足先登，在寻求"三元数"的过程中却创造出了一类称为"四元数"的超复数。

为此，哈密顿模仿复数 $a+bi$ 的写法，把这个可能存在的新数用 $a+bi+cj$ 来表示，其中 a、b、c 为实数，这种新数的几何表示是三维空间的一点 (a, b, c)。然后，他设法在两个新数之间规定一种乘法运算，使之能保留复数域所有的性质。由于任意两个复数 (a, b) 与 (c, d) 都有 $(a, b) \times (c, d)=(ac-bd, ad+bc)$ 且满足"模法则" $(a^2+b^2)(c^2+d^2)=(ac-bd)^2+(ad+bc)^2$。要使复数域成为新数域的子集，就必须保证新数域满足"模法则"。在新的数域上，两个新数 $(a+bi+cj)$ 和 $(x+yi+zj)$ 相乘得到一个新数，它所对应的（三维空间）向量的长，恰好是原先两数所对应的向量的长的积。这就是哈密顿所称的新数应满足的"模法则"，即对于 $(a^2+b^2+c^2)$ 与 $(x^2+y^2+z^2)$，是否可以找到 (u, v, w)，使得

$$(a^2 + b^2 + c^2) \cdot (x^2 + y^2 + z^2) = u^2 + v^2 + w^2$$

哈密顿的这种设想完全是不可能实现的。此前，18 世纪的法国数学家勒让德的名著《数论》一书里就举例说明了模法则在新的数域中不可能成立。譬如，3=1+1+1 及 21=16+4+1 都可以表示为三个平方数的和，可是 3×21=63 却不能表示为三个平方数的和。事实上，凡是形如 $8n+7$ 的整数都不能表示为三个平方数的和。然而哈密顿在不知晓勒让德的这一结论的情况下，开始了自己艰难的尝试。

一开始他只是对 $a+bi+cj$ 这样的"三元数"进行研究，但是总是得不到自己想要的模法则。后来他在偶然的计算中得到了一个新数 $a+bi+cj+dk$，这令哈密顿觉得莫名其妙。由此哈密顿开始想到自己所求的新数应该是"四元数"，于是他就对 $a+bi+cj+dk$ 进行研究。他假定 ij=-ji=k，结果导致了更加复杂的问题，那就是要规定 ik、ki、jk 和 kj 究竟是什么。

1843 年 10 月 16 日，正值爱尔兰皇家科学院举行集会的日子，哈密顿作为会议主持人，在沿着"皇家运河"前往开会地点的途中，仍然在想"四元数问题"的关键所在：寻找 i、j、k 这三个数之间乘积的关系式。突然，在他脑海中出现了一个这样的公式 $i^2=j^2=k^2=ijk=-1$。他马上掏出记事簿把这个公式写下来（见图 6-4）。

图 6-4　皇家运河布鲁穆桥石板上的哈密顿方程

哈密顿进而设想 i、j、k 之间乘积的结果可能是：ij=k, jk=i, ki=j, ji=-k, kj=-i, ik=-j, 如图 6-5 所示。

晚上回家后，哈密顿对脑海中闪现的公式开展了进一步的验算工作。由于

×	1	i	j	k
1	1	i	j	k
i	i	-1	k	-j
j	j	-k	-1	i
k	k	j	-i	-1

图 6-5　四元数的乘法法则（见彩插）

$$(a+b\mathrm{i}+c\mathrm{j}+d\mathrm{k})(\alpha+\beta\mathrm{i}+\gamma\mathrm{j}+\delta\mathrm{k})$$
$$=(a\alpha-b\beta-c\gamma-d\delta)+(a\beta+b\alpha+c\delta-d\gamma)\mathrm{i}+ \qquad(6.4)$$
$$(a\gamma-b\delta+c\alpha+d\beta)\mathrm{j}+(a\delta+b\gamma-c\beta+d\alpha)\mathrm{k}$$

他发现式（6.4）的 1、i、j、k 前的系数的平方之和恰好等于 $(a^2+b^2+c^2+d^2)$ $(\alpha^2+\beta^2+\gamma^2+\delta^2)$，即采用这种方式定义乘法，可以使四元数满足"模法则"。

哈密顿经历了 15 年锲而不舍的努力，终于使一个新的超复数域诞生了。这种四元数也像实数和复数那样可以进行加、减、乘、除的运算，但是不能满足乘法交换律。正如我们已经看到的，$\mathrm{ij}\neq\mathrm{ji}$。由于这样的性质，四元数的应用受到了很大的限制。

哈密顿当年寻找四元数的动机原本是更简洁地描述力学和电磁学现象。但是后来的发展表明，19 世纪中叶流行起来的矢量分析更适合描述物理学。不过，到了 20 世纪 20 年代，四元数在量子力学自旋矩阵的形式中重新焕发生机，现在又在理论物理（夸克场）中得到应用。四元数的诞生拓展了人们对"数"的认识，开启了对非交换乘法结构的系统研究。正是由于四元数的发展以及对其展开的深入研究，促使了线性代数和线性结合代数这两个重要的数学分支的创立和发展。今天，四元数成为连接诸多数学研究子领域的桥梁。

作为一种新诞生的数，四元数在当时并没有被数学家立刻接受。例如，牛津大学的数学家查尔斯·道奇森（Charles Dodgson，1832—1898）就是"四元数"的反对者之一，他是位保守的数学家，他不喜欢现代数学的许多概念，如非欧几何、拓扑学、抽象代数等。道奇森在牛津大学获得数学硕士学位，后留校执教，出版了不少数学著作，如《欧几里得和他的现代对手》《行列式基础论述》等。但道奇森在数学上并没有显著的贡献，如果不是他以笔名刘易斯·卡罗尔写出了两部风靡全世界的童话小说《爱丽丝漫游奇境记》和《爱丽丝镜中奇遇记》，相信很少有人知道他，更别提他还是一位数学家。据说当时的英国女王很喜欢卡罗尔的小说《爱丽丝漫游奇境记》，于是就命人把卡罗尔的书全都找来阅读，令人啼笑皆非的是，结果送来的都是他出版的数学书。

读过《爱丽丝漫游奇境记》的人，相信都不会忘记那个神奇的兔子洞（见图 6-6），它连通着一个稀奇古怪的世界。这里所有能吃能喝的东西都非同寻常：有喝了会变小的药水，有吃了会变大的蛋糕，还有一边可以让人长高、一边可以让人变矮的蘑菇……这些具有神奇功能的物品让人想到了当时新兴的数学分支——拓扑学。作为传统保守派的数学家，卡罗尔对数学新成果的认知，还不能彻底摆脱几何和物理直观的束缚。他认为这些新成果虽然逻辑严密，但是并不符合实际的几何空间和客观的物理现实。所以，他采用数学意象和数学元素构思的很多童话情节都带有荒诞且负面的影子。比如，在疯帽子茶会场景中，他对"四元数"的一些新观念进行了嘲讽。疯帽子茶会中的 3 个参与者疯帽匠、三月兔和睡鼠围着桌子转着坐，反映的正是四元数中的三个虚数单位 i、j、k，时间是没到场的第 4 人。而疯帽子说出了一段关于不可逆命题的话："我能看到的东西我都能吃"与"我能吃的东西我都能看到"是一回事吗？这多少反映了当时那个时代不少人对数学的态度。他们把越来越抽象、越来越脱离现实的数学看作一只柴郡猫，认为它们会慢慢从现实世界消失，只留下一个诡异的微笑。

a)《爱丽丝漫游奇境记》作者卡罗尔　　　b)《爱丽丝漫游奇境记》中的兔子洞

图 6-6 《爱丽丝漫游奇境记》的作者和其中的兔子洞

3. 超复数

在哈密顿完成四元数的研究之后，他的好友格拉夫斯和著名的数学家凯莱分别发现了"八元数"，这是一种包含四元数的新数。八元数可以实施加、减、乘、除运算，并满足"模法则"，但"八元数"乘法的性质更差，它既不满足乘法交换律，也不满足乘法结合律，即 $(XY)Z \neq X(YZ)$。然而，毕竟这样的运算存在于八维空间之中。

四元数的诞生，使数系的构造方法脱离了由实际计算产生新数的模式。由

于 n=1, 2, 3 时，对应的复数、四元数、八元数已经被发现。按照四元数创立的方法，人们进一步设想构造 "2^n 元数"。与此同时，从理论上弄清这种创造的可能性及其限度的问题，也迫切需要给出解答。

- 魏尔斯特拉斯于 1861 年证明：能保持普通代数所有基本性质不变且比复数域更大的数系是不具备这些基本性质的。
- 弗罗贝尼乌斯于 1877 年证明：能满足除乘法交换律之外的一切代数基本性质的超复数域，只有四元数一种。
- 1958 年，三位著名的拓扑学家波德（R. Bott）、米尔诺（J. Milnor）、科威尔（Kervaire）运用代数拓扑方法最终证明了：能进行加、减、乘、除的数系只有四种，他们分别是一维的实数域、二维的复数域、四维的四元数域及八维的八元数域。

上述这些研究结果表明，用扩域方法来构造数域是不可能无限制地进行下去的。虽然数域可以扩充到四元数和八元数，但它们远没有复数那么被广泛使用。最重要的是，它们是代数封闭的。这意味着所有复杂的多项式方程在复数集合中都有解，没有一个多项式方程的解不是复数，这就是代数学中最著名的 "代数基本定理"，它是复数的重要意义所在。实际上，很多 17 世纪的数学家就已经猜测到这一点，但直到 1799 年，它才由伟大的数学家高斯首先给出严格的证明。

6.3.3　虚数在自然界的应用

18 世纪后期，随着复数与三角函数的关系，复数的平面坐标的表达等一系列研究和复数的意义逐渐明确。到 19 世纪上半叶，复变函数理论建立并得到广泛应用。复数在现实应用中可以说无处不在。从信号处理和电路分析，到量子力学和流体力学，虚数单位 i 似乎主导了工程和物理学中的大多数方程式。一个像 i 这样看似任意、在现实世界中没有明显解释的数字，怎么会有如此大的作用呢？

普林斯顿物理学家弗里曼·戴森在一次讲座中讲道："数学家们一直把复数视为人为创造出来的产物，仿佛它是从现实生活中抽离出来的一个有用且精致的抽象概念。他们从未想过，实际上，原子就是在这个由他们创造出来的人造计数系统上运行的。他们没有想到，大自然竟然领先我们一步与虚数有了交集。"确实，奥地利理论物理学家、量子力学奠基人之一薛定谔曾经从光波理论模型出发，写出了一个描述粒子运动的方程。这个方程毫无意义，也没有用处。但是薛定谔在方程里加上虚数单位 i 之后，突然发现方程有了意义，方程的解可以与波尔模型的轨道量子化相对应。因此，"那个虚数单位 i 意味着参与自然界运转的不是实数，而是复数"。这让薛定谔，还有其他很多人都惊诧不已。而另一位量子力学的奠基人，英国物理学家狄拉克在 1928 年建立了一组有关电子波的方程式，这个虚数单位 i 竟然也神奇地出现在公式中。这一方程的解很特别，既包括正能态，也包括负能态。狄拉克由此预言了正电子的存在。1932 年，美国物理学家安德森在研究宇宙射线中高能电子轨迹的时候，发现了狄拉克预言的正电子——正电子似乎就是从这个带有虚数 i 的方程式中跳出来的。

尽管薛定谔将虚数引入波动方程，用来描述粒子的量子行为。但波函数是复数形式，而粒子出现的概率是实数，那么量子物理是否确实需要复数的参与呢？薛定谔本人似乎倾向于复数只是一种数学处理办法，包括薛定谔在内的一些物理学家们试图将量子理论实数化。而物理是一门实验学科，任何推测均需要实验结果支撑。

据中国《科技日报》2022 年 10 月 9 日的报道，我国科学家用严谨的实验在国际上首次证明了复数在量子力学中"不可或缺"！相关研究成果发表在国际权威学术期刊《物理学评论快报》上。

而在 2021 年，西班牙、奥地利和瑞士等国家组成的研究团队构建出了可以实验验证的、定量的类似贝尔不等式的判据，可直接验证量子力学是否必须使用复数，即复数是否是客观存在的。随后对已有相关工作进行了实验演示，排除了只用实数形式描述标准量子力学的可能性。然而，这些工作没有严格满足理论设计要求，仍存在一些关键性漏洞，比如定域性、测量独立性等问题，从而影响实验结果的有效性。

为了更加严谨地检验复数的客观存在性，我国济南量子技术研究院与中国科学技术大学合作的研究团队严格遵守定域性和独立性条件，参与者不受其他参与者的测量选择和结果影响，各自独立地进行本地的随机操作。实验表明，该实验结果以 5.3 个标准差的精度超过了实数形式的量子力学预测结果，成功验证了复数不仅是一个计算工具，而且在量子力学中具有不可或缺的物理意义。

第 7 章

数 形 结 合

数学中的转折点是笛卡儿的变数，有了变数，运动
进入了数学；有了变数，辩证法进入了数学；有了变数，
微分和积分也就立刻成为必要的了……

——恩格斯

数缺形时少直观，
形少数时难入微；
数形结合百般好，
隔离分家万事休。

——华罗庚

在 2019 年播放的电视剧《致我们暖暖的小时光》中，男主角物理天才顾未
易向女主角氧气少女司徒末表白时，第一次用了物理上的薛定谔方程，结果司
徒末没看懂。于是第二次顾未易特意询问对方有没有学过微积分，然后当场给
她做一道题，但是司徒末的微积分水平有限，并没有解开这个背后隐藏着一个
爱心图形的方程。顾未易本来想用这个心形函数向对方示爱，但又一次遗憾错
过，不过后来两人的结局还是完美的。这一段剧情，也让我们领略到了数学函
数的神奇力量。

据说这个函数是笛卡儿发明的，关于它，坊间流传着一个凄美的爱情故事：
话说笛卡儿曾到瑞典，邂逅了美丽的瑞典公主克里斯蒂娜，两人相知相恋。国
王知道后，勃然大怒，棒打鸳鸯。笛卡儿遭到流放，染病死去，临死前他给公
主寄去了最后一封信，信中没有写一句话，只有一个方程式：$r=a(1-\sin\theta)$。公
主解开了方程，发现这是美丽的爱心线（见图 7-1）。

笛卡儿因他创立的方程与图形举世闻名，他通过建立一个坐标系，让代数

方程与几何曲线这两个看似不相关的领域发生了根本性的变化。数学家拉格朗日强调："一旦代数与几何分道扬镳，它们的进展就缓慢下来，它们的应用就狭窄了。但是，当这两门科学结合成伴侣时，它们就会相互汲取新的活力，从而迅速走向完善。"

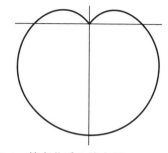

图 7-1　笛卡儿爱心线方程 $r=a(1-\sin\theta)$

但是在 17 世纪以前，代数与几何似乎并没有太多的交集，各自按照自己的轨迹发展着。在古希腊时代，毕达哥拉斯学派提出了"万物皆数"，以数字为主的代数占据了上风。但由于过于痴迷于数的逻辑定义，导致他们不能对自己发现的无理数 $\sqrt{2}$ 给予合理的解释。为了解决这个逻辑难题，随后的数学家欧多克索斯创造了量与比例的理论，于是无理数在几何中获得了新生。但 $\sqrt{2}$ 作为数字仍然没有严密的逻辑基础，这直接导致了几何学从此之后占据了数学的统治地位，这种状态一直延续到 19 世纪。虽然代数在亚历山大后期有所发展，在花拉子米那里得到进一步延续，在中世纪后期又经卡尔达诺、韦达这些数学家的推动取得了新的进展，但代数始终是为几何服务的，一直处于附属地位。改变这种状况的是法国的两位数学大师笛卡儿和费马，他们用自己伟大的思想构筑了代数与几何互通的桥梁，创造了现代意义下的应用数学。数学史家莫里斯·克莱因说："两位伟大的思想家创立了应用数学，一位是思想深刻的哲学家，另一位是思想界的斗士。……他们两人在许多领域的工作都将流芳千古。"

7.1　笛卡儿与方法论

7.1.1　解析几何之父——笛卡儿

笛卡儿

笛卡儿（1596—1650）出生于法国的拉哈耶，父亲是相当富有的律师。母亲在他出生后的第二年去世，给他留下一笔丰厚的遗产，使他的一生有了可靠的经济保证。笛卡儿八岁时，父亲把他送到教会学校，希望他成为王权和神权的继承人。由于他身体不好，学校允许他早上在床上读书和思考问题，这种习惯他一直保持到老。笛卡儿16岁离开家乡出外读书，20岁毕业于普瓦捷大学，从事律师工作。

17世纪的法国数学界，梅森神父是不可或缺的灵魂人物，通过组织沙龙和秘密旅行，他与当时顶级的数学家笛卡儿、帕斯卡和费马等都保持密切而良好的关系。笛卡儿花了一年的时间和他们一起研究数学，但他却越发感到不安和困惑。他认为自己已经学会了所有可以从书本上学到的知识，渴望找到更多的真理，于是他下决心投入社会这个大课堂。当时，欧洲正处于历史上第一次大规模战争时期，第一个资产阶级共和国刚成立。虽然战事已经基本平息，但军队仍未解散。笛卡儿于1617年首先去了荷兰的布雷达，投身于奥兰治亲王莫里斯的军队。在军队里，笛卡儿依然以读书和搞研究为主。笛卡儿解决了荷兰部队驻地布雷达大街招贴牌里的一个挑战性问题，由此结识了当地的哲学家、医生兼物理学家贝克曼。两人共同探讨哲学、自然科学和数学问题。贝克曼家中藏书丰富，这让笛卡儿得以系统地研究韦达的著作，从韦达的代数符号体系以及将代数方法用于几何研究的工作中，笛卡儿意识到代数可以成为一种有效的推理方法，并且可以使推理和运算具有程序性、简单化的特点。但问题是，当时代数学的逻辑基础尚未建立，而缺乏清晰的概念和严密的推理的结果是不为人承认的。对此，笛卡儿认为自由创造必须先于规范化和逻辑基础的构建。

思想观念突破了，随之而来的是不可回避的技术问题：用代数方法推证几何问题，必须用数表示几何对象。虽然阿波罗尼斯曾推导出圆锥曲线的性质，但这对几何问题并不具有一般性，且相当麻烦，因此迫切需要一种全新的工具。在布雷达期间，笛卡儿与贝克曼都没能想出解决问题的办法。1618年，欧洲爆发了大规模的地域性战争，德国和奥地利地区是战争的中心，笛卡儿前往德国参战，军队驻扎在多瑙河岸边的一个小村庄的冬营里。在那里，笛卡儿找到了他一直在寻找的东西——安宁和平静。他独处自省，他发现了真正的自我，并引发了自己一生中最大的"转变"。这一切都要归功于他在多瑙河畔的三个梦。

在1619年11月10日，笛卡儿做了三个奇怪的梦。他自己说，这些梦改变了他整个生活的方向。

在第一个梦中，笛卡儿被邪恶的风从他在教堂或学院的安全居所，吹到了风力无法摇撼的第三个场所。

在第二个梦中，他发现自己正用不带迷信的科学眼光，观察着凶猛的风暴，他注意到一旦看出风暴是怎么回事，它就不能伤害他了。

在第三个梦中，呈现在笛卡儿面前的是一幅祥和静穆的画面，当他环顾四周时，发现这个房间里有一张桌子，桌子上的书时隐时现，这些书包括一部名为《诗人集成》的诗歌选集和一部百科全书。他随手打开了那本诗集，一眼看到的正是公元 4 世纪罗马诗人奥索尼乌斯的一首诗，首句是"我将遵循什么样的生活道路？"此时，一个人神秘地从空气中闪现出来，他引用了另一句诗："是又不是。"笛卡儿想给他看看奥索尼乌斯的诗歌，但是整本书消失在了虚空中。

一般情况下，梦境总是似是而非、颠三倒四的，它的意义并不在其具体的内容，而在于做梦的人对它们的解释。笛卡儿对这三个神秘梦境的理解和解释所产生的影响令人震惊。据说第二天早晨醒来，笛卡儿脑海中还浮现出梦境中的情景。他异常兴奋，一反常态，一骨碌就起身下床。他一会儿拿起笔来进行计算，一会儿在房间里踱步沉思。对于第二个梦，后来他对别人说，像一把打开自然宝库的钥匙。这把钥匙是什么？笛卡儿没有明确向别人透露过。不过，人们普遍认为，这至少意味着把代数应用于几何，简单来说，就是坐标几何，或者按早先的称呼，是"解析几何"，或者更一般地，是用数学来探索一切自然现象，这就是后世的数学物理学。于是，1619 年 11 月 10 日被公认为解析几何的光荣诞生日，也可以说是近代数学的伟大开端。不过解析几何的思想还要经过整整 18 个寒暑，才被正式公诸于世。对于第三个梦，他认为百科全书代表了科学知识的集合，诗集则代表了哲学、发现和热情。"是又不是"，笛卡儿认为这代表了真理和虚妄。笛卡儿绝对相信，这个梦表明人类所有的知识在理性思维的帮助下可以统一为一体。

经过几年的游历，1625 年，笛卡儿回到巴黎，参加了"梅森科学院"的讨论。梅森神父博学多才，他所在的修道所是当时科学家聚会的地方，又是有关科学问题的探讨信件的中心，是法国科学院的前身。这里集聚了许多有志于数学研究的青年，比笛卡儿小 5 岁的费马也是这个团体的成员。在浓厚的学术氛围中，笛卡儿汲取着创造性的思想火花。1628 年，笛卡儿移居荷兰，获得了相对清净自由的学术环境，开始了长达 20 年的潜心研究和写作生涯。笛卡儿花费五年的时间完成了他的传世之作《方法论》。这是一本关于一般科学哲学的著作，其中包括三个应用实例，现今一般称作三个"附录"——"折光学""气象学"和"几何学"，发表于1637年。1649年秋天，笛卡儿受邀到瑞典，担任女皇的教师，每周有三天必须在清晨五点赶到皇宫为女皇讲授哲学，这打破了他多年的生活习惯。1650年2月1日，他受了风寒，很快转为肺炎，十天后就去世了。

7.1.2　方法论

笛卡儿是近代著名的方法论大师，是17世纪知名的哲学家。在他的关于科学哲学的论著《更好地指导推理和寻求科学真理的方法论》（简称《方法论》，1639年）中，他明确指出，要把逻辑、几何、代数三者的优点结合起来建立一个"真正的数学"或"普遍的数学"。他认为，欧几里得几何学虽然建立在严密的逻辑推理基础之上，但它过于抽象，过于依赖图形，束缚了人们的思想。他说："我决心放弃那个仅仅是抽象的几何。这就是说，不再去考虑那些仅仅是用来练习思维的问题。我这样做是为了研究另一种几何，即目的在于解释自然现象的几何学"。笛卡儿对当时的代数学也提出了自己的看法，认为它过于法则化和公式化，太死板。他批评代数学的目的仅仅是求出那些孤立的未知数。因此，笛卡儿在他的《方法论》三个附录之一的"几何学"中寻求可行的方法把几何和代数结合起来，凭借他对代数知识的深刻理解，他希望能用代数方法改变欧几里得几何方法，从而产生"真正的数学"。

作为这种追求的结果，笛卡儿在"几何学"中完善了数的运算与线段之间运算的对应关系，为使用代数方法研究几何问题奠定了基础。

自古希腊到笛卡儿所处的时代，人们习惯于将数学问题几何化，并借助严格的几何证明，保证数学问题解决的严谨性。但是，在笛卡儿之前，线段之间的加、减是有意义的，两个或三个线段的乘积被解释为面积或体积。而三个以上线段的乘积就没有意义了。所以，线段集合对于通常的加、减、乘、除、开方的算术运算是不封闭的。笛卡儿打破了幂是几何对象这一传统的观点，而把幂看成数。他认为，与其把x^2看作面积，不如把它看作比例式：$1:x=x:x^2$的第四项，从而，只要x是已知的，x^2就可以用适当长度的线段来表达。这样，只要给定一个单位的线段，我们就能用线段的长度表达一个变量的任何次幂或任意多个变量的乘积，而当变量的值被指定时，我们就能用尺规工具准确地作出所需长度的线段来。

为了使数之间的这些运算在线段集合中都有与之对应的方法，笛卡儿从解决作图的问题入手。笛卡儿指出，几何作图实质是对线段作加、减、乘、除或开方的运算，所以它们都可以用代数的术语表示。因此，在考虑作图问题时，用字母表示那些作图所必需的已知和未知的线段；弄清楚这些线段之间的相互关系，就得到一个方程，然后说明怎样利用代数方程求出未知线段。

例如，假定某几何问题可归结为寻求一个未知长度 x，经过代数运算知道 x 满足

$$x = \frac{a}{2} + \sqrt{\frac{a^2}{4} + b^2}$$

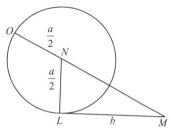

其中 a, b 是已知长度。笛卡儿不考虑负根，他画出求 x 的方法如图 7-2 所示：作直角三角形 NLM，其中 $|\overline{LM}| = b, |\overline{NL}| = \frac{a}{2}$，延长 $\overline{MN}$ 到 O，使 $|\overline{NO}| = |\overline{NL}| = \frac{a}{2}$。于是 x 就是 $\overline{OM}$ 的长度。

图 7-2　笛卡儿几何作图问题的代数解法

《方法论》开创了数学的新纪元，改变了科学的历史进程，也为笛卡儿赢得了极高的荣誉。这部著作以其秀美清逸的文笔和深邃的思想魅力吸引着读者。它不仅成为科学上的不朽名著，同时也是哲学和文学的经典著作，即便在非科学界人士中也广受欢迎。随着时间的推移，《方法论》越来越显示出它的极端重要性。人们纷纷来学习和钻研它的思想，使得这部杰作跻身于 17 世纪最著名、最有影响力的著作之列。甚至，他的哲学著作的精装本还成为当时贵妇们梳妆台上的装饰品。

7.2　曲线与方程

17 世纪早期，数学实质上还是一个几何体系，代数居于附属地位，这个体系的核心是欧氏几何，而欧氏几何本身则局限于由直线和圆所组成的图形。但是随着文艺复兴运动的推动和宗教束缚的减弱，科学技术有了很大的发展。例如，开普勒发现行星绕太阳运行的轨道呈椭圆形，伽利略认识到子弹从塔上平射出去的轨迹是抛物线，大气层中光线的弯曲路径，以及望远镜、显微镜、眼

镜的曲度等问题都亟待研究，物体本身的形态和物体运动的轨迹也大多是曲线。因此，对这些曲线进行定量研究已经成为当务之急。

这个时候，笛卡儿登场了。笛卡儿毕生致力于寻找一种"能兼具代数和几何两门学科的优势，同时避免它们各自缺点的方法"来解释自然现象，他正是在这种历史背景下创立了坐标几何。

7.2.1 曲线与方程的结合

一开始，笛卡儿效仿韦达，用代数来解决几何作图问题，就像图 7-2 那个例子一样。进一步，他又研究不确定的问题。笛卡儿采用了他处理问题的一般原则——所有问题都要由简到繁。由于几何中最简单的图形是直线，所以

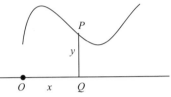

图 7-3　由可变长度形成的一条
　　　　曲线

他就设法通过直线对曲线进行研究，然后再找到研究曲线的方法。因而，笛卡儿找到了一条数形结合的重要途径。

如图 7-3 所示，$\overline{OQ}$ 是参照线，在 $\overline{OQ}$ 上方任意给出一条曲线，这条曲线可以看作由位于一条垂线 $\overline{PQ}$ 上的 P 点形成的。由于 P 点随着曲线的形状上下移动，这就产生了变数的思想，这些点就变成了具有特定性质的曲线。在代数上，由于 P 点代表了 x、y，因此相应地，我们就可以得到曲线关于 x 和 y 的方程。这样就把几何图形和代数方程联系起来了。笛卡儿最早建立的坐标系是斜坐标系，而且 x 和 y 只取正值，因此，图形局限在第一象限内。不过笛卡儿已经知道，坐标系选取得好，可以简化曲线的方程，而图形的几何性质和坐标系的选取无关。后来他研究了一些具体的曲线类型，也相应地研究了代数方程理论，得到不少有意义的结果。

笛卡儿在解决几何轨迹问题的过程中，通过引入变量，建立了曲线与方程的联系。在"几何学"中，笛卡儿给出了今天解析几何学中常见的方法。

7.2.2 曲线与方程的分类

有了曲线与方程的思想，笛卡儿就进一步发展这个思想。他批判古希腊人关于平面曲线、立体曲线和机械曲线的分法。古希腊人认为，平面曲线是能够用尺规画出的曲线，立体曲线是圆锥曲线，其余的都是机械曲线，如蚌线、螺

线和割圆曲线等，因为它们需要借助某些特殊机械工具才能画出来。但是笛卡儿认为，这种说法是不准确的，因为直线和圆也需要工具，而机械工具的准确性是无关紧要的，数学是靠推理说话的。于是笛卡儿提出："几何曲线"是那些可用一个唯一含有 x 和 y 的有限次代数方程来表达的曲线。因此，像蚌线是几何曲线，螺线、割圆曲线等其他曲线是"机械曲线"。

笛卡儿坚持认为曲线是可以用代数方程来表示的那一类，于是，他就摒弃了古希腊人"只有用直尺和圆规画出的曲线才是合法的"这个判断标准。因此，曲线的概念在笛卡儿面前变得宽广起来，他不仅接纳了以前被排斥的曲线，而且开辟了全新的曲线领域。这是因为只要任意给定一个 x 和 y 的代数方程，人们就可以求出它的曲线，从而得到一些全新的曲线。

笛卡儿接下来的工作是对曲线进行分类，他把含有 x 和 y 的一次与二次曲线归为第一类，即最简单的类；把三次和四次曲线归为第二类；把五次和六次曲线归为第三类，以此类推。当然这种方法是有问题的，后来费马就针对这个问题批评了他。

把"数"和"形"紧密联系在一起的坐标几何，成为一把锋利无比的双刃刀。几何概念可以用代数表示，几何的目标可以通过代数达到；反过来，代数语言经由几何的解释，可以让我们更直观地掌握其含义，并从中得到启发，进而提出新的结论。从此以后，数学便以前所未有的速度趋向完善。可以说，自 17 世纪以来数学所取得的巨大进展，在很大程度上要归功于坐标几何的创立。

7.2.3　费马的斜坐标系

与笛卡儿共同创造坐标几何的是同时代的另一位法国数学家费马（1601—1665），他出生于一个皮革商家庭，儿时受到过良好的家庭教育，进入大学后学习法律，毕业后成为一名律师。30 岁之后，他利用业余时间钻研数学，在微积分、解析几何、概率论和数论等方面均有开创性的贡献，因而被称为"业余数学家之王"。他生前未公开发表过任何论文和成果，但他与同时代的许多数学家保持着通信联系，并且以这种方式给他的同行相当大的影响。比如，他在与数学家帕斯卡的通信中，正确地解决了"点的问题"，为概率论奠定了基础。在费马去世后，他的儿子整理出版了他的研究成果，特别是他提出的"费马猜想"以及注解"我确信我已经发现了一种美妙的证法，可惜这里的页边空白太小，写不下"，引发了后来数学家长达 350 年的持续研究，直到 1995 年才被英国数学家怀尔斯成功证明。

与笛卡儿凭借批判性思考创造坐标几何不同，费马则是通过对阿波罗尼奥斯圆锥曲线的研究，建立了圆锥曲线的代数表述式。

费马对于任意曲线及其上的一般点 J 的位置（见图 7-4），用字母 A、E 表示：A 是从点 O 沿底线到点 Z 的距离，E 是从 Z 到 J 的距离。他所用的坐标就是我们所说的倾斜坐标，但是 y 轴并未明确体现，而且不用负数。他的 A、E 就是我们的 x、y。费马还指出："只要在最后的方程里出现了两个未知量，我们就得到了一个轨迹，两个未知量决定的一个方程式，对应着一条轨迹，可以描绘出平面

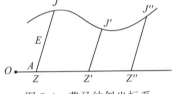

图 7-4　费马的斜坐标系

上的一条直线或曲线。"根据这个原理，费马指出了如下方程对应的图形，我们用今天的符号表示：

$d(a-x)=by$，代表一条直线

$b^2-x^2=y^2$，代表一个圆

$a^2-x^2=ky^2$，代表一个椭圆

$a^2+x^2=ky^2$ 和 $xy=a$，代表一条双曲线

$x^2=ay$，代表一条抛物线

因费马不用负坐标，他的方程不能像他所说的那样代表所有曲线，但他明确指出：一个联系着 A 和 E 的方程，如果是一次的，就代表直线轨迹，如果是二次的，就代表圆锥曲线。

7.2.4　两者工作的比较

费马和笛卡儿各自独立地发明了坐标几何。他们对在数学历史上占统治地位的欧氏几何方法都提出了挑战，奠定了解析几何学的基础。应该指出的是，笛卡儿与费马研究坐标几何的目的和方法是完全不同的。

费马着眼于继承古希腊人的思想方法，重新表述阿波罗尼奥斯的工作。尽管他的工作比笛卡儿更全面地叙述了解析几何的基本原理，但费马的工作主要

是技术性成就：借助韦达运用字母代表数类的思想方法，费马完成了阿波罗尼奥斯的工作。笛卡儿则摒弃了古希腊人的思想方法，使代数方法成为数学中的一种普遍方法。笛卡儿的代数方法，不仅能够迅速证明曲线的各种性质，而且当后人使用字母代表数时，就有可能把综合几何中原本必须利用特殊技巧分别处理的情形，用代数方法进行统一处理。从历史发展的角度来看，可以认为笛卡儿的方法更具有突破性。

笛卡儿和费马在学术上的分歧导致双方展开了长期激烈的争论。在对曲线进行分类的时候，费马纠正了笛卡儿的一个错误。他指出，对曲线进行分类应该根据方程的次数而不是其他标准，例如，一次方程表示直线，二次方程代表圆锥曲线。在双方的论争中，笛卡儿常常意气用事，语言尖刻，可是我们这位大律师始终心平气和，保持着应有的礼貌。后来他俩的关系有所缓和。费马在 1660 年写了一篇文章，他在文中指出笛卡儿的"几何学"中的一处错误，同时，诚恳地表示，自己十分佩服笛卡儿的天才，即使他有错误，他的工作也比别人没有错误的工作更有价值。

7.3　解析几何的意义

笛卡儿的解析几何，将以前彼此分离的代数与几何统一起来。从此之后，几何问题可以转换成代数方程，而代数方程的解在很多情形下也可以从几何图形的角度进行解读。数学领域常常发生这样的现象，一个领域无法解决的问题往往可以在另外一个领域获得解决。比如，前面提到的"化圆为方"问题，在欧氏几何领域无法破解，但转化为代数学的问题后，问题就变成圆周率 π 的方程可解性问题。由于 π 被证明是超越数，不是一般代数方程的解，因此用尺规作图来作出与给定圆面积相等的正方形是不可能完成的任务。因此，如果没有笛卡儿的解析几何，17 世纪的自然科学发展将是无法想象的。

7.3.1　对于科学的发展

解析几何的显著优点在于，它恰好提供了科学久已迫切需要的且在 17 世纪一直公开要求的数学工具。这个工具就是数量分析的工具。在研究物理世界时，似乎首先需要几何。物体基本上是几何形态的，运动物体的轨迹是曲线。笛卡儿明确表示他相信数学是科学的精髓，他认为："除了几何学或抽象数学中的原理外，他不承认也不希望有任何物理学原理，因为用这些原理就可以解释自然界的所有现象，有些现象甚至可以得到证明。"对他来说，客观世界是几何学的具体化，因而其性质可以从几何学的第一原理推导出来。并且笛卡儿宣称："给我广延和运动，我将造出整个宇宙。"但是，历法计算、天体运行轨迹、抛体运动等也需要数量方面的知识。在此情形下，坐标几何使人能够把形象与路线表示为代数的形式，从而导出数量知识。

比如，在几何上，椭圆、抛物线和双曲线是外形极不相似的三种曲线，很难看出它们之间有什么内在的联系。可是从代数的角度来看，它们的方程却有二元二次方程这种统一的形式：

$$Ax^2+2Bxy+Cy^2+Dx+Ey+F=0$$

当方程的系数满足 $B^2-AC<0$ 时，它表示椭圆；当 $B^2-AC=0$ 时，它表示抛物线；当 $B^2-AC>0$ 时，它表示双曲线。代数式 B^2-AC 值的变化超过某一界限会引起曲线类型的改变，而这些曲线在代数上的区别只在于 B^2-AC 的正负号。

根据这个分析，我们就不难理解，为什么当人造卫星的初速度等于第二宇宙速度的时候，卫星的轨道是抛物线；小于第二宇宙速度的时候，轨道变成椭圆；而大于第二宇宙速度的时候，卫星轨道就成了双曲线的一支。

笛卡儿的解析几何为科学上几乎所有事物的系统化数学处理推开了一扇门。有了解析几何的帮助，犹如给科学增添了翅膀，从此科学开始在大自然中向更高、更广的天空翱翔。随后的一个重大成果就是牛顿万有引力定律，它以代数形式对所有自然现象所遵循的行为方式给出了数量关系描述。这样，不仅各种各样的自然现象都可以用数学来描述，甚至数学本身也变得更为广阔、更为丰富，也更为统一了。

7.3.2　对于代数学的发展

从古希腊到 1600 年，几何学统治了数学，代数学居于附属地位。1600 年以后，代数学成为基本的数学学科，甚至代数变得比几何更为重要。虽然笛卡儿认为它只是一种工具，但随后代数的飞速发展可能是他没有想到的。解析几何为代数与几何的作用的更替铺平了道路，在这个过程中，其中决定性的因素是微积分。恩格斯说："数学中的转折点是笛卡儿的变数，有了变数，运动进入了数学；有了变数，辩证法进入了数学；有了变数，微分和积分也就立刻成为必要的了……"

牛顿和莱布尼茨都认为微积分是代数的扩展，它是关于"无穷"的代数。但是到了 18 世纪，由于高超的代数技巧的介入，微积分的作用和威力被越放越大，产生了无穷级数、微分方程、微分几何、变分法、复变函数等一系列称为"分析"的分支学科。大数学家欧拉和拉格朗日都认识到分析方法具有更大的有效性。拉格朗日在他的《解析函数论》中说，微积分及其以后的发展只是初等代数的一个推广，并且在他的《分析力学》这本书的序言中写道："……在这项工作中找不到图形。我在其中阐述的方法，既不要求作图，也不要求几何的或力学的推理，而只是一些遵照一致而正规的程序的代数运算。喜欢分析的人将高兴地看到力学变为它的一个新的分支，并将感激我扩大了它的领域。"

大数学家欧拉非常崇尚代数，被同时代的人称为"分析的化身"，在他的《无穷小分析引论》中，赞扬代数大大优于古希腊人的综合法。欧拉作为数学史上最高产的算法构建者，其著作中 3000 多页的原创公式与定理至今仍是现代数学的基石。这种创造能力被数学史家评价为"如同呼吸般自然的思维过程"，据说欧拉在家人两次叫他吃饭的半小时左右的间隔中，就能草就一篇数学文章。

解析几何使代数得到了比以往任何时代都高的关注。虽然代数的逻辑基础还不严密，但是后续的发展促使数从几何中分离出来，同时强调了数系、代数以及分析本身真正的理论基础。这个问题到了 19 世纪开始变得更为突出，并最终解决了代数基础的逻辑问题。

7.3.3　对于几何学的发展

对费马来说，解析几何的创立是阿波罗尼奥斯工作的翻版。对笛卡儿来说，这几乎是一个偶然的发现，这一发现是他在延续韦达等人的工作，利用代数来解决确定的几何作图问题时得到的。解析几何没有能够像笛卡儿希望的那样——解决全部的几何问题，但其解决的问题比笛卡儿预想的多得多。

方程与曲线的联系，的确不仅仅是打开了一个新的曲线世界，它还带来了认识新空间的需求，帮助人们从现实空间进入虚拟空间。拓展至三维空间的想法，瞬间就显现了出来。此后，数学家们就不断地向更高维空间发起挑战。

笛卡儿坐标系研究的是二维空间的平面几何，推广到立体，就得到了关于三维空间的空间解析几何。空间解析几何在方法上与平面解析几何一样，通过引入空间直角坐标系，建立空间曲面与三个未知数的代数方程之间的联系，并由此利用代数方法研究空间曲面的性质。像一些常见的二次曲面，如球、柱面、锥面、抛物面、双曲面等曲面方程和性质，都可以通过具有相似性质的曲线方程自然推广而得到。再进一步的推广，就是四维几何。通过类似的处理，我们可以用四个点的坐标、四条相互垂直的直线建立一个四维空间的坐标系。例如，我们可以将 $x+y+z-w=8$ 称为超平面方程，将 $x^2+y^2+z^2+w^2=25$ 称为超球面方程。但是四维几何在现实中并没有真实的存在，我们只能用思维来代替"眼睛"去观察它。爱因斯坦的相对论给出了四维几何的一个物理解释：任何事件都是在一定的地点和一定的时间发生。因此，空间中的位置由三个数表示，再加上第四个数——时间，就能准确无误地表示事件。这四个数就是四维时空世界中一个点的坐标。这样，人们就把关于事件的世界想象为一个四维世界，而且按照这种方式研究物理事件。

关于四维空间的话题，有许多奇谈怪论。比如，有人宣称，在一个四维空间中，不打破蛋壳就能吃到鸡蛋；不用穿过墙、楼顶或地板，人们就能不经门窗而进入或离开房间。这些都是基于低维空间所进行的类比推理，读者可以想想其中的道理。看到图 7-5 所示的这两个图形，大家也许就明白了。就像艾勃特在《平面国》中所讲述的：

确实，在我们平面国中存在一个不为人知的第三维度，也就是"高度"，就像在你们空间国中存在一个不为人知的第四维度一样。你们的这个第四维度目前还没有名字，但我将它称为"超高"。

现在你还觉得我们看不见高度是一件奇怪的事情吗？那你可以设身处地地想一想。假设有位四维空间的居民屈尊来拜访你，假设他这么对你说："只要睁开眼睛，就能看到平面（平面是二维的），你可以通过二维的平面推测出三维的立方体；然而，事实上你也可以看到一个（你从未意识到的）第四维度，这个维度既不是颜色也不是亮度，完全不是那类东西。这个第四维度是一个真实的维度，可我既不能向你指出这个维度的方向，也不能让你测量这个维度。"假设这位访客这么说，你会怎么回答呢？你会把他关起来吗？你瞧，这就是我们的命运。当一个正方形试图传播三维空间的真理时，平面国的居民自然会把他投进监狱吧；要是一个立方体在空间国中试图传播四维空间的奥秘，你们也会把他投进监狱吧。哎，不管是在几维的空间里，人类的愚昧真是一成不变，这愚昧迫害了多少人啊！不管是点、线段、正方形、立方体，还是超立方体，我们都犯着同样的错误，我们都被所处的维度束缚，成了偏见的奴隶。就像一位空间国的诗人曾说："人类的天性有一个共同的倾向。"

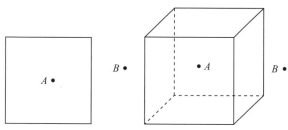

图 7-5　二维和三维空间内部和外部的点

至于其他的高维空间，科学家目前仍在积极进行探索，比如六维空间，有人提出可以有两个时间维度。由于数学上已经知道八元数的存在，八维空间被认为是八元数能够自然存在的空间。而且，由八元数组成的矩阵可以构成一种叫作李群 E8 的数学结构，这种数学结构是某种弦理论的核心内容。在 2007年，李群 E8 成为热门话题，物理学家加瑞特·里斯（Garrett Lisi）构造出了统一引力和其他三种相互作用力的统一理论，他的理论正是基于李群 E8 结构。十维空间被称为弦理论的世界。弦理论是目前尝试统一量子力学和广义相对论的最热门"大一统"理论。该理论认为构成物质的粒子和传递相互作用力的粒子都是由弦构成的，弦的不同振动模式对应于不同的粒子。弦是一维的，它却在由一维时间和九维空间构成的十维时空中振动。而目前流行的十一维 M 理论，则是把十维空间中的 5 种不同弦理论进行了统一大综合。这五种完备自洽的且都能解释宇宙存在的弦理论，只是 M 理论在某些情况下的特例。

对于 n 维空间，可以考虑形如 $x_1^2+x_2^2+x_3^2+\cdots+x_n^2=25$ 的方程，它的一些性质可以由空间解析几何的内容推广得到。由于 n 维空间的内容已远远超出了笛卡儿和费马的研究范畴，超出了人们基于三维空间所形成的几何直观。笛卡儿的工作不是改造几何，而是创立了一种新的几何。这种几何带给我们的不仅仅是更为优越的方法以及科学的进步，更是人类理性思维的结果。这也许是笛卡儿的理性哲学给予我们的最大馈赠！

第 8 章

微积分的力量

> 微积分是近代数学中最伟大的成就，对于它的重要性，无论怎样去估量都不过分。
>
> ——冯·诺伊曼

微积分的力量——公主嫁出去了！

很久以前有位国王，住在一座通风良好的城堡里，他有三个既漂亮又聪明的公主。三位公主渐渐长大，到了该结婚的年龄，但是追求她们的年轻人，没有一个是有出息的，不是飙车族，就是身无一技之长的流浪汉。于是国王设计了一个题目，来考察她们的追求者，主要目的就是要难倒那些飙车族。他向所有臣民宣布：任何人只要能够告诉他全国农民的正确人数，就可以得到 1000 块金币的奖赏，并得以任娶一位公主为妻；若是答错了，就得砍掉脑袋。（注：按照该国的法律规定，农民的人口密度必须刚好等于每平方英里 15/8 人，1 平方英里 =2.589 99×10⁶ 平方米。）

国王知道他这个问题不简单，因为该国的领土面积很不好计算。怎么说呢？该国的疆域是一个不规则四边形，其中三边是直线，长度分别是 100 英里、110 英里和 10 英里（1 英里 =1609.344 米），但是第四条边界是一条弯曲的河流，这使得面积计算看起来几乎不可能。

由于受到高额奖金与公主美貌的诱惑，国内许多年轻人都舍命前来一试，不过不幸全都猜错了，当然也都丢掉了脑袋。悬赏不到一年，全国飙车族已经绝迹，国王非常满意，可公主们却非常失望，她们埋怨道："父王！拜托你别再搞这种荒唐事了。这么做实在是太无聊了！我们的人民微分都不会，何况积分呢？看样子我们这辈子是永远嫁不出去了！"

终于有一天，来了一个其貌不扬的外国年轻人，他向国王说："我特地前来领取奖金，顺便娶走你的一位女儿。"国王听他说得这么有把握，哑然失笑道："你确定你办得到吗？且先告诉我，在我的王国里一共有多少个农民？""8125。"年轻人毫不迟疑地答道。顿时国王张口结舌，下巴仿佛往下掉了 1 英尺（1 英尺 =0.3048 米）长。这是用的什么魔术呀！居然被他猜个正着。国王所不知道的是，这位看似腼腆的青年是周游各地的微积分教授，他骑着自行车来到此王国，路上听说了国王的这些奖赏，即刻意识到这是他有生以来能找到结婚对象的最佳机会。

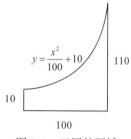

图 8-1　王国的疆域

他骑着自行车绕了国境一周，在沿着界河前进时，他发现河道正好是 $y = \dfrac{x^2}{100} + 10$ 这条曲线，而其他边界线皆为直线并且相互垂直，这个王国的疆域如图 8-1 所示。

经过这般细致分析后，他知道了王国的领土面积可由下面这个定积分计算出来：$\displaystyle\int_0^{100}\left(\dfrac{x^2}{100} + 10\right)\mathrm{d}x = 4333.333$。由于问题涉及的是农民数量，所以还需要把领土面积乘以农民人口密度（15/8），于是他就求出了农民的人数：$4333.333 \times \dfrac{15}{8} = 8125$。这回国王倒是言而有信，即刻张罗婚礼，同时吩咐面前的年轻人："你到皇宫后院去，自己选出你的新娘吧！"这位看似胆小的年轻人很快去而复返，牵着新娘，脸上洋溢着胜利者的骄傲笑容。婚礼很快就结束了，年轻人扛起金币，挽着漂亮的新娘，高高兴兴地踏上了蜜月环球之旅。

8.1　早期积分方法的发展

古代希腊、中国和印度的数学家们，在求面积、体积和曲线长的过程中，创造了最早的积分方法。如果说 17 世纪的解析几何是古典数学研究的结果，是数学内部矛盾运动的产物，那么，几乎与近代力学同时产生和发展起来的微积分的思想和方法，则为解决天文、力学研究的问题以及自然科学研究提供了必要的数学工具。如果说变数同代数方法的结合产生了解析几何学，那么变数与无穷小算法的结合，就产生了 17 世纪的微积分方法。

8.1.1 刘徽的积分方法——"割圆术"

微积分理论形成于 19 世纪下半叶，但朴素的积分观念在古代最早的数学文化中便已出现。古代中国、希腊的哲学思想中就蕴含了积分观念，虽然那时不可能有清晰的数学积分概念，但凭借这种朴素的思想方法，人们已经论证了许多数学事实。刘徽用割圆术建立了圆的面积公式，并求得了较好的 π 的近似值。

刘徽在利用割圆术建立弓形面积公式的过程中，就隐含着积分的思想观念。如图 8-2 所示，刘徽以弓形的弦 $|\overline{AB}| = a_1$ 为底、高 $|\overline{CG}| = h_1$ 的端点 C 为顶点在弓形内作内接等腰三角形，求出其面积 $\Delta_1 = \frac{1}{2} a_1 h_1$。再以此三角形的两腰 $\overline{AC}$ 与 $\overline{BC}$ 为底作小弓形的内接等腰三角形，以 $\overline{BC}$ 为底的等腰三角形 BCD 的底边长 $|\overline{BC}| = a_2$，高 $|\overline{DE}| = h_2$，其面积为 $\Delta_2 = \frac{1}{2} a_2 h_2$。因两小弓形的面积相等，故有 $2\Delta_2 = a_2 h_2$，以此类推，到第 n 次就有 $2^{n-1} \Delta_n = 2^{n-2} a_n h_n$。把这些三角形的面积加起来，设 S_n 为其和，则

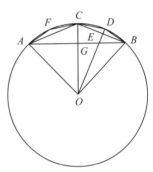

图 8-2 刘徽的"割圆术"

$$S_n = \sum_{i=1}^{n} 2^{i-1} \Delta_i = \sum_{i=1}^{n} 2^{i-2} a_i h_i$$

刘徽对这个过程指出："割之又割，使至极细，但举弦矢相乘之数，则必近密率矣"。这可以用极限的方法表示为：设 S 为弓形面积，就有

$$S = \lim_{n \to \infty} S_n = \lim_{n \to \infty} \sum_{i=1}^{n} 2^{i-1} \Delta_i$$

刘徽在体积研究和开方中也都用到了积分思想。例如，在棱锥的研究中，就是逐次分割棱锥体，使每个小分割体的体积都可以计算出来，这样的分割进行到无穷次，问题就解决了。刘徽多次用积分方法处理问题，而且运用得比较熟练，这说明他已经对积分有了相当的认识。

8.1.2 阿基米德的积分方法——"平衡法"

早在古希腊原子论学派德谟克利特时代，人们就有分割求和的方法。它将

待求的面积或体积先分割为同维的小元素，然后求和。到了公元前 3 世纪，阿基米德在给朋友厄拉托塞的一封信中，阐述自己使用了一种所谓的"平衡法"，进而推导出了球体积公式。"平衡法"包含着积分方法的雏形，这使阿基米德成为数学史上创立"积分求和"思想的第一人。

利用平衡法计算物体的面积或体积，是依据原子论思想先把面积或体积分成很多窄的平行条或薄的平行层。进而阿基米德假设把这些薄片挂在杠杆的一端，使它们平衡于体积和重心都已知的一个图形，而且已知图形的面（体）积一般都是容易求得的。阿基米德用这种方法建立球体积公式的过程如下：令 r 为该球体的半径。把这个球的两极直径放在水平 x 轴上，如图 8-3 所示，使北极点 N 与坐标轴原点重合。作 $2r \times r$ 的矩形 $NABS$ 和 $\triangle NCS$（等腰直角三角形），其中 $\overline{CS} \perp \overline{NS}$。让它们围绕 x 轴旋转，得到圆柱和圆锥。然

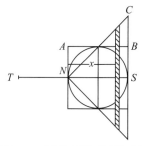

图 8-3　阿基米德"平衡法"
求球体积

后，从这三个立体上切下与 N 的距离为 x、厚度为 Δx 的竖薄片，并假设它们是扁平的圆柱体。假设球片底面半径为 R，则 $R^2=r^2-(r-x)^2=x(2r-x)$，这些薄片的体积分别近似地为

球体：$\pi x(2r-x)\Delta x$

圆柱体：$\pi r^2 \Delta x$

圆锥体：$\pi x^2 \Delta x$

让我们把球体和圆锥体的薄片挂在 T 点（在这里 $|\overline{TN}|=2r$）上。阿基米德巧妙地将线段 $\overline{TNS}$ 看成一根支点在 N 的杠杆，它们关于 N 的组合力矩（一个体积关于一个点的矩，是该体积与此点至此体积重心的距离的乘积）为

$$[\pi x(2r-x)\Delta x+\pi x^2\Delta x]2r-4\pi r^2 x\Delta x$$

我们注意到，这是把从圆柱体上切下来的薄片放在右边与 N 的距离为 x 处的力矩的四倍。把所有的这些薄片加到一起，得：

$$2r（球体积 + 圆锥体积）=4r（圆柱体积）$$

即 $2r$（球体积 $+ \dfrac{8\pi r^3}{3}$）$=8\pi r^4$，所以，球体积 $= \dfrac{4\pi r^3}{3}$。

我们看到，把一个量视为由大量极微小部分组成的原子论思想在平衡法中

获得了精确的结果。这是由于平衡法体现了近代积分法的基本思想，极限理论可以保证其方法的有效性和结果的精确性。在没有建立极限理论的时代，阿基米德意识到这种方法不够严密，所以当他用平衡法求出一个面积或体积之后，总要用穷竭法加以证明。这种"发现"与"求证"的双重方法，是阿基米德独特的思维模式。

8.1.3 开普勒的积分方法——"量分割法"

开普勒是德国著名的天文学家和数学家，他不仅提出了著名的行星运行三定律，而且也是现代积分学研究的先驱之一。为了计算行星运动在他的第二条定律中涉及的面积，他提出了形式粗糙的积分。他还在其《测量酒桶的新立体几何》（1615）中，应用比较粗糙的积分方法求出了93种立体的体积。这些立体是由圆锥曲线的某段围绕它们所在平面上的轴旋转而成的。开普勒在继承阿基米德求积思想的基础上，发展了用无数个"同维数"的无穷小元素之和来求面积和体积的方法。他把待求的体积分割为无数小的同维数元素，例如，球体积是无数个小圆锥体积之和，而圆锥又可看成极薄的圆盘之和。在这种分割方法下，开普勒得到了一些旋转体的体积公式。下面是开普勒对圆环体积公式的推导过程。

如图 8-4 所示，设半径为 R 的圆围绕其所在平面上且与圆心距为 d 的垂直轴旋转而形成圆环。开普勒证明，通过旋转轴的平面，可以把圆环分成无穷多个内侧较薄、外侧较厚的垂直薄圆片，而把每一个薄圆片又分成无穷多个横截面为梯形的水平薄片，进而推导出每个薄圆片的体积是 $\pi R^2 l$，其中 $l = \dfrac{l_1 + l_2}{2}$ 是圆片最小厚度 l_1 与最大

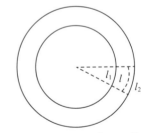

图 8-4 开普勒计算圆环体积

厚度 l_2 的平均值，即薄圆片在其中心处的厚度。然后他进一步推算圆环的体积 $V = \pi R^2 \sum l = (\pi R^2)(2\pi d) = 2\pi^2 R^2 d$。

8.1.4 卡瓦列利的不可分量原理

意大利数学家卡瓦列利于 1635 年提出了"不可分量原理"，第一次给出了

积分的一般方法。卡瓦列利针对线、面、体这三种几何图形，提出了"不可分量"的概念：线上的点是线上的不可分量，就像由珠子串成的链；平面上的弦是平面的不可分量，就像布是由线织成的；立体的一个平面截面是立体的不可分量，就像书是由书页组成的。这样几何图形都是由比它低一维的、无穷多的几何元素构成的。卡瓦列利进而得到了以其名字命名的不可分量原理。

第一原理：有两个平面片处于两条平行线之间，在这两个平面片内作任意平行于这两条平行线的直线，如果它们被平面片所截得的线段长度相等，则这两个平面片的面积相等。

第二原理：有两个立体处于两个平行平面之间，在这两个平行平面之间作任意平行于这两个平行平面的平面，如果它们被立体所截得的面积相等，则这两个立体的体积相等。

卡瓦列利原理在计算面积、体积中有很大的实用价值。譬如，对于被置于同一个直角坐标系的椭圆 $\dfrac{x^2}{a^2}+\dfrac{y^2}{b^2}=1(a>b)$ 和圆 $x^2+y^2=a^2$，从上述每一个方程中解出 y，得到 $y=\dfrac{b}{a}(a^2-x^2)^{\frac{1}{2}}, y=(a^2-x^2)^{\frac{1}{2}}$。

由此看出，椭圆和圆的对应纵坐标之比为 $\dfrac{b}{a}$。这就意味着，椭圆和圆的对应垂直弦之比是 $\dfrac{b}{a}$，根据卡瓦列利不可分量的第一原理，有椭圆和圆的面积之比是 $\dfrac{b}{a}$。也就是说，

$$椭圆的面积 = \dfrac{b}{a} \times 圆的面积 = \dfrac{b}{a}(\pi a^2) = \pi ab$$

又如，在图 8-5 中，左图是一个半径为 r 的半球，右图是半径和高均为 r 的一个圆柱和以圆柱的上底为底、以圆柱下底的中心为顶点的圆锥。把半球和挖出圆锥的圆柱放在同一个平面上，用平行于底面、与底面距离为 h 的平面截这两个立体。截面分别呈圆形和环形。用初等几何知识不难证明，这两个截面的面积

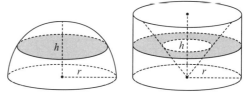

图 8-5　用不可分量原理计算球体积

都等于 $\pi(r^2-h^2)$。根据卡瓦列利不可分量的第二原理可知，两个立体有相等的

体积。所以，球体积为

$$V=2\times（圆柱体积-圆锥体积）=2\left(\pi r^3-\frac{\pi r^3}{3}\right)=\frac{4\pi r^3}{3}$$

卡瓦列利不可分量方法被数学家广泛用于积分公式的推导，而卡瓦列利的第二原理，就是中国古代数学中的祖暅原理。在现今学校几何课程中，它是推导各种立体体积公式的基本依据。

8.2 近代微分方法的发展

在古希腊阿波罗尼奥斯的圆锥曲线的研究中，就讨论过曲线切线的定义以及它的作法。那时（圆锥）曲线的切线是被定义为只与曲线交于一点且位于曲线一侧的直线。然而到了 17 世纪，随着大量复杂曲线的出现，原有的切线定义已不能适应数学发展的需要，于是产生了近代的微分方法。

8.2.1 费马的切线法

与现代微分学中求切线方程基本一致的方法是费马创立的。1637 年，在《求最大值和最小值的方法》的手稿中，他给出了切线的具体求法。如图 8-6 所示，设 $\overline{PT}$ 是曲线上一点 P 的切线，$\overline{QQ_1}$ 是 $\overline{TQ}$ 的增量且长度为 E，因为 $\triangle TQP$ 与 $\triangle PRT_1$ 相似，就有 $|\overline{TQ}|:|\overline{PQ}|=E:|\overline{T_1R}|$。但是费马认为，$\overline{T_1R}$ 与 $\overline{P_1R}$ 长度差不多，因此有 $\dfrac{|\overline{TQ}|}{|\overline{PQ}|}=\dfrac{E}{|\overline{P_1Q_1}|-|\overline{QP}|}$。

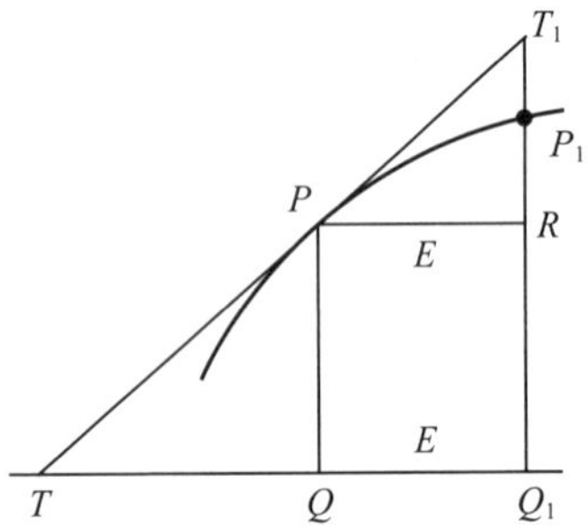

图 8-6　费马求切线法

使用现代的符号，令 $|\overline{PQ}|=f(x)$，于是就有 $\dfrac{|\overline{TQ}|}{f(x)}=\dfrac{E}{f(x+E)-f(x)}$，因此 $|\overline{TQ}|=\dfrac{E\cdot f(x)}{f(x+E)-f(x)}$，所以 $\tan\angle PTQ=\dfrac{|\overline{PQ}|}{|\overline{TQ}|}=\dfrac{f(x)}{|\overline{TQ}|}=\dfrac{f(x+E)-f(x)}{E}$。如果令 E 趋于 0，那么这个比值的极限值就是曲线切线的斜率。

费马应用他的切线方法解决了很多难题，尽管这个方法完全依赖于极限理论。无论从形式上还是从思想上，它都与现代微分学教科书所定义的标准方法是一致的。可以说，费马走在了发现微积分的边缘。

8.2.2　笛卡儿的圆法

　　与费马同时代的笛卡儿，则采用代数形式给出了求切线的方法，它不涉及极限的概念，此法被称为圆法或重根法。具体方法如下：为求出曲线 $y=f(x)$ 过点 $P(x, f(x))$ 的切线，先确定曲线在点 P 处的法线与 x 轴的交点 C 的位置，然后作该法线过点 P 的垂线，便可得到所求的切线。

　　如图 8-7 所示，以 C 点为圆心作半径为 $r=|CP|$ 的圆，因为 $\overline{CP}$ 是曲线 $y=f(x)$ 在 P 点处的法线，所以点 P 应是该曲线与圆 $y^2+(v-x)^2=r^2$ 的"重交点"（在一般情况下，所作的圆与曲线还会相交于 P 点附近的另一点）。如果 $[f(x)]^2$ 是多项式，且有重交点，则 P 点的横坐标 x 是方程 $f^2(x)+(v-x)^2=r^2$ 的重根，而具有重根 $x=e$ 的多项式的形式必须是 $(x-e)^2 \sum c_i x^i$，其中，c_i 表示多项式的系数。笛卡儿把上述方程有重根的条件写成 $f^2(x)+(v-x)^2-r^2=(x-e)^2 \sum c_i x^i$，然后用比较系数法求得 v 与 e 的关系，代入 $x=e$，

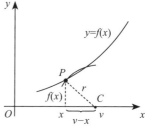

图 8-7　笛卡儿求切线的圆法

就得到用 x 表示的 v，这样过点 P 的切线的斜率就是 $\dfrac{v-x}{f(x)}$。

　　例如，对于抛物线 $y^2=kx$，有 $y=f(x)=\sqrt{kx}$，则方程 $kx+(v-x)^2=r^2$，有重根的条件为 $kx+(v-x)^2-r^2=(x-e)^2$。

　　令等式两边 x 的系数相等，得 $k-2v=-2e$，即 $v=e+\dfrac{1}{2}k$。代入 $e=x$，于是 $v-x=\dfrac{1}{2}k$，因此求得抛物线在点 $(x, \sqrt{kx})$ 处的切线斜率是 $\dfrac{v-x}{f(x)}=\dfrac{k/2}{\sqrt{kx}}=\dfrac{1}{2}\sqrt{\dfrac{k}{x}}$。

　　圆法在本质上将切线视为割线的极限位置，这与现代的切线概念相符。但重根的计算过程十分复杂。1658 年，荷兰数学家为圆法提供了一套程序化的算法，使得圆法成为最早利用纯代数方法研究微分的成功范例。

8.2.3　巴罗的特征三角形

　　人们在早期对微分、积分的研究过程中逐渐发现，就像加法和减运算一样，

通过（作为时间函数的）距离求瞬时速度的微分方法，与它的逆问题求解的积分方法，可以看成一对互逆的运算。这些研究为此后牛顿、莱布尼茨进行系统的微积分理论研究打下了坚实的基础。微分与积分的互逆性正是通过特征三角形发现的。

17 世纪中叶，帕斯卡已经利用特征三角形求得一些曲线下的面积，而同时代的费马不仅能够用自己创造的切线法求斜率，还能够求出一些特殊幂函数曲线下的面积。后来，牛顿的老师伊萨克·巴罗（Isaac Barrow）提出了著名的"特征三角形"，在现代的教材中又将其称为"微分三角形"，如图 8-8 中的直角 △ *PRQ*。他从 △ *PRQ* 出发，利用 △ *PRQ* 相似于 △ *NMP* 的事实，断定

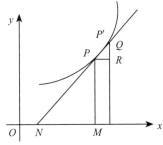

图 8-8　用特征 △ *PRQ* 求切线

切线的斜率 =|*QR*|/|*PR*|=|*PM*|/|*MN*|。巴罗认为，当弧 *PP'* 足够小时，就可以把它和 *P* 点切线上的一段 $\overline{PQ}$ 等同起来，从而用特征 △ *PRP'* 代替 △ *PRQ*。再利用曲线的方程，舍弃掉小量的高次幂，便求得曲线在 *P* 处的切线的斜率。

从现代微积分的观点来看，特征三角形就是由以自变量增量 Δx 与函数增量 Δy 为直角边的直角三角形。利用这个三角形的两直角边的商 $\dfrac{\Delta y}{\Delta x}$，可以确定变化率，即导数。

此外，巴罗还得到了一些相当于定积分的等式关系。他是第一个发现积分与微分的互逆关系的人，正是在 1670 年出版的《几何学讲义》中，巴罗以几何形式给出了求曲线切线的方法，引入"微分三角形"的概念，以明确形式给出了求切线和求面积之间的互逆关系，这一结果也被认为是微积分基本定理的最早形式。但由于这一结果是用几何语言叙述的，较难理解，应用也较为困难，再加上巴罗本人对于接近微积分基本定理的重大发现认识不足，因此这一发现在当时影响不大。但它启发了后来的牛顿和莱布尼茨，使他们最终完成了这一伟大的理论。

8.3　微积分理论的创立

17 世纪上半叶，许多科学家开展了一系列具有前驱性的研究探索工作，沿

着不同的方向朝着微积分的大门迈进。但所有这些努力还不足以让微积分成为一门独立学科。他们的方法仍然缺乏足够的一般性，因此，17 世纪中叶数学家们面临的任务是，站在更高的层面将以往零散的学术成果概括为统一的理论。一般而言，伟大的发明可以分为两类：一类来自某个人的奇思妙想，如同黑夜里的一道闪电；另一类则是几十年甚至上百年来许多智者逐步认知感悟，最终结出硕果。微积分的发明显然属于后者，牛顿与莱布尼茨站在了很多微积分先驱的肩膀上，成为他们那个时代的巨人。他们使微积分成为一个统一的学科，并给整个自然科学带来了革命性的影响。恩格斯说："在人类理论成就中，或许没有哪个领域像 17 世纪下半叶微积分的发明那样，被公认为人类理性精神的最高胜利了。若要在某一发现中看到人类思维纯粹且无与伦比的创造力，那么微积分正是这样的典范。"

8.3.1　牛顿的微积分

1. 科学的巨人——牛顿

牛顿（1643—1727）出生于英格兰一个农场主家庭，在牛顿出生前，他的父亲就离世了。3 岁时母亲改嫁，牛顿与祖母生活在一起。18 岁时，牛顿进入剑桥大学三一学院学习。这所拥有 400 年历史的高等学府，当时已失去了昔日的辉煌，成了庸才的庇护所。一些教授可以 50 年不讲一节课，不写一本书；学生们热衷于在遍布校园的酒店里消磨时光。大学本应是知识创造和传播的主要场所，但牛顿就读的这所大学并非如

牛顿

此。它受国家官方宗教的管控，吸收新的知识非常缓慢，只教授一些算术、代数和几何知识。

1616 年出生的华莱士曾进入剑桥大学学习数学，并且准备当一名大学教授，但他中途离开了剑桥，"因为没有一个专业是为这门课的教师开设的"。然而，正是在这种环境下，走出了科学巨人——牛顿。正如爱迪生所说：天才是 1% 的灵感加 99% 的汗水。学习期间，牛顿经常在烛光下工作到深夜。他不仅熟读了古希腊的经典著作，还仔细阅读了笛卡儿的《方法论》及其附录"几何

学"。这使他具备了进军新领域的能力。在学校里，牛顿是一个"半公费生"，不需要交学费，但要为食堂布置餐桌和端菜，还要为同学打扫房间、洗衣服。22 岁时牛顿毕业，并获得学士学位。三年后被授予硕士学位。

剑桥大学的卢卡斯数学教授席位是 1663 年设立的，巴罗是该席位的第一任教授。1669 年，巴罗最先发现牛顿的超凡才能，把数学教授的工作让给了他。牛顿担任卢卡斯数学教授一直到 1701 年。在成为教授之前，牛顿就有了一系列的发现。牛顿为人类知识的各个领域开辟了崭新的途径，因而名垂千古。1665 年至 1666 年是牛顿创作的高峰期。这一时期，由于鼠疫流行，牛顿被迫离开剑桥，独自一人回到家乡。据说在家门口的一棵苹果树下，牛顿正在思考问题，突然一个苹果砸在牛顿的鼻子上，这件事使牛顿顿悟并萌发了万有引力的想法：假定任何一个落到地球上的物体都被地球的一个力所吸引，这个力与这个物体到地球中心距离的平方成反比。后来牛顿确认了这个想法，并把自己的这个结论广泛应用到行星运动、潮汐现象，甚至是彗星运动上。

1665 年初，牛顿提出了"广义二项式定理"，把指数从自然数推广到负数和分数，并找到了展开式系数的一般公式，这也成为牛顿把某些其他函数展开成无穷级数的基础。牛顿在 1666 年发现了"逆流数法"（即积分学），并写出了"曲线求积术"，在 1670 年写出了题为"流数术和无穷级数方法及其对几何曲线的应用"的论文（这两篇文章都相当迟才发表）。牛顿在这两篇论文中叙述了数学分析的方法。牛顿最终运用自己的新方法，正确地解决了很多实际问题，其中最典型的要数哈雷彗星的发现，而这得益于哈雷于 1684 年对牛顿的一次拜访。这次会面也促成了伟大著作《自然哲学的数学原理》（见图 8-9）的诞生。说来奇怪，哈雷与牛顿的这次"伟大相遇"竟然出自一次偶然的打赌。

图 8-9 《自然哲学的数学原理》

1683 年，一天哈雷、胡克（胡克定律的发现者）和雷恩（天文学家）在伦敦吃饭，突然间谈话内容转向天体运动，讨论起行星往往倾向于在一种特殊的椭圆形轨道上运行的话题。雷恩慷慨地提出，要是谁能找到答案，他愿意给他发奖。这刺激了执着的哈雷，他简直像着了谜一样，天天想着这个问题，百思不得其解。1684 年 8 月，哈雷决定前往剑桥大学，拜访已成名的数学教授艾萨克·牛顿。哈雷请教道："要是太阳的引力与行星离太阳距离的平方成反比，行星运行的曲线会是什么样的？"牛顿马上回答说："会是一个椭圆，我已经计算过了。"哈雷马上提出要看看牛顿的计算材料，但牛顿无论如何也找不到了。在哈雷敦促之下，牛顿答应再算一遍。这一动笔不得了，唤醒了牛顿的数学天赋。几个月后，牛顿给哈雷提交了一份长达九页的文件"论天体的运动"。牛顿证明了天体沿着轨道运动的现象，都是由于它们之间存在一种遵循平方反比定律的万有引力作用的结果。具体到太阳系里的所有行星，包括彗星，它们的轨道形状都是椭圆的，这样它们才能实现圆周的环绕运动。这篇论文里还讨论了海洋的潮汐运动，以及前所未知的彗星运动，阐述了应如何理解在指向一个中心物体的力的作用下物体的一般运动。

哈雷看了牛顿的论文后，立刻赶到剑桥找牛顿，建议牛顿写一本书。哈雷称这是一个非常了不起的工作，是一个前所未有的伟大设想。牛顿接受了哈雷的建议，把其他的工作都放下，用了两年时间，闭门不出，专注地撰写这部著作，即《自然哲学的数学原理》。

然而，这本书的诞生过程绝非这么简单。中间经历了很多波折，最终还是在哈雷的努力和资助下，1687 年，震撼世界的《自然哲学的数学原理》终于面世了！这是一部宏大而注定将改写人类文明史进程的书，是第一次科学革命的集大成之作，它在物理学、数学、天文学和哲学等领域产生了巨大影响。更出人意料的是，《自然哲学的数学原理》不仅在自然科学领域产生了革命性的影响，而且在人文领域推动了启蒙运动的形成。

在《自然哲学的数学原理》的序言中，牛顿特意感谢了哈雷对自己的"鼓励"。同样，哈雷也在书中创作了一首颂诗《致人杰》，致敬牛顿。后来，哈雷按照牛顿的万有引力定律，推算出彗星运行轨道不是传统理论中的抛物线，而是椭圆轨道，所以彗星会在一个周期后重新出现。1758 年，整个欧洲的科学及天文爱好者，都将目光投向广阔无垠的天空。因为按照已故英国天文学家哈雷（1656—1742）的预言，这一年将有一颗 76 年前出现的彗星重新归来。到了这一年年末，这颗盼望已久的彗星终于姗姗而来。自此人们将这颗彗星命名为哈雷彗星。人们在现实中印证了牛顿万有引力定律这一理论。许多科学家把微积分称为天地间通用的数学。

《自然哲学的数学原理》的出版，让牛顿在整个英国越发受到尊敬。1689 年，他从剑桥被推选进入国会；1696 年，他获得了造币厂主管的职位。自此，53 岁的牛顿步入官场。三年后，他被任命为皇家造币局局长，年俸 2000 英镑，是他在剑桥大学当教授年薪的 10 倍。在当时的英国，年收入 100 英镑就属于中产阶层了，因此，牛顿晚年生活十分富裕。1703 年，他出任英国皇家学会会长，直到他去世。1705 年，牛顿被封为爵士，英国女王亲临授勋。1727 年 3 月 30 日，牛顿在睡眠中逝世。他的葬礼享受到了英国宫廷成员的待遇，被安葬在威斯敏斯特大教堂——这里安葬着英国历代君王和对英国做出过杰出贡献的人士。英国作家伏尔泰评论说："牛顿像一个国王，被感恩戴德的臣民安葬。"

2. 牛顿的微积分

牛顿对微积分理论的研究工作大致经历了三个阶段：第一阶段，使用静态的无穷小量观点，凭借二项式定理的推广形式，使微积分的计算方法变得程序化；第二阶段，用变量流动生成法，创造了流数术的基本概念体系；第三阶段则用"最初比与最后比"方法完善其流数术的思想。在不断的发展和变化中形成了其特有的微积分理论体系。

对于 $(a+b)^n$ 的展开式中系数的表述，在我国数学家杨辉（1261 年）和法国数学家帕斯卡（1653 年）的著作中已经出现。而牛顿对它的贡献在于，给出了求二项式系数的公式，并且将指数 n 从自然数推广到负数和分数。尽管牛顿没能对自己的发现提供完整的证明，但他的见识和直觉以及巧妙的应用，都十分令人叹服。1676 年，牛顿在给友人的信中，提到了自己早年发现的二项式定理，使用现代的方法可以表示为

$$(1+Q)^{\frac{m}{n}} = 1 + \frac{m}{n}Q + \frac{\frac{m}{n}\left(\frac{m}{n}-1\right)}{2}Q^2 + \frac{\frac{m}{n}\left(\frac{m}{n}-1\right)\left(\frac{m}{n}-2\right)}{3\times 2}Q^3 + \cdots$$

其中牛顿写道："用这一定理进行开方运算非常简便。"例如，求 $\sqrt{7}$ 的近似值的方法如下：

$$7 = 9\left(1-\frac{2}{9}\right), \ 则 \sqrt{7} = 3\sqrt{1-\frac{2}{9}} = 3\left(1-\frac{2}{9}\right)^{\frac{1}{2}}$$

代入牛顿二项式定理，并取前 6 项，得：

$$\sqrt{7} = 3\left(1 - \frac{1}{9} - \frac{1}{162} - \frac{1}{1458} - \frac{1}{52\,488} - \frac{1}{4\,723\,922}\right) = 2.645\,76$$

如果取二项式展开式中更多项，就可以得到更精确的近似值。

牛顿二项式定理是他在 1665 年得到的，其中涉及无穷级数，这为他的微积分研究提供了工具。牛顿应用无穷级数，建立了曲线下面积的计算方法，其基本原理相当于现今的积分法则"和函数的积分是各函数积分的和"。这使得积分学的研究取得了突破性的进展。

1669 年，牛顿写了第一篇有关微积分的论文"运用无穷多项方程的分析学"（1711 年发表）。这篇论文沿袭了费马、巴罗所使用的无穷小算法思想，借助于二项式定理而拓广了无穷小算法的应用范围。在这篇论文中，牛顿采用了面积无穷小矩形（牛顿称之为"瞬"），即无穷小增量的思想。他指出，如果平面曲线下曲边梯形的面积公式是 $S = a\left(\dfrac{n}{m+n}\right)x^{\frac{m+n}{n}}$，则曲线的公式是 $y = ax^{\frac{m}{n}}$。

事实上，假如横坐标 x 的瞬或无穷小增量为 o，则新的横坐标是 $x+o$，面积为 $S + oy = a\left(\dfrac{n}{m+n}\right)(x+o)^{\frac{m+n}{n}}$，用二项式定理把 $(x+o)^{\frac{m+n}{n}}$ 展开，减去 $S = a\left(\dfrac{n}{m+n}\right)x^{\frac{m+n}{n}}$，然后用 o 除两边，最后舍去那些包含 o 的项，结果就是 $y = ax^{\frac{m}{n}}$。用现在的说法就是，y 等于曲线下的面积增量与自变量增量的比值 $\dfrac{\Delta s}{\Delta t}$ 在 $\Delta t \to 0$ 时的极限，即 $S'(x) = y$，这就是现代微积分教材中的微积分基本定理。

牛顿进一步指出，如果曲线是 $y = ax^{\frac{m}{n}}$，则曲线下的曲边梯形的面积便是 $S = a\left(\dfrac{n}{m+n}\right)x^{\frac{m+n}{n}}$，这就是积分运算。

牛顿运用二项式定理进行微积分计算，使他的方法可以适用于更加广泛的函数，而不再像费马等人的方法只适用于有理函数。在牛顿以前都是把求积问题归结为无穷小量求和问题，而牛顿则首先确定面积的瞬间变化率，这个量就是曲线的纵坐标，然后把这一关系颠倒过来而达到求积的目的。求切线问题与求积问题是互逆关系，牛顿的老师巴罗已经知道，给出了一条纯粹几何的命题。牛顿的贡献，是把它转化成微分和积分两种运算的互逆关系。

在这篇论文中，牛顿还给出了不定积分运算的若干条性质，用现在的符号表示为 $k y \mathrm{d} x = k \cdot y \mathrm{d} x, y_1 \mathrm{d} x + y_2 \mathrm{d} x = (y_1 + y_2) \mathrm{d} x$ 等。

1671 年，牛顿在其《流数法与无穷级数》（1736 年出版）中给出了流数法的概念和符号。据牛顿讲，他在 1665 年和 1666 年形成了流数法思想。牛顿把一条曲线看作是由一个点的连续运动生成的，而时间是基本的自变量。依照这个概念，生成点的横坐标和纵坐标，一般是变动的量。变动的量被称为流（Fluent），流的变化速度（即变化率）称为它的流数（Fluxion）。如果一个流（比如，生成一条曲线的点的纵坐标）用 y 表示，则这个流的流数用 $\dot{y}$ 表示。它相当于现在的符号 $\dfrac{\mathrm{d} y}{\mathrm{d} t}$，在这里，$t$ 表示时间。

在牛顿的流数法中，将无穷小增量"瞬"作为基本单位，在和别的量一起参加运算时，有时用它作除数，有时又将含"瞬"的项舍去不计。这样，"瞬"就成了既是零又不是零的量。显然在逻辑上是矛盾的。牛顿在 1676 年写的论文"曲线求积术"以及 1687 年出版的《自然哲学的数学原理》一书中，力图避开实无穷小量，对"瞬"概念重新加以说明，引入了"最初比"与"最后比"的概念，从实无穷小量观点转向了极限观点。

在这些著作中，牛顿不再强调数学的量是由不可分割的最小单元构成的，而认为它是由几何元素经过连续运动生成的，他写道："我认为数学量不是由最小单元构成的，而是由连续运动生成的，直线并不是由最小单元构成的，而是由点运动生成的；面由直线运动生成，立体由面运动生成，角由边旋转生成，时间由连续运动生成，等等。"在此基础上给流数概念下了定义之后，牛顿写道："流数之比非常接近于在相等但很小的时间间隔内生成的流量的增量比，确切地说，它们构成增量的最初比。"牛顿还借助于几何解释把流数理解为增量消逝时获得的最后比。他举例说明了这种新思想：为了求 $y = x^n$ 的流数，设 x 经均匀流动变为 $x+o$，x^n 则变为 $(x+o)^n = x^n + n x^{n-1} o + \dfrac{n(n-1)}{2} x^{n-2} o^2 + \cdots$，构成两变化的"最初比"为

$$\frac{(x+o) - x}{(x+o)^n - x^n} = \frac{1}{n x^{n-1} + \dfrac{n(n-1)}{2} x^{n-2} o + \cdots} \cdots$$

然后设增量 o 消逝，即令 $o \to 0$，得到它们的最后比就是 $\dfrac{1}{n x^{n-1}}$。这也是 x 的流

数与 x^n 的流数之比，也就是所谓的"最初比与最后比"方法，它相当于求函数自变量与因变量变化之比的极限，也就是后来的"导数"，为以后极限理论的创立提供了潜在的基础，它也是微积分的基本概念和基本工具。

在上述解法中，牛顿将"略去含 o 的项"改为"增量 o 消逝"，这是他思想方法的一大改变。他在《自然哲学的数学原理》中指出，消逝量这个说法蕴含着默认连续量没有不可分割部分的存在，而连续量之所以连续就在于它可以无限制地被分割。这个说法还蕴含着承认在无穷分割步骤中消逝的过程，这就从原先的实无穷小量观点摇摆到量的无穷分割过程（即潜无穷观点）上去了。牛顿预见到最初比与最后比的方法可能会遭受批评，并意识到争论的焦点将在于"最后比"概念，于是对什么是"最后比"作了进一步说明："消逝量的最后比实际上并非最后量之比，而是无限减小的量之比所趋向的极限。它们无限接近这个极限，其差可小于任意给定的数，但永远不会超过它，并且在这些量无限减小之前也不会达到它。"

牛顿在微积分发展过程中还有一个重要的贡献，就是求方程近似解的"牛顿切线法"，这个方法目前仍然是求解非线性方程的根以及最优化问题的主要方法。今天有一个称为"数值分析"的数学分支，其目的是设计及分析一些计算方式，可针对一些问题得到近似但够精确的结果，如分析天气预报、计算太空船的轨迹等的数值计算，牛顿法是其标志性的方法，它也是微积分最广泛的应用之一。

8.3.2　莱布尼茨的微积分

1. 百科全书式的人才——莱布尼茨

莱布尼茨（1646—1716）出生在德国的莱比锡，他的父亲是莱比锡大学的道德哲学教授。6 岁时父亲去世，莱布尼茨在母亲的培养下长大成人，直至他 18 岁时母亲去世。莱布尼茨从童年时代起便能利用他父亲良好的藏书条件，自学了拉丁文、经院哲学以及笛卡儿的哲学思想。并对数学问题特别感兴趣。莱布尼茨 15 岁时进入莱比锡大学，在大学里他选择了法学作为主要专业。

莱布尼茨

1667 年，他获得了法学博士学位。年轻的莱布尼茨一生主要从事社会政治活动。1672 年，莱布尼茨作为外交官到达巴黎，调解法国和德国的关系。在那里他结识了荷兰科学家惠更斯（1629—1695），以及其他许多杰出的学者，自此开始了他的学术生涯。他意识到自己在数学方面的知识仅限于阅读了一些古典名著，强烈的好奇心和极高的天资，使他很快投入数学研究中去。当他 1676 年离开巴黎时，已由初出茅庐的新手成为一个数学巨人。

莱布尼茨被认为是西方历史上最博学的学者之一。《不列颠百科全书》的评语写道："莱布尼茨是德国自然科学家、数学家、哲学家。他广博的才能影响到了逻辑学、数学、力学、地质学、法学、历史学、语言学等领域。"然而莱布尼茨人生的最后 40 年是在为德国汉诺威（当时是英国人的殖民地）的布伦瑞克公爵效力，从事政治活动。他一度同时受雇于布伦瑞克、维也纳、柏林、彼得堡四个王室。但是在 1714 年，汉诺威公爵继承了英国王位，成为英国汉诺威王朝的创立者——乔治一世。莱布尼茨恳求乔治一世在英国宫廷中给他一个职位，却遭到了拒绝。可以想象，微积分发明的优先权之争，是莱布尼茨进入英国乔治王朝的最大障碍。这时的牛顿已成为英国人的骄傲，身为英国国王的乔治一世又怎么会为了一个莱布尼茨而去伤害自己子民的自尊心呢？从这里可以看到，在学术成就上，莱布尼茨的微积分最终战胜了牛顿的微积分，也使此后恪守牛顿微积分的英国数学家一落千丈。但是在莱布尼茨有生之年，他并未从个人的学术成就中获得什么好处。两年后，凄凉至极的莱布尼茨在胆结石、痛风以及腹绞痛的折磨下离开了人世。莱布尼茨去世时，葬礼十分凄凉，送葬者叹息道："他是这个国家的荣耀，但今天却像个强盗般入土。"

2. 莱布尼茨的微积分

莱布尼茨的微积分研究工作主要发表在他自己主编的刊物《教师学报》上，即"一种求极大值与极小值和切线的新方法"（1684）和"深奥的几何与不可分量及无限的分析"（1686）。在前一篇文章中叙述了微分学的基本原理，其中包括微分的定义及和、差、积、商的微分运算法则，以及微分方法的应用。在第二篇文章中，他从曲线为界的图形面积出发得到积分的概念，初步论述了积分与微分的互逆关系，并引入了积分符号，这个符号一直沿用到现在。但是"微分"名称的出现比较迟，它是由约翰·伯努利提出的。

如果说牛顿是从二项式定理的推广开始研究微积分的，那么莱布尼茨则是从数列的阶差入手研究微积分的。

1666 年，莱布尼茨发现帕斯卡的算术三角形和调和三角形中，存在着有趣的关系。在帕斯卡三角形中，任意一个元素即等于其上一行左边各项之和，又等于下一行相邻两项之差。继而莱布尼茨在"论组合的艺术"一文中讨论了数列问题并得到许多重要结论。例如，他考察了平方数序列：0，1，4，9，16，25，36，…及其一阶差 1，3，5，7，9，11，…与二阶差 2，2，2，2，2，…。同时他注意到，一阶差的前若干项之和就是原序列的最后一项。显然，这里序列的求和运算与求差运算存在着互逆的关系。

大约从 1672 年开始，莱布尼茨将他对数列研究的结果与微积分运算联系起来。借助于坐标系，莱布尼茨可以把曲线的纵坐标用数值表示出来，并想象一个由无穷多个纵坐标值 y 组成的序列，以及对应的横坐标值 x 的序列，同时考虑任意两个相继的 y 值之差的序列。这使他发现，求切线不过是求差，求积不过是求和。

1673 年，莱布尼茨在对帕斯卡著作中的特征三角形进行研究的基础上，提出了自己的特征三角形并利用它建立起了大量的定理。他所得到的第一个定理是：由一条曲线的法线形成的图形，即将这些法线（在圆的情形下就是半径）按纵坐标方向置于轴上所形成的图形，其面积与曲线绕轴旋转而成的立体的面积成正比。他的证法如下：在给定曲线 c 上点 P 处作特征三角形。n 是曲线在 P 点的法线长。利用图 8-10 中的两个三角形的相似性得到 $\dfrac{ds}{n} = \dfrac{dx}{y}$，即

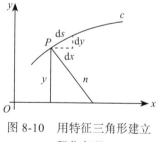

图 8-10　用特征三角形建立积分定理

$yds = ndx$，求和得 $\int yds = \int ndx$。由于当时还没有微积分的符号，莱布尼茨只是用语言陈述他的结果。

莱布尼茨在研究特征三角形的过程中认识到，求曲线的切线依赖于纵坐标的差值与横坐标的差值，以及当这些差值变成无穷小时它们的比值；而求曲线下的面积时，则依赖于无穷小区间上的纵坐标之和（指纵坐标乘以无穷小区间的长度再相加，因而也相当于宽度为无穷小的矩形面积之和）。莱布尼茨也看出

了这两类问题的互逆关系，并且建立起了一种更一般的算法，将以往解决这两类问题的各种结果和技巧统一起来。

于是，1684年，莱布尼茨发表了他的微分学论文，文中清晰地阐明了他的微分思想，并给出了我们今天仍在使用的微分学符号和求导数的许多法则。1686年，莱布尼茨又发表了他的积分学论文，初步论述了积分或求积问题与微分或切线问题的互逆关系。莱布尼茨分析道："研究不定求积或其不可能性的方法，对我来说不过是我称之为反切线方法的更广泛的问题的特殊情形（并且事实上是比较容易的情形），而这种反切线方法包括整个超越几何的绝大部分。"在这篇积分学论文中，积分号 $\int$ 第一次出现于印刷出版物上。莱布尼茨还特别对微分符号 dx 作了一段说明："我之所以选用 dx 和类似的符号而不用特殊字母，是因为 dx 是 x 的某种变化，……并可表示 x 与另一变量之间的超越关系"。他引入的符号 d 和 $\int$ 体现了微分与积分的"差"与"和"的实质，后来获得普遍接受并沿用至今。

莱布尼茨在微积分方面的贡献除了发现了微分与积分互逆的微积分基本定理，他还给出了交错级数的"莱布尼茨判别法"。此外，他还发现了一个非常著名的级数——"莱布尼茨级数"，即 $\dfrac{\pi}{4}=1-\dfrac{1}{3}+\dfrac{1}{5}-\dfrac{1}{7}+\cdots$。这是一个奇妙的级数，它的项遵循一个极为普通的模式：带有交替正负号的奇数的倒数。然而最重要的是，这个看似不起眼的表达式的和等于 $\dfrac{\pi}{4}$。据说，莱布尼茨回忆当他第一次同荷兰数学家惠更斯交流这个结果时，惠更斯给予了极高的评价，并且称这在数学家中是一个值得永远记住的发现。这个级数还给出了计算圆周率 π 的分析方法，从此之后，圆周率的计算在历史上掀开了新的一页，数学家不再依赖古老割圆术的几何法，采用微积分的无穷级数法会得到越来越高效的计算 π 的近似值的方法。

8.3.3　优先权之争

1699年，瑞士数学家丢勒断言：牛顿比莱布尼茨先发明了微积分，而莱布尼茨可能存在剽窃行为。于是掀起了一场关于微积分发明优先权的论战。拥护莱布尼茨的欧洲大陆派与拥护牛顿的英国数学家之间开始了长达一个多世纪的争论。

　　客观上讲，牛顿的微积分学思想是在 1665 年至 1666 年间形成的，而莱布尼茨的微积分学思想是在 1673 年至 1676 年间形成的，但两人都没有公开发表文章。莱布尼茨第一篇文章是 1684 年正式发表的，而牛顿的第一篇文章是 1687 年发表的。更为重要的是，从思想方法上看，他们是从不同的角度阐明了现代微积分学的一些基本原理，为现代微积分学体系的形成奠定了基础。具体来说，牛顿的"流数术"是建立在运动学基础上的微积分；莱布尼茨则是在费马、巴罗等人的研究基础上，以无穷小量为基础创立的微积分学。这就是说，牛顿在微积分方面的研究虽然早于莱布尼茨，但莱布尼茨成果的发表早于牛顿；他们是各自独立地创立了微积分，并各有特色。牛顿的工作方式是经验的、具体的和谨慎的，在符号方面不甚用心；而莱布尼茨则是富于想象和大胆的，力图运用符号建立一般法则，善于把具体结果加以推广和普遍化。这使得莱布尼茨的微积分方法成为现代微积分学的雏形。

　　前面已经指出，在牛顿、莱布尼茨做出伟大成就之前，17 世纪上半叶，许多微积分先驱者都对微积分问题进行过探索，而牛顿与莱布尼茨只是微积分创立的集大成者。对此牛顿有着清醒的认识："如果我比别人看得远些，那是因为我是站在巨人的肩上。""我只不过是一个在海滨玩耍的小孩，不时地为比别人找到一块更光亮、更美丽的卵石和贝壳而感到高兴，而在我面前的真理的海洋，却完全是个谜。"

　　微积分发现的优先权争论被认为是"数学史上不光彩的一页"，它导致 18 世纪英国与欧洲大陆国家在数学发展上分道扬镳。英国数学家因固守牛顿的流数术而使自己逐渐远离分析学的主流。而欧洲大陆的数学家在发展莱布尼茨微积分方便的符号系统的基础上取得了辉煌的成就，并且英才辈出。特别要提到的是莱布尼茨的坚定支持者——伯努利兄弟。

1. 伯努利家族

　　瑞士数学家雅各布·伯努利与约翰·伯努利是莱布尼茨微积分的追随者，为微积分的发展做出了突出的贡献。伯努利家族是瑞士巴塞尔的数学家族，从 17 世纪开始，在近百年中为世界培育了十几位杰出的数学家和科学家。这个家族显赫的纪录开始于这个家族的雅各布和约翰。

　　雅各布·伯努利（1654—1705）遵照父亲的嘱咐，为成为受人尊敬的牧师而进行早期的学习。在 17 世纪，由于自然科学蓬勃发展，作为一个好的牧师，必须熟悉，甚至要精通一些数学知识。雅各布自学了笛卡儿《方法论》中的"几何学"、沃利斯的《无穷算术》及巴罗的《几何学讲义》。他不仅熟知这三位数学大师的高深理论，而且对其进行了很好的改进。莱布尼茨称赞他与他的兄弟约翰为微积分所做的工作跟自己一样多。雅各布于 1691 年创造性地发明了极坐标，而后他利用微积分对对数螺线、悬链线、摆线和后来以他的名字命名的

雅各布·伯努利

伯努利双纽线等进行了深入细致的研究。这些曲线对 18 世纪微积分的发展起了巨大的推动作用。雅各布首先提出了现在称作曲率半径的公式。雅各布 1731 年出版的《猜度术》是概率论方面的巨著。书中有以他的名字命名的伯努利分布和伯努利大数定律，并为概率的计算方法提供了必不可少的理论。1686 年，雅各布成为瑞士著名大学——巴塞尔大学的教授，直到去世。

约翰·伯努利（1667—1748）比哥哥雅各布小 13 岁。最初由父亲送去学习经商，但当他看到哥哥在数学界里叱咤风云时，也决定像哥哥那样而改学数学，并且决心要赶超哥哥。由于他有哥哥的热心指导，28 岁时，受聘为荷兰格罗宁根大学数学教授。10 年后当哥哥逝世时，巴塞尔大学按雅各布临终时的推荐，聘请他接替了哥哥的职务，直到去世。

约翰·伯努利

约翰·伯努利是一位多产的数学家。他与哥哥一起对无穷级数做出了重大贡献，还在微积分理论、微分方程等方面多有建树。约翰首先给出了求分子、分母都趋于零的分式极限的法则，现今被称为"洛必达法则"，如今任何一本微积分教程都会提到它。不过这个法则的首创人却是约翰，洛必达不过是首先出版了约翰的成果。1702 年，约翰首先引入了"部分分式积分法"。在微分方程方面，约翰连续解决了哥哥雅各布在这个领域中提出

的挑战，其中第一个悬链线问题是雅各布 1690 年提出的：一根柔软但不能伸长的弦，自由地悬挂于两固定点，求该弦所形成的曲线。

约翰成功得出了正确的答案——悬链线（见图 8-11），而哥哥却没有解决由自己提出的这个问题。作为对约翰的回敬，哥哥雅各布于 1697 年提出等周问题。这个问题是在给定周长的所有封闭曲线中求一条曲线，使它所围成的面积最大。约翰在 1697 年和 1701 年两次做出的解答都没有取得成功，还受到了哥哥的无情批评，而哥哥雅各布于 1700 年发表了该问题的正确解答：这是一个圆。约翰后来沿着哥哥的思路继续深入研究了这一问题，于 1718 年给出了一个精确、漂亮的解法，并且创立了变分法的概念。约翰在最速降线问题、等周问题和测地线问题研究方面的出色工作，使之成为变分法的创立者之一。与同时代的数学家相比，约翰更是一位好老师，他培养出了欧拉、洛比达这样世界有名的数学家。约翰的三个儿子尼古拉第二、丹尼尔第一和约翰第二在父亲的教育下，也都赢得了 18 世纪数学家和科学家的盛名。

图 8-11　美国悬链线建筑：圣路易斯拱门

2. 约翰挑战牛顿

回到微积分优先权之争这个话题，虽然莱布尼茨与牛顿并不是很好的朋友，他们之间也曾有过非常激烈的争论，但莱布尼茨还是表现得很大度，他说："从世界的开始直到牛顿生活的时代为止，对数学发展的贡献绝大部分是牛顿做出的。"但是他的学生约翰·伯努利为了维护师道尊严，决定站在莱布尼茨的一边，多次对牛顿进行攻击。1696 年，约翰提出了著名的最速降线问题（见图 8-12），以问题征解的方式发表在《教师学报》上，向世界数学家提出公开

挑战。这个问题是求一条曲线，它连接不在垂直方向上的两点，使得质点沿着
这条曲线（在摩擦和空气阻力都忽略的情况下）从上方的给定点下滑到下方点所用的时间最短。据说约翰刻意将这一问题转告了牛顿。信中写道："……很少有人能解出我们的独特的问题，即使是那些自称通过特殊方法……不仅深入探究了几何学的秘密，而且还以一种非凡的方式拓展了几何学领域的人，这些人自以为他们的伟大定理无人知晓，其实早已有人将它们发表过了。"

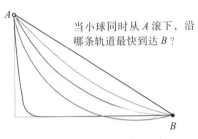

当小球同时从 A 滚下，沿哪条轨道最快到达 B ？

图 8-12　最速降线问题

牛顿当时已是造币局局长，此时的牛顿已不是当年的牛顿了。他自己也承认，他的头脑已经不如二十年前那么机敏了，而且还整天忙于造币局的凡俗事务。关于此事我们可以看看牛顿的外甥女凯瑟琳记述的内容："1697 年的一天，收到伯努利寄来的问题时，艾萨克·牛顿爵士正在造币局里忙着改铸新币的工作，很晚才精疲力竭地回到家里。但是，直到解出此道难题，他才上床休息，这时已经是凌晨 4 点钟。"即使是在晚年，而且忙了一天的本职工作，牛顿还是用几小时就解决了许多欧洲数学家都无法解出的难题！这位伟大天才的功力可见一斑。

截至 1697 年复活节，伯努利共收到了 5 份答案，他自己的和其老师莱布尼茨的。第三份是他的哥哥雅各布·伯努利的，洛必达是第四个，最后一份答案的信封上盖着英国的邮戳，有意思的是，竟然是匿名的，但答案完全正确！显然这封信来自一位绝顶天才，非艾萨克·牛顿莫属。据说，伯努利半是恼怒，半是敬畏地放下这封匿名答案，会意地说："我从他的利爪认出了这头狮子。"虽然这个问题得到了 5 份正确的解答，但解法各异。实际上，这是一条上凹的旋轮线。由于这个问题的解决，旋轮线又多了一个名称——捷线。

在一些城市的科技馆或趣味数学展区，如果你来到最速降线展区（见图 8-13），就

图 8-13　最速降线展区

会发现有很多自由下落的轨道，直线、抛物线、摆线等，其中，小球在上面跑得最快的那条轨道就是最速降线，在数学上叫作摆线、等时曲线或旋轮线，小球在上面反而比直线轨道和其他曲线轨道跑得更快。通过对比实验和观察，参与者可对最速降线的概念建立直观认识，同时启发他们思考最降速线的原理，激发数学学习兴趣。

8.4　微积分理论的严格化

微积分的发现，铸就了 17 世纪的辉煌，世界近代科学由此展开。一般认为，17 世纪是数学天才的世纪，而 18 世纪则是数学发明的世纪。在牛顿和莱布尼茨创立的微积分基础上，18 世纪又涌现了一批伟大的数学家，比如，拉格朗日、柯西、泰勒、麦克劳林、欧拉、伯努利兄弟、达朗贝尔、拉普拉斯、傅里叶、阿贝尔、黎曼、狄利克雷、高斯、格林、斯托克斯等，这些微积分理论的推动者，施展他们高超的数学技艺，进一步增进了微积分的威力，促进了微积分向更为深入、更为广泛的空间发展。

这些微积分的创造者把一种出色的、用于研究各种现象的工具交给了人类，但是对这种工具的结构原理却未提供足够清楚的说明。1820 年以前，在微积分中常用的无穷小方法，比如导数是无穷小之比，积分是无穷小之和，至于什么是无穷小，当时并没有一个公认的精确定义。随着运算的进行，无穷小时而为零，时而又非零。这使得微积分基础本身缺乏严格性，微积分中的某些概念基础严重不足，而这些概念又是新方法、新分支的基本依据。这使得微积分从 17 世纪诞生之日起就受到攻击，同时人们也对建立在微积分基础上的众多新的数学分支的可靠性存有疑虑。

英国哲学家乔治·贝克莱（George Berkeley，1684—1753），在他的《分析学家》中激烈地反对无穷小量的学说，并特别攻击牛顿的方法。他说："首先，理智无法理解这些最后的'瞬时'或'最后的增量'"，"什么是流动？是消逝的量的速度？那么这些消逝的量又是什么呢？这不是有限数，不是无穷小量，甚至什么也不是。我们能否把它称作逝去量的幽灵？"但数学家们相信他们的直觉没错，达朗贝尔曾说："向前进，你就会有信心！"随着微积分的内在缺陷不断被揭示，数学史上出现了所谓"无穷小量"的第二次数学危机。

于是，越来越多的数学家开始关注微积分基础的严格性问题，捷克的传教士波尔查诺（1781—1848）首先把微积分的重要概念建立在极限理论基础上，并给出了严格的叙述。他的主要贡献在于，第一个指出了连续性依赖于极限，给出了导数的现代定义，考虑了级数的收敛性问题，关于闭区间上连续函数的零点定理以他的名字命名，他还在 1834 年构造了一个处处连续但处处不可导的函数的例子，等等。但遗憾的是，他的大部分工作在当时并没有引起过多的关注，对微积分没有起到决定性的影响。对微积分理论的严格化做出最大贡献的是法国数学家柯西，他采用极限方法来解决这次数学危机，使得微积分具有今天的形式。

8.4.1　柯西的极限方法

自 18 世纪末期开始，人们开始用古老的极限概念建立微积分的基础。产生了用极限定义导数的方法：导数是函数增量同自变量增量之比的极限，这个极限不是牛顿两个消逝量的最后比，而是作为一个不能拆开的单一变量的极限。由此就避开了神秘的无穷小数和有争议的符号 $\frac{0}{0}$。而摆脱无穷小数的困扰，系统运用极限概念建立微积分学的基础，是柯西完成的。

柯西（1789—1857）的父亲曾是法国诺曼底最高法院的律师，后多次从政，曾在拿破仑政变后出任掌玺秘书。柯西在父亲的直接教导下接受了启蒙教育，并很早认识了父亲的好友拉格朗日、拉普拉斯。拉格朗日曾当众夸奖柯西："我们这些可怜的几何学家都会被他取而代之。"柯西自小立志成为一名工程师，参加工作之后，用大量业余时间研究

柯西

数学。直至 1812 年，他才决心献身于科学研究。在那个时代，柯西是仅次于欧拉的多产数学家，他一生发表论文 800 余篇，其中 65% 为数学论文，不到 20 年的时间里他在《巴黎科学院通报》上就发表了 589 篇文章。

柯西是数学分析严格化的开拓者、复变函数的奠基人、弹性力学理论基础的建立者，还涉足了许多其他领域。与柯西卷帙浩繁的论著和广泛涉猎的科学

研究成果形成鲜明对比的是他人生的另一面——他是忠诚的保王党人，反对法国的资产阶级革命。人们在文章中这样描述柯西："他多疑的性格，使他与周围的人相处很不融洽；他的呆板苛刻及对刚踏上科学道路的年轻人的冷漠，使他成为最不可爱的科学家。"阿贝尔写道："没法同他打交道。""我把写好的论文交给他，他几乎没有瞟一眼。"当时巴黎是欧洲的数学中心，年轻学生纷至沓来，希望拜会当世的泰斗，聆听教诲。然而听过柯西讲课的学生说："他的课讲得非常混乱。""对于年轻学生，他令人厌倦。"显然，他不是一位好的教师和导师。

1821 年，柯西在其出版的《分析教程》中给出的极限定义是：当一个变量的取值无限趋近一个固定值时，使变量最终的值与固定值的差要多小有多小，那么，该值就称为所有其他值的极限。柯西将无穷小数与变量联系在一起，并用极限定义无穷小。他说："无穷小是一个变量，其绝对值无限减小而收敛于零。"在此基础上，柯西用极限概念严格定义了函数的连续、导数和积分，研究了无穷级数的收敛性。在这些研究中，柯西成功地避免在当时使用"无穷小"这样含糊不清的词。例如，柯西给出新的连续函数的定义是：如果在某一区间内，对于变量 x 的无穷小量 Δx，函数 $f(x)$ 总有无穷小量 $f(x+\Delta x)-f(x)$，则 $f(x)$ 在这个区间内连续，这一定义同波尔查诺的定义虽然在语言表述上相似，但因柯西使用了无穷小语言，而无穷小又是通过极限定义的，所以柯西的连续定义有更严密的逻辑根据和精确的数学形式。

柯西继承并发展了古代已有的积分作为微元和的思想，与定义无穷、连续和导数一样，他从极限概念出发定义积分，柯西特别指出，符号 $\int$ 不能理解为一个和式，而是这种形式和的极限。柯西第一个证明了"微积分基本定理"，严格地从形式上证明了微分与积分之间的互逆关系。

柯西关于微积分的理论，在当时引起了数学界的轰动。这时正值拉普拉斯《天体力学》5 卷巨著完稿之时，拉普拉斯知道柯西的成果后便隐居起来，仔细检查自己的《天体力学》中所使用的级数是否收敛，否则将功亏一篑，但他还是舒了一口气，书里的级数都是收敛的。

8.4.2　魏尔斯特拉斯的分析算术化

柯西的极限定义，使分析学的基础建立在实数上。但柯西给出的极限定义的不足之处在于："趋近""要多小有多小"是阐述点的移动和相互接近的"直观"概念；使用的"无限"概念缺少确切的含义，而且定义是使用文字叙述的，缺少清晰、简洁、明确的数学符号表示。针对这些问题，德国数学家魏尔斯特拉斯给出了极限定义的形式化表示，从而为微积分理论的严格化奠定了坚实的基础。

1. 现代分析之父——魏尔斯特拉斯

魏尔斯特拉斯

魏尔斯特拉斯是一位把严格的论证引入分析的数学大师，他的批判精神对全世界产生了巨大的影响。但他充满传奇色彩的励志经历可能对数学专业和非数学专业的学生更具吸引力。

魏尔斯特拉斯（1815—1897）的父亲是一名政府官员，受过高等教育，颇有才智，但对子女相当专横。为使孩子长大后进入普鲁士高等文官阶层，他于1834年8月把魏尔斯特拉斯送往波恩大学攻读财务与管理专业，为谋得政府高级职位创造条件。

魏尔斯特拉斯不喜欢父亲给自己选的专业，于是在大学期间，他把很多时间花在了自由自在的放纵生活上，例如，击剑、宴饮、夜游。不过，在这一时期，阿贝尔的工作深深吸引了他，促使他立志终身研究数学。4年后，当他离开波恩大学时，他没有取得学位，这让他的父亲极为不满。幸亏父亲的一位爱好数学的朋友出来调解，建议把魏尔斯特拉斯送到神学哲学院学习，然后参加中学教师任职资格的国家考试。魏尔斯特拉斯遂于1839年5月22日在该学院注册入学。1842年秋，魏尔斯特拉斯转至西普鲁士克隆的初级文科中学任教。除数学、物理外，他还教德文、历史、地理、书法、植物，1845年还教体育！繁重的教学工作使他只能在晚上钻研数学，而且科研条件极差：乡村中学没有像样的图书馆；校内没有可以与之讨论的同事；经济拮据，无力订阅期刊，甚至付不起邮资。在当中学教师的15年中，尽管教学任务繁重，工作条件很差，魏尔斯特拉斯仍坚韧不拔、孜孜不倦地钻研数学，经常达到废寝忘食的程度。有一天早上，本该是他去上课的教室却骚动起来，校长走过去一看，原来是教师未到。校长赶快去魏尔斯特拉斯的寝室，发现他还在烛光下苦苦思索，根本不知道天色早已大亮。

1854 年，魏尔斯特拉斯在《纯粹与应用数学》杂志上发表了论文"阿贝尔函数论"。这篇出自一个名不见经传的中学教师的杰作，引起数学家的瞩目，成了他一生的转折点。1856 年 6 月 14 日，柏林皇家综合工科学校任命他为数学教授。同年秋，他当选为柏林科学院院士。1864 年成为柏林大学教授。

索菲娅·柯瓦列夫斯卡娅

在柏林大学任教以后，魏尔斯特拉斯立即着手系统建立数学分析（包括复分析）基础，并进一步研究椭圆函数论与阿贝尔函数论。这些工作主要是通过他在该校讲授的大量课程完成的。几年后他便声名远扬，成为德国以至全欧洲知名度最高的数学教授。1869 年，魏尔斯特拉斯讲授阿贝尔函数课程，起初注册人数为 107 人，但后来听众竟达 250 人，不少人只得席地而坐。在他的学生（包括参加讨论班的人）中，后来有近 100 位成为大学教授。考虑到当时成为德国大学教授的难度，这实在是一个惊人的数字。魏尔斯特拉斯一生专心于研究和教育，终身未婚。他的学生中有一大批后来成为知名数学家，如俄罗斯女数学家索菲娅·柯瓦列夫斯卡娅（1850—1891），她是世界上第一位女数学博士，也是历史上第一位女科学院院士。据说他们建立了很深厚的师生友谊。1873 年，魏尔斯特拉斯出任柏林大学校长。1897 年初，魏尔斯特拉斯因病辞世。

2. 魏尔斯特拉斯的"$\varepsilon-\delta$"语言

19 世纪初，一般认为，每一个连续函数都是可微的，只是在某个孤立的点处可能存在例外。并且从直观上看，由于动点要经过其轨迹曲线上的每一点，因而轨迹的曲线是连续的；再加之动点在它的轨迹的每一点处都有确定的运动方向，即曲线上每一点处都有切线，因而曲线对应的函数处处是可微的。

1861 年，德国数学家魏尔斯特拉斯在柏林大学的讲义中提出了一个"处处连续，但处处不可微"的病态函数：

$$f(x) = \sum_{n=0}^{\infty} b^n \cos(a^n \pi x)$$

式中，x 为实数，a 是奇整数，$0 < b < 1$，$ab > 1 + \dfrac{3\pi}{2}$。在发现病态函数之前，函数总是作为动点运动轨迹曲线的一种代数表示方法。病态函数的发现，大大冲击了人们的传统观念。自第一个病态函数被发现以后，人们相继又构建出许多这样的函数，如黎曼函数，狄利克雷函数等。

病态函数的出现，告诫人们不能过分依赖直观，并使人们更清楚地认识到，柯西的极限理论是建立在实数系的简单直觉观念上的，必须对这一理论作进一步的完善。对此，魏尔斯特拉斯提出一个设想：首先要通过逻辑推导得出实数系，然后再以此实数系去定义极限、连续性、可微性、收敛和发散等概念，从而实现分析的严格化——这就是"分析的算术化"。这里，分析的算术化一方面是指分析的严格化，这里的"算术"不是对一般的常量的算术，而是无穷小算术。分析的算术化也就是要把分析建立在纯算术的概念和思维的基础上。另一方面，算术化也是针对自古以来强调的"几何化"而提出的。18世纪以后，人们要求的是必须排除几何直观和不严谨的语言叙述，只有通过严格的逻辑推理论证和精确的计算得到的结论才是真正可信的。

魏尔斯特拉斯在分析算术化方面的工作，完成了柯西引入的用不等式描述极限的符号化定义。魏尔斯特拉斯对于极限概念给出了纯算术的表达，这标志着分析算术化过程的结束。

1856年，魏尔斯特拉斯在柏林大学的一次讲演中首次提出了"$\varepsilon\text{-}\delta$"方法，给出了极限的定量化定义。自微积分诞生以来，人们对变量能否到达它的极限曾有过激烈的争论，有人主张能达到，有人主张达不到。根据极限的"$\varepsilon\text{-}\delta$"定义，极限概念并不包含"趋近"和能否到达的问题，而是一个静态问题。所以"$\varepsilon\text{-}\delta$"方法的提出，不仅在数学中排除了模糊的运动概念和有争议的无穷小概念，而且还回避了极限能否到达的问题。用"$\varepsilon\text{-}\delta$"方法叙述数学分析中极限、连续、导数和积分等一系列重要概念，就建立起了现代分析学科的严格体系。

8.4.3　实数理论

魏尔斯特拉斯在他的分析学算术化设想中，提出了建立严格实数理论的要求，这不仅涉及分析学理论严格化的问题，而且关系到19世纪整个数学基础的严格化问题，并且许多代数分支的无矛盾性也依赖于实数的无矛盾性。这一切都表明，实数系对于数学的基础非常重要。实数理论的深化工作主要是由数学家皮亚诺、戴德金、康托尔完成的。下面主要介绍皮亚诺的自然数公理体系和戴德金的分割理论。

1. 皮亚诺的自然数公理体系

1859 年，魏尔斯特拉斯提出了在自然数基础上建立有理数的见解，即两个整数比（分母上的整数不为 0）是一个有理数的定义。这样，有理数的逻辑基础就建立了在自然数的可靠性上。

在自然数公理化体系的众多设计中，最简洁而又与直觉相一致的公理化体系，是由意大利数学家皮亚诺（Peano，1858—1932）于 1889 年给出的。我们称之为自然数的"皮亚诺公理"。它包含三个原始概念（自然数，数 1，后继数）和如下五条公理：

1）1 是一个自然数。

2）每一个确定的自然数 a 都有一个确定的后继数 $a+$，而 $a+$ 也是一个自然数。

3）1 不是任何自然数的后继数，即 $1 \neq a+$。

4）一个数只能是某一个数的后继数，或者根本不是后继数，即由 $a+=b+$，一定能推得 $a=b$。

5）任何一个自然数的集合，如果包含 1，并且假设包含 a，也一定包含 a 的后继数 $a+$，那么这个集合就包含所有的自然数。

最后这条公理就是数学归纳法公理。

皮亚诺还采用了自反性（即 $a=a$）、对称性（如果 $a=b$，则 $b=a$）和传递性（如果 $a=b$，$b=c$，则 $a=c$）等公理，并定义了自然数 a 和 b 的加法与乘法。于是就建立起了人们所熟悉的关于自然数的性质，如顺序性质、加法和乘法运算的性质等。皮亚诺的自然数公理体系，使我们从理论结构和内在规律上重新认识了自然数，同时，这种自然数公理体系也为我们理解数学归纳法提供了帮助。

2. 戴德金的分割理论

我们知道，古希腊的毕达哥拉斯学派发现了无理数，但是面对无理数的逻辑难题，他们选择了回避。在随后的数学发展中，虽然无理数被作为有理数的近似值随意使用，但一旦遇到根本性的问题，数学家便束手无策。比如，对微积分的定义就是如此。因此，一直到了19世纪，数学家终于意识到要正视这一问题，力图搞清楚无理数的本质特征。

要真正理解什么是无理数，就要搞清楚无理数与有理数之间的区别。有理数是形如 m/n 的数，其中 m 和 n 是整数。如果把有理数化为小数，则很容易确定：要么为有限小数（如 3/5=0.6），要么为无限循环小数（如 3/11=0.272 727 27⋯）。与之相反，无理数则不能写成整数比的形式，像

戴德金

$\sqrt{2}$ 和 π 就是这样的非有理数，它既不是有限小数，也不是无限循环小数，而是无限不循环小数。虽然有了这样的区别，但是我们仍然不清楚它们到底具有什么样的本质特征。1872年，德国数学家戴德金（Dedekind，1831—1916）和康托尔（Cantor，1845—1918）同时对这一问题发表了研究论文。这一研究对数学界产生了重大的影响。

戴德金考虑的是给定实数数轴上有理数与无理数的区别，他通过在线段上定义切割来建立实数的连续性。比如，把数轴想象成无限长的管子，管中按顺序排列着有理数；用一个切割把这个管子切割成 A 和 B 两部分，并把管子的两个切面露在外面，这就是集合 A 和 B 的断点。观察两个切面，如果面上有数字的话，外面可以读取面上的数。如果没有读到数，就说明实现了一个无理数的切割。用这种方法，戴德金就通过集合 A 和 B 定义了无理数，而不是把无理数作为一个序列。下面我们就把这个无理数的逻辑定义写下来：

将有理数集合划分成两个非空不相交的集合 A 和 B，使得 A 中的任意数都小于 B 中的任一数。A 和 B 的分割记为 $(A|B)$。这样的分割可能产生三种情况：

1）在 A 中没有最大的数，而 B 中有最小的数 r。

2）在 A 中有最大的数 r，而在 B 中没有最小的数。

3）在 A 中没有最大的数，在 B 中也没有最小的数。

在前面两种情况中，分割产生有理数，或者说分割界定了有理数。在第三种情况中，界数不存在，分割不能界定任何有理数。这时规定：任何属于第三

种情况的分割都界定了无理数。

　　戴德金的这种切割方法不仅定义了无理数，而且给出了实数是连续的这一重要结论，它成了实数理论的第一个重要定理。直观地讲，在数轴上随便砍一刀，不会落在空隙中，一定会砍在某一实数上，这个数不是有理数就是无理数。而数轴是连续不断的，这就是连续性与完全性的直观含义。这样，数轴上的点就与实数集合建立了一一对应关系，实现了代数与几何的完全统一。

　　皮亚诺、戴德金和康托尔等人的工作实现了分析算术化的目标。美国现代数学家柯朗对此评论道："数是近代数学的基础，……古希腊人选取点和线的几何概念作为他们的数学基础，但是今天，所有的数学命题最终必须转化为有关自然数的命题，这已成为指导原则。"

　　从 17 世纪末到 19 世纪末，微积分从最初创立到逐步完善，经历了近 200 年的历程。由于微积分广泛地应用在天文学、力学、光学、热学等各个领域，它将人类科技推到了一个崭新的高度。它促使西方完成了近代几次工业革命，实现了从传统农业社会向现代工业社会的重要变革。我国古代数学曾取得辉煌的成就，但在微积分的发展史上却看不到一个中国人的名字，这说明我们这个古老民族在近代数学的发展中落后了。而我国在近代社会发展中的落伍，也再次印证了数学对国家科技发展的重要作用。

　　我国在 1859 年出版的第一部微积分著作《代微积拾级》（见图 8-14）是由清代数学家李善兰和英国传教士伟烈亚力（Alexander Wylie，1815—1887）合作翻译的。这部书共 18 卷，基本涵盖了当今教材上一元函数微积分的主要内容。《代微积拾级》出版后，引起了很多中国学者的兴趣。该书流传很广，研习者众多，很多知名的算学馆和学堂都开设了微积分课程。后来的清代数学家华蘅芳（1833—1902）自幼聪慧过人，不仅自学了中国古代的数学著作，还自学了微积分。他初读这本书时感觉艰深难懂，但反复研读后，终于豁然开朗，他感慨道："譬如傍晚之星，初见一点，旋见数点，又见数十点、数百点，以至灿然布满天空。"

　　华蘅芳治学严谨，精心译著，在 1874 年，他与英国的傅兰雅（J. Fryer）合作翻译了我国第二部微积分著作《微积溯源》，对微积分的传播起到极大的推动作用。这两部微积分著作的出版，标志着西方高等数学传入我国，自此以后，我国数学开始融入西方现代数学中，中国数学进入了一个新的发展阶段。

图 8-14　李善兰翻译的《代微积拾级》

第 9 章

概率与统计

生活中最重要的问题，绝大部分其实只是概率问题。

——拉普拉斯

在终极的分析中，一切知识都是历史；在抽象的意义下，一切科学都是数学；在理性的基础上，所有的判断都是统计学。

——C.R.Rao

从死亡线上生还的人

在生活中我们常常看到一些现象，在某种情况下的随机事件，在另一种情况下可能成为必然事件。同样，在一种前提下的必然事件，在另一种前提下也可能不出现。下面这个从死亡线上奇迹生还的故事，生动地说明了这一点。

相传古代有位国王，由于崇尚迷信，世代沿袭着一条奇特的法规：凡是死囚，在临刑前都要抽一次"生死签"。也就是说，在两张签上分别写着"生"和"死"的字样，由执法官监督，让犯人当众抽签。如果抽到"死"字的签，则立即处死；如果抽到"活"字的签，则被认为这是神的旨意，应予当场赦免。

有一次，国王决定处死一名大臣，这名大臣因不满国王的残暴统治而替老百姓讲了几句公道话，为此国王震怒不已。他决心不让这名敢于"犯上"的大臣得到半点获赦的机会。于是，他与几名心腹密谋暗议，终于想出了一条狠毒的计策：暗嘱执法官，把"生死签"的两张签都写成"死"字。这样，不管犯人抽的是哪张签，终难幸免于死。

世上没有不透风的墙。国王的诡计终于被外人所察觉。许多悉知内情的文武官员，虽然十分同情这位往日正直的同僚，但慑于国王的权威，也只是敢怒而不敢言。就这样终于挨到了临刑的前一天，一位好心的看守含蓄地对囚臣说：

"你看看有什么后事要交代，我将尽力为你奔劳。"看守吞吞吐吐的神情，引起了囚臣的疑心，百问之下，终于获知阴谋的内幕。看守原以为囚臣会为此神情沮丧，有心好言相慰几句，但见犯人陷入沉思，片刻间额上焕发出兴奋的光芒。

在国王一伙看来，这个"离经叛道"的臣子的"死"是必然事件，因为他们考虑的前提条件是"两死抽一"。然而聪明的囚臣正是巧妙地利用了这一点，从而使自己获赦的。

囚臣是怎样死里逃生的呢？

原来当执法官宣布抽签的办法之后，囚臣以极快的速度抽出一张签，并立即塞进嘴里。待到执法官反应过来，嚼烂的纸团早已吞下。执法官赶忙追问："你抽到'死'字签还是'活'字签？"囚臣故作叹息说："我听从天意安排，如果上天认为我有罪，那么这个咎由自取的苦果我也已吞下，只要查看剩下的签是什么字就清楚了。"这时，在场的群众异口同声地赞成这个做法。

剩下的签当然写着"死"字，这意味着囚臣已经抽到"活签"。国王和执法官有苦难言，由于怕引发众怒，只好当众赦免了囚臣。

本来，这位囚臣抽到"生"还是"死"是一个随机事件，抽到每一种的可能性各占一半。但由于国王一伙"机关算尽"，想把这种"有一半可能死"的随机事件变为"必定死"的必然事件，终究搬起石头砸了自己的脚，反使囚臣因此得以死里逃生。

9.1　概率论

在自然界和现实生活中，一些事物是相互联系和不断发展的。在它们彼此间的联系和发展中，根据它们是否有必然的因果联系，可以将它们分成不同的两大类：必然现象和随机现象。必然现象必定会产生某种确定的结果。例如，"在标准大气压下，水加热到100℃必然会沸腾""向上抛一块石头必然下落"等。而随机现象的结果是不确定的。例如，抛一枚质地均匀的硬币，得到正面和反面的结果是不确定的。在日常生产生活中，随机现象十分普遍。例如，每期体育彩票的中奖号码、同一条生产线上生产的灯泡的寿命等都是随机现象。

随机现象与必然现象不同，其条件和结果之间不存在必然的联系，即在相同的条件下，可能会发生某一结果，也可能不发生这一结果。它们也就不能用必然数学的逻辑推理或演算的方法来研究。但是，这并不意味着这类随机现象不存在着某种规律，也不意味着就不能用数量来描述和研究它们。从表面上看，随机现象似乎是杂乱无章的、没有什么规律的现象。但实践证明，如果同类的随机现象大量重复出现，它的总体就呈现出一定的规律性。大量同类随机现象所呈现的这种规律性，随着我们观察的次数的增多而愈加明显。比如掷硬币，每一次投掷很难判断是哪一面朝上，但是如果多次重复地掷这枚硬币，就会越来越清楚地发现它们朝上的次数大体相同。

概率论就是研究随机现象数量规律的学科分支。它根据大量同类随机现象的统计规律，对随机现象出现某一结果的可能性作出客观、科学的判断，并对这种出现的可能性大小进行数量上的描述，比较这些可能性的大小，研究它们之间的联系，从而形成一套数学理论和方法。

9.1.1　赌博问题与帕斯卡三角形

概率的概念起源于中世纪以来在欧洲流行的骰子赌博活动。1654 年，一个名叫梅累的赌徒向当时著名的数学家帕斯卡提出了一个使他苦恼了很久的"分赌本问题"。下面列举该问题的一个简单情况：甲、乙二人赌博，各出赌注 30元，共计 60 元，每局甲、乙胜的机会均等，都是 1/2。双方约定：谁先胜满 3局，谁就赢得全部 60 元赌注。现已赌完 3 局，甲 2 胜 1 负，此时却因故中断了赌博。那么这 60 元赌注该如何分给 2 人才算公平？

初看觉得应按 2：1 分配，即甲得 40 元，乙得 20 元。但正确的分法应考虑到如果在此基础上继续赌下去，甲、乙最终获胜的机会如何。至多再赌 2 局即可分出胜负，这 2 局有 4 种可能的结果：甲甲、甲乙、乙甲、乙乙。前 3 种情况都是甲最后取胜，只有最后一种情况才是乙取胜，二者之比为 3：1，故赌注公平分配的比例应是 3：1，即甲得 45 元，乙得 15 元。

帕斯卡对此非常感兴趣，并写信告知费马。在他们的通信中，帕斯卡与费马分别用不同的方法解决了梅累提出的问题，并讨论了这个问题的一般解法。

帕斯卡（1623—1662），出生于法国的

帕斯卡

克莱蒙费朗。帕斯卡没有受过正规的学校教育，他 4 岁那年母亲就病故了。他自幼体弱多病，幼年时甚至有一次，人们认为他活不了多久了。可是他在智力方面却是个神童。他的父亲是政府官吏，也是一位数学家，亲自监督孩子的教育，并且决定让孩子首先学习古代语言，因此不让他接触任何数学书籍。当小帕斯卡问起几何学方面的问题时，他父亲就告诉他几何学是研究图形的。当帕斯卡自己进一步独立地发现了欧几里得的前三十二条定理，而且顺序也完全正确时，使人敬畏的父亲让步了，同意让孩子学习数学。

帕斯卡自幼十分聪颖，12 岁便开始学习几何，独自发现了"三角形的内角和等于 180°"，并通读了欧几里得《几何原本》。16 岁便发现了著名的帕斯卡六边形定理。17 岁时帕斯卡写成了数学水平很高的"圆锥曲线论"一文，这是自希腊阿波罗尼奥斯以来，在圆锥曲线论研究方面取得的最大进步。据说有这样一个插曲：因为这篇论文远远超过了当时的数学水平，笛卡儿产生了怀疑，他认为 16 岁的孩子不可能写出这样的论文。此外，数学归纳法也是他最早发现的。

1642 年，他设计并制作了能自动进位的加减法计算装置，该装置被称为是世界上第一台数字计算器。1654 年之后，帕斯卡运用微积分的原理解决了摆线问题，并于 1658 年写成了《论摆线》一书。他的论文手稿对莱布尼茨建立微积分起到了极大的启发作用。在研究二项式系数性质时，帕斯卡写成了"论算术三角形"提交给了法国科学院，后来法国科学院将其收入他的全集，并于 1665 年发表。该论文中给出的二项式系数展开被后人称为"帕斯卡三角形"，但实际上这早在 11 世纪中叶已由中国北宋数学家贾宪发现了。

帕斯卡和费马通信，他们一起解决了赌徒分配赌资的问题，奠定了近代概率论的基础。这对于科学的发展有着不可估量的重要作用，因为它使数学（及至整个世界）不再要求必须绝对肯定。人们逐渐认识到，即便从完全不确定的事物中也可以得出有用且可靠的知识。此外，在 1646 年，他还制作了水银气压计，于 1651 年至 1654 年间，撰写了关于液体平衡、空气的重量和密度等方面的论文。自 1655 年起，帕斯卡便隐居于修道院，并写下了《思想录》等经典著作，对法国散文的发展产生了很大的影响。由于工作和学习过于劳累，帕斯卡从 18 岁起就病魔缠身，1655 年，病情迅速恶化，最终在 1662 年 8 月 19 日于巴黎病逝，年仅 39 岁。后人为了纪念帕斯卡，用他的名字来命名压强的单位，简称“帕”。

帕斯卡是这样考虑问题的：投掷一枚硬币，不考虑其他因素，认为这两个面出现的可能性相同，正面与反面的概率各为 $\frac{1}{2}$。如果投掷两枚硬币，则容易得出：出现两个正面的概率是 $\frac{1}{4}$，出现两个反面的概率也是 $\frac{1}{4}$，而出现一正一反的概率是 $\frac{2}{4}$。如果投掷三枚硬币，则各种情况出现的概率为：三个正面的概率是 $\frac{1}{8}$；两正一反的概率是 $\frac{3}{8}$；两反一正的概率是 $\frac{3}{8}$；三个反面的概率是 $\frac{1}{8}$。类似地，可以接着考虑投掷 4 枚、5 枚……硬币所涉及的概率。由于随着硬币数目的增加，问题的难度也随之增大了。但是天才的帕斯卡却发现了其中的奥秘，这便是今天所说的“帕斯卡三角形”。图 9-1 可以告诉我们这些数字的排列情况：

```
            1
          1   1
        1   2   1
      1   3   3   1
    1   4   6   4   1
  1   5  10  10   5   1
1   6  15  20  15   6   1
. . . . . . . . . . . . . .
```

图 9-1　帕斯卡三角形

在这个“三角形”里，每个数都是上一行最邻近的两个数字之和。这样，我们只需要做加法运算，就能将这个三角形中每一行的数字写出来。

根据帕斯卡三角形，我们可以立刻算出投掷给定的硬币各种情况所出现的概率。比如，求投掷 5 枚硬币各种可能性出现的概率，我们只需要第 6 行，就可以依次写出投掷 5 枚硬币所有可能性出现的概率：$\frac{1}{32}$，$\frac{5}{32}$，$\frac{10}{32}$，$\frac{10}{32}$，$\frac{5}{32}$，$\frac{1}{32}$。

帕斯卡利用自己所得的结果，可以快速地决定赌资的分配。如果玩家 A 需要赢 2 局，玩家 B 需要赢 3 局，那么两个人一定在 4 局内决出胜负。通过“帕斯卡三角形”中第 5 行的数 1,4,6,4,1，赌资应该以（1+4+6）:（4+1）=11 : 5 的比例分配。

当时，除了帕斯卡、费马之外，还有一些学者也对这类问题进行了热烈的讨论和研究。例如，1657 年，荷兰的数学家惠更斯亦用自己的方法解决了这一问题，并写成了《论赌博中的计算》一书，这就是概率论最早的论著，曾在欧洲长期作为概率论的教科书使用。这些研究推动了原始概率及相关概念的发展和深化。对此，19 世纪的数学家拉普拉斯评价道：“虽然概率论起源于对低级赌博问题的研究，但它已成为人类知识中最重要的领域之一。"

9.1.2 伯努利大数定律

使概率论成为数学分支的另一位奠基人是瑞士数学家雅各布·伯努利。他在概率论方面有两个主要的贡献：伯努利二项分布和伯努利大数定律。

伯努利二项分布最鲜明的例子出现在博弈游戏中，例如，投掷硬币或骰子。对于硬币来说，每一次投掷都是独立的，从而在每次投掷时成功（比如获得正面算作成功）的概率是相同的。如果我们要问一枚硬币投掷 5 次，得到 3 次正面 2 次反面的概率是多少？类似地，如果投掷这枚硬币 500 次，得到 247 次正面和 253 次反面的概率是多少？随着投掷次数的增加，问题的难度也变大。但是伯努利在《猜度术》这本书里解决了这个问题。

伯努利给出了这个问题的一般规则：如果我们独立重复进行 $n+m$ 次伯努利试验（一次试验只有两种可能），其中任意一次试验成功的概率是 p，而失败的概率是 $1-p$，那么 n 次成功和 m 次失败的概率就可由下式给出：

$$\text{Prob}\,(n\text{ 次成功，}m\text{ 次失败}) = \frac{(n+m)!}{n!\cdot m!}\,p^n(1-p)^m$$

用现代组合符号来写，就是 $\text{Prob}\,(n\text{次成功，}m\text{次失败}) = C_{n+m}^n\,p^n(1-p)^m$

有了这个公式，则投掷一枚硬币 500 次，得到 247 次正面和 253 次反面的概率就很容易求出了：

$$\text{Prob}\,(247\text{ 次正面，}253\text{ 次反面}) = \frac{500!}{247!\cdot 253!}\left(\frac{1}{2}\right)^{247}\left(\frac{1}{2}\right)^{253}$$

虽然这个计算量是庞大的，但这个公式在理论上还是很完美的，它是求任意一系列独立的伯努利试验概率的关键。

伯努利最重要的一项贡献是他建立了概率论中的第一个极限定理，我们称为"伯努利大数定律"。这个结果被收录于 1713 年出版的《猜度术》中。通俗地说，大数定律就是当试验次数足够多时，事件发生的频率无穷接近于该事件发生的概率。比如，我们向上抛一枚硬币，硬币落下后哪一面朝上本来是偶然的，但当我们上抛硬币的次数足够多时，达到上万次甚至几十万、几百万次时，我们就会发现，硬币每一面向上的次数约占总次数的二分之一。这种情况下，偶然中包含着必然。必然的规律与特性在大量的样本中得以体现。这个定律第一次在单一的概率值与众多现象的统计度量之间建立了演绎关系，构成了从概率论通向更广泛应用领域的桥梁。在某种程度上可以说，这个大数定律是整个概率论最基本的规律之一，也是数理统计学的理论基石。

9.1.3　拉普拉斯的分析概率论

伯努利实验考虑正反两种可能性，而投掷骰子出现的结果是六种。这些涉及的都是为数不多的可能性情况。但是在大量的概率问题中，可能出现的结果可能是无穷多个，或者数字很大以至于可以当作无穷来处理较为合适。比如，进行长度测量，测量得出的结果仅仅只是所能进行的无穷次不同测量中的几个。如果我们要确定这几次值的平均数正确的概率，那么就必须考虑测量值的无穷多种可能性。处理可能结果为无穷的理论称为连续概率论，是由数学家拉普拉斯完成的。

拉普拉斯

拉普拉斯（1749—1827），生于法国诺曼底的博蒙昂诺日，青年时期就显示出卓越的数学才能，18 岁时离家赴巴黎，决定从事数学工作。于是带着一封推荐信去找当时法国著名数学家达朗贝尔，但达朗贝尔拒绝接见。拉普拉斯并没有因此灰心，而是寄去了一篇力学方面的论文给达朗贝尔。这篇论文出色至极，以至达朗贝尔立即回信说："你用不着别人介绍，你自己就是很好的推荐书。"在达朗贝尔的引荐和影响下，拉普拉斯当上了巴黎军事学校的数学教授。拉普拉斯的主要精力集中在天体力学的研究上，他把牛顿的万有引力定律应用到整个太阳系，尤其是太阳系天体摄动以及太阳系的普遍稳定性问题。在总结前人研究的基础上，经过自己的多年研究，拉普拉斯出版了 5 卷 16 册的巨著《天体力学》，这部著作是经典天体力学的代表作，从理论上彻底解决了太阳系的普遍稳定性问题。

拉普拉斯曾担任拿破仑的老师，所以和拿破仑有着不解之缘。1799 年，他出任法国经度局局长，并在拿破仑政府中短暂担任过 6 个星期的内政部长。拉普拉斯是个无神论者，当他把他的《天体力学》献给拿破仑时，拿破仑之前曾听说这本书没有提及上帝，就问他："拉普拉斯先生，他们告诉我你在写这部关于宇宙系统的鸿篇巨制时，甚至没有提及它的创造者？"拉普拉斯迅速地答道："我不需要那个假设。"但是，拉普拉斯在政治上是个小人物，墙头草，总是效忠于得势的一边，被人看不起，拿破仑曾讥笑他把无穷小量的精神带到内阁里。

拉普拉斯在数学上是个大师，在数学上有许多贡献。1812年，拉普拉斯出版了经典著作《概率的分析理论》，他以强有力的分析工具处理概率论的基本内容，对18世纪概率论的研究成果作了比较完美的总结并使之系统化。这部著作实现了组合技巧向分析方法的过渡，开辟了概率论发展的新时期。在这部著作里，拉普拉斯首先明确地给出了概率的古典定义：事件 A 的概率 $P(A)$ 等于一次试验中有利于事件 A 的可能结果数与该试验中所有可能结果数之比。可以说，拉普拉斯是严谨且系统地奠定分析概率论基础的第一人。

在拉普拉斯之后，为概率论做出贡献的还有法国的泊松。他推广了伯努利形式下的大数定律，研究得出了一种新的分布，即泊松分布。在拉普拉斯和泊松之后，概率论的中心研究课题集中在推广和改进伯努利大数定律及中心极限定理。19世纪后期，极限理论的发展成为概率论研究的中心课题，俄国数学家切比雪夫对此做出了重要贡献。他建立了关于独立随机变量序列的大数定律，推广了棣莫弗 – 拉普拉斯的中心极限定理。切比雪夫的成果后被其学生马尔可夫发扬光大，对20世纪概率论的发展进程产生了深远影响。

9.1.4　柯尔莫哥洛夫的概率的公理化体系

20世纪初，随着概率论的发展，人们越来越发现它的基础不够牢固。一方面，概率论在统计物理等领域的应用产生了对概率论基本概念与原理进行解释的需求；另一方面，在这一时期发现的一些概率论悖论（如贝特朗悖论）也揭示出古典概率论中基本概念存在的矛盾与含糊之处。这些问题强烈要求对概率论的逻辑基础进行更加严格的考察。此外，19世纪以来，数学各分支都纷纷出现了公理化的潮流，因此，建立概率的公理化体系成为数学家的当务之急。

对概率的公理化体系的一系列探索中，柯尔莫哥洛夫的工作最为突出。现在通行的概率论教材中关于概率的公理化定义就是柯尔莫哥洛夫提出的。

柯尔莫哥洛夫（1903—1987）出生于俄罗斯的坦博夫城。他的父亲是一名农艺师和作家，在政府部门任职，1919年去世。他的母亲出身于贵族家庭，在他

柯尔莫哥洛夫

出生后 10 天便去世了。他只好由两位姨妈抚育并指导学习，她们培养了他对书本和大自然的兴趣和好奇心。他后来在自传《我是如何成为数学家的》一书中写道："我五岁时便对数学产生了浓厚的兴趣，当时我就发现了这样的数字规律：$1=1^2$，$1+3=2^2$，$1+3+5=3^2$，$1+3+5+7=4^2$，…"

柯尔莫哥洛夫是苏联最伟大的数学家之一，也是 20 世纪最伟大的数学家之一，在实分析、泛函分析、概率论、动力系统等很多领域都有着开创性的贡献。柯尔莫哥洛夫不仅作为数学家有着传奇的经历，其人生履历更是丰富多彩。一开始他并不是数学系的学生，据说他 17 岁左右的时候写了一篇和牛顿力学有关的文章，凭借此文，他得以进入莫斯科州立大学读书。入学的时候，柯尔莫哥洛夫对历史颇为倾心，一次，他写了一篇很出色的历史学的文章，他的老师看罢告诉他，在历史学领域，要想证实自己的观点，往往需要几个甚至几十个正确的证明。柯尔莫哥洛夫就问老师，哪个领域只需要一个证明就行了，他的老师说是数学。于是，柯尔莫哥洛夫开始了他传奇的数学人生。

柯尔莫哥洛夫是现代概率论的开拓者之一。1933 年，柯尔莫哥洛夫的专著《概率论的基础》出版，书中第一次建立了概率论的严格公理体系，这一光辉成就使他名垂青史。柯尔莫哥洛夫在数学的许多分支都提出了不少独创的思想，他的学术特点是把抽象的数学理论与自然科学实验融为一体。他既是一个抽象的概率论公理学者，又是从事一般产品质量统计检验的研究人员。他既致力于理论流体力学的研究，又亲身参与海洋考察队的工作。柯尔莫哥洛夫认为："数学是研究现实世界中的数量关系与空间形式的科学。……因此数学的研究对象是来自现实之中的。然而当把它们作为数学的研究对象时，必须离开现实素材（数学的抽象性）。但是，数学的抽象性并不意味着完全脱离现实素材"。

由于柯尔莫哥洛夫的卓越成就，他七次荣膺列宁勋章，并被授予苏联社会主义劳动英雄的称号。他还是首届苏联国家奖和列宁奖的获得者。1980 年，他荣获了沃尔夫奖；1986 年，他荣获了罗巴切夫斯基奖。

柯尔莫哥洛夫最著名的工作还是他 1933 年出版的经典名著《概率论的基础》。这部著作完成了概率的公理化体系，从而为概率论奠定了严谨的理论基础。在几条简洁的公理之下，发展出概率论的整座宏伟建筑，犹如在欧几里得公理体系之下发展出整部几何学。这部专著成了概率论发展史上的一个里程碑，为以后概率论的迅速发展奠定了基础。柯尔莫哥洛夫的概率的公理化体系逐渐得到数学家们的普遍认可。由于公理化，概率论成为一门严格的演绎科学。

在公理化基础上，现代概率论取得了一系列理论突破。公理化概率论首先使随机过程的研究获得了新的起点。从 1942 年开始，日本数学家伊藤清引入了随机积分与随机微分方程，这不仅开辟了随机过程研究的新路径，而且为随机分析这门数学新分支的创立和发展奠定了基础。像任何一门公理化的数学分支一样，公理化的概率论的应用范围被大大拓宽。自那以来，概率论成长为现代数学的一个重要分支，使用了许多深刻和抽象的数学理论，在其影响下，数理统计的理论也不断向纵深方向发展，出现了理论概率及应用概率的分支学科，并且概率论被应用到不同领域，催生了众多交叉学科。因此，现代概率论已经成为一个非常庞大的数学分支。

9.1.5　概率论的应用

概率论虽发端于赌博，但很快在现实生活中找到了多方面的应用，比如在人口、保险精算等方面有很多的应用。特别是 20 世纪以来，由于物理学、生物学、工程技术、农业技术和军事技术发展的推动，概率论得到飞速发展，理论课题不断扩大与深入，应用范围大大拓宽。近年来，概率论的方法被引入各个工程技术学科和社会学科。许多兴起的应用数学，如信息论、对策论、排队论、控制论等，都是以概率论作为基础的。目前，概率论在近代物理、自动控制、地震预报和气象预报、工厂产品质量控制、农业实验和公用事业等方面都得到了重要应用。有越来越多的概率论方法被引入经济、金融和管理科学，概率论成为它们的有力工具。另外，由于概率论的概念和方法是数理统计学的理论基础，概率论的进展也必然对数理统计学的发展起到促进作用。

1. 孟德尔遗传实验

概率论最早且最有影响力的一个应用是在现代遗传学领域。孟德尔（Mendel，1822—1884）从小喜爱自然科学，但家境贫寒，尽管他成绩优异，却不得不成为一名修道士。好在后来他得到机会，又进修了自然科学和数学，这为他以后的科学实验打下了坚实的基础。

我们都知道，生物遗传是生命延续的一个必要条件。父母与其后代有相似性，这是一切生物有机体的决定性特征。但生物遗传的基础究竟是什么，千百年来仍是个未解之谜。人们给出了各种解释，比如，亚里士多德认为，母亲影响了腹中胎儿的发育，就像特定的土壤质量影响了种子生长为植株。另一些人则认为是因为"血液混合"，也就是说，后代继承的是父母双方的特征混合后的平均值。但是，融合遗传这种观点并不正确，来自奥地利的孟德尔打破了它。孟德尔在修道院用豌豆等植物展开杂交实验，发现了生物遗传的规律。

　　假设有两种纯种豌豆（F0）：绿的和黄的。如果让它们杂交，则杂交后的第一代（F1）豌豆要么只产生黄色种子，要么都是绿色种子。对于这种现象，孟德尔解释说，这是两种颜色中的某一种统治并支配了另一种的结果。假如黄色是支配色，则杂交后的第一代都呈现黄色，然而随后的第二代（F2）中，黄色和绿色的比例却是 3∶1！如图 9-2 所示。

　　孟德尔从他的研究中总结出了三个基本规律，从而奠定了遗传科学的基础。第一，生物某一特征的遗传涉及其亲本传给后代的某种特定的遗传因子（即基因）；第二，所有后代都会从每个亲本那里（父本或母本）继承一项这样的因子；第三，在第二代中一种给定的特征可能并不出现，但是却能传到第三代中。

　　对于实验中出现的这种数量关系，孟德尔给出了自己的解释。如图 9-3 所示，他认为，每一个纯种豌豆都一定有两个完全相同的遗传因子（等位基因），要么是一对黄，要么是一对绿。当它们交配时，每一个后代都要从其父本和母本那里各继承一个不同的等位基因，即每个植株都包含黄色和绿色的等位基因。但由于黄色是支配色，故杂交后的第一代都呈黄色。但是占据优势的黄色并不能阻止隐性的绿色基因被遗传到下一代中。于是，在下一轮的交配中，用两个都包含黄色和绿色混合遗传等位基因的豌豆进行杂交，则杂交的豌豆可能的颜色组合为：绿 – 绿、黄 – 黄、绿 – 黄、黄 – 绿。由于黄色是支配色，所有包括黄色的种子都会呈黄色，因此，黄色种子与绿色种子的比例是 3∶1。

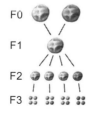

图 9-2　孟德尔豌豆实验

图 9-3　等位基因遗传图

　　事实上，孟德尔的整个遗传实验本质上与抛硬币是一样的。在前面，由帕斯卡三角形我们知道，抛 2 枚硬币至少得到 1 个正面的概率是 3/4，即正面与反面出现的比例是 3：1，这与孟德尔在遗传实验中反映的结果完全一致！

孟德尔继续考虑第三代各种杂交后代所应该出现的比例，以及多个独立特征同时杂交繁殖时应该出现的比例。概率的数学理论所预测的每一种情况，在实际实验中均得到了验证。由概率论所预测的这些比例，孟德尔以及后续众多实验者在实际研究中都予以了证实。

2. 牵手成功的 37% 法则

前几年，有一个电视台的相亲节目"非诚勿扰"很火，每一期节目有 24 个女生出场，她们要对大约 5 个男生进行选择。作为观众，我们好奇的是，如果某一个女生要在 20 期内对约 100 个男生进行最佳选择，那么她"该出手"的时机是什么时候？还有在某电视节目"中国好声音"中，导师们在选歌手时也都非常纠结，该什么时候转身才能选到最佳歌手？

其实这种问题很早就有人研究过。传说古希腊哲学大师苏格拉底的 3 个弟子曾向老师求教，怎样才能找到理想的伴侣。

苏格拉底于是就带领弟子们来到一片麦田，让他们每人在麦田中选摘一支最大的麦穗，不能走回头路，且只能摘一支。第一个弟子刚刚走了几步便迫不及待地摘了一支自认为是最大的麦穗，结果发现后面还有许多更大的麦穗。第二位一直左顾右盼，东瞧西望，直到终点才发现，前面最大的麦穗已经错过了。第三位把麦田分为三份，走第一个 1/3 时，只看不摘，分出大、中、小三类麦穗，在第二个 1/3 里验证是否正确，在第三个 1/3 里选择了最大、最美丽的一支麦穗。

后来，英国著名数学家凯利（Cayley，1821—1895）于 1875 年提出了一个著名的秘书问题：一家公司要招聘 1 位秘书，结果 10 个人来应聘。这 10 个人的素质优劣不等，并按随机顺序依次和公司经理见面。由于经理是位行事果断、说一不二的人，他每见 1 人后便会立即表态是否录用。如果录用了，则招聘活动立即终止，不再见其余的人；如果不录用，则继续见下一个人，且已被拒绝过的人不再被召见。现在的问题是，这位经理应该如何取舍，才能使被录用的人是 10 位候选人中最好的 1 位的概率达到最大？

类似的问题还有很多，例如，父母要送给孩子 1 件礼物，要孩子从 10 件礼物中进行挑选，这 10 件礼物的精美程度各不相同，且以随机的顺序——展现在孩子面前。孩子一旦看中了某件礼物就不许再要其余的。如果前 9 件都未看中，那他只能拿第 10 件礼物了。现在孩子应该如何取舍，才能保证选到最好的礼物的概率最大？这类问题有一个常用的、简单的判别方法。以电视相亲为例：

第一步：估计你一生中能够相亲的总人数 n。

第二步：计算这个数的 37%。

第三步：拒绝掉前面与之相亲的 37% 个人，将其中最理想的人作为择偶标准。

第四步：继续相亲，只要发现比前面选定的择偶标准优秀的对象就与之牵手。

电视节目"非诚勿扰"中女生要从 100 个男生中选定心仪的对象，根据上面的简单算法，就是说要观察 7 期节目，拒绝掉前面的 37 个男生，接下来只要发现比前面的任何一个都优秀的男生，就立刻走下去与之牵手。此时，你所选中心仪对象的最好概率约为 37%，远远高于从 100 人中随意选一个择偶对象的概率。

在现实生活中，能够满足这样苛刻条件的大概只有上面提到的男女相亲过程。它需要在见面后给对方一个明确的答复，同意和某人相处一会儿就不能再与其他人相亲，而且"好马不吃回头草"，如果错过了前面的机会，只好同最后一个中意于他（她）的人相处，唯一不同的是他（她）能遇见与之相处的人数无法预先知道。当然，对于秘书的选择问题，谁也不会这样去挑选秘书，除非应聘的人成百上千，实在无法一一面试。

为什么是 37% 呢？这实际上是一个概率问题，这个问题在 1960 年被数学家加德纳（Gardner）用"最优停止理论"（optimal stopping theory）解决了。假设总共有 N 个人，在见面的前 r 个人中，我们记住一个最优秀的人为 k，那么从第 $r+1$ 个人开始，只要比 k 优秀的，就选择这个人。那么成功选中最心仪对象的概率可以近似为

$$p \approx \frac{r}{N} \sum_{k=1}^{\infty} \frac{1}{k} \left(1 - \frac{r}{N}\right)^k = -\frac{r}{N} \ln \frac{r}{N}$$

设 $x = \dfrac{r}{N}$，那么上面的公式就可以写成 $p = -x \ln x$，根据微积分的极值定理，

对它求导，可以解出 x 的最优值，即 p 在 $x = \dfrac{1}{e}$ 时取得最大值，而 $\dfrac{1}{e} \approx 0.368$，近似地等于 37%。因此，一般把前 37% 的人当作一个标准，后面 63% 的人中第一个达到标准的，即可选中。

在实际操作中，关键是根据 N 来计算出相应的 r 值。比如，当你有 3 个选择时（$N=3$），此时 $r=1$，即拒绝第 1 个后，从第 2 个开始依最优停止原则进行取舍，此时挑到最好的概率为 0.5。表 9-1 给出了 $3 \leqslant N \leqslant 20$ 时所对应的 r 值和 p 值。

表 9-1　当 $3 \leqslant N \leqslant 20$ 时所对应的 r 值和 p 值

N（人数）	r（观察）	p（选中最优）	N（人数）	r（观察）	p（选中最优）
3	1	0.500	12	4	0.396
4	1	0.458	13	5	0.392
5	2	0.433	14	5	0.392
6	2	0.428	15	5	0.389
7	2	0.414	16	6	0.388
8	3	0.410	17	6	0.387
9	3	0.406	18	6	0.385
10	3	0.399	19	7	0.385
11	4	0.398	20	7	0.384

3. 用蒙特卡罗方法计算抛物线面积

美籍波兰数学家乌拉姆（Ulam，1909—1984）创造了用概率方法计算物理对象的某些未知数值的方法，这种方法被称为蒙特卡罗方法。由于"蒙特卡罗"是世界著名的赌城，乌拉姆以此命名该方法，表明这个方法与赌博的随机性相关。大约在 1946 年，乌拉姆在病中常常一个人玩纸牌，他发现了某种牌型出现的概率，如果用排列组合的方法逐步进行计算，会由于计算中遇到许多天文数字（因为阶乘是指数式增长的）而算不出来。于是乌拉姆考虑用随机数去估计原来无法知道的物理常数，并得到了所谓的蒙特卡罗方法。对于这种方法，乌拉姆经常举的一个例子是：如果要求一个曲线围成的区域面积，用微积分方法当然可以，但有时计算很烦琐。这时，用一个正方形将该区域围住，然后随机地往正方形内掷"点"（用随机数可模拟），看该点是否落在区域内。当所掷"点"的数目 N 相当大时，落入区域内的"点"数为 M，则该区域的面积约为正方形

面积的 $\dfrac{M}{N}$ 。这当然只能是近似值，但它不要求给出区域边界的方程，并且数值总是可以估计的。

　　如图 9-4 所示，一个由抛物线 $y=8x-x^2$ 和 x 轴所围的区域称为伯努利湖，它位于 8×16 的矩形区域里。用微积分的知识，很容易求出这个伯努利湖的面积为 $\dfrac{256}{3} \approx 85.333\cdots$ 。下面我们将用概率方法估测它的面积，假设由计算机在这个矩形内寻找任意多个 (x,y) 点，例如，图中标示的 $A=(3.5,7.3)$ ，$B=(6.0,13.7)$ 。

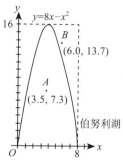

图 9-4　测量伯努利湖的面积

　　现在，我们要问计算机，这些随机的点是落在这个湖内还是湖外。在这个例子里，容易验证点 A 落在抛物线里面，即在湖内。而点 B 落在抛物线外面，即湖外。只需计算机几毫秒的时间，我们就能选择很多随机的点，并确定它们是在湖内还是湖外。

　　现在看一下根据蒙特卡罗方法的关键观测：随机选出的点落入湖内的精确概率记为 p ，它是湖面占据 8×16 的矩形区域的比例，即

$$p = \text{Prob}\,(\text{位于这个湖内的随机点}) = \frac{\text{湖的面积}}{\text{圈出的矩形面积}} = \frac{\text{湖的面积}}{8 \times 16} = \frac{\text{湖的面积}}{128}$$

　　当然，我们只有先知道这个湖的面积才能计算出这个概率。但是，我们能够根据 x/N 来估测这个概率 p 。对于这个例子，我们的计算机在矩形内选出 500 个点，而且发现有 342 个点落入湖内。因此，我们估测 $\dfrac{342}{500}=p \approx \dfrac{\text{湖的面积}}{128}$ ，即

湖的面积 $\approx 128 \times \dfrac{342}{500}=87.552$ 。因此，在没有借助其他任何东西，只是利用伯努利大数定律的情况下，我们就得到了这个湖的面积的近似值。如果我们想得到更为精确的估测值，只需要选择更多的点即可。比如，现在我们选择 5000 个点，其中有 3293 个点在湖内，因此有

$$\frac{3293}{5000}=p \approx \frac{\text{湖的面积}}{128}$$

即 湖的面积 $\approx 128 \times \dfrac{3293}{5000}=84.301$ 。

　　当然，我们还可以让计算机随机选择 50 000 个点，或 500 000 个点，或者

选出任意多个点。那么，我们会更有信心得到这个抛物线湖的面积的估测值。虽然用微积分的方法也不难算出结果，但这还是让我们感受到了概率的威力。

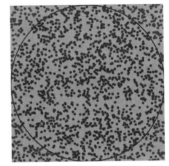

此外，人们也常用蒙特卡罗方法计算圆周率 π。蒙特卡罗方法其实很简单，如图 9-5 所示，首先我们作圆以及圆的外接正方形。假设圆的半径为 R，则外接正方形边长为 2R。接下来，我们在正方形内随机投点。假设我们总共投入了 a 个点，落入圆内的点有 b 个，那么，a 和 b 的比例是多少呢？

图 9-5　用蒙特卡罗方法计算圆周率

根据面积公式，可得 $S_{圆} = \pi R^2$，$S_{方} = 4R^2$，我们很容易得知，$\dfrac{b}{a} \approx \dfrac{S_{圆}}{S_{方}} = \dfrac{\pi R^2}{4R^2} = \dfrac{\pi}{4}$。

这样我们就建立起一个落在圆内的概率（b/a）和圆周率 π 的关系，即 π ≈ 4b/a，从而就可以通过计算 b 和 a 的数据计算圆周率 π。只要我们进行足够多的投点，就可以获得精度较高的圆周率。

在现实世界中，还有很多更加奇妙的现象可以利用蒙特卡罗方法加以研究。例如，在当代军事学研究中，用蒙特卡罗方法可以建立实战的概率模型，以便在实战前对作战双方的军事实力、政治、经济、地理、气象等因素进行模拟。虽然这些因素可能随时发生变化，但是利用计算机进行"战斗"模拟，可以在很短的时间内把一个很长的战斗过程表述出来，并得出可能的结果。这样，军事指挥人员就可以进行成千上万次的战斗模拟，从中选择出对自己一方最有利又最稳妥的作战方案，以保证最大限度地赢得战争的胜利。

9.2　数理统计

统计学首先起源于收集数据的活动。人们不难发现，哪里有实验、哪里有数据，哪里就有数理统计学的运用。正如英国学者威尔斯所说——统计的思维方法，就像读和写的能力一样，有一天会成为效率公民的必备能力。现今各国都设有统计局或相当的机构。当然，单是收集、记录数据这种活动本身并不能等同于统计学这门科学的建立，需要对收集来的数据进行排比、整理，用精炼和醒目的形式表达，在这个基础上对所研究的事物进行定量或定性估计、描述和解释，并预测其在未来可能的发展状况。例如，根据人口普查或抽样调查的资料对我国人口状况进行描述；根据适当的抽样调查结果，对受教育年限与收入的关系，对某种生活习惯与嗜好（如吸烟）与健康的关系进行定量的评估；根据以往一段时间某项或某些经济指标的变化情况，预测其在未来一段时间的走向等。解决这些问题的理论与方法，就构成了一门学问——数理统计学的内容。

因此，数理统计学是一门研究如何收集数据、分析数据并据此对所研究的问题得出一定结论的科学和艺术。数理统计学所考察的数据都带有随机性（偶然性）误差。这就给根据这种数据所得出的结论带来了一种不确定性，其量化要借助于概率论的概念和方法。因此，数理统计学与概率论成为两个密切联系的学科。

9.2.1　格朗特的死亡统计表

统计学始于何时？恐怕难于找到一个明显的、大家公认的起点。一些著名学者认为，英国学者格朗特在 1662 年发表的著作《关于死亡率的自然观察和政治观察》，标志着这门学科的诞生。中世纪欧洲流行黑死病，该病在欧洲猖獗两个世纪，夺去了 2500 余万人的生命。自 1604 年起，伦敦教会每周都要记录在这一周内死亡的人的姓名、年龄、性别、死因，并每周发表一次"死亡公报"，以期望对流行病传播造成的后果提供早期预警。几十年下来，积累了很多资料。作为消遣，格朗特开始研究伦敦城市的死亡记录。格朗特是第一个对这一庞大的资料加以整理和利用的人，他原是一个小店主的儿子，后来靠自学成才。他也凭借这一部著作被选入当年成立的英国皇家学会，这反映出学术界对他这一著作的认可和重视。

这是一本只有 85 页的小册子，主要内容为 8 个表。从今天的观点看，这只是一种例行的数据整理工作，但在当时则是有原创性的科研成果，其中所提出的一些概念，在某种程度上可以说沿用至今，如数据简约（大量的、杂乱无章的数据，须经过整理、约化，才能突出其中所包含的信息）、频率稳定性（一定的事件，如"生男""生女"，在较长时期中有一个基本稳定的比率，这是进行统计性推断的基础）、数据纠错、生命表（反映人群中寿命分布的情况，至今仍是保险与精算的基本概念）等。

格朗特的方法得到了他的朋友佩蒂的支持和拥护，佩蒂是一位解剖学教授和音乐教授，后来成了军医。他坚持认为，社会科学必须像物理科学一样实现定量化。他提倡在这类问题的研究过程中不应空谈，而要让实际数据说话。他给统计学这门刚起步的科学定名为"政治算术"，而且定义为"利用数字处理与政府相关问题的推理艺术"。后来，格郎特的研究方法引起了天文学家哈雷的注意，他对格郎特发表的那份年龄分布表进行了重大改变，并给出了更好的数学解释。

当然，也应当指出，他们的工作还停留在描述性阶段，不是现代意义下的数理统计学。那时，概率论尚处在萌芽阶段，不足以给数理统计学的发展提供充分的理论支持，但不能由此否定他们工作的重大意义。作为现代数理统计学发展的几个源头之一，他们以及后续学者在人口、社会、经济等领域的工作，特别是比利时天文学家兼统计学家凯特勒19世纪的工作，对促成现代数理统计学的诞生起了很大的作用。

9.2.2　凯特勒的正态分布曲线

凯特勒（Quetelet，1796—1874）是比利时的天文学家和统计学家。凯特勒开始只是在数学、物理和天文学方面做一些研究，但一次机会改变了他。1823年12月，凯特勒被公费送到巴黎学习天文学。正是这短短3个月的学习，使凯特勒完全转向了另一个研究领域——概率论。点燃他对概率论研究的热情的正是当时著名的数学家拉普拉斯，拉普拉斯在天文学、概率论方面都有很深的造诣。受到拉普拉斯的启发，凯特勒开始将研究重点转向概率论与统计学。

作为一名物理学家和数学家，凯特勒试图将统计方法用于实践测试，来研究人类的一些特征及能力分布。他记录并分析苏格兰士兵的胸围大小数据的分布，以及法国军队应征入伍者身高数据的分布等。他发现这些数字特征与平均值偏离的变化方式及子弹在靶心周围散布的方式相同。后来，他将比利时人口普查的数据用于他的统计分析，并将结果制成图，画出各种测量值出现的频率，得到一条钟铃状的曲线，这就是概率统计中最著名的"正态分布曲线"，如图9-6所示。由于其曲线是钟形，故有时又称为"钟形曲线"。神奇的地方在

于，无论是身高、体重、肢体长度的测量，还是反映人类智力特质的心理测试，
类似的曲线一次次地重复出现。天下形形

色色的事物中，"两头小，中间大"的居
多，如人的身高，太高太矮的都不多，而
居于中间者占多数——当然，这只是一个
极粗略的描述，要做出准确的描述，就需
要运用高等数学的知识。

事实上，18 世纪，数学家就已经认识
到了这条曲线的存在。例如，法国数学家
棣莫弗在研究概率近似计算时就发现了正
态曲线。1809 年，高斯在研究测量误差时，

图 9-6　德国 20 马克钱币上的高斯正
态曲线

第一次以概率分布的形式重新提出此分布，并引起了人们的普遍关注和研究。
然而当时它的应用范围仅限于天文学、测地学等领域。但令人惊讶的是，这条
曲线竟能与人的生理特征联系起来。由于凯特勒的工作，正态分布迅速扩大到
许多自然科学和社会科学领域，成为一系列核心理论的基础。

正态曲线的特点可由两个参量来刻画：均值和标准差。均值，也就是分布
的平均值，以这个值为中心，正态分布的曲线左右对称。虽然平均值能够对数
据有一个整体的描述，但却不能告诉我们在平均值附近这些数据的分布情况。
为此，还需要引进标准差这一参量。简单地说，一组数据的标准差，就是每一
个数据与算术平均值之差的平方和的平均值的平方根。标准差描述了数据在平
均值周围的聚集程度。

正态曲线的研究表明：无论均值和标准差的具体数值是多少，总有 68.2%
的数据落在以均值为中心、以一个标准差数值为边界的对称区间内；95.4% 的
数据落在以均值为中心、以 2 倍标准差数值为边界的对称区间内；99.6% 的数
据落在以均值为中心、以 3 倍标准差数值为边界的对称区间内。这样，有了均
值和标准差，我们就能得到所需要的关于分布的所有情况。以人的智商为例，
如果某一特定人群的智商平均值为 100，标准差为 15，那么从正态分布曲线可
知，95.4% 的人的智商在 70 ~ 130 之间，而 99.6% 的人的智商在 55 ~ 145 之间。

从图 9-7 中的正态曲线图也可以看出另外一个事实，那就是概率和统计是
相伴而行的。例如，如果我们想预测一下在人群中随机挑选出的人的智商在

85 ～ 100 之间的概率，那么从图中可以看出这个概率是 0.341（即 34.1%）。如果我们想知道智商高于 130 的概率，图中也告诉了我们答案，这种情况的概率仅仅是 0.021（即 2.1%）。这样，通过正态分布的特征，我们能够计算任何给定范围的智商的概率。

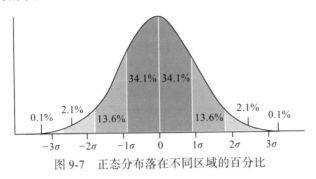

图 9-7　正态分布落在不同区域的百分比

从凯特勒的工作引出了"平均人"的概念。凯特勒越多地进行测量，他注意到个体的变化就越不突出，因为人类主要特征的分布趋势十分明显。每一个具有这个特征中间值的人，就相当于理想人或"平均人"。他声称人类仿佛都是按照一个模子塑造出来的，一个民族的所有人也集中在该民族的那个"平均人"周围，就好像其他人都是对这个"平均人"进行测量所得出的结果。

虽然这个推断过于偏激，但是凯特勒所发现的人类的生物性特征（无论是精神的还是物理特征）的确呈正态分布，这一结论本身是极其重要的。当然，关于正态分布曲线的研究，也引出了一些十分有趣的结论和问题。正如人类的精神和物理特征呈现出正态分布，那么为什么人类的个人收入不是正态分布的呢？当然，这个问题涉及的原因很多，具体的答案是什么，至今仍是各界人士津津乐道的话题。

9.2.3　高尔顿的相关与回归理论

在自然科学中，一些变量之间常常表现出确定的函数关系。例如，万有引力定律、麦克斯韦方程、爱因斯坦质能方程等。但是在某些领域，要建立这样的函数关系很难，有的甚至是不可能的，但我们还是希望能从中获得一些有用的信息，就需要对可变因素之间的变化程度进行度量，这就涉及统计学上的一个重要概念：相关。比如，父母的智力与他们的孩子学习优秀之间具有某种相关性，气温与火灾之间的关系，等等。

第一位引入相关概念的是英国遗传学家和优生学家高尔顿（1822—1911）。高尔顿是达尔文的表弟，受表哥达尔文《物种起源》的影响，高尔顿对人类遗传学产生了浓厚的兴趣。高尔顿并不是一位专业研究数学的学者，而是一个极其重视实践工作能力的人。

他以生物遗传学为中心，开展了对人类遗传的研究，并且进行了一项关于身高的实验。他考虑的一个问题是：异常的身高是否有遗传性。他的方法是这样的：选取 1000 名父亲，记录下他们的身高，然后相应地记下他们儿子的身高。由于父亲身高与儿子身高之间不能用一个具体的函数关系来表示，高尔顿在收集了大量的数据之后，得到的既不是直线图，也不是杂乱无章的图，而是一张散点图（见图 9-8），也就是说，它呈现出一个近似椭圆的形状，其中心对应的是父亲身高（x 轴）与儿子身高（y 轴）正好都是平均身高的那个点。

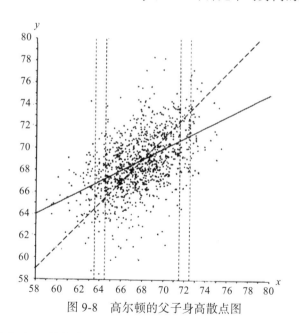

图 9-8　高尔顿的父子身高散点图

高尔顿就在这一研究中引入了"相关"的思想。两个变量相关，是它们之间相互关系的一种度量，这个度量的数值就是相关系数。相关系数的取值范围一般介于 −1 和 1 之间。相关系数为 1，表示两个可变因素处于一种正比关系；

相关系数为 -1，则意味着两个变量呈现反比关系；相关系数为 0，则表示一个变量的行为与另一个变量的行为无关，它们的变化是独立的；相关系数为 3/4，表示两个变量之间具有较强的相关性。

　　高尔顿发现，父亲的身高与儿子的身高之间有一种确定的正相关性。一般而言，高的父亲会有高的儿子。但是儿子不会像父亲那样在同龄人中显得那么高，他们的身高将向中等身高退化。也就是说，不管父母的身高是高是矮，大数据表示，孩子们的身高都是逼近普通人的身高，也就是回归平均值的。高尔顿在智力遗传的研究中也得到了类似的结果。一般来说，天才是遗传的，但是天才的孩子却较他们的父母平庸，而一般智力水平的父亲，其孩子却极有可能是天才。高尔顿为他的发现激动不已，进一步的研究表明，除了身高和智力，人的许多其他特征也具有相关关系。于是他得出结论：人的生理结构是稳定的，所有有机组织都趋于标准状态。

　　现代医学研究和经济预测都依赖于对相关系数的确定和计算。例如，吸烟和患肺癌之间的关系，股票市场上市场行为与其他可变因素之间的相关性，等等。高尔顿的相关理论后来被现代统计学的奠基人皮尔逊、斯皮尔曼和其他一些英国学者不断完善，发展为今天统计学上的相关与回归理论。相关的理论是把变量之间关系的程度加以量化，而回归则是对相关变量进行近似估计，称为回归方程。例如，随机抽取 8 名女大学生，考察其身高 x（cm）与体重 y（kg）之间的关系（见表 9-2）。

表 9-2　身高与体重之间的关系

编号	1	2	3	4	5	6	7	8
身高 /cm	165	165	157	170	175	165	155	170
体重 /kg	48	57	50	54	64	61	43	59

　　根据表 9-2 中的数据，我们可以画出相应的散点图，并可求出其回归方程为 $y = 0.849x - 85.712$，如图 9-9 所示。据此可以推测其他女大学生的身高与体重的关系。

　　现实世界中的现象往往涉及众多变量，它们之间有错综复杂的关系，且许多属于非决定性的性质。作为首位将数学方法引入遗传学的学者，高尔顿的工作具有划时代的意义。相关与回归理论的创立，为通过实际观察对变量之间的关系进行定量研究提供了有效工具，具有重大的理论认知价值和实际应用意义。

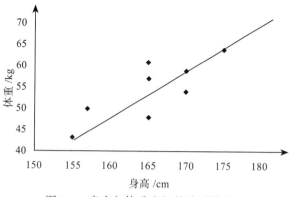

图 9-9　身高与体重之间的关系散点图

在实际生活中，一些变量之间的相互关系并不容易确定，例如，吃某个食品与患某种疾病的关系。据美国《纽约时报》的报道，1989 年，用于催熟苹果的化学剂 Alar，被认为可能会导致孩童时期患癌症。该实验开始是以老鼠为样本研究的，但儿童只有在吃苹果达到十万次以上才有可能患病。尽管如此，这种忧虑还是给当时的苹果业造成了几百万美元的损失。其他诸如"每天喝两杯咖啡患胰腺癌的可能是一般人的两倍""手机辐射可能对健康造成威胁或引发癌症"等例子，更多的是依赖于一项研究，并没有分析其他可能的基础因素或深层次的原因。因此，要想得到一个令人信服的结论，你必须仔细地看这个研究的研究报告，然后再确定其结论是否真的可靠。

9.2.4　数理统计学的应用

自第二次世界大战以后，数理统计学有了迅猛的发展，主要有以下三方面的原因：一是数理统计学理论框架的建立以及概率论和数学工具的进步，为统计理论在广度和深度上的发展开辟了道路，并提供了有效的手段；二是实际应用的需求推动，不同学科不断提出了新的问题与模型，激发了学者们的研究兴趣；三是电子计算机的发明与普及应用，一方面提供了必要的计算工具——统计方法的实施往往涉及大量数据的处理与运算，用人力无法在合理的时间内完成。计算机的出现解决了这个问题，赋予了统计方法以现实的生命力。另一方面，计算机对促进统计理论研究也有助益，统计模拟是其表现之一。

近年来，数理统计学理论研究"数学化"愈来愈重，现实问题愈来愈涉及大量的、结构复杂的数据。随着大数据和数字化转型概念的兴起，数据分析师成了一个热门的职业。我们每天使用的互联网，背后都有大量的数据分析团队在分析你的行为，为你推荐你喜欢的文章、商品、视频等。当然现在更多的传统行业也都有数据分析师，这部分需求仍然在随着时代的变化而不断增长。随着经济社会的发展、各学科相互融合趋势的加强和计算机技术的迅猛进步，统计学的应用领域、统计理论与分析方法也将持续拓展与深化。在未来，数理统计学将在所有领域都展现出它的生命力和重要作用。下面举出一些数理统计学发展过程中的著名应用实例。

1.《红楼梦》的后四十回

《红楼梦》是清代文学家曹雪芹的传世佳作，它倾注了作者的毕生心血，可惜的是作者英年早逝，最终未能完成书稿。随后的学者为了完成这部奇书，相继进行续写，使之完整。一般认为，《红楼梦》的后四十回为高鹗所续。但是，我国学者对于《红楼梦》的作者和成书过程的研究，从来没有停止过。

20世纪80年代，美国华裔学者陈炳藻出版了《计算机红学：论〈红楼梦〉作者》的专著，他利用计算机对《红楼梦》前八十回和后四十回的用字进行了统计，并使用数理统计学方法探讨了《红楼梦》前后用字的规律。结果发现《红楼梦》前八十回与后四十回所用的词汇正相关程度达到78.57%，而《红楼梦》与《儿女英雄传》所用的词汇的正相关程度只有32.14%。由此推断前八十回与后四十回的作者均为曹雪芹一人的结论。1985年以后，东南大学、深圳大学相继开发了《红楼梦》作品研究的计算机数据库系统。根据计算机检索系统提供的资料，有关人员通过对语言风格要素与风格手段，以及某些用字、用词及回尾处理的差异进行了比较研究，得出《红楼梦》前八十回与后四十回语言风格存在明显差异的结论，又为两者出于不同作者之手提供了有力的证据。这与单纯从词汇数量统计的结果相比较，似乎更具有说服力。

1987年，中国数学家李贤平在美国威斯康星大学，运用计算机技术的模式识别法和统计学家使用的探索性数据分析法，又提出了一个《红楼梦》成书过程的观点：《红楼梦》各回所写内容具有不同的风格，各部分实际上是由不同作者在不同时期里完成的。李贤平认为："《红楼梦》前八十回是曹雪芹据《石头记》增删而成，其中插入他早年著的《金瓶梅》式小说《风月宝鉴》，并增写了许多具有深刻内涵的内容。在曹雪芹尚未完成全书就突然去世之后，曹家亲友搜集整理了原稿，并加工补写成《红楼梦》后四十回。"他的这一看法否定了被红学界一直视为曹雪芹作前八十回，高鹗续后四十回的定论。

而尹小林在 2007 年发表于《中国科学院院刊》的一篇文章中写道，"经统计，《红楼梦》全书总字数 729 636 个（不含标点），用字 4426 个，使用频率最高的 10 个字依次是了、不、一、来、人、道、我、是、说、他。如果将全书分为三部分进行统计，其结果是：前四十回，总字数为 228 915 字，用字量 3661 个；中四十回，总字数为 266 572 字，用字量 3655 个；后四十回，总字数为 234 149 字，用字量 3139 个。前四十回和中间四十回，用字量相差甚小，差率约为 1.6‰，后四十回与前四十回相比，差率约为 166‰，差率达 100 多倍。"据此，有人认为，从用字习惯上说，后四十回不是曹雪芹作。

总之，红学的量化研究，使"曹雪芹作前八十回，高鹗续后四十回"的传统观点受到多方面的挑战。实际上，国外也有用类似方法鉴定文学作品的案例。比如，苏联著名小说家肖洛霍夫的作品《静静的顿河》，曾被指抄袭，但通过计算机对大量数据的统计、分析和比较，最后还是确定诺贝尔文学奖得主肖洛霍夫是原书真正的作者。同样，在英国 16 世纪 90 年代流行的一部剧作《爱德华三世》中，展现了英格兰国王爱德华三世英勇的骑士精神。然而该剧的作者一直存在争议。几百年后，通过计算机对该剧的语言风格进行分析，最终确认《爱德华三世》是莎士比亚的一部早期作品。

2. 巧合的生日

我们常常会看到一些报道，比如某班级有两个学生同一天生日，某人 4 个月内连中两次彩票，某人梦见他二舅给自己打电话，然后第二天晚上他二舅就真的打来电话，或者根据现代算命技术进行了准确的预测，等等。这样的事件被报道出来，可能会引起读者的兴趣。不过这些事件究竟是超凡力量在起作用，还是存在某种隐藏的能力引发了这些现象呢？

也许完全否认某些人具有超能力的可能性，或者是某人出生时刻所处的行星位置可以决定他一生所经历的一切事件的可能性是不慎重的。但是，这类报道只选择成功的例子，并不能为这种可能性提供强有力的证据。例如，考虑一个典型的超灵感实验，实验者从两个物体之中任取一个放在纸板下，要求被实验者猜出放在纸板下的物体。这样的实验反复进行 4 次，则一个人纯粹由猜想得到所有正确答案的概率为 1/16。也就是说，如果从普通人群中任意选出 64 个人进行这样的实验，则其中很可能有三四个人以很大的概率猜中所有正确答案。这样的实验并不是表明这三四个人具有超灵感。但是，如果仅仅报告他们的实验结果，却会吸引我们的注意力！

生活中，我们经常会碰到"偶遇"现象。外出时会遇到几十年不见的同学，聚餐时会碰到很多同乡、校友，进一步了解会发现在座的人有许多共同的爱好、相同的星座或生日，等等。例如，如果你出席一个至少有 23 人的宴会，询问所有出席者的生日，你会发现他们中有两个人生日相同。这似乎是惊人的巧合，其实通过概率计算，我们知道发生这类事件的概率为 50%。而对于超过 23 人的聚会或班级，同一天生日的概率会越来越大，下面略去这个问题的推导过程，直接列出具体的统计结果（见表 9-3）。

表 9-3　具体的统计结果

人数	5	10	20	23	30	40	50	64	100
同一天生日的概率	0.03	0.12	0.2411	0.507	0.706	0.891	0.97	0.997	0.999 999 7

在一篇发表于美国统计学会杂志上的文章中，哈佛大学的两位教授戴康尼斯和莫斯特勒证明了绝大多数的巧合，如一度作为一个惊人事件报道的美国某地某人在 4 个月内中了两次彩票，其实是在一定的时间内以相当小的概率发生的。

在我国，这种"祸不单行""好事成双""保证发财"的现象在生活中时有发生。例如，2001 年江苏"体彩"出现过相隔不久的两期大奖得主为同一人的情况。不少人对此用宿命论来解释，其实这种随机事件以不同形式出现的现象，在统计学中是屡见不鲜的，这种现象在统计学中又被称为"成群现象"。比如，对于像 π 这样的数字排列毫无规律可言的无理数，却从小数点后第 710 161 位开始连续出现 7 个 3，就是随机成群现象的一个例子。实际上，在 π 中什么蹊跷的事都有可能发生，比如你在其中可以找到你的手机号码，只要你有这个耐心。

统计学中存在这样一条法则：在一次实验中，以很小的概率发生的事件，当样本足够大时必然会发生，并且它可能在任何时候发生，无须归因于任何特别的理由。

3. 夺冠精灵——大数据的帮助

看过电影《点球成金》(*Moneyball*，2011)的人，想必一定对大数据统计学在运动员相关方面的作用印象深刻。这部影片讲述的是一个球队管理者，如何利用数据分析挑战传统球队经营模式，以小搏大，力抗其他球队，最终创造奇迹的故事。

在这部电影里，美国职业棒球大联盟(MLB)中，比利所属奥克兰运动家队败给了纽约扬基队，而且队中的三名主力被重金挖走，球队未来前途渺茫。一次偶然的机会，比利认识了耶鲁大学经济学硕士彼得，两人对球队的运营理念不谋而合。在比利遇见彼得之前，虽然他不知道统计对于棒球的意义，但是他一定质疑过传统的选拔和交易球员的标准。于是，他聘请彼得作为自己的顾问，一起研究如何打造高胜率球队。他们用数学建模方法，开始挖掘具有潜力的明星球员，并通过各种方法将他们招至麾下。他们的团队在选择球员时利用了统计学理论，同时对球员也进行了科学理论的指导。虽然他们的做法遭到了管理层的反对，但是比利和彼得充分运用他们的智慧，在科学理论指导下以最低投入获得了最大产出。在统计学的帮助下，比利走出了失败。他们通过大数据统计对球员的各项能力进行综合评估，从而以较低的价格签下了一批实力选手。这是从未有过的球队经营管理模式，但毫无疑问，这种大数据统计方法对体育运动有很大的帮助。

通过这部影片，体育界认识到了数据的力量。从足球到篮球，数据似乎成了赢得比赛甚至是奖杯的金钥匙，利用大数据让团队发挥最佳水平成了数据分析师的重要任务。大数据对于体育的改变可以说是方方面面的，对于运动员，可穿戴设备收集的数据可以让他们更了解自身身体状况。对于媒体评论员，通过大数据提供的数据可以更好地解说比赛、分析比赛。数据已经通过大数据分析转化成了洞察力，为体育竞技中的胜利增加了筹码，也为身处世界各地的体育爱好者随时随地观赏比赛提供了个性化的体验。

尽管鲜有职业运动员愿意公开承认自己利用大数据来制定比赛策略和战术，但几乎每一个球员都会在比赛前后使用大数据服务。有教练表示："在球场上，比赛的输赢取决于比赛策略和战术，以及赛场上连续对打期间的快速反应和决策，但这些细节转瞬即逝，所以数据分析成为一场比赛最关键的部分。对于那些拥护并利用大数据进行决策的选手而言，他们毋庸置疑地将赢得足够多的竞争优势。"

在教育领域，随着技术的发展，信息技术已在教育领域有了越来越广泛的应用。考试、课堂、师生互动、校园设备使用、家校关系……只要技术达到的地方，各个环节都被数据包裹。在课堂上，数据不仅可以帮助改善教育教学，在重大教育决策制定和教育改革方面，大数据更有用武之地。利用数据可以诊断处在辍学危险期的学生、探索教育开支与学生学习成绩提升之间的关系、探索学生缺课与成绩之间的关系、探索教师的教学风格与学生成绩之间的关系等，从而为提高教学质量提供更好的参考。大数据在国内教育领域已有了非常多的应用，譬如慕课、超星学习通在线课程、翻转课堂等，在对学生在线学习资料进行统计时，就应用了大量的大数据工具。

毫无疑问，在不远的将来，无论是教育管理部门，还是校长、教师，以及学生和家长，都可以得到针对不同应用的个性化分析报告。通过大数据的分析来优化教育机制，也可以做出更科学的决策，这将带来潜在的教育革命。未来的个性化学习终端，将会更多地融入学习资源云平台，根据每个学生的不同兴趣爱好和特长，推送相关领域的前沿技术、资讯、资源乃至未来职业发展方向等，并贯穿每个人终身学习的全过程。

第 10 章

非 欧 几 何

19 世纪最有启发性、最重要的数学成就当推非欧几何的发现。

——希尔伯特

经常坐飞机的朋友，可能会对这样的问题感兴趣：飞机走哪条航线距离最短？以北京－纽约的航班为例，如果打开平面地图，按照两点之间直线最短，你会发现飞机从北京起飞向东穿过太平洋，直达美国东海岸纽约。但事实上，飞机走的并不是这条线路，而是向东北方向途经内蒙古—进入俄罗斯—穿越北冰洋—飞跃加拿大—最后抵达美国东部的纽约。

有人可能会问，这不是绕了一大圈，要多走很多路吗？实则不然，因为地球是圆的。我们看到的是平面地图，在这个地图上看出的直线是不准确的。如果有地球仪的话，大家可以手动对比一下，如果没有地球仪，其实我们也可以在大脑中想象一下。地球是一个球面，两点之间最短的距离叫作测地线，又叫短程线，球面上两点间最短的距离是经过两点的大圆的劣弧，所谓球面大圆指的是球面上圆心与球心重合的圆，比如经线和赤道。而过北京和纽约两个城市的大圆基本就是航班的航线。北京－纽约的大圆航线如图 10-1 所示。

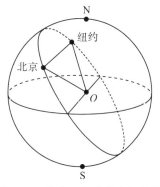

图 10-1 北京－纽约的大圆航线

这种涉及球面上的飞行距离问题就是非欧几何的研究范围，它跟研究平面上的欧几里得几何是如此不同。在 19 世纪的所有发现中，非欧几何的发现在技术上是最简单的，但意义也是最深远的。这一创举催生了数学上的一些新分支，其最重要的影响是迫使数学家从根本上重新认识数学的性质，以及数学和物质世界之间的关系，进而引出了许多关于数学基础的问题，这些问题直至 20 世纪仍在持续引发争论。

在笛卡儿创立解析几何以后的百余年里，代数和分析的方法在几何学中占据主导地位。但对传统的欧几里得几何学的研究并没有停止，其中一个最重要的原因就是有关第五公设的认知。由于第五公设的叙述较为繁杂，看上去不像是不证自明的公设。自欧几里得的《几何原本》问世以来，几何学家们一直致力于尝试从其余九条"公理"和"公设"推导出第五公设这已经持续了两千多年。

19 世纪 20 年代，就如同春天里紫罗兰四处开放一般，几何学家罗巴切夫斯基、鲍耶和高斯不约而同地发现了一种新的几何——非欧几何。在宣告第五公设只能是公理的同时，又开创出了新的几何学。这种新几何体系是从欧几里得第五公设的否定命题出发，利用公理化方法得到的。罗巴切夫斯基以其毕生的精力系统地研究了非欧几何的思想方法，使得最初创立的非欧几何学被称为罗巴切夫斯基几何学。

10.1 罗巴切夫斯基几何学的创立

10.1.1 对"第五公设"的疑惑

为什么第五公设不断引发许多数学家的怀疑和批评呢？为了看清这一点，我们将《几何原本》中的五条公设罗列于此：

1）在任意两点之间可作一直线。

2）线段（有限直线）可任意延长。

3）以任意点为中心及任意距离为半径可作一圆。

4）所有直角彼此相等。

5）若一条直线与两条直线相交，且同侧的内角之和小于两直角，则那两条直线任意延长后会在内角之和小于两直角的一侧相交。

任何读到上述五条公设的人几乎必然会注意到的一个特点是：第五公设与前四条公设相比实在太繁复了，简直就像一条定理。虽然从逻辑上讲，公设（以及公理和定义）无非是一个公理体系的推理起点，繁复与否并不妨碍功能。但自古以来，对公设（以及公理）的一个重要判断依据就是"自明性"，必须是明显为真却无法证明的命题，而表述繁复会损及自明性。第五公设的情形正是如此。同时，它是《几何原本》第 17 个命题的逆命题，并且看起来更像个命题而不像公设。再则，《几何原本》直到证明第 29 个命题才用到这个公设，比其他公设的使用要晚得多。数学家自然会想：这条公设是否真的必要，也许它能作为一条定理从其他九条"公理"和"公设"导出，或者它能被可接受的等价物取代。

从《几何原本》的其他九条公理和公设出发，证明第五公设的努力一直持续到 18 世纪。两千年中，虽然不止一次地有人宣布已经获得成功，可是人们很快就发现这些"成功者"的证明，无一例外地都存在缺陷。他们大多在证明中，或明或暗、自觉或不自觉地使用了"代替第五公设的公设"。这显然等同于用要证明的命题来证明它自身，是显而易见的循环定义的逻辑错误。公元 5 世纪，欧几里得几何学的著名注释者、古希腊学者普罗克洛斯在试证第五公设时，就发现古希腊天文学家托勒密的"证明"中，使用了"过直线外一点只能作一条直线平行于该直线"的第五公设的等价命题。对此，18 世纪的数学家达朗贝尔曾将第五公设的证明称为"几何原理中的家丑"。人们从正面证明第五公设的努力虽然失败了，但无意之中找到了它的许多等价命题。除上述平行公理外，第五公设主要的等价命题还有：

命题 1：三角形三个内角之和等于两个直角。

命题 2：每个三角形的内角和都相同。

命题 3：四边形的内角和等于四个直角。

命题 4：通过一角内任一点可以作与此角两边相交的截线。

命题 5：过不在一直线上的三点可作一圆。

命题 6：平行于已知直线的直线，与已知直线的距离处处相等。

……

10.1.2 非欧几何思想的萌芽

在人们长期采用正面证明而屡遭挫败之后，18 世纪后半叶的数学家开始从反面证明第五公设，意大利数学家萨凯里（Saccheri，1667—1733）于 1733 年第一次发表了其极具特色的成果。

萨凯里使用归谬法，从著名的"萨凯里四边形"出发来证明第五公设。萨凯里四边形是一个等腰双直角四边形，如图 10-2 所示，其中 $|AC| = |BD|$，$\angle A = \angle B$ 且为直角。萨凯里需要证明的是 $\angle C = \angle D$ 且为直角。

图 10-2　萨凯里四边形

萨凯里指出，不用平行公理容易证明 $\angle C = \angle D$，并且它们有三种可能性：$\angle C$ 和 $\angle D$ 是直角；$\angle C$ 和 $\angle D$ 是钝角；$\angle C$ 和 $\angle D$ 是锐角。可以证明，直角假设与第五公设等价，萨凯里的计划是证明后两个假设导致矛盾，根据归谬法就只剩下第一个假设成立，这样就证明了第五公设。

在《几何原本》中，承认直线是可以无限延长的。萨凯里在这个前提条件下，很容易否定了钝角假设。然后考虑锐角假设。在这一过程中，他获得了一系列新奇而有趣的结果。譬如，在锐角假设成立的前提下，可以得到：三角形三内角之和小于两个直角；过给定直线外一给定点有无穷多条直线不与该给定直线相交，等等。但是萨凯里认为它们太不合情理，便以为自己导出了矛盾而判定锐角假设是不真实的。

虽然萨凯里通过反证法证明第五公设没有获得成功，但这是两千年来对第五公设第一次别开生面的证明，他在证明过程中所推导出来的一些命题已经超出了欧几里得几何的范畴，他已经不知不觉地走向了非欧几何的大门，只是他自己并没有认识到这一点。萨凯里的工作是要通过"反证法"的途径来证明第五公设，他当时并没有去探索第五公设以外的几何世界的意识，甚至可以说，他并未意识到存在第五公设以外的几何世界。

在萨凯里之后，1766 年，德国哲学家、数学家兰伯特（Lambert，1728—1777）采取了与萨凯里类似的反证法来证明第五公设，并在一定程度上触及了非欧几何的核心。但与萨凯里不同的是，他开始认识到，如果任何一组假设不导致矛盾的话，那么就能构成一种理论系统。他意识到至少存在一种没有第五公设的"逻辑世界"。兰伯特明确指出，前人对第五公设的证明"通常包含或者就是所要证明的命题，或者是和（第五）公设等价的命题。"他为了证明第五公设而选择的等价命题是：若四边形的三个角是直角（三直角四边形），则另一个角也必是直角。同萨凯里一样，兰伯特令第四个角是直角、钝角或锐角，再通过推导出矛盾的方法去否定钝角和锐角假设。在这些假定下，他推导出一系列不同的新命题。

兰伯特的推理表明，他对几何学的真理性提出了一个新的思想，即在不同的空间，从不同的公理体系出发，可以构造出不同的几何学。兰伯特虽然没有创立系统的非欧几何学，但他的几何学思想可以说超出了欧几里得几何学，已经迈进了非欧几何学研究领域。

从萨凯里开始，沿着"反证法路线"进行研究的几位有代表性的研究者逐渐放弃了求证第五公设的目标，转而朝着创建非欧几何的方向迈进。到了 19 世纪初，第五公设的研究出现了可喜的进步。人们从僵化的思想中解放出来，逐渐认识到第五公设可能是独立的命题。面对大量出现的非欧几何命题，人们开始思考数学真理的检验标准问题。这些都为 19 世纪的几何学乃至数学的发展提供了先进的思想基础。

10.1.3 罗巴切夫斯基几何学的诞生

19 世纪上半叶，第一个非欧几何学的三位创立者高斯、罗巴切夫斯基和鲍耶都各自证明了在第一种情况下，存在着一个与欧几里得几何学不同的几何学体系——非欧几何学。

1. 高斯的发现

高斯（1777—1855）出生于德国的布伦瑞克。父亲是一个泥瓦匠，母亲是石匠的女儿。高斯天资聪颖，据说"在他学会说话之前就已经会计算了"。在布伦瑞克公爵费迪兰的资助下，18 岁的高斯进入哥廷根大学。高斯不仅喜欢古代语

高斯

言学，也热爱数学。在进入哥廷根大学的第二年，也就是他 19 岁时，高斯解决了一个正多边形尺规作图的理论问题，而且完成了正十七边形的尺规作图。要知道，从古希腊的欧几里得到后来的许多著名学者，他们都没有能够用尺规作图作出正十七边形，这一成功使高斯从此致力于数学研究。1798 年，高斯完成了代数基本定理的证明，并于 1799 年获得哈勒大学的博士学位。高斯早期的数学研究工作主要集中在数论方面。他有一句名言："数学是科学之王，数论是数学的皇后"。1801 年，高斯成功地计算出了太阳系中最小的行星——谷神星的位置，由此声名大振，并转向天文学研究。在他 30 岁那年，高斯成为哥廷根的天文台台长和母校的教授。高斯凭借自身的才干，幸运地获得了极好的工作和生活条件，为科学事业做出了巨大的贡献。在哥廷根期间，高斯主要从事天文台的工作。晚年的高斯在数学研究上依然硕果累累，1855 年 2 月 23 日，高斯因心脏病突发在睡眠中离世，他的大脑被收藏于哥廷根大学生理学系。在数学史上，高斯与阿基米德、牛顿并列为三位最伟大的数学家。在高斯去世后，国王下令为他雕刻一枚奖章，上面以国王的名义镌刻着："献给数学王子"。如今，高斯以"数学之王"的美誉著称于世。

高斯在数论、代数、几何、分析、物理、天文、大地测量等许多科学领域中都留下了光辉的业绩。高斯对自己的科学著作总是要求尽善尽美，从他 21 岁第一次完成了代数基本定理的证明之后，一生数次证明这一定理。他竭力使自己的著作完美、简明和令人信服。他坚信这样的格言"宁可少些，但要好些"，因而他一生只公开发表了 155 篇论著。

18 世纪，数学家们得到了大量跟天文学、力学等自然科学相关的分析学成果，但他们往往忽视推理的严密性。高斯一方面从观察和实例中探寻数学事实，另一方面强调数学是一门严谨的科学，必须追求明确的定义、清晰的假设、严格的证明以及成果的系统化。这使他有别于 18 世纪的大多数数学家。或许正是由于这种严谨的思维方式，高斯虽然最早完成了相当完整的非欧几何创建工作，但他一直没有将之公诸于世，这使得他不能像罗巴切夫斯基那样旗帜鲜明地为非欧几何摇旗呐喊。对此，高斯的直接解释只有一句话："怕有世俗偏见的愚人叫嚷。"高斯于 1817 年给朋友的信中写道："我越来越深信我们不能证明欧几里得几何具有物理的必然性，至少人类的理智无法做到，也不能给予人类理智以这种证明能力。或许在另外一个世界中，我们可能得以洞察空间的性质，而现在这是不能达到的。高斯在 1824 年写给朋友的一封信中称："假设三角形三内角之和小于 180°，会引出一种新奇的几何学，同欧几里得几何学完全不同，但也是一贯相容的。这种几何学的定理，初看似乎自相矛盾、荒诞不经，但是平心静气地思索一下就可以看出，它绝不包含做不到的事情。我并不怕任何具有创造性数学头脑的人误解上面的一席话，但无论如何请把它们视为私下交流，不要以任何方式引用或公开发表。"从高斯的遗稿中可以了解到，他早在 1792 年就开始证明第五公设，那年他才 15 岁。最迟到 1816 年，高斯获得了非欧几何的基本思想，并确信存在着一种与欧几里得几何不同的几何学。

在高斯的手稿中，他把这种新几何学称为"反欧几里得几何""星空几何"或"非欧几里得几何"，他还发现了这种新几何学的一系列定理。为了验证这些奇异的命题的合理性，高斯做过一些实际的测定。他实际测量了法国境内由三个山峰构成的三角形的内角之和，取三角形三边长分别为 69km、85km 与 197km。虽然他发现内角和比 180° 超出 14'85"，但他意识到这个实验误差远大于超出值，正确的测量结果可能是等于或小于 180°。由此高斯认为这个三角形还小，只有在更大的三角形中才有可能显示出 180° 与三角形内角和存在的差距。由此看来，高斯仍然寄希望于通过检验的方式，来保证新的几何体系的可靠性。

2. 鲍耶的保守

J. 鲍耶（J. Bolyai，1802—1860）是匈牙利数学家。他的父亲 F. 鲍耶是一位教师，年轻时在哥廷根大学跟高斯同窗三年，长期研究过"第五公设"问题。由于受到父亲和家庭环境的影响，鲍耶自幼酷爱数学，他在 13 岁时就学会了微积分，并将其应用于分析力学，表现出良好的数学天资。受父亲的影响，他很早就接触了第五公设问题。他在工学院学习期间，以及毕业后到军队担任工程师职务期间，都坚持研究第五公设问题。21 岁时，鲍耶在给父亲的信中写道："我已经获得了一些出色的成果，我已经从无到有地建立了整个世界。我得到了如此惊人的发现，连我自己都感到惊讶不已。"1831 年，父亲决定把鲍耶的成果

鲍耶

放在自己一卷书的附录中发表。此书清样一出来，老鲍耶就把清样给高斯寄去一份。但是，这份清样在邮寄过程中遗失了。接着鲍耶父子又补寄了一份。第二年3月，高斯给鲍耶父子回了一封信，称"附录"所使用的方法以及所得到的结果，几乎完全与我心中已经深思熟虑了30年到35年的一些心得相符合。这封回信使年轻的鲍耶大失所望，怀疑父亲曾把他的研究情况透露给了高斯。此后，由于父子俩在学术见解上存在分歧等原因，出现了家庭纠纷，鲍耶被父亲驱逐到了一个边远城市多马尔德去居住，从此不再进行这方面的研究，晚年生活十分贫困。

由于早年受父亲的影响，鲍耶开始研究第五公设，并于1832年发表了题为《绝对空间的科学和欧几里得第十一公理的真伪无关》的小册子（共26页）。其中将《几何原本》中的第五公设、五个公理之外的第十一个公理表述为：在平面上，过直线外的一点有一束直线不与原直线相交。用鲍耶的第十一个公理取代欧几里得的第五公设，再连同绝对几何的九条公理公设一起推导出的几何，鲍耶称之为绝对几何学。在这个著作中，鲍耶还证明了这种几何学与欧几里得几何第五公设的真假无关。

鲍耶的研究工作，不像高斯那样关注非欧几何与现实空间的关系，也不像罗巴切夫斯基那样注重欧几里得几何还是非欧几何更能代表现实宇宙空间，鲍耶则更多地注意新的几何学内部的相容性问题。相比之下，鲍耶更具有数学理论研究意识。在生活拮据的晚年，鲍耶依然为"不能证明他的几何学的无矛盾性而感到十分苦恼"。

3. 罗巴切夫斯基的突破

罗巴切夫斯基（Lobachevsky，1792—1856）出生于俄国喀山以西约300km的高尔基城，10岁左右失去父亲，在母亲教养下长大成人。16岁时，罗巴切夫斯基进入刚刚建立不久的喀山大学。喀山自15世纪起，便是伏尔加河中游的政治、经济和文化中心。喀山大学是俄国欧洲部分东边区域的科学文化中心，有良好的学习和研究氛围。自学生时代起，罗巴切夫斯基就从开普勒、牛顿、拉普拉斯、泊松、拉格朗日、柯西、笛卡儿、费马、傅里

罗巴切夫斯基

叶等人的著作中吸取了许多思想和知识。当他 20 岁大学毕业时，在教授们的力争下，才得以授予学位并留校任教。1827 年，罗巴切夫斯基成为喀山大学的校长，直至去世。由于他的出色工作，数年后喀山大学成为俄国一流的学府。晚年的罗巴切夫斯基被封为贵族，他为自己的家族设计了族徽，其图案象征着智慧、勤劳、敏捷和快乐。

罗巴切夫斯基对于非欧几何的研究，完全是在教学过程中进行的。在 1815年至 1817 年间他的学生笔记中，我们可以看出罗巴切夫斯基曾给出第五公设的三种证法，这遵循了两千年来数学家们的传统研究方法。而到了 1823 年，在他的《几何教程》中再也找不到第五公设的证法。在这本教科书里，他明确指出："直到现在还不能找到这条真理的严格证明。以往所给出的所谓证明，只能叫作说明，而不足以称为真正的数学证明。"值得我们注意的是，这本书把欧几里得定理分为两大类，第一类是同第五公设无关的部分，第二类是用到第五公设才能证明完的定理。其中的第一类也就是我们称之为"绝对几何"的那部分。这种分类方式有利于研究第五公设的独立性。1825 年底，他用法文完成一篇论文"几何学原理及平行线定理严格证明的摘要"，并于 1826 年 2 月 23 日在全系会议上宣读了自己的这个成果。因此，这一天也被后人称为"非欧几何的诞生日"。他的这个成果主要有两条结论：其一，欧几里得第五公设是不可能证明的；其二，通过改动第五公设可以构造出逻辑上没有矛盾的新几何学。因为还没有找到它们的现实意义，所以称这种几何学为"虚几何学"。此后，罗巴切夫斯基又先后六次出版专著，系统阐述非欧几何的思想和方法。在罗巴切夫斯基去世前一年，他的双目几乎失明，但他仍口授他的最后一部著作《泛几何学》，后用俄、法两种文字出版。

与高斯的做法相似，罗巴切夫斯基希望通过实际测量的方法来检验自己的几何命题在现实中是成立的。他选择由地球轨道上两个对径点和天狼星构成的三角形，使用最新的天文计算方法，来求三角形的内角和。但结果与 π 有一个小的偏差。由于这个偏差在当时允许的观察误差之内，因此罗巴切夫斯基认为现实世界是欧几里得几何的，而不属于自己的非欧几何。所以罗巴切夫斯基称自己的几何学是"虚几何学"。

为使我们能对罗巴切夫斯基几何学有些必要的了解，下面介绍该体系的一些基本几何学的命题和结论：

命题 1：三角形内角和都是小于 π 的，而且其和量因三角形而异，并非一个常量。

命题 2：同一直线的垂线及斜线，并不总是相交的。

命题 3：不存在相似而不全等的两个三角形。

命题 4：如果两个三角形的各内角对应相等，则它们必定是全等的。

命题 5：存在着没有外接圆的三角形。

命题 6：三角形三边的中垂线并非必定交于一点。

命题 7：在平面上一条已知直线 a 的同一侧，与已知直线 a 有给定距离的点的轨迹是一曲线，它上面的任意三点都不在一条直线上。

命题 8：在任一角内，至少存在这样一点，通过它不能作出一条同时与两边相交的直线。

三角形内角和小于 π，是罗巴切夫斯基几何学中最基本的命题。那么这个差值是多少，该如何刻画这一特征？罗巴切夫斯基给出了定义：$\triangle ABC$ 的亏蚀是 π 与 $\triangle ABC$ 的内角和之差，记为 $\delta(ABC) = \pi - (A + B + C)$。在罗巴切夫斯基几何学中，一个三角形的亏蚀等于 $-\dfrac{1}{k^2}s$，这里的 k 是一个度量常数，s 为三角形的面积。在充分小的区域内，即度量常数 k 充分大时，亏蚀就趋于零，那么三角形的内角和的极限就是 π。所以，在充分小的区域内，罗巴切夫斯基几何与欧几里得几何差异很小。换言之，如果在罗巴切夫斯基几何中添加极限情形，那么它就包括欧几里得几何。在这个意义下，罗巴切夫斯基把自己的几何体系命名为"泛几何学"，即普遍的几何学。

新生的几何学在理论层面并无逻辑矛盾，但它同欧几里得几何以及人们两千多年来形成的习惯性思维和观念格格不入。这样就又产生了新的矛盾，这个矛盾一时还不可能解决，在学术界也就产生了不同的看法和争议，有些人把它说成"笑话""邪说"等。罗巴切夫斯基至死都没有看到非欧几何被认可，这可能是他一生最大的遗憾了。对真理的承认可能会迟到，但它一定会到来。罗巴切夫斯基对这门新几何学的信念是坚定的，而且倾其毕生的精力为新几何学呐喊。同时，从论证的完整性以及内容的丰富程度看，鲍耶、高斯等以前的学者都不能同他相比，因此后来就称这种几何学为"罗巴切夫斯基几何学"。从这一思想产生的意义和它的革命性看，人们把罗巴切夫斯基比作"几何学上的哥白尼"。

　　应该强调的是，三人之中高斯是最早研究这个几何学的。据说当高斯看到罗巴切夫斯基的德文著作《平行线理论的几何研究》后，内心是矛盾的。一方面，他私下在朋友面前高度称赞罗巴切夫斯基是"俄国最卓越的数学家之一"，并下决心学习俄语，以便直接阅读罗巴切夫斯基的全部非欧几何著作；另一方面，由于自己的保守，他又不准朋友向外界泄露他对非欧几何的有关告白，也从不以任何形式对罗巴切夫斯基的非欧几何研究工作加以公开评论。虽然他积极推选罗巴切夫斯基为哥廷根皇家科学院通讯院士，可是，在评选会和他亲笔写给罗巴切夫斯基的推选通知书中，对罗巴切夫斯基在数学上的最卓越贡献——创立非欧几何学却避而不谈。虽然高斯在世时没有对罗巴切夫斯基及其几何学给予应有的支持。但是在他去世之后，从公开的高斯日记和各种书信中，人们发现了高斯对罗巴切夫斯基几何学的肯定态度。凭借高斯的崇高威望，这门独特的几何学终于引起了人们的关注和认同。因此，高斯对罗巴切夫斯基几何学的后续传播起到了决定性的作用。特别应该指出的是，三人中研究这门学科最深入的一个当属鲍耶，因为鲍耶终生都在深入研究罗巴切夫斯基几何学的相容性问题，而这个问题是此后 20 世纪公理体系研究的核心问题之一，也是整个数学基础研究的根本问题。

10.2　欧几里得几何与非欧几何的比较

10.2.1　黎曼几何

　　罗巴切夫斯基几何学的出现，冲破了两千多年欧几里得几何一统天下的局面，使近代几何学呈现出多样化的发展趋势。不久，高斯的学生黎曼发现，罗巴切夫斯基的双曲几何并不是非欧几何的唯一形式。黎曼在 1854 年提出了另一种非欧几何学，现今人们称之为黎曼几何。

　　黎曼（Riemann，1826—1866）是近代数

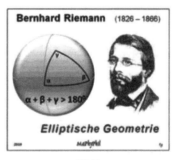

黎曼

学史上最具有创造性的数学家之一。他于1826年出生在一个牧师家庭，家里特别的贫穷。但他天资聪慧，只是从小体弱多病，原本打算将来从事牧师职业。黎曼在上中学时，他的中学校长发现他在数学方面比在神学方面更有潜力，就送给他一部勒让德的《数论》。这本书十分的晦涩难懂。但是六天之后，黎曼就归还了这本859页的名著，说："这本书的确十分的精彩，我已经看懂了。"此时，黎曼只有14岁。

黎曼最初进入哥廷根大学时学的是神学和哲学，平时也会听一些数学的课。他比较喜欢待在图书馆里。一次，他在那里找到了柯西的分析学著作，如获至宝，读完之后，便毅然决定放弃神学。在征得父亲同意后，黎曼将数学选定为自己的专业。一年后，他发现哥廷根大学开设的数学课程过于陈旧，甚至连高斯也在讲授初等数学课程，于是他决定前往柏林，跟随雅可比、狄利克雷等数学家深造。1849年，黎曼重返哥廷根大学，在高斯的指导下完成博士论文。后来，黎曼继狄利克雷之后，接任了高斯在哥廷根大学的数学教授席位。不幸的是，当黎曼的研究事业正值巅峰时，他却因感染肺结核而去世，去世时还不到40岁。

1854年，为了在哥廷根大学获得讲师席位，黎曼发表了具有划时代意义的演讲——"关于作为几何学基础的假设"。他的演讲标志着黎曼几何学的诞生。由于当时听这个演讲的人很多是学校里的行政官员，根本就不懂数学。演讲结束后，高斯以少见的激动激情称赞了黎曼的想法。尽管黎曼在演讲中仅仅用了一个数学公式，但当时的观众中只有一个人可以理解黎曼，那就是高斯。而整个数学界为了充分理解和吸收黎曼的这些想法，却花了将近100年的时间。

黎曼在他短暂的一生中，对于复变函数、非欧几何、解析数论、拓扑学和物理学等众多领域都做出了开创性的贡献。特别是他在数论领域提出的唯一一个猜想——黎曼猜想（参见第5章），一篇仅有八页的短文，却成为当今素数分布研究中最重要的问题，也是21世纪到目前为止未解决的七大千禧难题之一。有人评论道："如果说高斯是古典数学的集大成者，那么黎曼就是现代数学的开山祖师！"他短短一生只发表了18篇论文，但每篇都是精品，他文章中蕴含的数学思想，至今仍在引导数学家走向新的境界。

与罗巴切夫斯基几何源于欧几里得几何第五公设的研究不同，黎曼几何是直接起源于微分几何的研究。微分几何是以微分方法研究曲线和曲面性质的几何学。由于运动物体经过的路径都是曲线，而物体自身则由曲面围成的三维体构成。物理问题的探讨必然要引起人们进行曲线与曲面性质的研究。微分几何又是微积分的直接产物，曲线的法线、曲率的研究，就是平面曲线的微分几何。在空间曲线与曲面的微分几何研究方面，黎曼在法国数学家蒙日、柯西，以及高斯等人研究的基础上，引入了曲线与曲面的参数表达式，这一方法成为研究曲线和曲面微分几何的特别有效的手段。他彻底抛开了三维空间的限制，集中于 n 维空间中的 m 维可微流形的研究。这种经过推广的微分几何就称作黎曼几何。

在黎曼几何中，过已知直线外一点，不能作任何平行于给定直线的直线。这实际上是以前面提到的萨凯里等人的钝角假设为基础而展开的非欧几何学。这种非欧几何是普通球面上的几何，球面上的每个大圆可以看成一条"直线"。很容易看出，任意球面"直线"都不可能永不相交。在黎曼几何中，三角形的内角和大于两直角，圆周率小于 π。这是黎曼之后的数学家从黎曼的微分几何结论中推导出来的纯几何表述。黎曼创立的黎曼几何不仅是对已经出现的非欧几何（罗巴切夫斯基几何）的承认，而且揭示了创造其他非欧几何的可能性。

10.2.2 三种几何学的比较

在数学上，研究度量性质和关系的几何学称为度量几何学。因此，随着黎曼几何学的产生，出现了三种不同形式的度量几何学：欧几里得几何学、罗巴切夫斯基几何学和黎曼几何学。下面我们比较一下这三种几何学之间的差别。

第一，三种几何学的空间模型不同。欧几里得几何学的空间模型就是我们生活的平面和三维现实空间；黎曼几何学的空间模型为球面几何，它把球面上的大圆叫作"直线"，每两条"直线"都相交；而罗巴切夫斯基几何学的空间模型则对应于双曲几何，它把双曲面（又称马鞍面）上的曲线叫作"直线"，一条直线外有无数条平行线。如图 10-3 所示。

第二，所得的结论不同。三种几何学都拥有除平行公理以外的欧几里得几何学的所有公理体系，如果不涉及与平行公理有关的内容，三种几何学没有什么区别。但是只要与平行公理有关，三种几何学的结果就相差甚远。以三角形内角和为例：三角形内角和在欧几里得几何学中等于 180°，在罗巴切夫斯基几何学中小于 180°，在黎曼几何学中则大于 180°。此外，对于两平行线之间的距离：欧几里得几何学中的是处处相等，罗巴切夫斯基几何学中的是沿平行线方向变大，而黎曼几何学中的是沿平行线方向变小。再如，对于相似的性质：欧几里得几何学存在图形的相似性质，而罗巴切夫斯基几何学和黎曼几何学都不存在图形的相似性质。

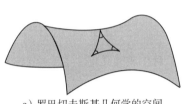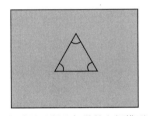

a）罗巴切夫斯基几何学的空间 b）欧几里得几何学的空间模型 c）黎曼几何学的空间模型
模型与三角形内角和小于180° 与三角形内角和等于180° 与三角形内角大于180°

图10-3 三种几何学的空间模型与三角形内角和图示

第三，三种几何学的适用范围不同。欧几里得几何学——适用于日常小范围内，平直空间；黎曼几何学——适用于地球上远距离旅行，封闭空间；罗巴切夫斯基几何学——适用于宇宙太空中漫游或原子核世界，开放空间。

这三种几何学各自所有的命题都构成了一个严格的公理体系，各公理之间满足相容性、完备性和独立性。因此这三种几何学都是真理。但是三种几何学又有着相互矛盾的结论，好像这与常理相悖。但是，由于人的感官知觉是有限的，而客观事物是复杂多样的。因此，在不同的客观条件下，就会有不同的客观规律。

10.2.3 非欧几何的文化意义

克莱因认为，非欧几何的重要性，在一般思想史中没有受到重视。像哥白尼的日心说、牛顿的万有引力定律、达尔文的进化论一样，非欧几何对科学、哲学、宗教都产生了革命性的影响。在这个思想史上，从来没有发生过具有如此强烈影响的事件。

诚然，虽然非欧几何已经诞生180多年了，但在今天仍有很多大学生不知道非欧几何，甚至包括数学专业的大学生或部分大学数学教师也是如此。这不得不说是一件很遗憾的事情！

1.非欧几何引发关于空间观念最深刻的革命

非欧几何的出现打破了长期以来只有欧几里得几何一家独大的局面，并对于人们的空间观念产生了极其深远的影响。在此之前，占统治地位的是欧几里得的绝对空间观念。长期以来，欧几里得几何都被当作物理空间的精确描述。几何就意味着物理空间的几何，这种几何就是欧几里得几何。但随着非欧几何的创立，人们被迫接受了这样的事实：数学空间与物理空间是不同的。世界上并非只有一种"自然"的几何，而是存在着形形色色的几何。从平面几何到球面几何，再到双曲几何，这些只不过是具有不同曲率的几何。但这并没有结束，后来人们又发现了曲率会随着时空维度改变的几何，它可以是二维、三维、四维、五维甚至更高维度的几何。所有这些研究成果，都对物理学的发展起到了巨大的推动作用。比如，最新的超弦理论就是基于十一维空间几何构建的。

因此，任何关于物理空间的理论都应该被看作是一种纯粹的主观构造。数学家庞加莱曾说："实验告诉我们的不是最真的几何学，而是最方便的几何学。谁能提出一个能根据欧几里得系统加以解释却无法用罗巴切夫斯基几何来解释的具体的实验？既然我知道不会有人应对这一挑战，我就可以得出结论——没有与欧几里得几何假设矛盾的实验；另外，也没有与罗巴切夫斯基几何假设矛盾的实验。"庞加莱相信，对于每一份经验事实，都有无数的理论能够加以解释和描绘。理论的选择虽然是任意的，但简单性是很好的指引原则。

欧几里得几何在数学上简单明了，在牛顿力学中也适用，并且在地球上是符合经验的。黎曼几何适于描述广义相对论所说的空间现象。物理学最终选择了黎曼几何来描述某些复杂的空间结构，但是这并不妨碍中学生学习欧几里得几何，正如华氏温度计和摄氏温度计都存在各自适用的场景。这恰恰在于你的选择。

2. 公理是否为真理

非欧几何的诞生动摇了欧几里得几何统治数学王国的基石，扫荡了整个真理王国。18 世纪以前，数学就是所有真理汇聚的王国，而欧几里得就好像这个真理王国的国王。但是非欧几何的出现促使人们认识到一个事实：所有几何学都可能仅仅是一种关于数学公理的假设，假设欧几里得几何的公理是物质世界的真理，那么其推导出来的定理也自然是真理。于是，突然之间，真理的王国垮塌了！

原来，不管是欧几里得几何还是非欧几何，都是数学家的一种自由创造。

公理并非自明之理。庞加莱认为，几何的公理"既不是综合的先验性直觉，也不是经验事实。它们是约定俗成的。我们根据经验事实做出选择，这种选择是自由的。"当然，庞加莱的约定论观点并不仅仅是受非欧几何的启发，还受到了当时不断涌现的射影几何、微分几何等几何学分支的鼓舞。

公理只是对数学对象性质的约定。几何体系是一个抽象系统，无所谓真假问题。公理对不对，对数学家来说是没有意义的。正如数学家、哲学家罗素所说："数学可以定义为这样一门学科：我们在其中永远不知道我们在说什么，也不知道我们说的是否对。"从字面意思来理解，这好像表达的是数学不可知论的观点。但克莱因认为，这是罗素对数学与科学的关系，或者纯粹数学与应用数学的关系的最好描述。"我们不知道我们在说什么"，是因为数学家研究的纯粹数学与实际意义无关；"数学家不知道他们说的是否正确"，是因为作为一个数学家，他们从不费心去证实一个定理是否与物质世界相符，对这些定理，只能也只需要问它是否是通过正确的推理得来的。

3. 推动了数学公理体系自身基础的研究

欧几里得几何平行公理的独立性证明催生了非欧几何的诞生。在接受这些新几何学的过程中，对于它们逻辑的相容性也进行了深入的研究。由此推动了一般公理体系的相容性、独立性、完备性问题的研究，促进了数学基础这一更为深刻的数学分支的形成与发展。

1899 年，希尔伯特提出了选择和组织公理系统的三个原则：

1）相容性：从系统的公理出发不能推导出矛盾。

2）独立性：系统的每条公理都不能是其余公理的逻辑推论。

3）完备性：系统中所有的定理都可由该系统的公理推出。

在这样组织起来的公理系统中，通过否定或者替换其中的一条或几条公理，就可以得到相应的某种几何。这种做法不仅为已有的几种非欧几何提供统一的处理方式，还可以催生新的几何学。

4. 推动了科学的公理化进程

随着对数学基础公理化方法研究的深入和发展，公理化方法本身已成为一种理性的方法，成为一门学科达到逻辑严谨、结构完美的标志。因此，公理化方法不仅推动了数学自身的发展，而且推动了科学的发展，推动了社会的发展和进步。

在数学学科内部，各个分支纷纷建立了自己的公理体系。例如，在 19 世纪 20 年代，泛函分析中的希尔伯特空间、巴拿赫空间完成了公理化；在 19 世纪末，希尔伯特重建了欧几里得几何的几何基础，提出了新的公理体系；在 20 世纪 30 年代，苏联数学家柯尔莫哥洛夫以五条公理为基础，构建了现代概率论的公理体系。这些公理体系的建立成为 20 世纪抽象数学研究的出发点。

在其他科学领域，比如物理学科，爱因斯坦运用公理化思想创立的相对论理论体系；20 世纪 40 年代，波兰的巴拿赫（Banach，1892—1945）的《理论力学》也使用了公理化的方法。甚至在经济学、社会学、法学等领域，人们也希望用公理化方法建立自己的科学体系。例如，经济学家谢卜勒（Shapley）在 1953 年的一篇论文中定下了公平三原则：同工同酬原则，不劳不得原则，多劳多得原则。可见，公理化方法已成为科学研究的有力工具，在未来的社会和科学发展中，它将发挥更大的作用。

5. 非欧几何的现实性

数学家康托尔曾说："数学的本质在于自由。"非欧几何就是人类纯粹思想创造的产物。多年来，有关数学"无用论"的声音一直就没有消失过。非欧几何再一次提供了一个范例，它不受实用性左右，而是由抽象思想和逻辑思维所支配，同时也是智慧摒弃感觉经验后灵光一现的产物。

在非欧几何诞生以前，欧几里得几何一直被认为是对现实空间的描述，这也奠定了欧几里得几何学的历史声望。而在非欧几何创立之时，它仅仅被认为是数学家们思想的游戏，与物理现实并没有任何联系，他们只是把它当作一件新奇的好玩事物，因此有"虚几何学""星空几何""泛几何学"等称号。

而在 19 世纪上半叶，一个与现实世界完全不同的几何理论是难以被人接受的。因此，追求几何理论的现实性、合理性是十分必然的结果。伴随着非欧几何的产生，数学家开始对它的现实性与合理性进行积极的探索。比如，高斯就试图用实际测量的方法检验非欧几何命题的可靠性。1868 年，贝尔特拉米（Beltrami，1835—约 1900）注意到了波兰数学家闵丁在 1840 年得到的一种研究结果，它是由一种曳物线绕一轴旋转而成的，形状颇似两只喇叭对口焊合而成，如图 10-4 所示。按照微分几何的话来说，这是一种负常曲率的曲面，即伪球面。这种伪球面上任意三条短程线围成的三角形，其内角之和总是小于两直角。也就是说，如果将伪球面上的短程线看作"直线"来构建模型，那么这个模型恰好实现了罗巴切夫斯基平面几何的全部公理。这就是几何学史上出现的第一个非欧几何模型。正是这个模型使得许多数学家第一次看到了一个"可见的非欧几何"，不再认为它是荒诞不经的东西。数学家从抽象数学中发现了非欧几何，并在公理化或解析方法的逻辑推导中证明了它们的存在性。

1959 年，荷兰艺术家埃舍尔创造的名画《圆极限Ⅲ》（见图 10-5），也体现了双曲几何的特征，其中的每一条曲线都是曲面上的直线。在图中，埃舍尔将整个双曲平面世界挤压到普通欧几里得几何平面圆上，当你靠近圆周时，距离变得越来越大。这个边界圆表示双曲世界的"无穷远"。想要领会这幅画的妙处，你可以想象自己是图中的一条鱼，沿着白色的曲线游向边缘，似乎会距离边缘越来越近，但是同时你也在按着一定的比例缩小，因此距离边缘依然很远。这个过程可以无限地进行下去，你会变得无限小，无限接近边界，但永远到达不了边界，除非你有"无限"的耐心。然而，历史的事实却残酷地告诉我们，罗巴切夫斯基几何迟至今日也没能在物理空间找到应用。

图 10-4　曳物线

图 10-5　埃舍尔的名画《圆极限Ⅲ》

如今，在计算机的帮助下，数学家可以利用虚拟现实技术让人们体验非欧几何。比如，2017 年，佐治亚理工学院的松藤·爱尔萨贝塔（Eilsabetta Matsumato）与俄克拉荷马州立大学的亨利·塞格曼（Henry Segerman）共同展开了一个名叫"双曲 VR"的项目，该项目旨在共同努力来向大众科普双曲几何学——一种两条平行线可以渐渐发散的非欧空间理论。该团队计划在虚拟现实世界中创造双曲房屋以及街道，甚至建造一个非欧几里得版本的篮球场。

20 世纪初，在黎曼几何诞生 50 多年后，它终于在物理学领域找到了现实应用。非欧几何在爱因斯坦提出的相对论中得到了直接应用，为它的现实性提供了最好的例证。早在 1907 年，爱因斯坦从伽利略发现的引力场中一切物体都具有同一加速度（即惯性质量同引力质量相等）这一古老实验事实找到了突破口，提出了等效原理。并由此推论：在引力场中，光波的波长会发生变化；光线会发生弯曲；时钟的快慢取决于它所在的位置，引力势越低，时钟走得越慢。这便是广义相对论的基本结论。

按照广义相对论的观点，在引力空间中充满引力，那么在其中运动的物质的运动路线就是曲线。另外，空间中的任何物体都要受到引力的作用，空间中的任何一点都存在着引力，而且在空间中任何一点的引力大小是能够测量的，这也可以说成，空间中任何一点的曲率是可以测量的。爱因斯坦为之建立了一个"场方程"，它既能描述时间与空间中任何一点的曲率，又能描述这点的能量或者质量，这个方程与自由落体沿最短路线运动的规律共同构成了广义相对论。爱因斯坦借助黎曼几何的基本概念——曲率，完成了广义相对论的理论表述。在《爱因斯坦自述》中的一篇文章"几何学与经验"里，爱因斯坦提到："……在这种形势下，经验的归纳成了它的断言依据，而不仅仅是靠逻辑推理来完成。经过这样修改的几何学应该叫'实际几何学'，……我特别要感谢这种'实际几何学'的观点，因为正是有了它，我才建立了现在的相对论。"

随着相对论的应用范围不断拓展，且其成功的预言越来越多，非欧几何也越来越凸显出它的重要性。2014 年上映的电影《星际穿越》曾经风靡全球，这部电影里面大量引用了爱因斯坦广义相对论的概念，如虫洞、黑洞等。2015 年 9 月 14 日，美国首次直接探测到了引力波。这是 21 世纪迄今为止物理学最重大的发现，它证实了一百多年前爱因斯坦在其广义相对论中有关引力波存在的预言。

第 11 章

无穷的世界

一沙一世界，一花一天堂。无限掌中置，刹那成永恒。

——布莱克

康托尔的工作可能是这个时代所能夸耀的最巨大的工作。

——罗素

希尔伯特的无穷旅馆

可能大家看到过这样一个故事：一天晚上，夜已经很深了，一对年老的夫妻走进一家旅馆，他们想要一个房间。前台侍者回答说："对不起，我们旅馆已经客满了，一间空房也没有剩下。"看着这对老人疲惫的神情，侍者又说："但是，让我来想想办法……"

这个好心的侍者开始动手为这对老人解决房间问题，他叫醒旅馆里已经睡下的房客，请他们换一换地方：1 号房的客人换到 2 号房间，2 号房的客人换到 3 号房间，以此类推，直至每一位房客都从自己的房间搬到下一个房间。这时奇迹出现了，1 号房间竟然空了出来。侍者高兴地将这对老年夫妇安排了进去。没有增加房间，没有减少客人，两位老人来到时所有的房间都住满了客人——但是仅仅通过让每一位客人挪到下一个房间，结果第一个房间就空了出来！

旅游旺季到来，严重的事态发生了。这次来住店的不是一对夫妇，而是来了一个"无穷旅行团"，它的成员个数与正整数一样多！这时，之前的应急措施行不通了，但服务员却仍然指挥若定，妥善安排：老住户都安排到双号房间，1 号到 2 号，2 号到 4 号，3 号到 6 号……所有的单号房都空出来了。新来的客人尽管和自然数一样多，仍能住得下。

如果到了节假日，更严重的事态发生了，来了无穷多个"无穷旅行团"，该怎么办呢？店主人说："且慢，我自有安排。"无穷多个"无穷旅行团"的成员也都安排住下了。那么店主人到底是怎么安排的呢？

假设 (m,n)（其中 $m=1,2,3,\cdots$）表示第 m 个旅行团的第 n 个成员，则

第 1 个旅行团的成员为：$(1,1),(1,2),(1,3),(1,4)\cdots$

第 2 个旅行团的成员为：$(2,1),(2,2),(2,3),(2,4)\cdots$

……

第 m 个旅行团的成员为：

$(m,1),(m,2),(m,3),(m,4)\cdots$

然后按图 11-1 中箭头的顺序，每人住进安排的 1 号、2 号、3 号、4 号……房间内，这样所有的旅行团的成员都可以住进去。

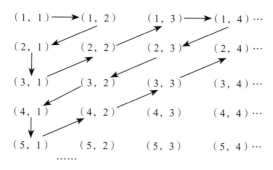

图 11-1　无穷旅馆与旅行团人员对应

这是为什么呢？原来，两位老人进的是数学上著名的希尔伯特旅馆——它被认为是一个有着无数房间的旅馆。这个故事是伟大的数学家大卫·希尔伯特所讲述的，他借此引出了数学上"无穷大"的概念。只要会数数的人都知道，每一个整数都有一个后继者，直至无穷。所以在希尔伯特旅馆里，每间房子后面都会有一间，直至无穷……从这个例子可以看出，无穷多个房间和有穷个房间就是这样的迥然不同！

实际上，人类对无穷的认识可以追溯到古希腊时期，毕达哥拉斯学派试图在有限步中测出单位正方形对角线的长度，却遭遇了重重困难；著名的爱奥尼亚学派代表人物芝诺提出了四大悖论，难住了当时的一批数学家和哲学家。在数学发展的历史进程中，无穷是许多怪事和悖论栖身之处。两千多年过去了，

人类认识到悖论存在的根源在于"无穷"的概念。但是如何去把握和认识无穷，却让人望而却步，它困扰了其后的无数数学家，其中伽利略就是最早关注无穷问题的数学家之一。

11.1 伽利略的困惑

伽利略（Galileo，1564—1642）出生于意大利比萨一个破产的贵族家庭。据说，伽利略对科学的兴趣是由对摆动周期问题的研究引起的。读大学时，他在教堂做礼拜时，发现悬挂在教堂的大铜吊灯被风吹得来回摆动。伽利略用自己的脉搏计时，发现铜灯摆动的周期与摆动的弧的大小无关。后来，他又通过实验证明：摆动的周期也与摆捶的重量无关。25 岁时，伽利略成为比萨大学教授。据说当着一群学生、专家和牧师的面，他从比萨斜塔顶上丢下两个铁球，其中一个铁球是另一个的十倍。结果发现，两个铁球同时落地。伽利略又通过斜面实验得到这么一条定律：物体下落的距离与下落时间的平方成正比。在这一实验中，

伽利略

伽利略提出了进一步的设想：当小球从斜面上落下并沿着一个平面向前匀速滚动时，如果没有表面的摩擦力，小球将会无限运动下去。这实际上是惯性定律的最早表述，并触及牛顿第二定律：力是改变物体运动的原因。

大约在 1607 年，荷兰的一个磨透镜工人在玩耍透镜时发现：如果让两个透镜片保持适当的距离，通过这对透镜片看到的东西变大了。他们就此制成了第一个望远镜，并很快被荷兰海军采用。大约在 1609 年，伽利略得知了望远镜的发明，不久后他便制成了功能很强的望远镜。1610 年 1 月 7 日，伽利略用它发现了木星的四颗明亮的卫星，这一发现证实了哥白尼理论的正确性。此后，伽利略用他的望远镜观察到太阳上的黑点、月亮上的山、金星和木星的环、太阳的自转。太阳有黑点，又与亚里士多德的"太阳没有瑕疵"的断言相悖，所以当 1633 年伽利略发表了支持哥白尼理论的著作时，他被视为异端，并受到宗教裁判所的传唤。作为一个多病的老人，在拷问的威胁下，他被迫公开撤回自

己的科学发现，写下了"悔过书"。在被囚禁期间，伽利略写成了一生中最伟大的著作《运动的法则》，总结了力学的基本原则。1637 年，伽利略双目失明，1642 年元月，这位曾被宗教裁判所囚禁的"犯人"去世。在他去世后，他的著作被列入禁书目录长达二百年之久。

伽利略是第一个把实验引入物理学研究的科学家，他利用实验和数学相结合的方法确定了一些重要的物理定律，开创了近代实验和理论相结合的研究体系，被人们称为"近代科学之父"。有趣的是，伽利略也提出过一个非常有意义的数学问题：是全体自然数多，还是全体自然数的完全平方数多？这两串数之间，能不能比较它们的大小呢？

这确实是一个大胆的问题，伽利略不愧是一个思想解放的伟大科学家，他试图去解决它。他那时是这样想的：在前 10 个自然数中，只有 1、4、9 三个完全平方数；在前 100 个自然数中，则有 10 个数是完全平方数；在前 1 万个自然数中有 100 个数是完全平方数……可见完全平方数只是自然数的一部分，这说明完全平方数比自然数少。可是，每个自然数平方一下，就会得到一个平方数；而每个平方数加上个开方号，就是全体自然数。难道 $1^2,2^2,3^2,4^2,5^2\cdots$ 会比 $1,2,3,4,5\cdots$ 少吗？一个对一个，一点也不少啊，伽利略感到疑惑了，他并没有找到解决的办法，就把这个问题留给了后人。

另一个有类似发现的是捷克数学家波尔查诺（1781—1848），他是一个布拉格的牧师，在他的著作《无穷的悖论》中，波尔查诺指出，像伽利略发现的悖论不仅在自然数中存在，在实数中也存在。例如，一条单位长度的线段上的实数个数与长度是它两倍的线段上的实数个数相同。但是遗憾的是，他的这一想法很久以后才被人们发现。

到了 19 世纪后期，戴德金、康托尔、皮亚诺的工作说明，实数系能从自然数系导出。而自然数系的研究，又涉及无穷。19 世纪的数学家已经认识到，没有一个一致的数学无穷理论，就没有无理数理论；没有无理数理论，就没有与我们现在所有的即便稍许相似的、任何形式的数学分析；最后，没有数学分析，现在存在的大部分数学——包括几何和大部分应用数学——将不复存在了。可见，无穷在数学中占有十分重要的地位，甚至可以说，它是整个数学的重要基础之一。

而战胜无穷悖论的这一重任落在了伟大的德国数学家康托尔身上，他不仅理清了无穷悖论产生的根源，并最终建立了集合论基础，为现代数学的发展奠定了坚实的基础。

11.2 康托尔与集合论

11.2.1 集合论的创始人——康托尔

康托尔

康托尔（1845—1918）出生于俄国圣彼得堡，祖籍是丹麦，11岁随家人移居德国法兰克福。1867年在柏林大学获博士学位，曾从师于魏尔斯特拉斯、克罗内克。康托尔早期研究的领域是数论和经典分析学。对集合论的研究源于他对三角级数的研究。由于这类研究涉及无穷多个元素的集合，而传统的观点反对把无穷集合看作一个实体，数学王子高斯就持这种观点。因而康托尔的研究是具有开拓性的，他背离了数学传统中对无穷概念的理解。

康托尔关于无穷的深奥理论，引起了数学家们激烈的争论和反对派不绝于耳的谴责。除去反对派不说，他与某些有影响的数学家的关系也相当紧张。在与对手的相互争辩中，康托尔毫无克制，既攻击了敌人，也得罪了朋友。1869年，康托尔开始在哈雷大学任教，10年后升为教授，直到去世。哈雷是个小地方，学校提供的薪金微薄，这使得拥有五个子女的康托尔的经济生活十分拮据。他希望到薪金较高、声望更大的数学中心——柏林大学任教。但受到当时柏林大学的领袖人物、康托尔的老师——克罗内克的百般阻拦。

克罗内克是当时德国数学界的"无冕之王"。他丰硕的数学研究成果，使他在德国有着很高的威望。克罗内克的数学观念是"构造性证明"，排斥一切非构造性存在定理。他不仅反对同代人魏尔斯特拉斯的数学风格，甚至不承认 π 的存在，还反对使用实无穷，因而是康托尔集合论的最大反对者。长期的失意和对无穷这个高度形式化领域的艰苦探索，导致康托尔患上了双重狂郁性精神病：他无论受到人身攻击，还是遇到数学困难，都会让他精神崩溃。他第一次发病是在1884年，当时他正在证明"连续统假设"。此后来自家庭和事业的双重压力使他旧病复发，1902 年，他再次入院治疗。1904 年，他在两个女儿的陪伴下出席了第三次国际数学家大会，在会上受到强烈刺激，被立即送往医院。1918 年 1 月 6 日，康托尔因精神病发作，不幸逝世。

康托尔从 1874 年开始研究无穷集元素数量的比较问题。他从最基本的概念入手：要判断两个集合的元素数量是不是一样多，首先要弄清什么叫作一样多。对于两个有限数集来说，比较大小的基本思想是一一对应，这个结论是显然的。但是对于无穷集，就像伽利略的困惑一样，无法确定。但是在 1874 年，康托尔给了这个难题一个出人意料却又简单的回答：一一对应的思想同样适用于比较无穷集元素数量的问题。

康托尔认为，自然数与其平方数是一样多的，因为它们能够建立起一一对应的关系。

$$
\begin{array}{cccccccc}
1 & 2 & 3 & 4 & 5 & 6 & 7 & 8 & \cdots \\
\updownarrow & \updownarrow & \updownarrow & \updownarrow & \updownarrow & \updownarrow & \updownarrow & \updownarrow & \\
1^2 & 2^2 & 3^2 & 4^2 & 5^2 & 6^2 & 7^2 & 8^2 & \cdots
\end{array}
$$

此外，康托尔还发现，自然数还和正偶数一样多。于是康托尔就把像自然数这样可以排成一列或者可以一个一个数下去的无穷集叫作可数集。因此，自然数集、偶数集、平方数集都是可数集，并且数目一样多。

11.2.2　有理数集是可数的

利用一一对应方法，康托尔进一步证明了有理数集也是可数集。他的方法是这样的：首先，将正有理数按照一定的规律全部排列出来。然后，将之与自然数集一一对应起来（采用对角线的对应方法），如下所示：

$$
\begin{array}{ccccc}
\dfrac{1}{1}^{①} & \dfrac{1}{2}^{②} & \dfrac{1}{3}^{④} & \dfrac{1}{4}^{⑦} & \dfrac{1}{5}^{⑪} \quad \cdots \\[2ex]
\dfrac{2}{1}^{③} & \dfrac{2}{2}^{⑤} & \dfrac{2}{3}^{⑧} & \dfrac{2}{4}^{⑫} & \dfrac{2}{5} \quad \cdots \\[2ex]
\dfrac{3}{1}^{⑥} & \dfrac{3}{2}^{⑨} & \dfrac{3}{3}^{⑬} & \dfrac{3}{4} & \dfrac{3}{5} \quad \cdots \\[2ex]
\dfrac{4}{1}^{⑩} & \dfrac{4}{2}^{⑭} & \dfrac{4}{3} & \dfrac{4}{4} & \dfrac{4}{5} \quad \cdots \\[2ex]
& & \cdots\cdots & &
\end{array}
$$

这样就证明了正有理数集是可数集，同样负有理数集也是可数集。因此，有理数集与自然数集也是一样多的。

既然有理数集是可数的，那么一个自然的问题就是：无理数集是否是可数的？康托尔给出了这个问题的一般答案，他回答了实数集是否可数的问题，自然地，无理数集是否可数的答案也就水落石出了。

11.2.3 实数集是不可数的

1874 年，康托尔提出，没有任何实数区间能与自然数构成一一对应关系，并在 1891 年对此给出了非常简单的证明。即便这个证明被形容为非常"简单"，其中所运用的技巧也颇为精妙。他先证明了（0,1）范围内的实数是不可数的。为此将（0,1）范围内的实数用小数表示，若它们是可数的，则先把（0,1）内的数进行编号：

$$r_1 = 0 \cdot a_{11}a_{12}a_{13}a_{14}a_{15}\cdots a_{1n}\cdots$$
$$r_2 = 0 \cdot a_{21}a_{22}a_{23}a_{24}a_{25}\cdots a_{2n}\cdots$$
$$r_3 = 0 \cdot a_{31}a_{32}a_{33}a_{34}a_{35}\cdots a_{3n}\cdots$$
$$\cdots\cdots$$
$$r_n = 0 \cdot a_{n1}a_{n2}a_{n3}a_{n4}a_{n5}\cdots a_{nn}\cdots$$
$$\cdots\cdots$$

再选实数 $r = 0 \cdot a_1 a_2 a_3 \cdots a_n \cdots \in (0,1)$，其中 $a_j \neq a_{jj}$，$\forall j = 1, 2, 3, \cdots, n, \cdots$，因此，$r \neq r_j$，$\forall j = 1, 2, 3, \cdots, n, \cdots$，所以，（0,1）范围内的实数是不可数的。

接下来康托尔着手考虑（0,1）范围内的实数能否和全体实数构成一一对应关系。假设用 C 表示（0,1）范围内的所有实数的数目，他首先证明了：这个集合与全体正实数是一一对应的。

下面从几何上证明这个事实：如图 11-2 所示，直线 L 上点 O 右边的点代表所有正实数，$|\overline{OA}|$ 代表单位长度，这样，$\overline{OA}$ 上的点就与（0,1）之间的实数一一对应。画一个长方形 $OABC$，画出其对

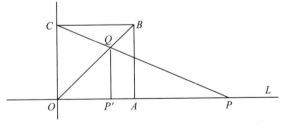

图 11-2 线段上的点与半直线上的点一一对应

角线 $\overline{OB}$，现在 P 是点 O 右边的任一点。画出 $\overline{CP}$ 使得它与 $\overline{OB}$ 相交于点 Q，从点 Q 向直线 L 引一条垂线，垂足为 P'。按照这样的构图方式，就确定了一种对应关系。

直线 L 上点 O 右边的任一点 P，对应且只对应于 $\overline{OA}$ 上的一点 P'。反之，如果在 $\overline{OA}$ 上确定一点 P'，然后再画出一条过点 P' 与 $\overline{OA}$ 垂直的垂线，则这条垂线将与 $\overline{OB}$ 交于 Q 点。接着延长 $\overline{CQ}$，这样 $\overline{CQ}$ 将与直线 L 相交于点 P，因此，就有点 P 对应于点 P'。由于 $\overline{OA}$ 上的点与直线 L 上右边的所有点一一对应，因此 $\overline{OA}$ 上的点的数目就与右半轴直线上的点的数目完全一样，即正实数集与（0,1）内的实数一一对应。因此，正实数的数目也是 C。

接着，康托尔又证明了：集合 C 与全体实数也是一一对应的。如图 11-3 所示，我们把线段 $\overline{AB}$ 上的每一点都投影到与之平行的直线 $\overline{M_1K_2}$ 上，这样就得到了线段 $\overline{AB}$ 之间的实数与直线上所有实数都能一一对应。因此，所有实数的数目也是 C。

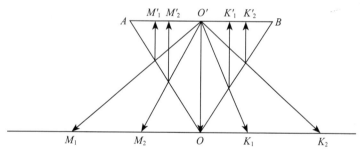

图 11-3　一条线段上的点和整条直线上的点一一对应

康托尔的理论告诉我们：任意两条线段，无论它们的长度如何，都具有相同数量的点。更加令人惊奇的是，康托尔发现这个结果与维数无关。单位线段与单位正方形或单位立方体等都具有相同数目的点。实质上，单位线段与整个三维空间具有相同数目的点。在 1877 年康托尔写给戴德金的一封信中，他说："我发现了这一结果，但我不能相信它。"不幸的是，当时很多人也对此持有疑问，他的老师就是其中之一。

利用实数集的不可数性，我们不难证明，无理数集也是不可数的。事实上，实数集是由有理数集与无理数集的并集构成的。如果无理数集是可数的，那么由于有理数集也是可数的，实数集必然是可数的。这显然矛盾。

11.2.4　无穷集的基数

我们知道：自然数集、整数集、奇数集、偶数集、平方数集、有理数集、实数集等都是无穷集——它们的元素都有无穷多个。但是它们也有区别，比如，有理数集等都是可数集，而实数集是不可数集。因此，从对等的角度来看，实数比有理数更多一些。

我们把描述一个集合元素个数多少的量叫作这个集合的基数。可数集的特征是：其元素可以排成一列或者可以一个一个数下去。其基数记为 $\aleph_0$（读作阿列夫零）。因此，自然数集、偶数集、平方数集、有理数集等的基数都是 $\aleph_0$。由于实数集是不可数的，其基数记为 $\aleph_1$。因此，无理数集、任意长度线段上的点的集合的基数都是 $\aleph_1$。由于 $\aleph_1$ 是不可数的，$\aleph_0$ 是可数的，根据一一对应的思想，我们就有 $\aleph_1 > \aleph_0$。

那么，是否还存在其他的可数集和不可数集呢？实际上，我们在数学中经常还会遇到这样两个概念：代数数与超越数。代数数是能够成为整系数代数多项式（代数方程）的根的数，它包括像 $\sqrt{2}$ 这样的数，但不包括 π；而超越数则是指不是代数数的数，比如 π、e 等。数学家刘维尔早在 1851 年就证明了超越数的存在。随后数学家赫米特在 1873 年证明了 e 的超越性，而林德曼则于 1882 年证明了 π 的超越性。因此也对能否用尺规化圆为方这个古希腊时期的作图问题给出了否定的答案。

直观上看，代数数多，超越数少，且不易被人理解。但康托尔证明了：代数数的基数是 $\aleph_0$，而超越数的基数则是 $\aleph_1$。这告诉我们，全体代数数的个数和所有自然数的个数一样多，而全体超越数的个数与全体实数的个数一样多。从某种意义上来说，几乎所有的数都是超越数。这给人带来多大的震撼呀！

如前所述，康托尔的理论表明：所有自然数集和有理数集的基数都是 $\aleph_0$，而任意长度线段与正方形或立方体等都具有相同数目的点，它们的基数都是 $\aleph_1$，这样看来 $\aleph_1$ 是最高一级的超限基数了。然而，事情并非如此。

1891 年，康托尔成功地证明了存在大于 $\aleph_1$ 的超限基数：对任意集合 A，有 $|A| < |\rho(A)|$，其中 $\rho(A)$ 是由 A 的所有子集构成的集合，称为 A 的幂集。于是，超限基数形成了由集合 A 与其幂集组成的由小到大的一个排列。若 $A = (0, 1)$，

则 $|A| = \aleph_1$ 且 $\aleph_0 < \aleph_1 < |\rho(A)| < |\rho(\rho(A))| < \cdots$。显然，这是永无尽头的不等式链。

11.3 连续统假设

我们知道，$\aleph_0 < \aleph_1$，那么有没有介于 $\aleph_0$ 与 $\aleph_1$ 之间的其他基数呢？

1878 年，集合论的奠基人康托尔提出了著名的"康托尔猜想"：没有介于 $\aleph_0$ 与 $\aleph_1$ 之间的其他基数。康托尔相信这个猜想是对的，他花了很多年尝试证明它，结果徒劳无功。

1900 年，著名数学家希尔伯特在巴黎举行的第二届国际数学家大会上所做的重要演讲中提出了 23 个著名的数学问题，其中第一个就是上述康托尔关于连续统基数的猜想，被称为"连续统假设"。

1938 年，奥地利数学家哥德尔（1906—1978）证明了：连续统假设正确，不会引出矛盾！即连续统假设与现有的集合论公理系统是相容的。

1999 年，在新的千禧年纪念活动中，美国《时代》杂志公开选出 20 世纪 100 个最伟大人物，其中所选出的最伟大的数学家就是哥德尔。哥德尔

哥德尔

是 20 世纪最伟大的逻辑学家之一，其最杰出的贡献是哥德尔不完备定理和连续统假设的相对协调性证明。1931 年，哥德尔证明了第一不完备定理，即任一包含算术的形式系统，它的相容性和完备性是不可兼得的。或者说，如果这个包含算术的形式系统是相容的，那么这个系统必然是不完备的。这引起了当时重要数学家（如冯·诺伊曼和希尔伯特）的重视。后来他又研究连续统假设，在 1938 年，哥德尔证明了连续统假设绝不会引出矛盾。1940 年，哥德尔移民美国，任职于普林斯顿高等研究院，直至 1976 年退休。据说，他因为发现了美国宪法里存在逻辑矛盾，好几年都拒绝成为美国公民。后来，哥德尔在普林斯顿的医院绝食而亡，因为他认为那些食物有毒，享年 71 岁。

哥德尔定理的伟大之处在于，那些希望从公理化出发，期待所有命题都能得到证实的期望是不可能实现的。比如，哥德巴赫猜想、黎曼猜想等到现在

都还没有被证明，很多人认为这些猜想可能就是那个"不可判定的命题"。在2002年北京国际数学家大会上，霍金的报告就是"哥德尔与 M 理论"。当今的物理学界普遍认为超弦理论是一个有望统一量子力学和广义相对论的大一统理论，爱因斯坦后期一直在寻找的统一场论也是其中之一。但霍金认为，建立一个单一的描述宇宙的大一统理论是不太可能实现的。霍金说他的这一推测正是基于数学领域的哥德尔不完备定理。

哥德尔自幼多病，而且从小就患有强迫症，还患过抑郁症。哥德尔的举止以"新颖"和"古怪"著称，爱因斯坦是他要好的朋友，他们当时都在普林斯顿。爱因斯坦曾说："我自己的工作本身对我来说已经不重要了，我去普林斯顿高等研究院这样一个思维巨人的聚集地，只是为了能享有同哥德尔一同步行回家的特权。"爱因斯坦与哥德尔在普林斯顿散步的情景如图 11-4 所示。他们经常在一起

图 11-4　爱因斯坦与哥德尔在普林斯顿散步的情景

吃饭，聊着非数学话题，常常是政治方面的。据说麦克阿瑟将军从朝鲜战场回来后，在麦迪逊大街举行隆重的庆祝游行。第二天哥德尔吃饭时煞有介事地对爱因斯坦说，《纽约时报》封面上的人物不是麦克阿瑟，而是一个骗子。证据是什么呢？哥德尔拿出麦克阿瑟以前的一张照片，又拿了一把尺子。他比较了两张照片中鼻子长度在脸上所占的比例。结果的确不同，他煞有介事地宣称："证毕"。

下一个对连续统假设做出重大贡献的是美国斯坦福大学的数学家科恩。1963 年，科恩给出了又一个令人震惊的证明：否定连续统假设，也不会导致与现有的集合论公理系统矛盾。即连续统假设是独立的！连续统假设不可能被证明。

科恩（Cohen，1934—2007）生于美国，是波兰犹太移民的后裔，1961 年起到斯坦福大学任教。在 20 世纪 60 年代初期，科恩与斯坦福大学的同事们聊天时提到，他也许可

科恩

以解决某个希尔伯特问题，或者能够证明连续统假设独立于选择公理。实际上，科恩当时只是傅里叶分析方面的行家，对于逻辑和递归函数，他只研究过不长时间。科恩后来果然转而专攻逻辑领域，大约用了一年时间，他真的证明了连续统假设与选择公理独立。这项成果被认为是 20 世纪最伟大的智力成就之一，他因此获得了 1966 年的菲尔兹奖。

据说科恩拿着证明手稿去普林斯顿高等研究院找哥德尔，请他核查证明是否有漏洞。哥德尔一生花了很大精力想搞清楚连续统假设是否独立于选择公理，他起初自然很怀疑，因为科恩早已不是第一个向他声明解决了这一难题的人了。在哥德尔眼里，科恩根本就不是逻辑学家。科恩找到哥德尔家，敲了门。门只开了 6 英寸的一道缝，一只冷冰冰的手伸出来接过手稿，随后门"砰"地关上了。科恩很尴尬，悻悻而去。不过两天后，哥德尔特别邀请科恩来家里喝茶——科恩的证明是对的。

这 100 年的历史，可以简单地表述如下：康托尔提出疑问，有没有介于 $\aleph_0$ 与 $\aleph_1$ 之间的其他基数？哥德尔回答——有也行；科恩回答——没有也行。

连续统假设至今悬而未决！

无穷理论是 19 世纪最伟大的数学创造之一，其创始人康托尔在这个数学中最抽象的领域里做出了卓越的贡献。它是人类纯粹理性高度发展的标志，也是人类理性精神不断战胜自我、超越自我的又一伟大胜利。虽然其中所包含的内容对大多数人来说几乎都是稀奇古怪的，但它是合乎逻辑的、有用的。康托尔的工作曾经遭受了巨大的非议，特别是他的老师克罗内克对他提出了尖锐的批判，致使他一生都没有机会到柏林大学任教。就连当时最著名的数学家庞加莱也曾说："后人将把康托尔的集合论当作一种疾病，而人们已经从中恢复过来了。"在经历了几次这样的攻击之后，甚至康托尔本人也开始怀疑起自己的工作来了，他因此变得十分沮丧，最后患上了精神分裂症。

但是，康托尔的工作最终还是得到了承认。数学家、哲学家罗素认为"康托尔的工作可能是这个时代最值得称道的伟大成就。"数学家希尔伯特也说："没有人能把我们从康托尔为我们创造的乐园中赶走，这是数学思想的最惊人的产物，在纯粹理性的范畴中人类活动的最美的表现之一。"如今，康托尔的工作已经得到完全且广泛的认可，许多思想深刻的数学家们都十分愿意致力于解决由于康托尔的工作而衍生出的一系列深层次问题。

第 12 章

数学基础危机

数学即逻辑。

——罗素

存在即是被构造。

——布劳威尔

数学研究的对象，无非是一些对象按一套公理作形式演绎的结果。

——希尔伯特

让女孩无法拒绝的约会

有一次，美国滑稽大师马丁·格登纳根据哈佛大学著名数学教授贝克先生告诉他的办法，成功地邀请了一位年轻姑娘一起吃晚饭。

格登纳对这位姑娘说："我有三个问题，请你对每个问题只用'Yes'或'No'回答，不必多做解释。第一个问题是，你愿意如实地回答我接下来的两个问题吗？"

姑娘答："Yes！"

"很好，"格登纳继续说，"我的第二个问题是，如果我的第三个问题是'你愿意和我一道吃晚饭吗'，那么，你对后面这两个问题的答案是否一致呢？"

可怜的姑娘不知如何回答是好，因为不管她怎样回答第二个问题，她对第三个问题的回答都是肯定的。

那一次，他们很愉快地在一起享用了一顿丰盛的晚饭。

前面已经讲过，非欧几何是建立在公理集合上的，微积分经过严格化，也实现了公理化的建构。这些工作都使 19 世纪的数学朝着更加抽象化与严格化的方向发展，古老的欧几里得几何学也在公理化方法上得以重建。在此基础上，19 世纪末，数学共同体开展了对数学公理化的深入研究，进而引发了一场关于数学基础的讨论，其中罗素悖论更是成为这次讨论的中心话题，就像上面这位姑娘不知道如何回答第二个问题一样。这场讨论不仅推动了数学理论研究的发展，同时也从哲学的角度，对数学的本质有了更深刻的理解。

12.1　公理集合的性质

不论是几何学、代数学还是微积分学，它们从理论上达到的严格化的目标，都是通过建立一个科学的公理化体系来完成的。从此，人们更进一步认识到，公理化方法是研究数学的一个重要方法。

在演绎系统中，为了证明一个命题，就要证明这个命题是以前证明过的某些命题的必然的逻辑推论。而这些命题本身又必须用其他命题来证明。这样，数学证明的过程将是一种无限往回追溯的过程，这显然是不可能的。因此，必须有若干命题（称为公理）是公认成立而不要求证明的。从它们出发，我们可以通过纯演绎的推理来推导出所有其他的定理。如果科学领域的事实，有这样的逻辑关系，使得全部事实都可根据选取的若干（最好要少些，简单些而且看起来是真实的）命题来证明，那么这个领域就可以说是按公理形式表示的了。在任何一个公理化体系中，还必须引入某些不加定义的概念，例如，几何学中的"点"和"线"，它们在物理领域中的"意义"或关系，在数学上是非本质的。它们被当作纯粹抽象的东西，它们在演绎系统中的性质，完全用公理的形式加以界定。譬如，几何公理为一切"不加定义"的几何名词（比如"点""线"和"关系"等）提供了隐定义。

显然，在任何一门公理化体系的建构过程中，都不能随意地选取不加定义的原始概念或者命题（公理）。这些选择必须保证公理集合的独立性、完备性和相容性：

1）公理集合的独立性，是要求一个公理集合中的任何一条公理都不能从其余的公理推证出来。换言之，公理集合的独立性要求所选择的公理体系中没有多余的公理。公理集合的独立性限制一个公理集合的公理个数最多不能超过多少。

2）公理集合的完备性，是要求我们所研究的这一理论体系的每一个定理都能从这个公理集合的逻辑中推导出来。因此，完备性是要求在一个公理集合中公理最少应该是多少个。公理集合完备性的确定是一个难度很大的问题。

3）公理集合的相容性（又称无矛盾性或和谐性），是指从一个公理集合出发，不能推导出两个互相矛盾的命题。

要直接说明一个公理化体系的相容性，本来应该肯定这个公理化体系的所有可能的推论都不存在导致逻辑矛盾的可能性，但这是一个无限推证的过程，无法得出最后的结论。目前，人们证明一个公理集合的相容性的主要办法是"模型法"，即通过建立模型以及转移矛盾的方法。具体来说，人们选用一个经过严格考验的、大家都相信它具有逻辑相容性的领域（即一个模型），用这里的材料来保证特征公理化体系的相容性。我们在用建立模型的方法解决某一公理化体系的相容性时，用以建立模型的"材料领域"的相容性是必须事先得到肯定的，否则将无助于解决公理化体系的相容性。这种利用"熟知的领域"检验一个陌生的公理集合的相容性成立的方法，称为相容性检验的"模型方法"，用模型方法检验得到的相容性称为"相对相容性"。譬如，罗巴切夫斯基几何学是在完全公理化方法下建立起来的，它在物理空间中没有找到自己的现实存在性，对它的相容性问题，人们也利用模型法给出了不同的解释。这些解释都依赖于欧几里得几何的可靠性。

12.2 希尔伯特的《几何基础》

12.2.1 《几何原本》的缺陷

《几何原本》作为科学史上第一个朴素的公理化体系，一直被认为是理论严格化的典范。然而从现代公理化方法的角度来分析，《几何原本》的公理化体系存在着以下一些缺陷。

其一，欧几里得没有认识到一个公理化的体系一定要建立在一些原始概念上。点、线、面就是原始的、不加定义的概念。但《几何原本》却利用物理概念对这些概念加以界定，以至于使概念形成不确切含义的循环链。例如，《几何原本》中有这样的定义：

- 点是没有部分的那种东西。
- 线是没有宽度的长度（"线"在这里指曲线）。
- 一线的两端是点（这个定义明确指出一线或一曲线总是有限长度的）。
- 直线是同其中各点看齐的线（此定义方式与前面一个定义的界定方法一致。这种定义据说是从泥水匠的水准器或从一只眼睛沿着线往前看的结果中得到启发而得出的）。
- 面是只有长度和宽度的那种东西。
- 面的边缘是线（显然，《几何原本》中的面也是有界的图形）。
- 平面是与其上直线看齐的那种面。

其二，《几何原本》的公理集合是不完备的。欧几里得在推导一些命题的过程中，不自觉地使用了物理的直观概念。例如，在《几何原本》第一个命题"在给定直线 $\overline{AB}$ 上作一等边三角形"的证明中，欧几里得写道：以 A 为中心、以 $|\overline{AB}|$ 为半径作圆。以 B 为中心、以 $|\overline{BA}|$ 为半径作另一圆。设 C 是一个交点，则 $\triangle ABC$ 便是所求的三角形。在这个证明中，欧几里得就假定了两圆一定有一个公共点。

对《几何原本》的研究发现，欧几里得在所有推理证明中，曾数十次地使用了他未经证明的命题，仅凭借从图形上看似乎显然正确的结论进行论证。这种论证方法在当今的初等教育中是习以为常的。但是建立在图形直观上的几何推理肯定是不可靠的，容易导致单纯凭借特殊的图形来推出貌似正确的"定理"。在 19 世纪末期，数学家希尔伯特注意到以上问题并对其进行了改进。

12.2.2 《几何基础》

1. 最后一位数学全才——希尔伯特

希尔伯特（1862—1943），德国著名数学家，是一位名副其实的数学大师，他被认为是"最后一位数学全才"。他的伟大成就几乎遍及当时所有数学分支，在不变量理论、代数数域理论、数学基础、几何基础、积分方程、物理学等方面都做出了开创性贡献。他还以德国哥廷根学派的领袖而知名，是 20 世纪最伟大的数学家之一，被称为"数学世界的亚历山大"。

希尔伯特

希尔伯特是德国著名的哥廷根学派的重要成员，长期在哥廷根大学任教。他习惯于在课余时间与学生长时间的散步、交谈，在融洽的气氛中切磋数学。实际上，在他学生时代，他就与比他年长三岁的副教授胡尔维茨以及比他小两岁的闵可夫斯基（后来成为著名的数学家）结下了深厚的友谊，他们总是在苹果树下一边散步一边讨论问题。希尔伯特后来曾这样回忆道："在日复一日的无数散步时光里，我们漫游了数学科学的每一个角落。"希尔伯特并不特别看重学生的天赋，而是强调"天才源于勤奋"。在学生的心目中，希尔伯特不像克莱因那样"高不可攀，如居云端"，这位平易近人的教授身边，聚集了一批有才华的青年。由他直接指导并获博士学位的学生就有 69 位，其中不少人后来成为卓有贡献的数学家。

在 1900 年巴黎国际数学家大会上，希尔伯特发表了著名的"数学问题"演讲，这一演讲表明，希尔伯特是当时能够纵览数学发展全貌的、为数不多的数学家之一。希尔伯特的"数学问题"演讲在当时激起了数学界普遍而热烈的关注，在这一演讲中，他对各类数学问题的意义和研究方法发表了精辟见解，并根据 19 世纪数学研究的成果与发展趋势，提出了 23 个问题，史称"希尔伯特问题"。这些问题涉及 19 世纪现代数学的大部分领域，对 20 世纪数学的发展产生了深远的影响。

为完成这份报告，希尔伯特整整花了 8 个月的时间。原定于 8 月在巴黎举行的数学家会议日益临近，直至 7 月中旬，希尔伯特才给好友闵可夫斯基寄去演讲稿的样本。当时，希尔伯特正值科学创造活动的盛年，已经取得了许多举世公认的成绩。人们本来以为他会拿出出色的数学论文来回应国际数学界，却没有想到他竟会选择如此困难的题目来进行演讲。闵可夫斯基和胡尔维茨对初稿进行了认真研究，帮助希尔伯特进行了修改，共同完成了这个跨世纪的报告。

一百年来，希尔伯特问题吸引了无数的数学家们为之不懈努力。迄今为止，在这些著名的数学问题中大约有近一半已经得到解决或基本解决。正如希尔伯特的弟子、数学家外尔（1885—1955）指出的："希尔伯特就像穿杂色衣服的风笛手，他那甜蜜的笛声诱惑了如此众多的老鼠，跟着他跳进了数学的深河。"百年来，人们把解决希尔伯特问题，哪怕是其中一部分，都看成至高无上的荣誉。据统计，从 1936 年至 1974 年，在获得被誉为"数学诺贝尔奖"的菲尔兹国际数学奖的 20 人中，至少有 12 人的工作与希尔伯特问题有关。

希尔伯特问题虽然没能涉及 20 世纪的一些前沿学科，如拓扑学、微分几何学等，也没能反映 20 世纪应用数学的广泛领域，但是它极大地推动了一大批数学分支的发展。在对第二个和第十个问题的研究过程中，促进了现代计算机理论的发展。一位数学家能如此集中地提出这么一系列问题，并能持久影响数学科学的发展，在数学史上是空前的。这些问题的解决，极大地丰富了纯粹数学的内容，并且几乎渗透到了人类智力活动的各个领域，成为信息时代数学不可或缺的构成要件。

希尔伯特凭借其卓越的数学才能以及乐观自信的"希尔伯特精神"，坚信人类的探索永不止步，每个数学问题都将会得到解决。他激发了全世界一代又一代数学家的想象力，无数数学工作者在这样的精神鼓舞下，投身数学研究，为探索数学真理的伟大事业默默奉献一生。正如希尔伯特在多个场合提到并最终刻在墓志铭上的那句话："我们必须知道，我们必将知道。"

2.《几何基础》的公理体系

用公理化的方法检验欧几里得《几何原本》的公理化体系，那么它的公理必须加以修改和补充。19 世纪末，人们开始改造欧几里得几何的公理系统，使之成为严格的公理化体系，其中最受人欢迎的公理集合属于德国数学家希尔伯特。

希尔伯特认为，公理绝不是不证自明的真理，而只是用以产生几何理论的一些假定。希尔伯特指出在使用不加定义的概念，以及这些概念的性质仅由公理来说明时，无须给不加定义的概念指定明晰的意义。比如，点、线、面以及其他元素，可以用"桌子、椅子、啤酒杯"以及别的什么东西来代替。当然，当几何同"事物"相关联时，这些公理肯定不是不证自明的真理，但必须把它们看作是任意的，即使它们事实上是由经验启示的。

希尔伯特在《几何基础》（1899 年）中给出的几何公理体系被划分为五组，其中主要包括：

第 Ⅰ 组（结合公理）共 8 条，它描述了一种称为"属于"关系的特性。例如，对于任意两个不同的点 A 和 B，至多存在一条属于这两点的直线。

第 Ⅱ 组（顺序公理）共 4 条，它描述了一种称为"介于"关系的特性。例如，如果点 B 介于点 A 和点 C 之间，那么点 A、B、C 同属于一条直线，同时点 B 也介于点 C 和点 A 之间。

第 Ⅲ 组（合同公理）共 5 条，它描述了一种称为"等于"（或称"合同于"）的特性。例如，如果 A、B 两点同属于直线 a，而点 A' 属于直线 a'，那么总可以找到属于 a' 的一点 B'，使"线段" $\overline{A'B'}$ 合同于 $\overline{AB}$。

第 Ⅳ 组（连续公理）由两个命题组成，一个叫"阿基米德公理"，另一个叫"康托尔公理"。这一组公理没有刻画新的基本关系，但刻画了几何元素集合中的一种叫作连续性的构造特性（属于同一直线的点元素之间的关系）。

第 Ⅴ 组（平行公理），是刻画几何元素集合中被叫作平行性的一种特性。

在希尔伯特的几何公理体系中，用五组公理联结三种对象及其之间的三种关系（共六个原始概念）。如果在这个公理体系中去掉第三种几何基本对象（"平面"）以及与它有关的各条公理，那么余下来的公理和五个原始概念就可以构成一个"平面几何的公理系统"。

希尔伯特用上述公理证明了欧几里得几何的一些基本定理，此后的数学家则运用希尔伯特的公理集合，完成了所有欧几里得几何命题的证明。利用希尔伯特公理集合，可以排除欧几里得几何证明中的直观成分。

3.《几何基础》的相容性

欧几里得《几何原本》所构建的公理化体系，它的所有命题都可以从物理世界中得到验证，常常被称为"实质公理"体系。而且物理世界的现实告诉我们，在这个理论体系中不存在相互矛盾的命题。所以，只要欧几里得几何被认为是关于物理空间的真理，那么对其相容性产生任何怀疑似乎都是没有意义的。然而，对于像希尔伯特《几何基础》那样的公理化理论体系而言，由于欧几里得几何公理的选择具有随意性（即它们不依赖于物理的现实性），这就构成了一种"形式公理"体系，就必须对其公理集合进行相容性的论证。

要确定一个公理体系的相容性，通常的方法是"进行解释"或建立模型。希尔伯特利用建立模型的方法，为自己的几何公理系统创建了一个模型。下面以平面几何为例，对公理集合中不加定义的概念进行"解释"：

- "点"被解释为有序实数组 (x,y)。
- "线"被解释为二元一次方程 $Ax+By+C=0$。
- "属于"关系："点"属于"直线"或"直线"属于"点"，被解释为数组 (x,y) 是方程 $Ax+By+C=0$ 的解。
- "介于"关系："点"(x,y) 在"点"(x_1,y_1) 与"点"(x_2,y_2) 之间，被解释为 $\dfrac{x_1-x}{x-x_2}=\dfrac{y_1-y}{y-y_2}=\lambda>0$。
- "合同关系"："线段"$\left[(x_1,y_1),(x_2,y_2)\right]$ 与"线段"$\left[(x_3,y_3),(x_4,y_4)\right]$ 合同，被解释为 $(x_2-x_1)^2+(y_2-y_1)^2=(x_4-x_3)^2+(y_4-y_3)^2$。

在派定了"角色"、解释了"关系"之后，可以逐条进行验证：希尔伯特平面几何公理系统中的每一条公理，在我们这个以代数元素构建的模型中都能得到验证。于是就得到了一个平面几何的"解析模型"，它实际上就是中学生都了解的笛卡儿直角坐标系下的平面解析几何。

12.3　罗素悖论与三大数学学派

19 世纪末，公理集合的相对相容性研究得到了以下结果：
- 如果整数理论是相容的，则有理数理论也是相容的。
- 如果有理数理论是相容的，则无理数理论也是相容的。
- 如果无理数理论是相容的，则整个实数理论也是相容的。
- 如果实数理论是相容的，则欧几里得几何也是相容的。
- 如果欧几里得几何是相容的，则非欧几何也是相容的。

这样，整数理论的相容性就成为整个数学相容性的基础。

集合论产生之后，德国数学家弗雷格和戴德金又把整数理论建立在集合论的基础之上。因此，整数的相容性问题便转化为集合论的相容性问题。19 世纪末，集合概念已经被证明是数学最基本的和应用最广泛的一个概念，它把纯粹数学的基础理论统一起来。例如，从研究对象来看，算术的研究对象是整数和分数等组成的集合，几何的研究对象是点、线、面、图形等组成的集合，微积分的研究对象则可视为由实数、函数等组成的集合，等等。这样，数学的各分支都能以集合为研究对象了，从集合论出发可建立起整个数学大厦。20 世纪初，随着康托尔集合论为广大数学家所接受，并获得广泛而高度的赞誉，集合论成为现代数学的基石。

1900 年，国际数学家大会上，法国著名数学家庞加莱就曾兴高采烈地宣称："……借助集合论概念，我们可以建造整个数学大厦……今天，我们可以说绝对的严格性已经达到了……"

可是，好景不长。1903 年，一个震惊数学界的消息传开：集合论是有漏洞的！这就是英国数学家罗素提出的著名的罗素悖论。

12.3.1 罗素悖论

伯特兰·罗素（Bertrand Russell，1872—1970）是 20 世纪英国数学家、哲学家、逻辑学家，无神论者，也是 20 世纪西方最著名、影响最大的学者和和平主义社会活动家之一。

罗素 1872 年出生于英国，他的祖父曾任英国首相。他 4 岁时失去双亲，由祖母抚养长大。他性格内向，从小就喜欢一个人在花园里静静思考，好奇心特别强，家里的大量藏书为他获得知识提供了极大便利。1890 年，罗素考入剑桥大学三一学院，学习数学、哲学和经济学。在剑桥大学，罗素曾信奉唯心主义和新黑格尔主义，但在 1898 年，罗素在摩尔的影响下放弃了唯心主义，转而研究现实主义，并很快成为"新现实主义"的倡导者。罗素此后始终强调现代逻辑学和科学的重要性，批判唯心论。

罗素

随着第一次世界大战的爆发，罗素对哲学的兴趣减弱，转而以和平主义者身份投身到写作、演讲和组织活动中去。由于参与反战活动，他被剑桥大学开除，只能通过出版各种有关物理、伦理和教育方面的书籍谋生。1920 年，罗素访问苏联和中国，并在北京讲学一年。罗素在长沙期间，青年毛泽东曾经担任其演讲的记录员。回到欧洲后著有《中国问题》一书，孙中山因此书而称其为"唯一真正理解中国的西方人"。我国著名诗人徐志摩远赴英国想拜罗素为师的时候，罗素已经离开剑桥大学。失望之余，徐志摩写下了他著名的诗作《再别康桥》。

罗素一生坎坷、命运多舛，但他始终坚强地生活，始终关爱人类。他渴望知识，追求真理，反对战争，追求和平。罗素在其自传《伯特兰·罗素自传》的序中提出了"活着的三个理由"：第一个理由是"追求爱情"，因为爱情会带来"狂喜"，爱情能减轻孤独，爱情能创造最美好的人类生活；第二个理由是"追求知识"，因为知识能让我们理解人的内心，理解自然界，满足我们与生俱来的好奇心；第三个理由是"同情心"，我们活着，就是为了减轻世间的苦难，不仅为了帮助他人，还因为我们自己也是这种苦难的承受者。

罗素命运多舛，正是这种纯洁而浓烈的感情成为他奋斗不息、挚爱生活的强大精神动力。罗素年轻时因反战而被关进监狱，到了晚年仍继续和爱因斯坦等人一起致力于禁核、裁军运动，并创立了"罗素和平基金会"。罗素在 89 岁时，曾因静坐示威又一次被关进监狱。他的最后政治声明是有关中东的，谴责以色列袭击埃及和巴勒斯坦难民营。这份声明写于他逝世的前两天，这说明罗素在生命的最后时刻还在为世界和平事业和人类的前途操劳。

罗素与弗雷格、维特根斯坦和怀特海一同被视为分析哲学的创始人。他与怀特海合著的《数学原理》对逻辑学、数学、集合论、语言学和分析哲学有着巨大影响。1950 年，罗素因《婚姻与道德》获得诺贝尔文学奖，以表彰他"多样且重要的作品，始终不渝地追求人道主义理想和思想自由"。

罗素悖论是指：对于所有不以自身为元素的集合所组成的集合 $R = \{x \mid x \notin x\}$，作为一个集合，$R$ 本身是否是 R 的元素？

罗素悖论又称"理发师"悖论，通俗表述就是：村里有一个理发师给自己立了一条店规，即他只给村子里不给自己理发的人理发。

请问：他是否应该给自己理发？

——如果他自己理发，那他就属于给自己理发的那类人。但是，他的招牌说明他不给这类人理发，因此他不能自己理发。

——如果另外一个人来给他理发，那他就是不自己理发的人。但是，他的招牌说他要给所有这类人理发。因此其他任何人也不能给他理发。

看来，没有任何人能给这位理发师理发了！

由于这一时期的集合论已经成为现代数学的基础，罗素悖论的发现不仅动摇了朴素集合论的可靠性，而且极大地威胁着整个数学的基础。弗雷格伤心地说："一个科学家遇到的最不愉快的事莫过于，当他的工作完成时，基础崩塌了。"戴德金因此推迟了他的《什么是数的本质和作用》一书的再版。这一悖论就像在平静的数学水面上投下了一块巨石，而它所引起的巨大反响则导致了第三次数学危机。

为了消除悖论，人们希望对康托尔的集合论进行改造，通过对集合定义加以限制来排除悖论，这就需要建立新的原则。康托尔开始提出的集合论是没有使用公理的，于是集合论改造的一个方向就是把集合论公理化。当时有些数学家认为，集合论之所以出现悖论是因为康托尔关于集合的概念是朴素的，并不是逻辑上严格的。而罗素正是抓住了康托尔集合论中的某些不严格的地方，提出了悖论。于是，数学家们将康托尔的"朴素集合论"加以公理化，规定构造集合的原则。例如，不允许出现"所有集合的集合""一切属于自身的集合"这样的集合。1908 年，策梅洛（E. F. Zermelo,1871—1953）提出了由 7 条公理组成的集合论体系，称为 Z- 系统。1922 年，弗伦克尔（A. A. Fraenkel）又加进一条公理，还把公理用符号逻辑表示出来，形成了集合论的 ZF- 系统。后来，策梅洛又引入了选择公理（Axiom of Choice）。再后来，还有改进的 ZFC- 系统。这样，大体完成了由朴素集合论到公理化集合论的发展过程，悖论消除了。

现代集合论包含大量公理，很难分辨孰真孰假，可是又不能把它们全部摒弃，因为它们跟整个数学体系紧密相连。但是，新的系统的相容性尚未得到证明。因此，庞加莱在策梅洛的公理化集合论出来后不久，形象地评论道："为了防狼，羊群已经用篱笆圈起来了，但却不知道圈内有没有狼。"

对罗素悖论引起的第三次数学危机的解决，并不是完全令人满意的，数学的确定性在一步一步地丧失。第三次数学危机虽然表面上得到了解决，实质上它却更深刻地以其他形式延续着。这一危机促使人们开始探究数学的基础究竟是什么，由此引发的争论仍在继续。

12.3.2　三大数学学派

第三次数学危机促使数学家不仅仅是对集合论本身的悖论问题进行研究，

还进而创立了更加严谨的集合论公理化体系。此外，他们还从整体角度考虑整个数学科学的研究对象、方法和理论结构。这促使 20 世纪初期的数学家们展开了一场关于数学基础的讨论，并由此形成了三大数学学派。

1. 逻辑主义

以罗素为代表的逻辑主义学派认为，数学仅仅是逻辑的一部分，全部数学可以由逻辑推导出来：数学概念可以借逻辑概念来定义，数学定理可以由逻辑公理按逻辑规则推出，至于逻辑的展开，则是依靠公理化方法进行，即从一些不加定义的逻辑概念和不加证明的逻辑公理出发，通过符号演算的形式来建立整个逻辑体系。在罗素看来："数学是所有形如命题 p 蕴含命题 q 的命题类，而最前面的命题 p 是否正确，却无法判断。因此，数学是我们永远不知道我们在说什么，也不知道我们说的是否对的一门学科。"他们只关注"若 p 则 q"这种逻辑推理形式的外壳，而不去探究其实际内容，自然也就无法谈及内容本身的对错了。

逻辑主义学派通过引入"类型论"的原理，成功地消除了集合论中的悖论。但是利用他们的逻辑公理集合并不能推导出整个数学理论，就连我们熟知的实数理论也无法从它的逻辑公理体系中推导出来。而且，如果数学的内容全部可以由逻辑推出，那么它怎么能用于现实世界呢？怎么能把新的思想引入数学呢？事实上，逻辑主义者未能建立起完善的逻辑公理体系，它隔离了数学与现实的关系，这都无法达到罗素等人最初设定的目标：数学就是逻辑。就连罗素也承认这一点，他："我一直希望在数学中寻找的光辉的确定性已在令人困惑的迷宫中消失殆尽。"

2. 形式主义

以希尔伯特为代表的形式主义学派，将数学看作是形式系统的科学，它处理的对象是不必赋予具体意义的符号。而数学命题的正确性，要将它放在一个适当的形式系统中、经严格证明予以确定。形式主义认为，对于一个公理化的形式系统，只要能够证明这个系统是相容的、独立的和完备的，那么这个公理系统就可以获得承认，它代表着一种真理。而悖论是公理系统不相容的一种表现。

形式主义学派在已有的集合论公理化体系的基础上又补充了新的公理，成功地排除了罗素悖论。同时，形式主义公理化方法不仅成功地建立了众多数学和科学分支的理论体系，还大大促进了数理逻辑以及计算机科学的发展。在1928年国际数学家大会上，希尔伯特非常自信地说："利用这种新的数学基础，人们完全可以称它为证明论，我坚信凭借它可以解决世界上所有基础性问题。"特别是，他相信能够解决公理系统的相容性和完备性问题。然而，1931年，哥德尔提出"第一不完备性定理"，这宣告了形式主义不可能成为可靠的数学基础，反映了形式主义方法的局限性。

3. 直觉主义

以荷兰数学家布劳威尔（Brouwer，1881—1966）为代表的直觉主义学派，同样认定形式证明的重要地位，只不过它强调了不同的证明类型，他们认可那些只能用直觉判定、能在有限步内构造出来的命题。例如，像自然数这样一个接一个出现，这样无限下去是可以接受的，而无理数是不可接受的。还有"全体实数"，也是不可接受的概念。而像罗素悖论中的"所有集合的集合"，由于无法直观理解，因此也是不可接受的，自然也就没有"悖论"可言了。

与逻辑主义、形式主义相比，直觉主义在数学的发现中更有指导意义。今天，直觉主义提倡的构造性数学已成为数学科学中一个重要的学科群体，并与计算机科学密切相关。然而单一的构造活动不能得到全部的数学。早期直觉主义学派的代表、德国数学家克罗内克的构造数学思想，几乎扼杀了康托尔的超限基数理论。直觉主义的另一个重要缺陷是"严格限制使用排中律"。布劳威尔说："承认排中律实际上便是承认对每个数学命题都能够证明其真或证明其假。"按照直觉主义的观点，许多微积分中的定理都是不可接受的。例如，连续函数的零点定理：设函数 $f(x)$ 在 $[a,b]$ 是连续的，并且 $f(a)f(b)<0$，则至少存在一点 c，使得当 $a<c<b$ 时，$f(c)=0$。这个定理是用反证法来证的，并没有给出一个构造过程来确定出这个 c，这对直觉主义是不可接受的。

布劳威尔的观点揭示了这样一种现实：许多数学命题在没有得到证明之前，无法判定其真假。而且每当一个数学问题得到了证明，又会发现更多的、不知真假的新的数学问题。直觉主义者以构造和发现作为自己的行动指南，他们认为那些已经被发现而未能得到证明的数学命题只能是"不假"命题。这样一来，传统的排中律就不再成立。直觉主义限制使用排中律，这就需要对整个数学以及逻辑学进行全面改造，这显然是一项非常艰巨的工程，因此可以预见其难以取得成功。所以，直觉主义在建立数学基础方面的理论意义是有限的。

三大学派关于数学基础的激烈论战，在 20 世纪 30 年代进入白热化的程度，但各派均未能对数学的基础问题给出完美的答案。这场论争极大地推动了纯粹数学研究的发展。由于三大学派的论争涉及"数学是什么"这一哲学问题，这是关系到数学本质的一个永恒主题，它在 20 世纪的数学发展中也发生了质的变化。

第 13 章

数学与计算机

在未来，数学家将被计算机取代。

——科恩

世界上只有 10 种人——懂二进制的和不懂二进制的。

——数学幽默

Ekhad 署名的论文

当今数学界有位有趣的数学家，名叫 Shalosh B. Ekhad，至今已在科学期刊上和其共同作者——以色列数学家多伦·泽尔伯格（Doron Zeilberger）发表了几十篇数学论文。泽尔伯格的一些论文是 Ekhad 独立署名的，还有一些论文是 Ekhad 和 Zeilberger 联合署名的。有人问泽尔伯格："Ekhad 是谁？"泽尔伯格回答说："我是 Ekhad 的导师。"Ekhad 究竟是什么人？原来 Ekhad 不是人，它只是泽尔伯格操作的一台计算机！ Shalosh B. Ekhad 是泽尔伯格使用的个人计算机型号的希伯来语。泽尔伯格认为，数学家只用铅笔和纸张工作的日子即将结束。他认为在他的一些工作中，计算机做出了更重要的贡献，或者几乎是计算机做出的贡献，因此他让计算机独立署名。

20 世纪，计算机技术是数学与工程技术完美结合的产物。早在 20 世纪 30 年代，数学家在研究数理逻辑的过程中形成了理论计算机的雏形——图灵机。第二次世界大战促使将这种理论转化成了计算机技术。数学不断为之提供理论和技术方面的支持。与此同时，在计算机的帮助下，数学自身也发生了巨大的变化，形成了以计算机技术为代表的信息与计算数学。在计算机的持续影响下，计算机正在改变着传统的数学学科，同时也正在改变着人们对数学的看法。

20 世纪 70 年代，菲尔兹奖得主保罗·科恩（Paul Joseph Cohen）在数学逻辑方面取得了很大的成就。科恩在集合理论方面的研究方法极其大胆，他预言，数学领域里的一切都能被自动化，包括数学证明的编写。科恩曾做出一个影响深远的预测："在未来，数学家将被计算机取代。"这一预测至今仍像梦魇一般萦绕在数学家们的心上，令他们既兴奋又恼怒。如今，这一预言也正慢慢地变成现实。

13.1　现代计算机的先驱

13.1.1　算盘与对数尺

提高数学计算的速度，增强计算结果的准确性，是人类在数学发展过程中不断追求的目标，我国古代早期发明的算筹和珠算盘曾为数值计算提供了技术支持。

1. 中国的算盘

算盘（见图 13-1）是有史以来对人类文明有着重要影响的计算工具之一。许多世纪以来，算盘都是一种能让人类进行快速商业和工程计算的工具。算盘被联合国评为世界文化遗产，被外国人誉为中国的"第五大发明"。在 2005 年，福布斯网站的一个网络评

图 13-1　中国算盘

议排名，将算盘列入人类历史上第二重要的工具（第一是刀，第三是指南针）。

古代早期，我国主要使用"算筹"，真正的算盘（现代术语上称作"串珠算盘"）大致源于晚唐，流行于宋，北宋名画《清明上河图》中药铺柜台上就有算盘。在战国时期出土的秦简中，就已有包括分数运算的乘法口诀，这比西方足足早了 600 多年，而算盘的发明更是助推了计算进程。被称为"珠算之父"的明代数学家程大位（1533—1606），在总结前人经验的基础上撰写了一部珠算专著《算法统宗》。书中评述了珠算规则，完善了珠算口诀，确立了算盘用法，完成了从筹算到算盘的彻底转变。后来这部书又同算盘一起传入日本、东南亚及欧洲。在珠算实际操作方面，明朝皇族世子朱载堉将多把算盘综合使用，以开高次方的办法，在世界上第一次解决了音乐十二律自由旋宫转调的千古难题，

令世界为之惊叹。正因为算盘有着如此强劲的计算功能，直到 20 世纪 70 年代，我国小学中仍开设珠算课程。1946 年，日本算盘高手和当时使用电动计算器的人进行比赛，算盘高手的计算速度常常略胜一筹。

2. 纳皮尔算筹与对数尺

16 世纪，文艺复兴时期创造的对数及对数算筹，是计算工具的一次具有里程碑意义的变革。数学史家卡约黎认为，现代计算的神奇力量源自三大发明——阿拉伯数字、小数以及对数。苏格兰数学家、贵族庄园主纳皮尔（Napier，1550—1617）于 1590 年前后发明了常用对数和纳皮尔算筹，使乘法和除法运算归结为简单的加法和减法运算。

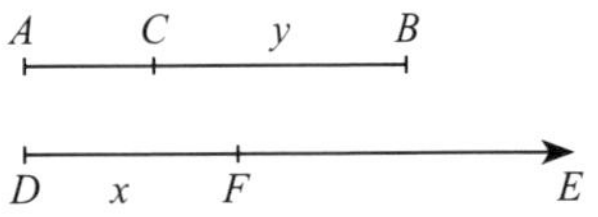

图 13-2　纳皮尔的对数原理

纳皮尔最早把对数称为人造数。在纳皮尔之前，把乘除运算化为比较简单的加减运算的思想，在三角公式 $\sin A \sin B = \frac{1}{2}\left[\cos(A-B) - \cos(A+B)\right]$ 中已初见端倪，而这个公式在纳皮尔时代已为人们所熟知，他的对数思想很可能就是从这个公式中得到启发的。纳皮尔给出的对数定义如下：考虑一条线段 $\overline{AB}$ 和一条射线 $\overline{DE}$，如图 13-2 所示。设点 C 和点 F 以同样的初始速度分别从点 A 和点 D 出发，沿线段 $\overline{AB}$ 和射线 $\overline{DE}$ 运动。假设点 C 运动的速度在数值上总是等于距离 $|\overline{CB}|$，点 F 运动的速度是不变的。这时，纳皮尔把 $\overline{DF}$ 定义为 $\overline{CB}$ 的对数（用简单的微积分知识容易推导出来）。也就是说，设 $|\overline{DF}|=x, |\overline{CB}|=y$，则 $x=\text{Nap log } y$。因为当时最好的正弦表只有七位十进制数字，为了避免分数的麻烦，纳皮尔取 $\overline{AB}$ 的长度为 10^7。

1615 年，英国伦敦的几何学教授布里格斯（Briggs，1561—1630）得知纳皮尔的对数表后，深深为之着迷，并随即决定赴苏格兰与纳皮尔面对面交流。布里格斯与纳皮尔约定了在爱丁堡会面的时间，但出于种种原因，他未能准时抵达。正当纳皮尔怀疑他能否到达时，外面响起敲门声，来人正是布里格斯。据说两人在见面之后的 15 分钟内都没有说话，只是敬佩地看着对方。最终，布里格斯开口道："尊敬的领主大人，我不远千里来见你一面，目的是向你请教，是什么样的才智或巧思驱使你一下想到了对数这个对天文学大有裨益的概念。而在你这一伟大发明之前，却没有人能够发现它，尽管现在看来它非常容易。"

在这次会晤中，两人又进行了深入细致的探讨，布里格斯提出了一个建议：如果把对数改变一下，使得 1 的对数为 0，10 的对数为一个适当次幂，则编制出来的对数表使用更方便。于是，也就有了今天在高中数学课里讲授的常用对数。布里格斯返回伦敦以后，用其全部精力编制常用对数表，并于 1624 年出版了他的《对数算术》一书，其中包括从 1 到 20 000 和从 90 000 到 100 000 的十四位常用对数表。后来他在一位荷兰的出版者兼书商的帮助下，填补了从 20 000 到 90 000 之间的空缺。布里格斯也因此成为英国第一位数学教授。布里格斯等人发表的四个基本对数表，直到 1924 年至 1949 年之间，才被在英国算出的二十位对数表所代替。

拉普拉斯说，对数的发明"缩短了计算时间，延长了天文学家的寿命"。对数出现后立即在欧洲的德国、意大利和法国等国家被广泛采用。纳皮尔算筹发表于 1617 年，后来发展成为人们广泛应用的"对数计算尺"。它为乘、除及开方运算提供了机械的算法。布里格斯的同事、天文学家冈特（Gunter，1581—1626）设计出了第一个对数计算尺。这是一个标有数字的线段，从尺的左端量起的距离与所标之数的对数成正比，对尺上的线段进行加、减，便可机械地完成乘除运算。如图 13-3 所示，用两个同样的对数计算尺，使一个沿着另一个滑动，从而实现上述线段的加和减。

图 13-3　对数计算尺基本原理

在图中两个标有刻度的尺子上，自 1 到 2 的长度是 log2=0.30，自 1 到 3 的长度是 log3=0.48，……，自 1 到 10 的长度是 log10=1。利用两个滑尺进行乘除运算就可以转化为对数的加减运算。例如，log4=log2+log2=0.60，这个长度就是上面一个滑尺上自 1 到 4 的长度。

13.1.2　早期的计算器

1642 年，法国数学家帕斯卡发明了第一台能进行加减运算的机械式计算器（见图 13-4），帮助他的父亲审核政府账目。这台设备能处理数不超过 6 位。它由一系列啮合的号码盘组成，每一个盘上从 0 标到 9。加法的"进位"程序可以被机械地完成，每当一个号码盘从 9 转到 0，系统中的前一个号码盘就自动转动一个单位。帕斯卡一共造了五十多台这样的机器，有些至今还保存在巴黎的博物馆中。这种计算器方便、快速、可靠和易于操作，其原理也成为后来手摇计算机的基本原理。

帕斯卡的成功，启发和鼓舞了后来的莱布尼茨，他也敏锐地预见到计算机的重要性："把计算交给机器去完成，可以使优秀人才从繁重的计算中解脱出来。"莱布尼茨从 1671 年着手设计、制造他所谓的"算术计算机"，并于 1674 年在马略特的帮助

图 13-4　帕斯卡的计算器

下制成了一台能进行加减乘除四则运算的计算机。莱布尼茨的计算器及其设计思想，引发了当时科学界的轰动，这种计算器减轻了天文学家复杂的计算工作，成了近代手摇计算机的雏形。但是总的看来，17 世纪出现的计算器都不是很实用。在后来 18 世纪的 100 多年间，计算器的研究并没有取得新的突破，直到19 世纪才出现新的转机。

英国数学家巴贝奇（Babbage，1791—1871）是设想制造具有程序控制功能的普通四则运算机器的第一位学者。大约 1812 年，巴贝奇在核对天文学家的某些计算工作时，发现了大量的计算错误，于是产生了创造的欲望。1822 年，巴贝奇提出为政府造一架会计算航海和天文用表的机器，得到了政府的研究经费。

随即他开始设计所谓的"差分机"。这是能处理 26 位有效数字、计算并输出直到六阶差分的机器。但是，此项工作经过十年的努力，未能取得成效，政府撤销了对他的资助。巴贝奇和他的差分机如图 13-5 所示大约在 1834 年，巴贝奇又开始着手一项更大胆的设想——打造所谓的"分析机"。这种"分析机"被设想成完全自动地执行一系列算术计算的机器，可以依靠纯机械的运

图 13-5　巴贝奇和他的差分机

转实现现代计算的所有基本功能：开始由一个算子给它指令，机器能把中间结果存储于自己的"记忆"中，以备再一次使用；机器的容量可以达到数以千计的 50 位数；它能利用辅助数表，并把这些表放在机器的"图书馆"内；它能通过比较作出自己的判断；然后，按照所作的判断，往下计算。然而这种纯机械

的通用程序数字计算机的设想，在当时的技术条件下是无法实现的。巴贝奇为此倾注了后半生的精力和个人资产，英国政府也为此投入了约 1.7 万英镑。巴贝奇去世后，他的儿子又为分析机奋斗了多年。

13.1.3　算法与图灵机

20 世纪初关于数学哲学基础的论战推动了数理逻辑的诞生。这个纯数学的分支最初属于"元数学"的范畴，主要讨论什么是数学证明、如何定义数学概念等。20 世纪 30 年代以后，数理逻辑逐渐渗透到代数、拓扑、函数论等核心数学领域，开始研究"算法"的存在性问题，即对某些函数，能否用有限步、按规定次序的计算过程，得到函数的解。如果存在这样的算法，就称该函数是"可计算函数"。例如，A、B 是任意的自然数，$F(A,B)$ 表示 A、B 的最大公约数。那么，我们知道使用欧几里得算法（即辗转相除法），一定能将 $F(A,B)$ 算出来。也就是说，$F(A,B)$ 是可计算函数。人们陆续得到了一些可计算函数类，使许多问题的研究归结为可计算性的研究。

1936 年，英国数学家图灵（Turing，1912—1954）在研究可计算性时提出理想计算机理论——图灵机。图灵机原本是对于"可计算性"数学概念的一种定义方法，但后来却成为现代计算机运转方式的基本理论设想。

1. 人工智能之父——图灵

图灵出生于英国伦敦，是英国数学家、逻辑学家。图灵是计算机逻辑的奠基者，许多人工智能的重要方法也源自这位伟大的科学家。他对计算机的重要贡献在于他提出的图灵机概念。对于人工智能，他提出了重要的衡量标准"图灵测试"。如果有机器能够通过图灵测试，那它就是一个完全意义上的智能机，和人没有区别了。图灵杰出的贡献使他成为计算机界的第一人。现在人们为了纪念他，将计算机界的最高奖定名为"图灵奖"。

图灵

在上中学时，图灵在科学方面的才能就已经显示出来，他对数学等学科很感兴趣。他的老师认为"图灵的头脑思维可以像袋鼠一样进行跳跃"。16 岁时便开始研究爱因斯坦的相对论。1931 年，图灵进入剑桥大学。大学毕业后，他前往美国普林斯顿大学攻读博士学位，正是在那里，他制造出了以后称为图灵机的东西。第二次世界大战爆发后，他回到剑桥，后曾协助军方破解德国的著名密码系统 Enigma，帮助盟军取得了第二次世界大战的胜利。

1936 年，图灵向伦敦权威的数学杂志投了一篇论文，题为"论数字计算在决断难题中的应用"。在这篇开创性的论文中，图灵给"可计算性"下了一个严格的数学定义，并提出了著名的"图灵机"（Turing Machine）设想。"图灵机"不是一种具体的机器，而是一种思想模型，可制造一种十分简单但运算能力极强的计算装置，用来计算所有能想象得到的可计算函数。图灵机被公认为现代计算机的原型，这台机器可以读入一系列的 0 和 1，这些数字代表了解决某一问题所需要的步骤，按这个步骤进行下去，就可以解决某一特定的问题。这种观念在当时是具有革命性意义的，因为即使在 20 世纪 50 年代的时候，大部分计算机还只能解决某一特定问题，不是通用的，而图灵机从理论上来讲却是通用机。在图灵看来，这台机器只需要一些最简单的指令就可以把复杂的工作分解为最简单的操作，在当时，他能够拥有这样的思想，确实是很了不起的。

1950 年 10 月，图灵又发表了另一篇题为"机器能思考吗"的论文，成为划时代之作。这篇论文为图灵赢得了"人工智能之父"的桂冠。在这篇论文里，图灵第一次提出"机器思维"的概念。他逐条反驳了机器不能思维的论调，给出了肯定的回答。他还从行为主义的角度对智能问题给出了定义，由此提出一个假想，即一个人在不接触对方的情况下，通过一种特殊的方式和对方进行一系列的问答。如果在相当长时间内，他无法根据这些问题判断对方是人还是计算机，那么就可以认为这台计算机具有同人相当的智力，即这台计算机是能思维的——这就是著名的"图灵测试"。当时全世界只有几台计算机，根本无法通过这一测试。但图灵预言：在 20 世纪末，一定会有计算机通过"图灵测试"。最终，他的预言在 IBM 的"深蓝"计算机上得到了完全验证。

2. 图灵机与"P=NP"问题

"算法"（Algorithm）这个名称最早源于 9 世纪阿拉伯数学家花拉子米的一本著作，在这本著作中花拉子米用算法来概括算术四则运算的法则。20 世纪初，希尔伯特提出了著名的二十三个数学问题，其中很多都涉及问题解决的判定问题。1935 年，正在剑桥皇家学院读书的图灵，在听了数理逻辑学家纽曼的课程后，开始注意希尔伯特提出的一个判定问题，并进行了潜心的研究。该问题要求判定是否存在一种有效的算法（或今天在计算机科学中称为"程序"的东西），能够用逻辑方法从一组给定的假设中推演出某个结论。

在当今的计算机技术领域，人们将"算法"定义为用特定的计算机语言编写的计算机程序。然而，图灵的早期研究则是为了从理论上解决可判定性才定义的"算法"，1936 年 4 月，图灵发表了"可计算数及其在判定问题上的一个应用"的论文，形成了"图灵机"这一重要思想。他用反证法证明：任何可计算其值的函数都存在相应的图灵机；反之，不存在相应图灵机的函数就是不具有可计算其函数值算法的函数。

图灵机是一种假设的抽象"计算机"，如图 13-6 所示。图灵机由三个部分组成：一条带子、一个读写头和一个控制装置。带子被分成许多小格，每小格可存一位数（0 或 1），也可以是空白的。机器的运作是逐步进行的，每一步由三个不同的动作组

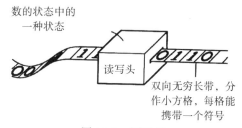

图 13-6　图灵机

成：在任一确定时刻，读写头对准带子上的一个方格，根据该格上的内容和机器的状态决定自己的动作；机器可以抹去带上的原有符号，使方格保持空白或者写上另外的（也可以与原来相同的）符号；然后让带子通过读写头，朝两个方向之一移动一个方格。机器的行为自始至终由一个指令集决定，它明确地指示机器每一步应该执行哪三个动作。整个运作从读写头读第一个方格数据开始，一旦计算结束，机器就进入一个特别的停止状态。运算过程的任何结果都被记录在带子上。

图灵机的行为由算法控制，算法的程序由有限条指令组成，每一条取自下列一组指令之中：在当前方格中写 0→在当前方格中写 1→左移一格→右移一格→若当前方格内容为 0，转向步 i→若当前方格内容为 1，转向步 j→停止。

由这 7 种简单的指令可以组成所谓的"波斯特–图灵程序"，它的结构与动作极为简单，但是，正是这样简单的结构包含了现代电子计算机最基本的工作原理。

利用可计算性理论，数学家解决了众多的判定性问题，存在（或不存在）某种求解的算法，是确定这些判定性问题的标准。显然，算法的存在性判定可以满足纯数学研究的需要。但是，在解决现实问题中，单纯判定算法存在性是远远不够的。如果一个算法让高速计算机算上几千年，那么它就毫无实用的价值。我们必须研究有效算法的存在性，制定算法有效性的评估标准。

20世纪60年代，柯勃汉与爱德华兹创立了算法有效性的一种判定法则：区分算法是否有效，要以图灵机为基本计算工具，用图灵机上完成计算的步数（即图灵程序）来评估一个算法是否有效。一般地，人们习惯于依据"计算时间"的长短来判定算法的有效性，使用这种度量标准，需要使用以下定义：如果存在确定的整数 A 和 k，对于长度为 n 的输入数据，如果对任意的 n 值，计算可以在至多 An^k 步内完成，那么这个算法被称为"多项式时间算法"。例如，将两个整数相加的标准算法是多项式时间算法。不是多项式时间算法的算法被称为"指数时间算法"。当一个算法处理长度为 n 的输入数据时，若需要 2^n（或 $3^n, n^n, n!$）步，它就是一个指数时间算法。

柯勃汉和爱德华兹将"有效"算法规定为需要多项式时间的算法，而将需要指数时间的算法规定为"非有效"算法。这种划分方法只是"理论"的划分方法，它与实际应用还有一定的区别。譬如，$A=10^{50}$ 和 $k=500$ 的多项式时间算法在实际意义上一般不会"有效"。所幸的是，在现实问题中，一般都取 $10n^3$（即 $A=10$，$k=3$）或更少步数的多项式时间算法。尽管 2^n 步算法在"理论上无效"，但对适度小的 n，2^n 的步数完全可以比多项式时间更少。虽然对于不太大的 n，多项式函数值可以超过指数函数值，但对于相对大的 n，后者总是大于前者。假定一台计算机每 10^{-6}s 执行一次基本运算，对于已知的数据长度 n，多项式时间算法与指数时间算法在计算机上的运行时间如表 13-1 所示。

表 13-1　多项式时间算法与指数时间算法在计算机上的运行时间

		数据长度（n）					
		10	20	30	40	50	60
多项式时间算法	n	0.000 01s	0.000 02s	0.000 03s	0.000 04s	0.000 05s	0.000 06s
	n^2	0.000 1s	0.000 4s	0.000 9s	0.001 6s	0.002 5s	0.003 6s
	n^3	0.001s	0.008s	0.027s	0.064s	0.125s	0.216s
指数时间算法	2^n	0.001s	1.0s	17.9 分	12.7 天	35.7 年	366 世纪
	3^n	0.059s	58 分	6.5 年	3855 世纪	2×10^8 世纪	1.3×10^{12} 世纪

目前，人们将多项式时间算法问题称为 P 型问题，它是可解的。但是还有一类问题是不能确定多项式时间算法的，这类问题称为 NP 型问题，意思是"非确定型多项式时间"，比如著名的"旅行推销员问题"：

给定一个城市列表和每对城市之间的距离，销售人员访问每个城市并返回出发城市的最短路线是什么？

乍一看，这个问题可能很容易解决。毕竟可选路线是有限的，然后计算每条路线的总路程，再比较找出最短的一条。这在理论是行得通的，但是实际中，只要城市数目稍多，需要选择的路线就极多，逐一计算就是不可能的。具体来说，假设推销员要走访 50 个城市，每一个城市只走一次，是否存在一条路线，其总路程不超过 2000km？

简单分析下，你就能发现这个问题无法解决。第一个城市，推销员有 50 个选择，第二个有 49 个，以此类推，所有可能的路线高达 $50!=50 \times 49 \times 48 \times \cdots \times 2 \times 1$，试图分析所有这些可能的路线，连当今世界上最快的超级计算机也无能为力！

但假设你有极好的运气，利用计算机求解：首先猜测第一个要访问的城市，然后猜测第二个，第三个，如此等等，直到猜完整个旅行路线，只要机器每一步都"猜测正确"，最后所得的结果也就正确。如果恰好满足不超过 2000km 的条件，那你就成功了。

这就是所谓 NP 型问题的含义：通过一次或多次"正确的"（或"最优的"）猜想，问题可能在非确定型计算机上用多项式时间求解。"旅行推销员"这类问题还不能说是无解的，于是归入了 NP 型问题，这样 P 型问题就是 NP 型问题的子集。由于数学内部与现实中存在着大量既没有找到有效算法但又属于 NP 型的问题。人们希望解决这些问题的企望，转化为 P 是否能等于 NP 的理论讨论。

1971 年，库克借助图灵和他人的工作，运用抽象的方法证明了"NP 型问题极不可能用多项式时间算法求解"。他的解释是，如果一类特殊的 NP 型问题（如旅行推销员问题）可以用多项式算法求解，那么所有 NP 型问题都可以用多项式时间求解，即库克认为"P 不等于 NP"。然而，要最终解决该问题，还需要一个反例，即找出一个属于 NP 型问题，又能证明它不是 P 型的问题。尽管

P 和 NP 这两个概念直觉有别，P 不等于 NP 这个问题却还远没有得到解决，并且各方面的迹象都表明这是一个极其难以解决的问题。这个以 "P=NP" 著称的问题，已经成为当今计算机数学中最重要的未解决问题之一，也是 21 世纪未解决的千禧年七大难题之一，克雷数学研究所为解决这个问题设立了 100 万美元的奖金。

图灵机理论还成为人工智能的研究基础。根据符号转换的定义，人脑或计算机进行的定理证明、文字处理和一切可归结为符号处理的操作，都属于计算的过程。1947 年，图灵在一次计算机会议上作了有关智能机器的报告，论证了智能机器的可能性。他的这篇报告被编入《机器智能》（1969 年）后，人们才认识到它的深刻意义。1950 年，图灵又根据计算机能进行符号计算的事实，发表了 "计算机与智力" 的重要论文，提出计算机能以人类的思维方式进行思维的观点，并给出了检验计算机是否具有思维能力的一个实验，这就是很著名的 "图灵测试"。1956 年夏，美国一批年轻的科学家讨论了用机器模拟人类智能的问题，提出人工智能的概念。1976 年，西蒙等人提出了物理符号假设：任何一个系统，如果它能表现出智能，则它必须具备执行输入符号、输出符号、存储符号、复制符号、建立符号结构和条件性迁移操作这六种功能。反之，任何能执行这六种操作的系统，必然表现出智能。这一假设有三个推论：第一，因为人有智能，所以人是一个符号系统；第二，因为计算机是一个符号系统，所以计算机可以表现出智能；第三，计算机能模拟人的职能。该假设为人工智能提供了理论基础，其核心思想是，智能可以归结为六种操作符号或计算。

13.1.4　科学技术与数学的完美结合

1. 现代电子计算机之父——冯·诺伊曼

冯·诺伊曼（von Neumann，1903—1957）是 20 世纪最杰出的数学家之一，在纯粹数学和应用数学方面都做出了杰出的贡献。冯·诺伊曼出生于匈牙利布达佩斯的一个犹太人家庭。他的父亲年轻时就已跻身于布达佩斯的银行家行列，母亲贤惠温顺，受过良好教育。

冯·诺伊曼

冯·诺伊曼自幼就展现出非凡的数学天赋，从童年时就表现出超常的知识吸收能力和解题速度。他六岁时能用心算做八位数乘除法，八岁时掌握了微积分。冯·诺伊曼记忆力惊人，例如，对于电话号码本上密密麻麻的四位数号码，他能轻松地全记下来。即使到了成年，他的记忆力依然惊人，下面这个趣闻可以说明这个问题。

冯·诺伊曼曾经碰到别人问他一个估计中国小学生都很熟的问题，就是两个人相距 20km，相向而行，每人速度都是 10km/h。中间有一只狗在两人之间往返地跑来跑去，直到两个人相遇为止，速度是 15km/h。问两个人相遇之后，狗跑了多少路程。许多人试图计算狗在两人之间的第一次路程，然后是返回的路程，并以此类推，算出那些越来越短的路程。但这将涉及所谓的无穷级数求和，因而非常复杂。但实际答案应该是先求出相遇的时间，再乘以狗的速度。据说我国数学家苏步青在德国的一辆公共汽车上，也碰到有人问他这个问题，在下车时他给出了答案。冯·诺伊曼也是瞬间给出了答案，提问的人很失望，说你以前一定听说过这个诀窍吧，他指的是上面的这个简单做法。冯·诺伊曼却脸露惊慌地说："什么诀窍？我所做的就是把狗每次跑的路程都算出来，然后算出那个无穷级数。"

1921 年，冯·诺伊曼已经被大家当作数学家了。父亲出于经济上的考虑，不让他专攻数学，改读化学。1923 年，冯·诺伊曼进入瑞士苏黎世联邦工业大学学习化学，1926 年，他获得了化学学位。同时，冯·诺伊曼在布达佩斯大学注册为数学方面的学生，但并不听课，只是每年按时参加考试，并获得了布达佩斯大学数学博士学位。1926 年春，冯·诺伊曼到哥廷根大学担任希尔伯特的助手。1927 年至 1929 年，冯·诺伊曼在柏林大学和汉堡大学任兼职讲师，这期间他发表了集合论、代数和量子理论方面的文章。1930 年，他首次赴美，成为普林斯顿大学的客座讲师，1933 年，担任普林斯顿高级研究院教授。当时高级研究院聘有六位教授，其中就包括爱因斯坦，而年仅 30 岁的冯·诺伊曼是他们当中最年轻的一位。第二次世界大战欧洲战事爆发后，冯·诺伊曼的活动不再局限于普林斯顿，他参与了同反法西斯战争有关的多项科学研究计划。自 1943 年起，他成了制造原子弹的顾问，并在战后继续在政府诸多部门和委员会中任职。1954 年，他又成为美国原子能委员会成员。尽管冯·诺伊曼的健康状况一直很好，但是由于工作繁忙，到 1954 年他开始感到十分疲劳。1955 年的夏天，冯·诺伊曼被诊断出癌症，但他依然坚持工作，病情不断恶化。后来，他只能坐在轮椅上，但仍坚持思考、演讲及参加会议。他于 1957 年 2 月 8 日在医院逝世，享年 53 岁。

在数学方面，冯·诺伊曼主要从事算子理论、集合论等方面的研究，并解决了希尔伯特第五问题。他在算子代数方面进行了开创性工作，并奠定了算子代数的理论基础，因此算子代数这一分支学科在当代常常被称为冯·诺伊曼代数。他还创立了博弈论这一现代数学分支，对经济学的发展有着重大影响，这也使他成为数理经济学的奠基人之一。1945 年，冯·诺伊曼提出了"程序内存式"计算机的设计思想，这一卓越的思想为电子计算机的逻辑结构设计奠定了基础，已成为计算机设计的基本原则。由于他在计算机逻辑结构设计上的伟大贡献，他被誉为"现代电子计算机之父"。此外，冯·诺伊曼在计算机计算、数值分析、测度论、连续几何学、理论物理、动力学、气象计算、原子能等领域都做出了重要的贡献。

2. 冯·诺伊曼的研究

进入 20 世纪，计算机研究有了质的变化，这既得益于数理逻辑的纯形式化推理的研究成果，也依赖于科学技术为之提供的技术保障。科学技术与数学科学的完美结合是现代计算机产生和发展的基本保障。

20 世纪初，电子管的发明为电子计算机替代机械式计算机提供了技术条件。第二次世界大战期间，大量计算问题的需求使得计算机的发展有了更广泛的社会基础。几乎在图灵提出图灵机理论的同时，美国物理学家、数学教授阿塔纳索夫就认识到：图灵机是一个假想的计算模型，但是，它包含了现代电子计算机最基本的工作原理——按照串行运算、线性存储的方式进行符号处理。在阿塔纳索夫方案的基础上，1944 年，美国哈佛大学教授艾肯领导和制造了用继电器为元件的机电计算机，这是哈佛大学、国际商业机器（IBM）公司联合为海军开发的产品，属于自动控制计算机。但由于继电器开关速度为 0.01s，又采用十进制运算，所以这种计算机还不能满足需要。

1946 年 2 月 15 日，美国宾夕法尼亚大学与阿伯丁弹道实验室联合开发了第一台电子管计算机——埃尼阿克（ENIAC）。它由 24 岁的埃克特担任总工程师，数学家格尔斯坦、逻辑学家勃克斯是研制组组员。ENIAC 长 30.48m、宽 6m，包括 1.8 万个真空管，1500 个继电器，重 30 英吨，总体积约 90m³，占地约 170m²，现存放在华盛顿的史密斯研究所。ENIAC 的计算速度为每秒 5000 次加法运算，或者 400 次乘法运算，是继电器计算机的 1000 倍、手工计算的 20 万倍（人最快的计算速度是每秒 5 次加法运算）。它还能进行平方和立方计算、正弦和余弦计算以及更复杂的计算。它仅用 20s 就能算出来一条炮弹的轨道，比炮弹自身的飞行速度还快，它能够在一天内完成几千万次乘法。尽管 ENIAC 大大提高了计算速度，不过这个机器自身也存在两大缺点：（1）没有存储器；（2）ENIAC 程序采用外部插入式，每当软件进行一项新的计算时，都要重新连接线路。有时，即便是几分钟或几十分钟的计算任务，也要花几小时或 1 ～ 2 天的时间进行线路连接准备，计算速度也就被这一工作大大削弱了。ENIAC 研究组认识到了这些缺陷，并想尽快研制另一台计算机，以便进行改进。将程序存储于机器的内存中，正是冯·诺伊曼的贡献。

1944 年，冯·诺伊曼参与了原子弹的试制工作，研究原子弹核裂变反应的过程涉及了几十亿次初等算术运算和初等逻辑指令，尽管有几百名计算员一天到晚用台式计算机演算，还是不能满足需要。深受计算机困扰的冯·诺伊曼在一次极为偶然的机会中知道了 ENIAC 计算机的研制计划，从此他投身到计算机研制这一宏伟的事业中，取得了一生中最伟大的成绩。这促使冯·诺伊曼开始参与计算机逻辑控制的研究。1946 年 6 月，冯·诺伊曼又提出了更完善的设计方案，对当时已有的计算机提出了三方面的改进设想：一是用二进制取代十进制，以充分发挥电子元件在速度方面的潜力；二是设置程序计数器，以保存当前欲执行指令的地址——改外插型计算程序为内置，从而使整个计算过程完全由电子计算机自动控制，并有效地提高了运算速度；三是依据图灵的理论模型，认为计算机的体系结构应由运算器、控制器、存储器、输入设备和输出设备五部分组成，把"程序"和"数据"都放在存储器中，并首次提出"中央处理器"（简称 CPU）概念，而 CPU 则由运算器、控制器和程序计数器组成，这就是著名的"冯·诺伊曼体系结构"。国际计算机界普遍认为冯·诺伊曼体系结构的提出及其实现是现代电子计算机基本完善的重要标志。直到今天，绝大多数计算机还是采用"冯·诺伊曼体系结构"的设计。

20世纪50年代，计算机开始成批生产，自此形成专门的生产企业。每隔几年，就有新一代计算机出现，它们在速度、可靠性和存储量方面都超过前一代。经过第二代以晶体管为主要元件的计算机、第三代以中小规模集成电路为主要元件的计算机的快速发展，20世纪70年代开始的第四代以大规模和超大规模集成电路为主要元件的计算机，计算速度为每秒几千万至千百亿次运算，广泛应用于社会生活的各个领域，进入办公室与家庭。20世纪80年代以来，人们在进一步开发并使用计算机的同时，又在探索智能计算机、光学计算机、生物计算机等专用机型的研制工作。

微型计算机的产生，使每个社会成员几乎都切身体会到它的存在和价值。1975年1月，当时还是哈佛大学法律系二年级的学生比尔·盖茨从《大众电子学》封面上看到MITS公司研制的第一台个人计算机照片。他马上产生了一种新奇的想法：这种个人计算机体积小、价格低、可以进入家庭，甚至人手一台，因而有可能引起一场深刻的革命——不仅是计算机领域的革命，而且是整个人类社会生活方式、工作方式的革命。他于是写信给MITS公司的老板，要为他的个人计算机配BASIC程序，在他的好友艾伦的帮助下，花了五个星期终于出色地完成了这一任务。接着他从哈佛中途退学并和艾伦创办了自己的公司"Microsoft"，这就是现在闻名遐迩的"微软"，它为个人计算机的普及做出了重大贡献。

现代计算机的出现，极大地提高了计算的效率。在有计算机的今天，人们已经能利用牛顿的天体力学原理，预测出太阳未来2亿年内的运动情况。随着计算技术和计算数学的不断进步，涌现出了许多与计算机有关的新学科，如计算力学、计算物理学、计算化学、计算生物学、计算地质学等。因此，一些科学家认为，科学计算已经同理论与实验共同构成当代科学研究的三大支柱。

13.2 机器证明

13.2.1 吴文俊与数学机械化

建立通用的几何解题方法，是历史上一些卓越的科学家的梦想。对此，笛卡儿发明了坐标系，莱布尼茨设想过推理机器，希尔伯特在其名著《几何基础》中给出了一类几何命题的机械化证明。电子计算机的出现推动了数学证明的机械化进程。20 世纪 50 年代，波兰数学家塔斯基证明了一条定理："一切初等几何和初等代数范围的命题，都可以用机械方法判定。"这个结果鼓舞了人们对于机械化证明几何命题的信心。20 世纪 50 年代末，美籍华裔数学家王浩设计了一个程序，在计算机（IBM704）上仅用了 9 分钟就证明了罗素《数学原理》中全部 350 条有关一阶逻辑的定理。王浩明确提出"走向数学机械化"的口号，鼓舞了人们继续沿着这条道路前进。

到了 20 世纪 60 年代，斯拉格和莫色斯实现了符号积分，代数与分析计算问题的机械化已经初具规模。接着，格兰特等提出用逻辑方法建立几何推理机，科林斯等改进了塔斯基的代数方法。但是直到 1975 年，仍找不到能用计算机判定几何命题的有效算法。正当这一领域的热情由于进展缓慢而趋于冷落之际，中国数学家吴文俊提出了定理的机器证明方法——"吴方法"，使困难的几何定理证明可以在计算机上得到实现。

吴文俊（1919—2017）是我国著名的数学家，出生于上海，1940 年毕业于交通大学，1947 年赴法国留学，1949 年在法国斯特拉斯堡大学获得博士学位。1957 年当选中国科学院院士，1984 年至 1987 年担任中国数学会理事长，他在拓扑学、数学机械化和中国数学史等方面做出了开创性的世界级贡献。20 世纪 50 年代，吴文俊对数学的主要领域——拓扑学做出了奠基性的贡献。20 世纪 70 年代后期，他又开创了崭新的数学机械化领域。此外，在中国数学史、代数几何学、对策论等领域也有独创性成果。1956 年获得首届国家自然科学奖一等奖；2000 年获得首届国家最高科学技术奖；2006 年获邵逸夫数学奖。

吴文俊

吴文俊虽然是杰出的数学家，但小时候却喜欢看历史书籍，对数学并没有多大兴趣。1936 年高中毕业后，他并没有专攻数学的想法。吴文俊当时获得了高中特设的奖学金，每年 100 块银圆的资助。但这笔奖学金有一个条件，要报考校方指定的学校和系科。1936 年秋，吴文俊走进了学校指定的交通大学数学系。"因为这笔奖学金，我歪打正着走上数学这条路，可以说一半主动，一半被动。"但是当吴文俊读到二年级时，他对数学失去了兴趣，甚至想辍学不读了。到三年级时，代数与实变函数论课的老师授课非常精彩，这重新激发了吴文俊对数学的兴趣，尤其是让他对现代数学，特别是实变函数论产生了浓厚的兴趣。在有了集合论及实变函数论的深厚基础后，吴文俊进一步钻研了点集拓扑的经典著作以及波兰著名期刊《数学基础》上的论文，然后又学习了组合拓扑学的经典著作。可以说，吴文俊的现代数学基础主要是靠大学自学打下的。

此后，吴文俊结识了数学大师陈省身，从而走上了代数拓扑学的研究之路。吴文俊为拓扑学做了奠基性的工作，他的示性类和示嵌类研究被国际数学界称为"吴公式""吴示性类""吴示嵌类"，至今仍被国际同行广泛引用，影响深远，享誉世界。

20 世纪 70 年代后期，在计算机技术大发展的背景下，吴文俊先生开始学习计算机，并且他的上机时间遥居全所之冠。经常早上不到 8 点，他已在机房外等候开门，甚至 24 小时连轴转的情况也时有发生。正是这番努力，使吴文俊开拓了数学机械化领域。同时，他继承和发展了中国古代数学的传统（即算法化思想），转而研究几何定理的机器证明，彻底改变了这个领域的面貌。他的工作在国际自动推理界具有先驱性，被称为"吴方法"，产生了极为深远的影响。吴文俊的研究取得了一系列国际领先成果并已应用于国际上流行的符号计算软件中。他也因此荣获了 2006 年度邵逸夫数学奖。2010 年 5 月 4 日，国际小行星中心先后发布公报，宣布将国际永久编号为 7683 的小行星命名为"吴文俊星"。

用计算机证明几何题，必须为计算机提供一种机械的"计算"程序。笛卡儿几何学为几何问题的代数化铺设了"王者"之路。机器证明就是针对几何问题的代数形式设计的。几何定理的"计算"程序一般包括以下几个步骤：

首先，从几何公理系统出发，引入代数式与坐标系，将任何几何定理的条件和结论都写成代数式，使几何问题成为纯代数问题。

其次，将定理假设部分的代数关系式进行整理。

再次，依确定的步骤，验证定理结论部分的代数式可由假设部分的代数式推出。

最后，按上述步骤编写程序，并在计算机上实现。

由一些代数式出发，去推出另一些代数式成立，一般没有什么固定的方法可以套用。所以，机器证明的关键是上述的第三个步骤。

例如，欲证明"平行四边形的对角线互相平分"。可先写出问题的代数形式：引入坐标系并设定点的坐标，取 $A(0,0),B(u_1,0),C(u_2,u_3),D(x_1,u_3),E(x_2,x_3)$，其中 u_1,u_2,u_3 为自由变元，x_1,x_2,x_3 为约束变元，如图 13-7 所示。

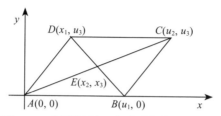

图 13-7　证明平行四边形对角线互相平分

于是问题的条件可有代数式的表达形式：

由 $AD \parallel BC$，有

$$u_3(u_2-u_1)-x_1u_3=0 \tag{13.1}$$

由 B、D、E 三点共线，有

$$x_3(x_1-u_1)-u_3(x_2-u_1)=0 \tag{13.2}$$

由 A、C、E 三点共线，有

$$x_3u_2-x_2u_3=0 \tag{13.3}$$

定理的结论可以表示为 $EA=EC$，改写成 $EA^2=EC^2$，其相应的代数表达式为

$$x_2^2+x_3^2=(u_2-x_2)^2+(u_3-x_3)^2$$

即

$$u_2^2-2u_2x_2+u_3^2-2u_3x_3=0 \tag{13.4}$$

同理，欲证 $EB=ED$，只需

$$-2u_1x_2+u_1^2-x_1^2+2x_1x_2-u_3^2+2u_3x_3=0 \tag{13.5}$$

使用代数方法求解，通常的做法是从式（13.1）～式（13.3）中解出 x_i （i=1,2,3），再代入式（13.4）、式（13.5）验证等式成立。

在一般的几何定理中，已知条件不一定都是线性方程（如圆就是二次方程），且不一定能唯一地确定一组解，所以上述解法不能推广到一般情形。对此吴文俊提出了更一般的机械化证明方法，把适用于一切情形的问题都交给机器去做。

数学机械化能够把很多常规的事情交给计算机去做，而人只需要去进行创造性劳动。对此，吴文俊先生说："计算机对数学的另一个重大作用，乃是对数学研究作为脑力劳动在方式上的革新。数学，无论是学习还是创新，最耗时费力的劳动往往消耗在定理证明上，而不是在真理的发现上……计算机可以使人们从某些逻辑推理的脑力劳动中解放出来。因而，使数学家得以把聪明才智更多地用到真正具有创造性的工作中去，这是当前数学发展中，值得也是应该认真考虑的问题。"

机器证明研究一般又称为自动推理研究，其涉及的领域相当广泛。在我国近些年的国家重点科研项目中，研究的主要方向是几何定理的机器证明和非线性代数方程组理论、算法和应用。目前，在几何定理的机器证明方面，我国处于国际领先地位。

13.2.2 四色猜想的机器证明

四色猜想是数学中的一个著名问题。1852 年，刚从英国伦敦大学毕业的青年古色里（F. Guthrie，1831—1899）在一家科研单位研究地图着色问题时，发现每幅地图都可以只用四种颜色就可以把相邻的国家区分开来，即"四色猜想"。用数学语言描述就是，将平面任意细分为彼此不重叠的区域，每个区域用1,2,3,4 来表示，而不会使相邻的两个区域得到相同的数字（见图13-8）。这个问题一经提出就引起了许多数学家的关注，它与哥德巴赫猜想、费马猜想一起称为当时的世界三大数学猜想。

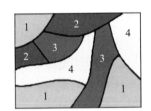

图 13-8　四色地图（见彩插）

经过一段时间的研究，古色里在这个问题上没有取得任何进展，于是他将四色猜想提交给当时杰出的英国数学家德·摩根（De Morgan，1806—1871），德·摩根首先从特殊的构图中认定，仅用三色是无法使相邻国家着不同颜色的，至少需要四种颜色。德·摩根又证明了"五个国家不能每个都和其余的国家相邻"这个结论也是正确的，这使得他相信四色猜想是对的。然而地图上不能有五个彼此都相邻的国家的论据并不能保证四色猜想的成立。因此，给一张地图着色所需的颜色种数与相邻国家的最大个数并不总是相等的。

1879 年，英国律师、业余数学家肯普（A. Kempe，1849—1922）给出了四色猜想的一个证明，但随后被人检查出了漏洞。经过人们的改进和完善，肯普的方法可以用于证明"五色定理"。同时，这种方法经过后人的推广，成为最后解决四色猜想的有力武器。

在证明过程中，肯普引入了图形"可约性"和"不可避免性"的概念。可约性是指，给定一张画在一个球面上的（完全任意的）地图，通过将两个或更多个相邻国家合并为一个国家（这一过程称为约化过程）来逐步修改它，最后得到一张至多有五个国家的地图——对它显然可以用五种或更少的颜色来着色。只要约化过程中所使用的每步操作不减少地图着色所需要的颜色数，就能证明对最初的地图着色用五种颜色就够了。因此这种证明方法的关键是如何确定约化的操作方法。

肯普注意到一种特殊的"正规"地图。在这种地图上，没有一个国家能包围其他国家，也没有三个以上的国家相遇于一点。利用可约性方法不难证明：可以把一张非正规地图修改成至少需要同样颜色的正规地图。所以要想证明四色猜想，只要证明不存在正规的五色地图就够了。

不可避免性是指任意的正规地图至少有一个国家具有二、三、四或五个邻国。肯普证明了，在每张正规地图中，由两个邻国、三个邻国、四个邻国及五个邻国组成的一组"构形"是"不可避免"的，即每张正规地图必定含有这组构形的某一个。同时肯普证明了有四个邻国的国家不可能出现在极小五色地图（指需要五种颜色的最小正规地图）里。这样，通过检验地图构形的可约性，就成为解决四色猜想的重要途径。然而，使用这些方法来证明大的构形可约，需要检查大量的细节，似乎只有用计算机才能做到。

在四色猜想的证明过程中，有一个很有意思的小插曲。作为当时世界三大数学难题之一的四色猜想，吸引了无数数学家的倾心钻研，哥廷根大学的著名数学家闵可夫斯基就是其中之一。闵可夫斯基是数学家希尔伯特的好朋友，爱因斯坦曾经的数学老师，他是个温和而谦逊的人，很少表现出任何骄傲之情。但在一次关于四色猜想的拓扑课上，闵可夫斯基一时兴起，向学生们自负地宣称："这个猜想没有被证明的最主要原因是至今只有一些三流的数学家在这上面花过时间，下面我就来证明它……"于是闵可夫斯基开始拿起粉笔，这节课结束的时候，没有证完，到下一次课的时候，闵可夫斯基继续证明，几个星期过去了……在一个阴霾的早上，闵可夫斯基跨入教室，那时候，恰好一道闪电划过长空，雷声震耳，闵可夫斯基很严肃地说："上天被我的骄傲激怒了，我的证明是不完全的……"

1913 年，美国著名数学家伯克霍夫（G. D. Birkhoff，1884—1944）用肯普的想法和他自己的新技巧，证明了某些大的构形可约。1939 年，美国数学家富兰克林（Franklin，1898—1965）证明了至多包括 22 个国家的地图都可以用四种颜色着色。1936 年，德国数学家黑施（H. Heesch，1906—1995）开始研究四色猜想，并通过不断试验推测，如果把情况分细到可以证明的地步，则可能需要考虑大约一万多种构形，只有借助计算机，才能解决四色猜想。为此，1950 年，他提出利用地图的平面网络性质来编制可约性的计算机证明程序，并创建了"放电法"。黑施将平面网络看成电路，在每个顶点配置一个电荷。用这种放电方法得到的构形必然是"不可避免"的。如果这些构形又都是"可约的"，则四色猜想就被证明了。这样，四色猜想的证明就需要解决两个问题：找出放电过程，同时证明它所产生的不可避免的构形是可约的。"放电法"为四色猜想的机器证明奠定了基础，成为此后研究不可避免组的关键，而不可避免组在更加复杂的形式下成为证明四色猜想的中心要素。

20 世纪 70 年代，美国伊利诺伊大学数学教授阿佩尔（K. Appel，1932—2013）与哈肯（W. Haken，1928—）开始利用改进的放电过程进行四色猜想的证明。他们首先遇到的困难是，可约构形的任何一个不可避免组都可能含有很大的构形。而且，所需的计算机存储量也远远超出了当时任何一款计算机的存储量。第二个困难是，没人知道恰好需要多少个可约构形来形成一个不可避免组，这个数量可能高达数千。从计算时间来说，当不可避免组里有 1000 个构形时，即便在一个性能极佳的计算机上进行证明，所需时间也相当于 10 万台计算机连续工作 11 年以上。

1972 年，阿佩尔与哈肯首先从黑施等人已经发现的一类所谓"好构形"的图上进行放电过程的计算机检验工作。1972 年至 1974 年间，阿佩尔与哈肯经过多次尝试，修订了计算程序和放电过程。1975 年，他们开始对四色猜想进行机器证明，并多次改进自己的实验设计。他们发展了一种放电过程，以便产生由可约构形组成的不可避免集，并编写了证明可约性的程序。1976 年 1 月到 6 月，阿佩尔与哈肯利用三台计算机运转了 1000 多小时，分析了 2000 多个构形的可约性，终于用不可避免组的证法证明了四色猜想。在证明过程中，放电过程经过 500 多次的修改设计，计算机检验了 2000 多个构形并证明了 1482 个构形的可约性。1977 年 9 月，他们在《伊利诺伊数学杂志》上发表文章正式宣布四色猜想的证明。

　　四色猜想的证明是如此之繁，尽管在 1977 年有人又宣布了一个相对简单的证明，可是也要用 50 小时。这一证明并未像数学中其他问题的证明那样，获得数学家们的一致赞扬，而是引起了许多的争议。也许有人会质疑：借助计算机破解数学难题，这样的"正确"证明，还算不算是"数学"？由于数据的绝对量过于庞大，以至于没有办法由人工进行验证，那么这种证明能否被验证真伪？如果数学家的工作是通过理论帮助人类更好地理解数学，那通过穷举来解决问题的计算机究竟有什么存在的意义？

　　当然，阿佩尔和哈肯的工作意义已经超越了数学证明难题本身，它告诉人们计算机不仅可以计算，还可以用于数学逻辑证明。尽管计算机证明方法的本质是穷举法，但支持计算机证明的学者认为，机器的可靠性主要是工程技术和物理学鉴定的事情，这是一门深奥的自然科学，它向我们保证，计算机的工作是可靠的，就像电子显微镜的工作是可靠的一样。美国著名数学家瑟斯顿在"论数学的证明和进展"一文中指出：实际上，一个可以运行的计算机程序，在正确性和完备性方面的标准，相较于数学界对于可靠证明所设定的标准，要高出几个数量级。

　　1997 年，数学家西缪尔对阿佩尔和哈肯的证明方法进行了大量简化，他设计的计算机检验程序只需要 5 分钟就能完成。他们的证明尽管也需要用到了计算机，但每一步都可以转换成人们可以理解的证明。

　　2005 年，微软研究院首席研究员乔治·贡蒂尔（G. Gonthier）给出了四色猜想的一个新的证明。这是一个形式化的证明，根据西缪尔等人的证明，设计一个新的证明程序，该程序能够完全验证其自身的正确性。贡蒂尔团队验证完四色定理后，紧接着又完成了对奇阶定理的验证工作。奇阶定理是对称性研究最重要的指导定理之一，通常被认为是有限单群分类的基石。贡蒂尔曾说："数学是最伟大的浪漫主义学科之一，即便是天才也得掌握所有知识才能激发灵感，理解一切。"但是，人类的大脑存在物理上的局限性。他希望他们所做的一切能够叩开人类与机器彼此信任、持续合作的新时代"大门"。

　　如今，计算机正越来越多地介入数学中的各个领域。特别是近年来，在数学的一些分支中，有许多的问题如果不借助于大型计算机，常常是无法解决的，如关于大数素性的检验等。总之，围绕四色猜想的计算机解决方案，人们提出了许多重大的问题：技术上的和哲学上的。四色猜想的计算机证明之意义，绝不仅仅在于一个历时多年的难题的解决。就从目前的趋势看，它很可能将成为数学发展史上一系列新思想的开端。下面要讲的分形几何的创立就是一个例子。

13.3 分形的计算机迭代

13.3.1 分形几何

我们知道，欧几里得几何学是以点、线、面、体等简单的基本图形，去构造各种各样的图形，然后研究其中的关系。它为我们研究规则图形的空间关系和性质提供了有效的工具。但是，欧几里得几何只是对多彩多姿的现实空间事物的一种近似描述。譬如，云团不是球形，山脉不是锥形，海岸线不是圆的，树皮不是平滑的，闪电不是沿直线行进，等等。这些不规则、无定型的几何学要求人们进一步去思考和研究它。1975 年，美籍波兰数学家曼德布罗特（Mandelbrot，1924—2010）出版了《分形：构形、机遇和维数》一书，该书主要研究大自然中不规则图形的性质，从而开创了一个不同于欧几里得几何的新的研究领域——分形几何学，又被称为大自然的几何学。

曼德布罗特出生于波兰的华沙，是立陶宛的犹太人，父亲是商人，母亲是牙科医生。1936 年，全家迁居巴黎，他的叔叔曼德布罗伊是巴黎的一位数学家，也是布尔巴基学派的主要创建者之一。由于战乱，曼德布罗特从小受的教育就很不正规。据说，他从来就没有学过字母表，也没有学过乘法表，但是他喜欢数学，而且几何直觉天赋出奇的好。凭借他在几何和空间形象思维上方面的优势，对于给定的问题，他总是能够设法把它转变成几何图形，然后再运用几何方法成功地加以处理。1944 年，曼德布罗特进入高等师范学校学习，但读了没几天就转学到综合工科学校，并于 1947 年从该校毕业。1948 年获美国加州理工学院硕士学位，1952 年获巴黎大学（数学）博士学位。随后几年他不断在几个学科领域间探索，先后涉足过物理学、经济学、生理学、语言学等一些似乎毫不相关的学科。他喜欢用"知识流浪汉""游荡"等字眼描写自己的学术生涯和人生经历。

在 20 世纪 70 年代中期以前，世界上没有几个人知道和理解他，曼德布罗特几乎是在不同学科中窜来窜去。曼德布罗特当初发表每一篇论文都十分艰难，他不断投稿，稿件被一次次退回。曼德布罗特意识到，当今学科分化严重，学科壁垒森严，自己在不同学科进进出出，很难站稳脚跟，也很难获得同行认可。如果要生存下去，就不能与传统学术界对着干。为了取得别人的信任，他不得不尽量隐藏自己的真正意图，审稿人和编辑希望怎样修改，他就怎样修改。同时要学会自我推销，最终建立起属于自己的学术领地，即创立一个属于自己的新学科。

曼德布罗特开始研究和描述他以后成名的曼德布罗特集（见图 13-9），并致力于向大众介绍分形理论。1982 年，曼德布罗特出版了《大自然的分形几何学》，此书旁征博引、图文并茂，从分形的角度考察了自然界中的诸多现象，引起了学术界的广泛注意，被认为是分形理论的"宣言书"，曼德布罗特也因此一举成名。从 20 世纪

图 13-9　曼德布罗特集

80 年代中期开始，曼德布罗特及分形几何学红得近乎发紫，使他获得了一系列殊荣：1985 年的巴纳德奖章、1986 年的富兰克林奖章、1988 年的"为科学与技术"奖章、1989 年的"科学与技术哈维奖"。其中，巴纳德奖是由美国科学院评选，每五年颁发一次，用以奖励"那些在物理科学或自然科学中有所发现，或在有益于人类的新颖的科学应用中有所发明的人"。物理学家爱因斯坦、数学家韦伊等人都曾获得过该奖。1993 年，曼德布罗特获得沃尔夫物理学奖，被誉为"分形几何之父"。他离世之后，法国总统萨科齐称其具有"从不被革新性的、惊世骇俗的猜想所吓退的强大而富有独创性的头脑"。

分形作为一个数学概念，至今没有一个公认的定义。根据曼德布罗特的分形几何著作《分形：构形、机遇和维数》，他发现拉丁文形容词 fractious 与英文名词 fraction（碎片）、fragment（碎片、碎块）有着相同的词根，而与这个拉丁文形容词相对应的动词 frangere 意思是"打碎"。于是，他取它们的共同词根创造出一个新词"fractal"（即"分形"）表示"不规则""碎片"的意思。

一个集合 F 是分形，如图 13-10 所示，那么它具有下面的典型性质：

1）有精细的结构，即有任意小比例的细节。

2）F 非常不规则，它的整体和局部都不能用传统的几何语言来描述。

3）F 通常具有某种自相似的性质，这种自相似的性质可能是近似的或是统计的。

4）一般来说，F 的分形维数大于它的拓扑维数。

5）在大多数情形，F 以非常简单的方法定义，并且可能由迭代产生。

图 13-10　分形树枝图

从这些性质可以看出，前两条性质说明了分形在外部结构上的基本特点；第 3 条性质说明了分形的内在规律性，即自相似性是分形的灵魂，它使得分形的任何一个片段都包含了整个分形的信息；第 4 条性质说明了分形的复杂性；第 5 条性质则说明了分形的生成机制。

维数是几何对象的一个主要特征量。在传统整数维的定义中，点为零维，线为一维，面为二维，体为三维。在 1919 年，德国数学家豪斯多夫（Hausdorff，1868—1942）将维数从整数扩大到分数，即维数可以取分数，从而突破了一般拓扑集维数为整数的界限。这种维数的界定可以用下面的方式来理解：如果将线段、正方形或立方体的边长分成 2 倍复制，那么两条相同线段组成一维几何体，4 个相同的正方形组成二维几何体，而 8 个相同的立方体组成三维几何体。也就是说，线段、正方形、立方体可被看成分别由 2,4,8 个把全体分成的相似形组成，即这些图形是自相似图形（分形）。2,4,8 数字可改写为 $2^1,2^2,2^3$，这里出现的指数 1,2,3 则分别与其图形的经验维数相一致。进一步，如果是由 2^d 个相同的边长放大 2 倍的一个大超立方体组成，则这将是一个 d 维超立方体。此外，我们还可以将上述图形的原边长分成 3 倍复制，那么，线段有 3^1 个小线段；正方形有 3^2 个小正方形；立方体有 3^3 个小立方体。

一般地，如果某图形是由把原图扩大为 a 倍的相似的 b 个图形所组成的，则有 $b=a^n$，维数 $n=\dfrac{\ln b}{\ln a}$，其中，a 为线段的放大倍数，b 为"体积"的放大倍数。例如，图 13-11 所示的是一种叫作谢尔宾斯基三角形的分形，由波兰数学家谢尔宾斯基在 1915 年提出。在这个图中，谢尔宾斯基三角形的维数 $n=\ln 3/\ln 2=1.58$。

从上述维数的定义可看出，豪斯多夫维数 n 可以不是整数，这是它与传统维数概念最大的不同。取非整数值的维数，这对只熟悉经验维数的人来说，可能会感到非常奇怪。但是它对于区分诸如海岸线的分形图的弯曲程度是一个很精细的描述手段。一般来说，规则几何对象的维数总是整数的，而分形图的维数一般不是整数，所以，曼德布罗特在一开始给分形下定义时就简单地说："所谓分形，指的就是其豪斯多夫维数不是整数的几何对象。"尽管这个定义过于简单和武断，但确实是一个识别分形的好方法。

图 13-11　谢尔宾斯基三角形的分形

曼德布罗特仔细研究了豪斯多夫的维数理论，并将它应用于自己的研究之中。他于 1967 年在《科学》(Science) 杂志上发表了一篇富有启发性的文章"英国的海岸线有多长：自相似与分形"对分形的维数理论进行了深入的分析。他认为，对于同一个几何图形可以有不同种类的维数，而不同的维数定义可以使同一个几何图形具有不同的维数值，这些不同的维数值又表明这个集合的不同的数学性质。例如，海岸线可以有自己的拓扑维数（一维），也可以有自己的分形维数（不同的海岸线有不同的分数维数值）。前者是在连续变换下的不变量，而后者反映了海岸线本身的曲折程度。

为了克服传统维数概念的不确定性，人们给出了一种称为相似维数的度量方法。如果某个形体 S 是由把整体缩小成 $\dfrac{1}{a}$ 的 b 个相似形所组成的，即其中的一个部分经放大 a 倍后，可与 S 全等，则形体 S 的相似维数定义为

$$n = \frac{\ln b}{\ln a} \qquad\qquad (13.6)$$

科赫雪花曲线（1904 年）是第一个用几何直观方法呈现的"病态函数"图像，也是具有自相似性的分形图，如图 13-12 所示。为了生成科赫雪花曲线，先从一个等边形开始。把每一边三等分，取走中间的三分之一，在被取走线段处向外作出两边为此线段三分之一长度的尖角，重复这一过程得到各个尖角，以至无穷。科赫雪花曲线有一个奇特的性质：它的周长无限大，而它的面积却是有限的。根据它的构造，它是由把全体缩小成 $\dfrac{1}{3}$ 的 4 个相似形构成的，因此，

根据式（13.6），它的相似维数是

$$n = \frac{\ln 4}{\ln \dfrac{1}{1/3}} = \frac{\ln 4}{\ln 3} = 1.2618\cdots$$

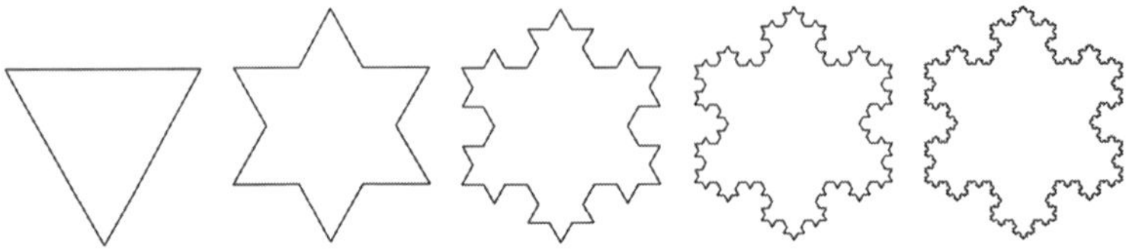

图 13-12　科赫雪花曲线

13.3.2　分形的迭代原理及其应用

从形态上看，分形比传统几何学的研究对象更复杂，但是它的自相似特征使人们可以通过简单的迭代法生成其图像。目前，分形学家针对各类具体问题提出了不同的简化事物形态的迭代法，其中最具有普遍意义的是迭代函数系统（IFS），它是由美国数学家巴恩斯列于 1985 年提出来的。它可以把任何物体的形态变成一组仿射压缩变换及其伴随概率模型，然后通过计算机迭代生成仿真的事物形态。

IFS 是分形构形系统，它使仿射压缩变换与分形图建立了一一对应关系：一组仿射压缩变换决定一个分形图；反之，一个分形图由一组仿射压缩变换确定。在这里，一个仿射"变换"就是一个线性"函数"。由于分形具有局部与整体的自相似性，局部是整体的一个小复制品，只是在大小、位置和方向上有所不同而已，而数学中的仿射变换正好具有把图形放大、缩小、旋转和平移的性质。从原则上说，任何图形都可以用一组仿射变换来描述或生成。例如，欧几里得几何学中两个相似的三角形，就可以使用至多三次仿射变换（平移、旋转、放缩）使它们叠合在一起。当然，并不是任何仿射变换都可以用于迭代函数系统，只有仿射压缩变换才可以应用，否则就不能保证迭代过程的保形性和收敛性。为了说明迭代函数系统如何产生一个分形图，我们看看谢尔宾斯基三角形（或三角垫）的生成过程（见图 13-13）。

图 13-13　谢尔宾斯基三角形的生成图

设初始图形是一个正三角形，可以根据下列规则构造：

1）四等分一个正三角形，变换为 4 个小三角形。

2）去掉中间的 1 个小三角形，保留剩余的 3 个小三角形。

3）在剩余的 3 个小三角形上，重复上述步骤。

除了谢尔宾斯基三角形，还有类似正方形的分形，被称为谢尔宾斯基地毯。如图 13-14 所示，它是把一个正方形平分成 9 个小正方形，然后去掉中间 1 个小正方形，再对剩余的正方形重复操作而得。在许多历史建筑和艺术作品中，都可以看到瓷砖铺砌的类似图案。

图 13-14　谢尔宾斯基地毯的生成图

门格尔海绵（见图 13-15）则是谢尔宾斯基地毯的三维对应物，它是通过对一个立方体进行类似的无限迭代操作得到的。具体地，我们首先将立方体分成 27 个小立方体，然后将中心的 1 个立方体以及 6 个与它相邻的小立方体切除，并对每个剩余的小立方体重复上述切割和移除操作，得到一个更小的门格尔海绵。如此反复迭代下去，最终得到的图形就是门格尔海绵。虽然门格尔海绵看上去"千疮百孔"，但它也有一个奇特的性质：其表面积无穷大，而体积却趋于零。

图 13-15　门格尔海绵

这三种分形图同样具有自相似性和无限的层次结构，是分形几何中的经典对象。门格尔海绵也被广泛地应用于科学、工程和计算机图形学等领域，例如，在计算机图形学中，它可以被用来构造逼真的三维景象及模拟自然界中的纹理和形态。

各种生成分形图的方法都是利用计算机进行迭代的结果。因为计算机每次迭代只能产生一个迭代点，而一个分形图是由成千上万，甚至是上亿个点组成的，所以，计算机要经过成千上万，甚至是上亿次迭代才能生成一个分形图。因此，如果用人工计算的方法来生成一个分形图，其工作量将大得惊人，是人力所望尘莫及的。数学上已经证明，只要仿射变换是压缩的，迭代函数系统所生成的分形图总是存在的，而且是唯一的。这表明，计算机不断迭代下去，可以生成唯一的分形图。

分形作为一种方法，在图形学领域主要是利用迭代、递归等技术来实现某一具体的分形构造。而计算机在分形图的生成过程中，可以代替人完成烦琐的迭代过程。人们利用计算机的高速运算能力，通过人机交互环境来调试仿射压缩变换的参数，以确保建立的数学模型（IFS）更准确、更真实。因此，分形几何学与计算机图形学的结合，将会产生一门新的学科——分形图形学。它的主要任务是以分形几何学为数学基础，构造非规则的几何图像，从而实现分形图的可视化，以及对自然景物的逼真模拟。

分形理论是数学领域的一个伟大的思想革命。分形概念、分形方法一经问世，就呈现出强大的生命力。据美国科学情报研究所的统计，世界上 1200 多种权威学术刊物在 20 世纪 80 年代后期发表的论文中，与分形有关的就占 37.5%，其中包括自然科学、社会科学的诸多领域。分形理论是一门交叉性的横断学科，从振动力学到流体力学和天文学，从分子生物学到生理学和生物形态学，从材料科学到地球科学和地理科学，从经济学到语言学和社会学，乃至作家、画家和电影制作家都蜂拥而入。例如，著名的电影《星球大战》就是利用分形技术创作的。由于分形的最重要特征是自相似性，所以信息科学家对其情有独钟，分形图像压缩被认为是最具前景的图像压缩技术之一，分形图形学被认为是描绘大自然景色最诱人的方法。

分形理论不仅是一种处理问题的方法，它对我们的自然观也产生了强烈影响。从分形的观点看世界，我们发现，这个世界是以分形的方式存在和演化的。作为一门重要的新兴学科，分形理论还正处于发展之中，涉及面很广但还不够成熟。有待研究的问题依然很多，这也是它成长壮大的最好动力。"分形"突出了几何形象思维的重要作用，但代数、几何、分析的思想与方法同等重要，不同时代、不同学派各有侧重，不能用一种方法去排斥另一种方法。对于分形理论的作用，曼德布罗特也客观地评论道："最应强调的是，我并未把分形观点看成万灵妙方，每个范例研究都应根据它所在领域内的准则来加以检验，……。"但是借助计算机技术，分形已被广泛应用到自然科学和社会科学的几乎所有领域，它已成为当今国际上许多学科的前沿研究课题之一。美国理论物理学家惠勒说："可以相信，明天谁不熟悉分形，谁就不能被认为是科学上的文化人。"甚至，在一些分形网站上赫然写着："分形——21 世纪的数学！"

13.4　开普勒猜想的计算机证明

假如在你面前放着一堆苹果、橙子、橘子等水果，怎么摆放才能最节约空间？或者在一个方形的储物箱子里怎么装进尽可能多的乒乓球？

如果你是水果店老板或乒乓球馆的教练，相信肯定遇到过这样的烦恼。虽然任何人都可以凭经验或直觉断定，比如堆橙子，把上一层橙子交错着放到下一层橙子彼此相邻的凹处，显然要比直接一个叠一个的"正方形堆积"（即将每个圆的圆心连接起来是正方形）摆放更合理。水果摊上的水果堆放如图 13-16 所示。但谁能从数学上证明，确定不存在比这更合理的方法呢？

图 13-16　水果摊上的水果堆放

这个看起来像一个娱乐的数学问题，不仅困扰着普通的水果店老板，还困扰着德国数学家、天文学家开普勒。

13.4.1　开普勒猜想的提出

"开普勒猜想"又称"圆球堆积问题"。这一问题可简单表述为：怎么才能在箱子内堆放最多的橘子？这个看似简单的问题，却引起了无数数学家前赴后继，经历了 400 多年的探索才最终解决了。

17世纪初，一位英国著名的航海探险家沃尔特·雷利（Walter Raleigh），有一天在整理炮弹的时候想到了一个问题：我要怎么做才能在我的船舱中装入最多的炮弹呢？这个问题让雷利苦思冥想而不得，于是他向他的朋友——英国数学家哈里奥特求教。奥里哈特认为，想要在船舱中装入最多的炮弹，就得把这些炮弹像金字塔一样堆起来，但是他发现自己不能证明这个问题。于是他也找到了自己的朋友——德国数学家开普勒帮忙。

开普勒（1571—1630）是德国天文学家，出生于一个贫寒家庭。他自幼智力过人，勤奋努力，一直靠奖学金上学。1587年，进入蒂宾根大学学习神学与数学，在老师迈克尔的指导下，开普勒开始研究哥白尼的天文学。1599年，他成了著名的天文学家第谷·布拉赫（Tycho Brahe，1546—1601）的助手。第谷当时定居布拉格，任宫廷天文学家。此前，第谷用丹麦国王赠予他的全部补助金，在费恩岛上建立了有名的福堡天文观象台。他自己设计制造观象仪器，其中最大的一台精度较高的象限仪，被称为第谷象限仪。第谷在费恩岛上一直工作了20年，得到了大量的观测数据。

开普勒

开普勒与第谷的合作，是欧洲科学史上最重大的事件，标志着近代自然科学两大基础——实际观察和理论研究的有机结合。

1601年，第谷突然去世，开普勒不仅继承了第谷的职位，还得到了关于行星运动的许多准确的天文学数据。他继续进行天文观测，同时寻找恰当的计算方法，将观测数据所代表的数学模型确定下来。他经历了成百上千次无结果的尝试，并进行了大量的计算，以持之以恒的热忱坚持着。终于在1609年发现了行星运动的两条定律，并且于十年之后又发现了第三条定律。开普勒三大定律打破了西方天文学家把行星轨道视为正圆、把行星运转速度视为均匀的观念，并使哥白尼学说更为完整。

开普勒把毕生的精力都用在科学研究上，但其一生却是在贫穷和难以承受的苦难中度过的。四岁时，因患天花，开普勒视力受到严重损害；成年时的两段婚姻都使他很不愉快，他最喜爱的儿子死于天花，他的妻子则因精神问题发疯并最终离世；当格拉茨城落到天主教手中时，他的讲师职务被格拉茨大学解除；他的母亲因被控告搞妖术而受到判刑，他自己被谴责为反正统；任职时他的薪金经常被拖欠，被迫靠占星算命来增加收入。1630 年，他死于前去领取拖欠已久的薪金途中。

开普勒是如何考虑这个问题的呢？1611 年，开普勒猜测，三维空间内球体最密堆积方式可能有两种：

第一种叫作六方最密堆积：我们把第一层看作 A，第二层看作 B，第三层的位置与第一层的位置是重叠的，所以第三层也为 A，那么就会按照 A-B-A-B 的顺序进行循环（见图 13-17a）。

第二种叫作面心立方最密堆积：我们把第一层看作 A，第二层看作 B，第三层看作 C，第三层的位置与第一层和第二层的位置都是错开的，那么他就会按照 A-B-C-A-B-C 的顺序进行循环（见图 13-17b）。

虽然看起来不一样，但仔细地观察会发现其实这两种方法中每个球都是与 12 个球相切，所以实际上它们是同一种

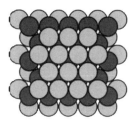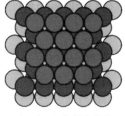

a）六方最密堆积　　b）面心立方最密堆积

图 13-17　三维空间内球体最密堆积方式

摆法，只是观察角度不一样罢了。六方最密堆积和面心立方最密堆积法不仅是我们普通人直觉上最佳的摆法，也是开普勒直觉上的最佳摆法。开普勒本人也在 1611 年发表的文章"新年的礼物——关于六角雪花"中正式提出了这个猜想：六方最密堆积和面心立方最密堆积法就是三维空间中的最佳摆法，这就是"开普勒猜想"的由来。

这一方法在日常生活中已经被人们广泛采用，出于有效利用空间以及避免压坏水果的考虑，水果店店主一般会将水果整齐摆放成如图 13-16 所示的一小堆。从平面来看，每个水果都与六个水果相邻，如果把它们的球心连起来，看起来就像是个正六边形。这样一层层堆砌起来，最终得到了最优的摆放方式。但由于圆球在空间中堆积可以采取无限的排列方式，这种方式是不是最优的还不确定。这个有趣的问题自开普勒正式提出以来就受到很多数学家的关注，比如牛顿、欧拉、拉普拉斯、伯努利兄弟都尝试证明过这个问题，但一直没有找

到解决办法，后来到了数学王子高斯这里才有了转机。

200 年后，高斯证明：如果结构是规则的，那么这就是最理想的、最好的堆积方式。尽管如此，但是在不规则填充的方式下，没有人能确定是否能实现密度更大的填充。

1900 年，巴黎国际数学家大会上，数学家希尔伯特提出了著名的 23 个数学问题，而开普勒猜想位列第 18 个问题。

1953 年，匈牙利数学家托特的研究为解决该问题带来了希望。托特经过研究发现，"开普勒猜想"可简化为有限个变量，因此只要借助功能足够强大的计算机，这一问题就能够解决。

1998 年，一则数学新闻突然成了各大媒体报道的焦点：美国匹兹堡大学的托马斯·海尔斯借助计算机证明了悬而未决的"开普勒猜想"。

海尔斯解决了这个 400 余年的难题，但水果商并不买账。一位水果摊小贩在接受电视台采访时说："这简直是浪费时间又浪费我们纳税人的钱！"不过，开普勒和海尔斯的智慧结晶当然不仅仅是用来装橙子这么简单——有关最密堆积的研究成果是现代通信技术的重要工具，是信道编码和纠错编码研究的核心内容。

13.4.2　海尔斯的计算机证明

托马斯·海尔斯（Thomas Hales，1958—），美国数学家，致力于朗兰兹纲领的研究工作。他在基本引理的研究方面卓有成效，并且证明了其中的一种特殊情况，2010 年菲尔兹奖获得者吴宝珠在证明朗兰兹纲领的基本引理方面引用了他的工作。1986 年，托马斯·海尔斯在普林斯顿大学取得博士学位，现于匹兹堡大学数学系任教。1998 年，海尔斯教授宣布他完成了对开普勒猜想的证明。

前面提到，1953 年，托特的研究表明，确定所有排列的最大密度的问题可以简化为有限数量的计算。这意味着，在一台足够快的计算机的帮助下，穷举证明是可能的。根据这个想法，海尔斯开始了一个借由"系统化地应用线性规划的方法，对超过 5000 种不同的装球法的每一种，找出其所提出的方程式的下界的研究"。换句话说，即海尔斯将线性规划方法应用到 5000 多个球体构型的函数上，再借助计算机程序进行——穷举证明。这一耗时费力的证明过程由他与他的研究生塞缪尔·弗格森（Samule Ferguson）共同完成，他们用了两年时间穷举完了全部结果，得出相同球体的最大空间填充密度约为 74%，并在 1998 年宣布他的证明成功完成。海尔斯的证明由逻辑推导和计算机证明两部分组成，他们最终提交给裁判评审组的资料包括 250 页的注解与 3GB 的计算机资料，包括程序代码和结果。

虽然海尔斯的证明异于常态，但《数学年刊》还是发表了他们的成果。为了谨慎起见，《数学年刊》邀请 12 位数学家作为评审员花了近 5 年的时间来验证海尔斯的证明。2003 年，评审组认为海尔斯的证明 99% 都是正确的，但是还有 1% 的计算机程序无法验证，不排除计算机程序出现漏洞的问题。于是《数学年刊》发表了已经通过传统方式验证的数学证明部分，舍去了计算机运算的部分。

因此，人们对海尔斯用这种方法证明出来的开普勒猜想，实际上并没有很认可。不过海尔斯并没有放弃，他认为只要用另一种程序来证明这个程序没有出错，就可以得到形式化证明。海尔斯立刻组建了一个由数学家与编程精英组成的 22 人团队，开始了他的"开普勒的形式化证明"（Formal Proof of Kepler，FPK，昵称 Flyspeck 或"蝇斑计划"），即用计算机工具来检查他给出的证明的正确性。这项计划使用了名为"Isabelle"和"HOL light"的两款形式化验证校验软件。二者都基于小巧而易证的一系列逻辑语句。如同数学证明一样，只要给以足够的时间，软件能够检验任何其他逻辑语句。经过漫长的 11 年人力验证计算机的计算，2014 年，海尔斯和他的团队宣布，300 页的证明已经经由两款软件检验完成——证明完全正确。这就是说，计算机成功证明了开普勒 400 多年前提出的猜想的正确性。

2017 年，海尔斯和 21 位协作者共同发表了"开普勒猜想的形式化证明"，给这个超过 400 年的历史难题提交了一份正式的答案。论文已发表于剑桥大学出版社的 *Forum of Mathematics Pi* 上。从此，开普勒猜想正式变成了开普勒定理。这个简单的摆水果问题，从提出猜想到证明一共花了 400 多年时间。海尔斯通过计算机辅助让开普勒猜想的证明告一段落，此次证明不仅成为数学史上的一个里程碑，更标志着计算机在验证复杂数学问题上的一大进步。

开普勒猜想研究的是三维空间里的装球问题。在任意维数的空间中，也可以提出类似的装球问题。近年来，数学家对高维空间的开普勒猜想进行了一系列的探索。高维球体是高维空间中距给定中心点有固定距离的一组点的集合。高维空间中的球体密堆积很难想象，但相关研究具有多种实用价值：球体密堆积与移动通信、空间探测器和互联网通过噪声信道发送信号使用的纠错编码密切相关。在高维空间中研究等尺寸球体最密堆积问题更加复杂，因为每增加一个维度就意味着要考虑更多可能的堆积方式。2016 年，乌克兰数学家玛丽娜·维亚佐夫斯卡（Maryna Viazovska）解决了八维空间中的球体堆积问题，并且和他人合作解决了二十四维空间中的球体堆积问题。玛丽娜·维亚佐夫斯卡也因对八维空间中等体球体最密堆积问题的开创性贡献而荣获了 2022 年的菲尔兹奖。

　　海尔斯花了整整 18 年解决了开普勒猜想，这种严谨且坚韧的数学精神，让人十分敬佩。尽管海尔斯最后是借助计算机用穷举法证明的，数学界也对这种方法评价褒贬不一。很多人认为它是正确的，但是不喜欢它，数学家阿蒂亚曾说过："我们的理想是探究数学真谛，而不是利用机械执行指令的计算机推演论证。"也有些乐观的人说，计算机既然可以打败世界象棋冠军，为什么就不能战胜数学家呢？为什么数学杂志只能发表数学家的论文而不能发表计算机的论文呢？剑桥大学数学家，1998 年菲尔兹奖得主蒂莫西·高尔斯（Timothy Gowers）就认为，在未来，定理证明器会取代主要期刊的审稿人。他希望未来能形成一个审核标准，投稿论文在通过期刊的审核之前，事先应通过定理证明器的自动检查。

　　时代在发展，相对于传统数学，新式数学已经悄然出现，这种新式数学最明显的标志就是逻辑推导加入计算机辅助运算，二者合并起来对数学定理进行证明。如果把传统的数学看作一个"面包"，那么完整的逻辑推导，中间夹杂着计算机的辅助就成了"汉堡包"。究竟面包和汉堡包谁更有生命力，尚存在争议中。不可否认的是，无论汉堡包好与不好，未来汉堡包的销量会越来越大，这是不以人的意志为转移的发展趋势。

第 14 章

数学与航海

谁控制了海洋，谁就控制了贸易，谁就控制了世界的财富，最后也就控制了世界本身。

——雷利

一个错误的计算产生一个伟大的发现
——航海家哥伦布的故事

哥伦布是世界航海史上的最著名人物，他是意大利人，年轻时曾跟随葡萄牙人出海航行，学会了航海技术。后来，他向葡萄牙国王兜售他的航海方案，说从欧洲向西航行也能到达东方。不过在葡萄牙却没人听他的，也没人给他钱。海上航行需要大量经费，得不到王室支持是做不成的。于是他就来到了西班牙，向西班牙国王兜售他的计划。

西班牙当时刚刚获得统一，赶走了所有的外来入侵者，而专制的君主正需要钱，渴望得到东方的财富，于是双方一拍即合。哥伦布是个有经验的水手，他了解很多自然科学知识，也相信托勒密关于"地球是圆的"的学说。尽管哥伦布有很好的数学能力，但他根据《马可波罗游记》中记载的关于对亚洲大陆宽度的估计以及托勒密对地球周长的估计，在计算地球周长时，他犯了一个严重的错误，他把地球的直径少算了 1/3，所以认定向西航行要比向东航行更容易到达东方，路途也更短。当他把自己的计算公式拿给西班牙国王看时，西班牙国王很高兴。当时葡萄牙已经取得成功，从东方获得了大量财富。按照哥伦布的方案，往西走既能避开葡萄牙的锋芒，同时还更省钱，并且省时间。于是西班牙国王就决定支持哥伦布，让他向西航行，打通到东方去的新航线。

1492 年 8 月 3 日，哥伦布率领三艘大帆船从西班牙起航。9 月 6 日，远征队离开加那利群岛，驶入烟波浩渺的海洋。虽然一路颇为顺利，但是随着时间一天天地过去，船员开始烦躁不安起来。后来他们发现了飞鸟，但在地平线上仍然不见陆地的踪影。哥伦布也开始着急了，因为按照他的计算，这个时候应该已经到了日本。10月9日，他几乎就要放弃了，许诺三天之内再看不到陆地就返航。幸运的是，恰好三天期满的时候，突然他的水手在瞭望台的桅杆上高喊："陆地！陆地！"这一天是1492年10月12日。后来，这一天被定为西班牙的国庆日。

虽然哥伦布至死都以为他到达的是亚洲，并没有意识到自己错了，但是很多年以后，这块"新大陆"带来的财富，已经让人们喜欢上了哥伦布这个美丽的错误。可见，如果没有哥伦布做出的那个错误的计算，美洲也许到现在都没有被发现。一个重大的错误竟然产生了一个伟大的发现！

在世界航海历史上有两位家喻户晓的人物：一位是横渡大西洋发现了美洲大陆的哥伦布（见图14-1），开启了西方的殖民时代；另一位是直接乘船绕着地球转了一圈回到原地的麦哲伦，通过亲自实验证实了地球是个球体。这两次伟大的航海分别发生在15世纪末以及16世纪初，可以说，他们开启了一个时代——一般称为"大航海时代"，在这段时间内，达·伽马开辟了绕过非洲南端的好望角到达印度的新航线；库克船长穿越南极圈，完成了人类历史上第一次环南大洋航行，在航行中他还发现了澳大利亚、夏威夷岛等；后来的探险者斯科特、阿蒙森发现了南极……欧洲人的船队出现在世界各处的海

图14-1　哥伦布美洲登陆

洋中，寻找着新的贸易路线和贸易伙伴，占领和征服每个地方。欧洲的船队为什么这么厉害？原因有很多，但最主要的原因是科技的发展，科技发展的基础又依赖于数学的进步。可以这么说，没有数学的进步，欧洲人不可能把船开到世界的每个角落。

为什么人们觉得哥伦布和麦哲伦伟大，除了敬佩他们的勇敢之外，主要是因为当时的人们都认为地球是个扁平的圆盘。没有人敢朝着一个方向前进，尤其是在大海上，如果你走到了世界的边缘，那还不坠入无尽的深渊。但实际上，在当时的科学界里早已经确立了"地球是圆的"这一理论，这也是麦哲伦和哥伦布敢于驾船航海的主要原因。他们两人都相信地球是个球，不然也不会冒险，他俩不会在完全没有把握的情况下，主动乘船去证实大地的形状。那么历史上谁为"地球是圆的"这个理论做出了巨大贡献呢？

14.1　早期人类对航海的探索

很久以前，人类就开始对自己生存的空间产生各种遐想。例如，中国古语"天圆地方"，古印度人想象"大地是驮在大象背上的"……总之，古代的人们基本上都认为自己居住的大地是平的，因为他们只能看到眼前的景象，不能看到更远的地方。古希腊学者是最早试图将自然现象解释为自然原因而非神的意志的哲学家，他们通过理性思辨和科学的观点来逐步认识我们的自然世界。

14.1.1　大地是球形的

古希腊第一位著名的哲学家泰勒斯认为，大地是一个圆盘，而且是漂浮在海上上下波动的。据说毕达哥拉斯是最早提出"大地是球形"观点的人，虽然没有明确的证据证明，但是当时的古希腊学者们大都相信大地是个球。他们认为圆形是完美的图形，天体的形状应该是完美的球形，天体的运动方式应该是完美的正圆。柏拉图于是将"地圆说"写入了自己的著作。

亚里士多德是第一个证明"大地是球形"的科学家，他借鉴了前期学者的成果，形成了一套完整的理论体系。亚里士多德提出三个证据来支持大地是球形的论断：（1）越往北走，北极星越高；越往南走，北极星越低，且可以看到一些在北方看不到的新的星星；（2）远航的船只，先露出桅杆顶，慢慢露出船身，最后才看得到整艘船；（3）在月食的时候，地球投到月球上的形状为圆形。

亚里士多德的"大地球形说"后来逐渐被人们接受和认可。阿基米德有句名言："给我一个支点，我能撬动地球。"可见如果没有对地球形状的充分认识，他是不会说出这样的豪言壮语的！

　　古希腊的几何学家欧几里得也认为地球是一个球体。他认为地球是一个几何体，具有长、宽和高三个维度。这个观点后来被科学家所证实，他们通过测量地球的周长和曲率来证明地球是一个球体。

14.1.2　测量地球的周长

　　有史以来第一个测量地球周长的是古希腊著名数学家、亚历山大城图书馆馆长埃拉托色尼。埃拉托色尼了解到，在每年的夏至日正午，如图 14-2 所示，太阳光直射到塞恩（现为埃及的阿斯旺）一口深井的井底；与此同时，在距离塞恩正北约 5000 希腊里的亚历山大城，太阳光线与地面垂直线有 7.2°（$\frac{2\pi}{50}$ rad）

的夹角。埃拉托色尼认为，把太阳光看成平行线，那么一个平坦的大地就不会出现阳光与大地垂线角度存在差异的问题，也就是说，平坦大地不管在什么位置看太阳，它都应该和天顶的角度是一样的。出现角度的差异，正说明了地球是一个球体。而亚历山大城和塞恩城之间的这段弧长正好对应了两地之间接收到太阳光角度的差值 7.2°。这样，只要把两地的距离乘以 50 即得到地球的周长：周

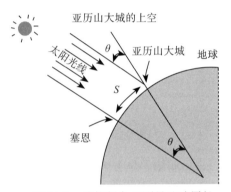

图 14-2　埃拉托色尼测量地球周长

长 =5000 × 50=250 000 希腊里。转换成公制，经埃拉托色尼修订后，地球的周长约为 39 690km，与今天所测的地球赤道的周长 40 075km 极其相近。

　　古希腊后期的数学家和科学家托勒密，继承了亚里士多德的学说。托勒密认为大地是一个球体，并且算出地球的周长为 28 530km。他还确定了地球的经线和纬线，把地球分为 360 度，每度 60 分，每分 60 秒，这种分法一直沿用至今。托勒密生活的时代，正是古罗马帝国最辉煌的时期，这个横跨欧、亚、非三大洲的超级帝国极大地促进了当时世界各民族之间的了解和交流，托勒密为早期的航海事业做出了杰出的贡献。

　　虽然托勒密对地球有比较正确的认识，但之后的一千多年里，"大地球形

说"并没有得到充分的认可，原因是基督教的反对。基督教认为，如果大地是球形的，那么必定有"头朝下"的人存在，这是不可能的。因此，直到欧洲文艺复兴时期，托勒密的两部伟大著作《至大论》和《地理学指南》才得以重新出版，它被认为是当时最好的地理书。欧洲所有的航海家都研究过他的著作，相信麦哲伦和哥伦布在航海出发前也一定仔细研读过他的著作。

14.2　轰轰烈烈的大航海时代

既然大地是球形的，地球由海洋连接在一起，那么从地球上的某处一直向前航行，一定能够回到出发点。由于托勒密的著作中记录了地球的周长大约为 28 530km，这让航海家感觉地球并不大。比如，在顺风的时候，帆船的速度可达到 6 ～ 10km，每昼夜可航行 200km 左右，只要 100 多天就能环绕地球一圈。

1522 年，航海家麦哲伦（1480—1521）的船队终于完成了环地球一圈的航行，从而第一次从实践上证实了"地球是圆的"这个悠久的传说。但麦哲伦环球航行也揭示出地球的周长比托勒密记录的要长，后来法国的一位数学家弗尔涅耳采用埃拉托色尼的方法，算出地球的周长是 40 042km。之后在开普勒、牛顿的研究下，人们发现地球不是一个圆球体，而是一个扁球体。现代社会测量地球大小的方法越来越多，从卫星发来的照片显示，地球南北极之间的直径为 12 714km，地球赤道直径为 12 756km，两者差了 42km。好在两者相差并不大，地球仍被近似地看作一个球体。

14.2.1　如何把握航向

在茫茫大海中航行，要能够辨别航行的方向，否则就会迷失方向，发生船毁人亡的惨剧。在指南针出现之前，人们主要依靠太阳来辨别东西南北。比如，太阳每天都是东升西落。太阳不仅能告诉我们东西方向，也能为人类指出南北朝向。太阳直射点在地球的南北回归线之间按照固定的周期来回移动，当太阳在北回归线以北时，太阳就始终偏南，在正午时方向为正南；当太阳在南回归线以南时，太阳则始终偏北，在正午时方向为正北。但太阳只出现在白天，到了晚上就只能靠星星和月亮来辨别方向了。和太阳一样，月亮也是东升西落的，而且月亮的缺口与凸起部分也可以为我们指示方向。在每个月的上半月，月球是上弦月；而在下半月，月球是下弦月。在北半球，上弦月和下弦月缺口与凸起部分两个顶点的连线总是大致指向南方，而在南半球则反过来，指向北方。此外，所有星星都和太阳、月亮一样，每天东升西落，从不停息。几千年来，人们发现夜空中有个很亮的星星——北极星。在天空那么多星星中，北极星最特别，它位于地球的北极点正上方，因此在天空中的位置非常稳定，不会随着地球的自转而改变。这使得北极星成为导航和天文观测的有用工具。孔子说北极星是"众星拱之"，意思是说北极星被其他的星星簇拥着，就像个高高在上的君王。太阳、月亮、北极星是天文学研究中最重要的三个天体，人们借助这三个天体，判断自己在地球上的位置。

除了观天导航之外，我国古代很早就发明了指南针，后来改进为罗盘来确定方向。北宋沈括的《梦溪笔谈》中就有关于指南针的记载，后来罗盘很快就被人们应用到航海上。罗盘是世界上应用最早且最为普遍的导航工具，是中国对世界航海技术的一项重大贡献。中国古代航海罗盘如图14-3所示。

图14-3　中国古代航海罗盘

爱因斯坦在晚年时声称，有两样东西给了他一生极大的鼓舞。第一件东西是欧几里得的《几何原本》，他称它是"神圣的几何小书"。爱因斯坦在12岁时，完全被书中优美的演绎推理给迷住了；第二件东西就是罗盘，那是父亲在他四五岁时送给他的。他对罗盘着迷，因为无处不在的磁场显然控制着罗盘的指针。爱因斯坦对这两件东西留有着深刻的印象，终身都将它们带在身边。

有了罗盘的准确定位，南宋的海上贸易非常发达，由此产生了著名的"海上丝绸之路"，即我国载有瓷器、丝绸、茶叶等物资的船只，从东南沿海出发，然后运送到阿拉伯地区，阿拉伯人再将这些物资销往欧洲。而到了明代永乐、宣德年间，中国历史上最大规模的海上远航活动——郑和下西洋（1405—1433）展开了。郑和率领的船队共计七次出访，到访东亚、印度、阿拉伯和东非等30多个国家和地区，沿着这条海上丝绸之路，促进了中外文化、经济和友好交流。

郑和是明代著名的航海家、外交家、军事家。他出生于云南昆明一个回族

家庭，原名马三保。他幼时随父亲到过西域，有一定的航海经验。后来被俘为
太监，并入燕王府服侍朱棣。因为才华出众，办事得
力，深得朱棣的信任。公元 1405 年的 7 月 11 日，郑和
统率当时世界上规模最大的船队从江苏太仓港起航，向
着南方的辽阔海域出发了。航行一段时间后，郑和的船
队到达了离中国南海不远的海面上。这里散布着一些岛
屿，被称为"南洋群岛"，也就是现在的东南亚一带。
郑和此行的任务之一就是要拜访南洋各国，宣扬大明国
威。此后每隔几年，郑和就带领船队远航贸易。从 1405
年到 1433 年的 28 年间，郑和共进行了七次远航，几乎
走遍了东南亚、北印度洋沿岸地区以及阿拉伯半岛，先
后到访了 30 多个国家和地区。

郑和

　　郑和是世界航海事业的伟大先导者，他七次带领船队下西洋是世界航海史
上的伟大壮举，加强了中国同这些国家的友好关系，促进了各国的经济文化交
流。郑和是打开中国到东非航道的第一人，他的航行比哥伦布首航早 87 年，比
达·伽马早 92 年，比麦哲伦早 114 年。为了纪念郑和，我国于 2005 年把每
年的 7 月 11 日定为"中国航海日"，这是郑和首次下西洋的时间。郑和下西洋
600 周年纪念邮票如图 14-4 所示。

图 14-4　郑和下西洋 600 周年纪念邮票

　　2007 年，一艘沉入海底近 800 年的船只——"南海一号"（见图 14-5）被打
捞上岸。"南海一号"是南宋时期一艘对外贸易的商船，从福建泉州出海后不久

就遭遇事故沉入海底。考古学家在清理了船上的淤泥后发现，船舱内至少有超过 6 万件南宋瓷器，有不少还是价值连城的国宝级文物。

图 14-5 "南海一号"沉船

遗憾的是，虽然我国早就发明了指南针和罗盘，航海技术当时还领先于世界各地，但却没能像欧洲人那样开创大航海时代。由于海上丝绸之路的繁荣，大批阿拉伯人来到中国，从而得知了指南针和罗盘的制作方法。12 ～ 13 世纪，指南针和罗盘经过阿拉伯国家传到欧洲。哥伦布正是凭借指南针发现了美洲新大陆，开启了大航海时代。从此之后，我国的航海技术就逐渐落后于欧洲了。

14.2.2　如何确定纬度

随着人类不断驶向更遥远更广阔的海洋，如何在茫茫大海中给自身定位成为首先要解决的问题。在没有陆地和已知岛屿作为参考时，只有天体是最好的参照物。虽然日月星辰等天体随时都在运行，但它们毕竟有客观规律可循，人们可以根据自己相对天体的位置推算出自己在海上所在何处。

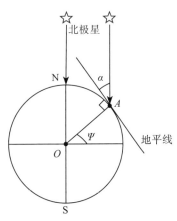

图 14-6　纬度的测量

通过长期的经验积累，航海者们发现可以通过白天观测太阳的高度角、夜间观测北极星的高度角来确定自身纬度。比如，在夜间观测海平面与北极星的夹角，当角度保持不变时就能大致确定本船是在同一纬度航行。如图 14-6 所示，A 点的纬度 ψ 等于地平线与北极星的夹角 α。

在六分仪出现以前，人们曾使用多种精度

较低的工具测量天体。早在宋元时期，我国的航海者就使用"量天尺"测量天体高度。明代郑和下西洋，使用过一种叫作"牵星板"的器具（见图 14-7），以"星斗高低，度量远近"。测量时，"牵星板与海平面垂直，上缘与被观测天体相切，然后根据所用的木板属于"几指"，由板高和眼到牵星板的距离计算出天体仰角"，就可以得出天体高度的指数，这种测量方法被称为"过洋牵星术"，其基本原理主要是"勾股定理"。

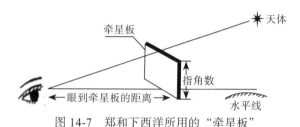

图 14-7　郑和下西洋所用的"牵星板"

郑和下西洋用的过洋牵星图详细记载了不同船位时各观测星体的高度，并在图中画出了星体的位置与形状。在印度洋上，通过"观日月升坠，以辨东西，星斗高低，度量远近"，得到"牵星为准，所实无差，保得无虞"的航海导航效果。这种天文航海技术为郑和船队的跨洋航行提供了重要支撑，也代表了 15 世纪初期天文导航的最高水平。

15 世纪前后，阿拉伯人也使用过类似的"拉线板"进行导航。欧洲人在 15 世纪使用过四分仪和星盘，16 世纪使用过"十字杆"。到了 17 世纪，英国航海家戴维斯发明了"竿式投影反测器"，航海者利用棍棒投射到刻度计上的影子测量太阳的高度（即影子端的位置）。这些发明都充分显示了人类航海先行者们的不懈探索与高度智慧，但由于存在无法准确测量角度、无法准确知道时间等因素，此类"纬度航行法"往往存在着较大误差。比如，哥伦布在横跨大西洋探索前往印度的新航线时也是南下到自认为与印度相同的纬度，然后向西航行，当然，他最终到达了中美洲，而非印度。

英国的 J. 哈德利（John Hadley，1682—1744）于 1730 年发明了用于航海的"双反射八分仪"，这种光学仪器因其刻度弧约为圆周的八分之一而得名。它用两面镜子将太阳或某颗星辰的投影与地平线排成一条直线，从而确定纬度。八分仪大大提高了观测精度，在航海史上具有划时代意义。哈德利是英国天文学家、数学家，同时也是一位发明家和机械师，后来担任过英国皇家学会副会长。

后来为了便于观测月距，人们将刻度弧加长为圆周的六分之一，这就是"六分仪"。1757年，英国机械师伯德（John Bird）制造出世界上第一架真正意义上的"航海六分仪"。六分仪较之以往测纬度的仪器精度大大提高，且简便易用，迅速成为海上测量地理坐标的利器。1772—1775年，英国皇家海军军官、著名航海家库克船长（Captain Cook）成功完成了第二次环球探险，随身携带的装备就有一架伯德专门为他铸造的六分仪。

航海六分仪是测量天体高度的光学仪器，也可以用来测量地面两物标之间的夹角。六分仪的基本结构是一个扇形框架，框架上装有活动臂和望远镜，活动臂最上端装有指标镜；正对望远镜装有半反射式地平镜，安装在六分仪的左侧中部，地平镜旁边还配有滤光片供测量太阳等明亮天体时使用。六分仪的本质是测量两个目标间夹角的"量角器"，其主要原理是几何中光学的反射定律。测量天体的地平高度时，观测者手持六分仪，让望远镜镜筒保持水平，并从望远镜中观察被测天体经地平镜反射所成的像；同时要调节活动臂，使被测天体落在望远镜中所见的地平线上。根据反射定律，此时该天体高度等于地平镜与指标镜夹角的二倍，六分仪圆弧标尺上的刻度显示的就是这一结果，这样观测者就可以直接读出天体高度（见图14-8）。

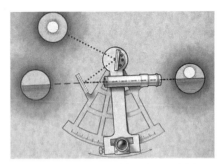

具体来说，如果在白天，航海者可以通过六分仪观测正午时太阳的高度角，并根据"航海天文历"中提供的有关数据，简便地计算出本船所在纬度。到了夜间，航海者可以直接观测北极星，北极星的高度角就基本接近于当地纬度。

图14-8　航海六分仪原理示意图

六分仪是英国人在长期航海实践基础上，利用天文学和测量学原理，凭借先进工业制造能力完成的一项重要发明，标志着人类在认识地球、利用海洋过程中科学意识的不断提升，在科学史上具有一定地位。最初的六分仪体积较大，随着工艺水平的提高，后来六分仪实现了小型化。1831—1836年，达尔文环球旅行搭乘的"小猎犬号"，能在浩瀚大海上按照既定路线顺利完成科考任务，所装配的船用小型六分仪发挥了关键作用。六分仪由于操作简单、设计原理可靠、受外界人为因素干扰小，所以它一经发明就迅速取代之前操作复杂的星盘，成为在海洋上测量地理坐标的利器，也彻底解决了"海上精准定位"这一曾经困扰历史上无数航海家的难题，因此具有长远的实用价值。

到了现代，为了进一步提高精度，刻度弧长约为圆周五分之一的观测天体高度的仪器，习惯上仍被称作"六分仪"，六分仪已经成了观测天体高度航海仪器的通称。20 世纪 40 年代以后，虽然人类发明了现代无线电定位法，以及更为精确的数字化全球定位系统（GPS），但六分仪仍因其可靠性优势而被广泛应用，是世界上所有大中型舰船必须配置的航海装备。

2017 年 10 月，我国海军军官收藏家袁帆向清华大学科学博物馆捐赠了一架航海六分仪（见图 14-9）。这架"六分仪"是由英国制造的，保存完好，十分精致。注册商标铭牌标着"HUSUN"，具体的制造时间没有表明，但从仪器包装箱中一张检测记录上记载的"1950.10.10"来看，肯定是在 20 世纪 50 年代之前。因此这架六分仪的寿命至少应该有 70 年了，是 20 世纪上半叶英国航海仪器制造水平的直接见证。这架六分仪包含着很多历史信息，据推测，它应该是"第二次世界大战"期间反法西斯同盟国军舰上的装备，很可能经历过战争的硝烟。这个六分仪同时也见证了中国人民解放军海军的发展历程。新中国成立后，我国还没有现代化造船工业，建国初期的军舰大部分都是当年国民党海军遗留下来的，这架"六分仪"应该也是其中某艘舰艇的装备。

图 14-9　袁帆向清华大学科学博物馆捐赠的航海六分仪（英国制造）

14.2.3　如何确定经度

人们通过上述工具与方法，可以较为便捷地判断大致方向与纬度。然而仅仅知道纬度是远远不够的，如何测量和测准经度才是真正的难题。要计算经度，就是要测量出不同位置间的时间差。地球每24小时转一圈，即360个经度，那么每隔1小时的时差，就有15个经度。如果我们同时知道出发地的时间和现在位置的时间，就能算出两地相差的经度是多少。在这样的思想的指导下，把经度问题转化为了时间问题。

计时，是航海的基础。我国古代发明了"日晷"的计时工具（见图14-10）。日晷是由一个太阳光照下能投下又细又长的影子的长针和一个圆盘组成的，圆盘上刻有度数，这些度数就相当于小时和分钟。后来日晷传到欧洲，成为大航海时代的重要计时工具。通常在船甲板上放一个小型日晷，船员们用太阳影子的方向确定时间。但日晷有局限性，阴天或晚上没有太阳光时，就无法计时了。于是人们又发明了沙漏来计时。但不管是日晷还是沙漏，都不能给出准确的时间。

图 14-10　中国的"日晷"

意大利的科学家伽利略有一次在教堂做礼拜时，偶然发现悬挂在教堂的吊灯被风吹得来回摆动，经过观察，这种摆动具有等时性，他就想能否利用这个性质做一个准确计时的钟表，很遗憾他没有成功。后来，被誉为"海上马车夫"的荷兰，因为海上贸易的需求，准确计时的重要性越来越突出。当时荷兰最杰出的数学家和科学家惠更斯也开始思考这个问题，在伽利略的启发下，他造出了世界上第一个走时准

惠更斯

确的摆钟。惠更斯的摆钟每天误差不超过5min，这在当时是非常准确的。惠更斯发明摆钟的数学原理是利用摆线（见图14-11）的等时性。但他不知道的是，摆线不仅是等时曲线，同时也是最速降线（见第8章）。

17—18世纪，英国为了积极开拓海外殖民地，争夺海上霸权，为海军和商船远洋导航寻求新技术，英国国会重金悬赏解决远洋航海的导航定位问题。英国皇家学会会员胡克和牛顿都发明过能够反射的光学仪器。1714年，英国国会

成立了经度委员会并颁布《经度法案》，于是新的航海仪器和方法开始迅速得到开发和使用。

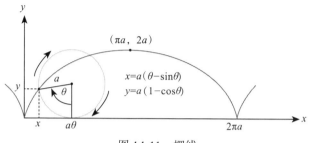

图 14-11　摆线

英国成了海上霸主之后，发现惠更斯的钟表还不够准确，在英国政府的大力支持下，英国的木匠约翰·哈里森（1693—1776）对惠更斯的钟表进行了改进，在 1736 年发明了世界上第一个走时精确的航海表 H-1。这种航海表的误差每天不超过 1s，这个精确的航海表帮助英国捍卫了海上霸主的地位，成为英国的战略武器。后来，哈里森又逐步改进钟表，依次制造了 H-2、H-3 航海表。在 1759 年，哈里森终于造出了一块只比怀表大一点的航海表 H-4，约翰·哈里森也凭借其研发的精密航海表获得英国政府"经度委员会"颁布的首届"经度奖"。航海表的出现，使大航海时代了发生革命性的巨变。它是远航商船在大海中航行、定位的最可靠保障，也是英国皇家海军在历次海洋争霸战中获胜的决定性因素之一。

在推算经度时，航海者可以在白天通过六分仪观测太阳高度，记下太阳上中天时的航海表时间（世界时），该时间与某已知地点太阳上中天时间的差值就是经度的差值。比如，上中天时间恰好提前 1h，这说明本船现在的经度位于已知地点的向东 15°。这样，在航海表、航海天文历、六分仪等主要航海设备的帮助下，困扰了人们几百年的关于如何准确测量船位经度的难题终于得以解决，人们终于找到了推算船的准确地理位置（经度和纬度）的方法。

14.2.4　地图绘制的数学原理

1.托勒密地图

罗盘和指南针可帮助航海找到具体方向，但海面辽阔，还需要有航海地图帮助驾驶者进行准确的路线规划。想要在海上安全航行，地图是航海不可缺少的最重要的导航保障之一。历史上第一份世界地图，是由古希腊学者托勒密绘制的。他创立了将球体投影到平面上制图的技术，为后人提供了世界上最早有数学依据的"地图投影法"。在其名著《地理学指南》中，他第一次指出地理学的任务在于"提供一幅地图来观察整个地球"，随后他在书中解释了怎样从数学上确定纬线和经线，最后他提出一个问题：怎样在平面上描绘出地球球面？

实际上，要在平面上描绘地球球面并不容易，就像我们把橘子剥开，然后把橘子皮压得和一张纸一样平。那是很难做到的，橘子皮必然会出现裂缝或褶皱。因此，人们制作平面地图的时候，不得不将地球表面上的内容描写到平面上去，扭曲和错误是无法避免的，应该怎么办呢？

托勒密在《地理学指南》中指出，人们可以用"投影法"来绘制地图。他详细解说了两种投影法：圆锥投影法和方位投影法。托勒密将一张纸卷成圆锥体包裹住地球，圆锥与地球间有一条线正好相切，这条线被称作"相切平行线"。我们可以设想将与"相切平行线"平行的纬度线和与"相切平行线"垂直的经度线从地球仪上投射到圆锥面上，然后将圆锥面展开，一张地图就形成了。圆锥投影的一大特点是平面地图上的经线是直线。这些直线式经线是从一个顶点（可能是从北极）——辐射出来的，这个顶点同时又代表纬线圆弧的圆心。这样，经线之间的间距自赤道向顶点收小，比较符合实际的情况。但圆锥投影法是有缺陷的，在地球上，赤道以南的纬线应该是缩短的，但在托勒密的投影上，长度实际上是增加的。

另外一种投影法，是方位投影法，包括球心投影法（也被称为日晷投影）和正射投影法。方位投影法是，从一个视点出发，将一个地球球面上的信息投射到一个平面上。这个"视点"可以在地球内，也可以在地球外。这种投影法受到青睐的主要原因在于，它可以使穿越投影中心的所有圆圈在地图上显示为直线，而且在地球仪上距离投射中心等距离的点，在地图上与投射中心的距离也是相等的。

2.墨卡托投影地图

15 世纪末至 16 世纪初，哥伦布发现了新大陆，麦哲伦成功地进行了环球航行。随着这些实地探索的进行，西方各国的航海家和地理学家都感到托勒密的地图中有许多错误。比如托勒密测算出地球周长大约为 28 530km，人们的实际认识与这个数据有差距。欧洲人意识到，古老的地图已经不足以正确地表现当时认知的世界，他们需要更精确的世界地图。

在所有的航海家中，荷兰数学家吉哈德斯·墨卡托（Gerardus Mercator，1512—1594）是世界航海发展史上划时代的人物，是他结束了托勒密时代的传统观念，开辟了近代地图学发展的广阔道路。

墨卡托 1512 年出生于现在比利时的佛兰德斯，1530 年，18 岁的墨卡托到鲁汶大学读书，师从著名数学家弗里修斯。弗里修斯从 1536 年起就一直在鲁汶大学做数学教授，他使用数学知识进行航海测量和海上导航。他第一个提出用三角测量法来测定船航海时的位置和新发现的陆地方位。这位老师对墨卡托影响很大，墨卡托从老师那里学习到了大量的数学、天文学和地理学知识。1568 年，墨卡托在德国居住的时候，运用自己所学的数学知识，创建了影响至今的"墨卡托投影法"，并用这种方法成功绘制了一张世界地图（见图 14-12）。他是这么做的：假设一个圆柱体包裹住了地球，这个圆柱与地球相切于赤道；然后，用数学方法将地球的经纬线转换到这个圆柱面上；将圆柱面展开为平面后，经纬线成为互相正交的平行直线，经线的间隔相等，纬线的间隔随纬度增高而加大。简单地说，他把地球近似为正球体，假设球体中心有个发亮的光点，光点将球面上的每个点都投影到正切赤道的圆柱内表面上，将圆柱体内表面展开就是一张世界地图。

墨卡托

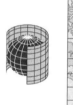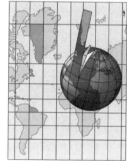

图 14-12　墨卡托投影地图

墨卡托投影法会导致地图很大程度上失真。在地图上，高纬度的格陵兰岛看上去简直有南美洲那样大，而实际上，它的面积只有南美洲的 1/9；加拿大的面积看上去是美国的两倍，实际上，它是美国的 7/6 倍。越是高纬度的地区，其投影面积越大。如果我们在球面上放上一些大小相等的圆，再用墨卡托投影法展开就会发现，这些圆在低纬度地区很小，在高纬度地区就变得很大。尽管失真如此严重，但用墨卡托投影法绘制的地图在航海方面十分有用，因为它有很多优点，其中最大的优点就是在地图上保持方向和角度不变。

如果循着墨卡托投影地图上两点间的直线航行，方向不变可以一直到达目的地，因此它对舰船在航行中的定位、确定航向都具有有利条件，给航海者带来很大方便。在地球上，经线和纬线是垂直的，在墨卡托投影绘成的地图上，经线和纬线也垂直。如果两条曲线在地球球面上相交，角度是30°，那么，这两条曲线在墨卡托投影地图上相交所成的角也是30°。墨卡托海图的这种特性，极大地方便了航海家的使用。从此以后，航海家想要到达某一处目的地，只需

要拿出墨卡托海图，然后在出发点和目的地之间连一条直线，量出这条航线和经线的夹角，即可确定航行路线。船长要做的工作就是手持指南针，保持船只方向不变，按照这个固定的航向呈直线航行，就能到达目的地。这条方向固定的航路就叫作"等角航线"（见图14-13）或"恒向线"，它大大降低了航海的难度，航海家们对它非常热爱。

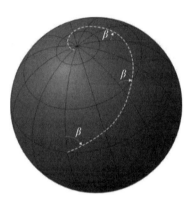

图14-13　等角航线

"等角航线"或"恒向线"的研究始于葡萄牙天文学家和数学家佩德罗·努内斯（1502—1578）。作为葡萄牙皇家宇宙学家，努内斯是葡萄牙航海学的权威，他是最早将数学技巧运用到地图绘制中去的欧洲数学家。在1537年的一篇关于球体的论文中，努内斯首次阐述了如何用直线描述等角航线的问题。他注意到：如果一艘船总是遵循相同的罗盘方位，它就不会沿着直线或大圆航行。相反，它将沿着一条称为"等角线"或"斜向线"的路径航行，该路径向北极或南极盘旋。通过球面三角学和微积分的知识，我们可以推导出等角航线的方程为 $\dfrac{\mathrm{d}\lambda}{\mathrm{d}\varphi}=\dfrac{1}{\cos\varphi}$，这个方程的解是一个对数螺旋线，这里 φ 是纬度，λ 是经度。这个方程描述了当纬度变化为 $\Delta\varphi$ 时，相应的经度变化 $\Delta\lambda$ 应该如何计算。随着远离赤道，纬度不断增加，$\cos\varphi$ 的值会减小，这

导致 $\Delta\lambda$ 与 $\Delta\varphi$ 的比值增加，也就是说，为了保持相同的航向角度，经度需要变化得更快，这是等角航线保持恒定角度的原因。努内斯关于恒向线的研究直接促使了墨卡托投影地图的出现，使当时航海过程中的精确导航成为可能。

努内斯

　　等角航线方便海员们在海上寻找道路，但它也有一个缺点，就是这条航线不是最短的道路。在墨卡托投影地图上，A 地和 B 地的等角航线是直线，画到球面上是一条曲线。我们知道，地球上从 A 地到 B 地的最近路线叫大圆航线（见图 14-14）。大圆航线即地球表面上的两点与球心构成的平面和地球球面相交形成大圆圈的一部分，大圆航线可以实现起点和终点间以最短距离航行。

图 14-14　大圆航线与等角航线

　　但大圆航线的问题在于，它和经线的夹角每时每刻都是变化的，想走大圆航线，船长就不得不经常调整船只的航向！在海上导航水平十分落后的年代，调整船只的航向风险很大。毕竟海员们手中最重要的航海工具是指南针，海员们对航路的远近不太在乎，更在乎自己的方向——只要方向对了，多花一点时间也能到达目的地。毕竟那时候的船只是风帆木船，速度很慢，远距离航行通常都是以月为单位的，从 A 港口到 B 港口用两个月还是两个月零五天，没有本质上的区别。

　　在当时的墨卡托投影地图上，在海洋中通常都画着若干个罗盘。人们以罗盘为起点画出一条条射线，这些射线都是等角航线，为船长指明了道路。在墨卡托投影地图的指引下，大航海时代变得更加轰轰烈烈。直到现在，超过 95% 的海图依然用墨卡托投影法绘制。现在，大部分船只在海洋上航行时会将大圆航线和等角航线结合起来，通过几条短的等角航线来逼近大圆航线，这样就使得船既能够利用等角航线保持正确的方向，又能尽量沿着大圆航线提供的最短距离前进。

14.2.5 船舶技术中的数学

前面谈到航海需要的外部条件，即如何确定航向以及经度和纬度，而对于远洋航行，最重要的还是航海工具——船。船舶是海上航行的基础，如果没有船舶，人类就没办法离开陆地走向大海，大航海时代也无从谈起。

1. 船的历史

船出现的历史非常早，远古人类通过观察漂浮在水面上的物体（如木材、竹子、芦苇等）发明了最原始的船。在原始社会时期，最早的水上工具应该是浮具，然后慢慢演变成筏、独木舟。关于独木舟的制作则有着"刳木为舟"的说法，在余姚河姆渡遗址中就曾发现距今约7000多年的木桨和独木舟模型，它可谓是史上历时最悠久的水上交通工具。由于独木舟较小并且稳定性差，人们想到将独木舟从中间一分为二，在船底加装底板，这样船内的空间就扩大了。从此开始，船的制作就由整块木料向多块木料组合的方向发展了——木板船由此诞生，这是造船史上的一个飞跃。

在19世纪之前长达数千年的人类历史里，船舶都是用木材建造的。随着人类加工能力的进步，船舶越造越大，越行越远，一些问题出现了，比如航行动力、导航和船的操作等开始显现出来。人类必须用新的发明来解决这些问题，于是帆开始被广泛应用，舵、桨也出现了。直到第一次工业革命，船舶的材料才开始有了改变。1780年，英国制成了第一艘铁船。由于铁更坚固，船壳可以做得更薄。19世纪50年代开始，世界进入铁船的全盛时期。从19世纪80年代开始至今，绝大部分船舶的主要材料变成了钢材，船舶进入了"钢船时代"。

2. 风帆动力的数学原理

"长风破浪会有时，直挂云帆济沧海"，这句诗展示了人们利用风力把帆船的动力提高了不止一个档次。在发动机诞生之前，欧洲人横渡大洋借助的工具是帆船。当时的帆船有着高耸入云的桅杆，桅杆上挂着面积巨大的风帆，当风吹过时，风帆鼓起来，给帆船提供横渡海洋的动力。在这些高大的风帆里，蕴藏着丰富的数学知识。

　　风帆的形状多样，主要有横帆和纵帆。横帆的发明可能源于古人对风力的直观体验。大风天气，人们能够直接感受到风力对人的作用，最直观的感受就是一些具有一定迎风面积的自然物体，比如树叶、树木等，它们在风的作用下会产生运动或变形。比如我们晾在户外的衣服，有风吹来时，衣服就会鼓起来。这些现象启发了古人设计出迎风并且面积尽可能大的横帆。

　　相当长的时期内，人们对风帆推进船只的理解和设计都是凭借经验。当风刚好来自船尾正面时，横帆的帆面完全受风，就能将风力充分转化为船舶的推进力，此时具有最佳的推进效率，这正是横帆船设计者的初衷。至于风帆带动船的原理，直到 1726 年才被瑞士数学家丹尼尔·伯努利（1700—1782）发现。他提出了著名的"伯努利原理"，揭开了流体力学的奥妙。丹尼尔·伯努利也是伯努利家族中非常杰出的一位，他的父亲约翰·伯努利、伯父雅各布·伯努利都是当时著名的数学家（前面第 8 章介绍过），他与数学家欧拉是很要好的朋友。

　　伯努利一家在欧洲享有盛誉，有一个传说讲的是，丹尼尔·伯努利有一次正在做穿越欧洲的旅行，他与一个陌生人聊天，他很谦虚地自我介绍："我是丹尼尔·伯努利！"那个人当时就怒了："我还是艾萨克·牛顿呢！"从此之后，在很多场合深情地回忆起这一段经历，丹尼尔都把此当作他听过的最衷心的赞扬。

丹尼尔·伯努利

　　"伯努利原理"的主要推论是：在一定条件下，流经物体表面的流体（如水和风）的流速越高，流体对物体表面的压力就越低。根据"伯努利原理"，来自船尾的风让横帆向船首方向鼓起，由于受到帆面的阻挡，风帆会有很大程度的弯曲。就像飞机的机翼一样，迎风面的风速急剧降低，形成高压区，而背风面的风反而会沿着鼓起的帆面弧形加速，形成低压区。风帆迎风面和背风面的压力差，就是推动船舶前进的直接动力。

　　我们可以通过一些有趣的小实验来感受"伯努利原理"。请你手拿两张纸，朝着两张纸中间的缝隙吹气。猜猜看，它们会不会被吹得往外分开呢？事实可能出乎你的意料，两张纸不但不会分开，反而会合在一起。风吹纸动的伯努利原理如图 14-15 所示。当你吹气时，两张纸中间的空气流速变快，纸张的内侧压力变小，两张纸外侧的空气压力不变，于是把两张纸挤在一起。

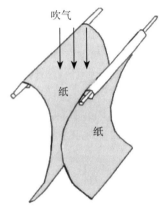

图 14-15　风吹纸动的伯努利原理

但是，在船舶航行的过程中，风不可能一直来自船尾的正后方，当风向来自船头方向时，横帆将产生阻碍船舶前进的力。这就意味着横帆船在横风和逆风的情况下，是无法航行的。这就是横帆船的一大弱点。于是人们又开始采用纵帆。

在中国，平衡四角帆一直是最主要的风帆形式。纵帆往往出现在风力多变的区域。我国沿海地区风力多变，所以发展出了纵帆。横帆很难调节方向，但纵帆不一样，它可以与船的中线形成任意角度，甚至可以调节到与船中线垂直，作为横帆使用。不管风来自船舶的哪一个方向，人们都可以将纵帆调节成适应风向的方向。风经过帆面时，帆面被风鼓起，一部分风流经背风面，在被拱起的帆面加速；一部分风流经迎风面，在凹陷的帆面减速。根据伯努利原理，背风面将形成低压区，而迎风面形成高压区，两面的压力差就能产生推进力。

纵帆很好用，甚至可以做到逆风航行，风向适应能力远远超过了横帆。这个突出的技术优势，成功解救了那些长期苦于横帆船无法逆风航行的航海者。世界科技史著名学者李约瑟指出："中国的平衡四角帆的确是人类在利用风力上取得的第一流的成绩。"

3. 桅杆放置的数学原理

高大的桅杆是大航海时代中的帆船最明显的标志。有风帆，就有桅杆（见图 14-16）。一艘船上最明显、最壮观的部分就是桅杆。桅杆是风帆的支撑结构，是风帆船舶的核心装备之一。它一方面为风帆布置提供空间，另一方面将风帆的力传递到船体。为了获得更大的推船力，船舶的风帆面积不断扩大，这也导致桅杆的高度不断升高。到了 16 世纪，大型帆船的桅杆高度已经超过了60m，一根桅杆上可挂超过 3 面风帆。到了 18 ~ 19 世纪，风帆船技术发展到了顶峰，这种帆船的船身长宽比进一步增加，桅杆上的风帆数量变得更多，通常上、中、下三节桅杆各挂 2 面风帆，因此每根桅杆上的风帆数量可以达到 6

面，有的船舶甚至达到 8 面。

　　桅杆随着风帆装置的发展，人们对帆船构造和设计的思考越来越多。比如，多大的风帆最合适？桅杆放在哪里最合适？船只的吨位怎么计算？船身长宽比为多少时船速最快……为了造出更好的船舶，欧洲各国往往采用悬赏的办法鼓励数学家解决这些难题。欧拉参加了法国科学院主办的有奖征文竞赛，当年的问题是找出船上的桅杆的最优放置方法。1726 年，19 岁的欧拉由于撰写了"论桅杆配置的船舶问

图 14-16　古代帆船上的桅杆

题"而荣获法国科学院的奖金，随后欧拉一生中一共 12 次赢得该奖项一等奖。实际上，欧拉当时并没有航海上船的经验，他对这个问题的解答仅仅是理论上的推导。他说："我认为完全没有必要用实验来确认我的这个理论，因为它来源于最可靠、最安全的力学原理，因此不应该提出任何有关它是否真实、是否可行的疑问。"果然，后来英国和法国的海军在建造舰船时采用了欧拉的观点。以丹尼尔·伯努利和欧拉为首的数学家把数学引入物理学领域，通过计算得出这些问题的答案，一门崭新的科学——流体力学诞生了。

　　随着第一次工业革命的到来，瓦特发明了蒸汽机，装有蒸汽动力装置的船舶开始纷纷下水。蒸汽动力装置具有稳定高效的功率输出特性，使得航海者能够摆脱对天气的依赖，轻松实现对船舶的完全控制，因此很快受到了商人和海军的青睐。就这样，风帆推进技术日渐式微。到现在，已经没有人把帆船当作一种交通运输工具来使用，大家多数只能在运动和休闲活动中看到它们美丽的身影。

14.3　现代航海之路

　　在第二次世界大战以后，世界经济逐步向一体化过渡，国际客货交流不断增多。到 20 世纪 80 年代，国际海运量在国际货运总量中占比近 82%，按货运周转量计算则占 94%。在这一趋势的推动下，现代航海在国际经济发展中起着承上启下的重要作用，这在一定程度上也推动了航海技术的发展。而 20 世纪的

两次世界大战也加速了科技进步的步伐，材料、机械、电气、电子、控制、信息技术等逐步应用于航海，构成了现代航海技术。航海从一门技艺逐步发展成为科学技术，航海从帆船时代进入了机动船时代，从地文航海和天文航海时代进入了电子航海时代。

14.3.1　卫星导航系统

地面导航系统，在技术上总是会受到一些条件的限制。自 1957 年苏联第一颗人造地球卫星上天后，利用卫星导航打开了一个新的局面。卫星导航系统是指利用人造地球卫星进行导航的一种导航方式。卫星导航系统通常包括导航卫星、地面站及用户设备三大部分。利用人造地球卫星可组成全球或区域的定位和导航系统。

美国 1964 年使用的"海军导航卫星系统"（NNSS）是全球第一个卫星定位系统，该系统具有全球、全天候、定位精度高、能自动显示船位经纬度等优点。但由于 NNSS 不能连续定位，随着 GPS 的投入使用，已被 GPS 所取代。GPS 称为全球定位系统，它由 24 颗卫星组成，是具有全球连续定位和更高精度的三维定位卫星导航系统，它的定位精确度可在 10m 以内。目前，GPS 已经成为航海上的主要导航系统。

GPS 的数学原理也很简单，GPS 定位，实际上就是通过 4 颗或者 4 颗以上已知位置的卫星来确定 GPS 接收器的位置。根据空间解析几何的知识，在空间直角坐标系中列出 4 颗卫星与接受者的 4 个距离方程，便可确定接受者的坐标定位。

14.3.2　船舶雷达系统

自动标绘雷达是 20 世纪 70 年代初为了避免船舶碰撞而出现的导航设备。该雷达系统可以计算被跟踪物体的航向、速度和最近会遇点（CPA），从而知道是否存在与其他船舶或陆地碰撞的危险。如果有可能发生碰撞危险，装置会自动地以图像或音响发出警报，并进行模拟避让，以确定可采用的最佳避让措施。由于自动标绘雷达对保证航行安全有着重要作用，国际海事组织规定自 1984 年 9 月 1 日以后建造的万吨以上的船舶，都应装配自动标绘雷达。

当前，以电子计算机技术为基础的自动雷达标绘仪，与普通船用雷达、计程仪及罗经配接结构成 ARPA（Automatic Radar Plotting Aid）系统，就能使观测者自动获得信息，并能自动处理和标绘多处物标。它不但能够连续、准确和迅速地估计航行形式，并能显示船舶周围的事态，确保船舶安全航行。

该系统能够捕捉多个目标并自动跟踪，然后在显示器上显示目标船的航向和航速，以数据形式显示最近会遇距离和到最近会遇距离的时间等重要的避碰数据，给出警示信号或显示预测危险区，提醒驾驶员采取避让措施。因此，ARPA 替代传统的雷达人工标绘，使雷达在船舶避碰应用中发挥了更大的作用。

14.3.3　航海技术的智能化

随着电子计算机和信息技术在航海领域的应用，航海技术出现了电子化、数字化、自动化的智能化趋势。而航海智能化的核心数学原理主要包括微积分、线性代数、概率论与统计学、优化理论、信息论和复杂系统理论等。这些数学原理在船舶智能化中发挥着至关重要的作用，支撑着船舶智能系统的设计和优化。

1）航海地图电子化。传统的载明静态、固定航海资料的纸质印刷海图已不适应船舶自动化和航海智能化的发展要求，电子海图显示与信息系统（ECDIS）不但很好地提供了纸质印刷海图的有用信息，而且取代了传统的手工海图作业，综合了各种现代化导航设备所获得的信息，成为一种集成式的导航信息系统。ECDIS 具有海图显示、计划航线设计、航路监视、危险事件报警、航行记录、海图自动改正等功能。大大提高了航行安全和效率，被称为是航海领域的一场技术革命。

2）航海资料数字化。航海所需的各种图书资料原都采用纸质印刷形式。随着计算机技术和互联网技术的发展，航海通告潮汐表、灯标表等出现了电子版和网络版。海员可购买光盘或在网上查询与下载，这有利于航海图书资料中内容的迅速更新，避免了海员对纸质图书资料的手工更正，使用也更加方便。

3）航海通信自动化。目前，海事卫星通信导航系统（Inmarsat）可以为海陆空提供电传、数据、国际互联网及多媒体通信业务。船舶通信自动化的另一重要标志是船舶使用了全球海上遇险与安全系统（GMDSS），该系统使用了海事卫星通信导航系统（Inmarsat）和国际卫星搜救系统（CO∧PAS-SARSAT）两种卫星通信系统，使得船与船、船与岸能全方位和全天候即时沟通信息。一旦发生海上事故，岸上搜救组织及遇难船只或在其附近的船舶能够迅速地获得报警，使他们能以最短的时间参与协调搜救行动。GMDSS 还能提供紧急与安全通信业务和海上安全信息的播发，以及常规通信。GMDSS 在船上的使用实现了驾驶与通信合一。

同时，随着信息技术的高速发展，船舶制造和航海技术的发展也越来越智能化和现代化，各种航法计算实现了自动化，航线选择实现了自动化，船舶定位实现了自动化，船舶的机舱管理、驾驶操纵也实现了自动化，等等，这些自动化系统构成了船舶驾驶自动化的综合船桥系统（Integrated Bridge System, IBS）。船桥系统发展至今已形成第四代综合船桥系统，它已经成为船舶自动化的核心装备，得到了普遍应用。当前，IBS 不仅具有电子海图、导航定位、自动操舵功能，还能实现自动避碰、自动报警和主机遥控等功能，真正实现了"一人船桥"的自动化航行。综合船桥系统提供了多样化的导航模式和航海控制功能，以丰富图形、图像和文字界面，直观地对船舶信息和船舶状态实施管理和控制，达到以最少的人力、最低的燃料消耗实施高效完善的航海导航技术服务，最高程度地提高船舶航行的安全性和经济性。

21 世纪是海洋的世纪，海洋已经成为人类第二大生存和发展空间。"谁控制了海洋，谁就控制了贸易，谁就控制了世界的财富，最后也就控制了世界本身。"这是英国航海探险家雷利的名言。世界各国未来的竞争将在海洋上展开，国际贸易和大宗货物运输的主要通道也只能是海洋。

曾几何时，我国也是世界海洋强国，郑和七下西洋后再没有大规模下海航行，并曾因近代西方主导的世界海洋霸权主义而遭受侵略和压迫，直至新中国成立后才真正开启了海洋新局面。新中国奉行的是反帝反霸的国际主义路线，提出海洋命运共同体的世界新秩序治理思路。在此思路下，我国重启了 21 世纪"海上丝绸之路"的伟大实践。尽管道路曲折艰难，但动摇不了中国建设强大海洋力量并以此维护自己海洋主权不受侵犯的坚定信念，动摇不了中国引领世界海洋命运共同体的意识担当。

当前我国的航海科技不断发展，在重大水工工程、集装箱全自动化码头、绿色航运、智能航运等领域取得了举世瞩目的成就。但是，与世界航海技术发达国家相比，仍存在较大差距。当前国际形势复杂多变，航运企业面临严峻挑战。面对新形势、新要求，我国航运业要坚持科技研发创新，加强对外交流合作，推动航运业的高质量发展，为实现我国航运强国的伟大事业而不懈努力。

第15章

现代数学应用

宇宙之大，粒子之微，火箭之速，化工之巧，地球之变，生物之谜，日用之繁，无处不用数学。

——华罗庚

二桃杀三士

晏婴是古代历史上齐国富有经验的政治家，他足智多谋，在有些事情的处理上用到了一些数学原理。在《晏子春秋》里记载了一则叫"二桃杀三士"的故事：齐景公养着三名勇士，田开疆、公孙接和古冶子。这三名勇士都力大无比，英勇善战，为齐景公立下过许多功劳。但是他们也因此而目空一切，甚至连齐国宰相晏婴都不放在眼里。晏婴对此极为恼火，便劝齐景公杀掉他们。齐景公对晏婴言听计从，但心存疑虑，担心万一武力制服不了他们反被他们联合反抗。晏婴于是献计于齐景公：以齐景公的名义奖赏三名勇士两个桃子，请他们自己评功，按功劳大小分吃桃子。

三名勇士都认为自己功劳很大，应该单独吃一个桃子。于是，公孙接讲了自己的打虎功，拿了一只桃子；田开疆讲了自己的杀敌功，也拿了一只桃子。两人正要吃桃时，古冶子讲了自己更大的功劳。田开疆、公孙接觉得古冶子功劳确实大过自己而羞愧不已，拔剑自刎。古冶子见了，后悔不迭。心想："如果放弃桃子隐瞒功劳，则有失勇士威严；但若争功请赏羞辱同伴，又有损兄弟情义。如今两位兄弟都为此绝命，我独自活着还有何意义？"于是，古冶子一声长叹，拔剑结束了自己的生命。

晏婴采用借"桃"杀人的办法轻易地除去了心腹之患。这里，他利用了数学中的一个简单而有用的原理——抽屉原理。

15.1 数学应用概述

数学起源于社会与生产的实践，认识和改造客观世界一直是数学发展的主要动力。数学研究的目的就是发现现实世界中所蕴藏的一些数与形的数量关系和发展规律。凡是出现量的地方就少不了要用数学，研究量的关系、量的变化、量的变化的关系、量的关系的变化等现象都少不了数学。数学应用的广泛性是数学科学的重要特性之一。

直到 19 世纪，数学的发展与实践一直有着密切的联系，尤其是它与物理学、天文学的结合。一方面，数学知识直接用于实践，解决实际问题；另一方面，数学从实践中提取问题，现实问题促使数学的理论不断发展。然而自 19 世纪末开始，数学家在完成了分析学的理论严格化之后，认为可以凭借集合论的基础、逻辑与公理化方法建立数学的大厦，而无须考虑数学理论的现实意义。因此，在 20 世纪最初的二三十年中，崇尚纯粹数学，忽视应用数学，成为数学研究的主要思想倾向。例如，20 世纪初，伟大数学家希尔伯特曾经在一次公开演讲中说道："经常有人说纯粹数学与应用数学是彼此相对的。这句话不对，纯粹数学与应用数学并不是互相对立的，两者之间没有互相对立过，以后也不会。这是因为纯粹数学与应用数学之间没有任何共同点，根本没有可比性。"虽然数学家希望保持数学的纯粹性，但是其他学科，还有来自现实世界的需要，竭力与数学建立密切联系。

随着第二次世界大战的爆发，大量的实际问题吸引着无数的数学家投入应用数学的研究。在第二次世界大战中诞生的各种先进科技产品，例如，原子弹、雷达、计算机、互联网、密码等，数学所起的作用是巨大的。历史学家估计，由于图灵领导的破译德军密码的工作，将战争结束的时间至少提早了两年，相当于拯救了超过 1400 万人的生命。根据这样的数据，如何估计数学的价值也不为过。有人认为，大批一流的数学家从德国移居美国，是美国在第二次世界大战中取得的最大胜利。控制论的创始人维纳认为："数学家不能无视客观世界，必须运用数学而且承担解决应用问题的道义责任。"数理逻辑、运筹学、控制论等应用数学，都从战争的需要中找到了自己生长发育的土壤。

运筹学是运用数学方法解决生产、国防、商业和其他领域中有关安排、筹划、控制、管理等问题的应用数学分支。运筹学原意为"作战研究"，最早产生于第二次世界大战时的英国，用以解决防空雷达信息系统与战斗机系统的协同配合问题。不久，美国军队也开展了类似的研究并正式采用了运筹学"Operations Research"的名称。运筹学研究在 1940 年英国对付德军空袭的战斗中建有奇功，在潜艇搜寻、深水炸弹投放、兵力分配等方面都发挥了功效。战后运筹学被引入民用领域，研究内容不断扩充而形成一门蓬勃发展的新兴的应用科学。目前，运筹学已包括数学规划论、博弈论、排队论、决策分析、图论、可靠性数学理论、库存论、搜索论等许多分支，统筹与优选也可列入运筹学的范畴。

控制论是为了解决通信中的"滤波问题"和战争中的"预报问题"而发展起来的应用数学。自 20 世纪初发明了无线电波通信之后，设计过滤噪声、复原信息的装置，就成为技术领域中的一项重要课题——滤波问题。第二次世界大战中，飞机速度不断提高，为使火炮能有效击中高速飞行的飞机，美国数学家维纳（1894—1964）受命设计高射炮控制系统，这就是所谓的"预报问题"。独具慧眼的维纳发现滤波和预报这两类问题可以用统计的观点给出统一处理，维纳注意到，一项信息，不论它是以电的、机械的还是神经的方式传送，都可以看作依时间分布的可测量事件的序列，即统计学家所称的时间序列。

维纳

学识渊博的维纳意识到这些问题的研究与生物神经的控制活动有着极大的相似性。于是他来到墨西哥国立心脏研究所，与生理学家、电气工程专家、数学家、逻辑学家们一道探讨，逐步形成了系统的控制理论。1948 年，维纳的名著《控制论》出版，宣告经典控制论诞生。在这部完成于心脏研究所的著作中，维纳使用数理统计和调和分析的数学理论，用时间序列观点处理信息的转换、提取、加工和预测。书中还介绍了由电子元件组成的控制系统，并用控制论方法研究了大脑与神经生理活动、语言与信息传播的社会科学等多个领域中的问题。20 世纪 60 年代以后，逐渐形成了研究系统调节与控制的一般规律的现代控制论。它与经济管理、运筹学相结合，产生了系统工程学，并成为一门应用广泛的学科。

20 世纪下半叶，是应用数学发展的高峰期，突变理论、模糊数学以及计算机数学应运而生。与此同时，数学的应用更加受到社会的关注并取得了前所未有的发展。随着第二次世界大战的结束，世界的政治格局发生了重大变化，全球性的政治、经济区域格局的形成，加剧了区域性、国家间的政治、军事、经济、文化等方面的激烈竞争。此后，伴随着全球性经济一体化的发展，经济与文化的竞争更趋于白热化。在这种形势下，科学技术是第一生产力，人们再也不能像欧几里得那样清静了，走出布尔巴基的小屋，让数学为社会的发展做出更加直接的贡献。在中国的数学家中，如果说陈景润是纯理论学者的代表，那么王选则是应用学者的代表。应用数学使科学转化为生产力，王选真正以"科学顶天，市场立地"的襟怀，创造了中国人的计算机照排系统。

20 世纪的数学以前所未有的速度向几乎所有的自然科学与人文科学渗透，很多抽象数学（哪怕是一些最抽象的分支）都在社会的各个方面获得了应用。拓扑学在今天的物理学、生物学和经济学中正在扮演着重要角色，英国数学家哈代所钟爱的"清白"数论已经在密码技术、卫星信号传输、计算机科学和量子场理论等许多领域发挥了重要的（有时是关键性的）作用。单就物理学而言，它所应用的抽象数学分支就包括微分拓扑学、代数拓扑学、大范围分析、代数几何、李群与李代数、算子代数、代数数论、非交换数学等。在传统的社会科学领域，经济学是最成功地实现数学化的学科，微积分学、集合论、拓扑学、实凸分析以及概率论，在研究和表达经济理论方面都起到了重要的作用，极其抽象的拓扑学最有用的地方就是在经济学领域。自 1968 年设立诺贝尔经济学奖以来，超过 2/3 的获奖者是在经济学领域中成功地运用了数学方法。

20 世纪数学发展的另一个特点是，数学在向外渗透过程中越来越多地与其他领域相结合而形成一系列交叉学科，如数学物理、数理化学、生物数学、金融数学、数理经济学、数学地质学、数理气象学、数理语言学、数理心理学、数学考古学、人工智能、大数据科学等。

数学科学的广泛应用，得益于数学模型方法，这种方法使数学科学造就了大量的社会成果。

15.2　数学模型方法

为了认识和理解世界，人们总是把自己的观察和思维组织成某种概念体系——模型。这里的模型是相对于原型而言的，原型是指人们在社会活动和生产实践中所关心和研究的实际对象。模型是人们为了一定目的对原型进行的抽象，是人们对所研究的客观事物有关属性的模拟。

模型具有以下基本特点：第一，现实事物的模型是客观事物的一种模拟或抽象，它的一个重要作用就是加深人们对客观事物运行规律的理解。使用模型的简化形式来表现一个复杂的系统或现象，可以帮助人们合理地进行思考。第二，为了便于人们解决问题，模型必须具有所研究系统的基本特征或要素。此外，还应包括决定其原因和效果的各个要素之间的相互关系。有了这样一个模型，人们就可以在模型内实际处理一个系统的所有要素，并观察它们的效果。

所谓数学模型，就是针对或参照某种事物系统的主要特性或数量相依关系，用形象化的数学语言概括地或近似地表述出来的一种数学结构。这里的数学结构，有两方面的具体要求：第一，这种结构是一种纯粹的关系结构，即必须是经过数学抽象舍弃了一切与关系本质联系的属性后的系统结构；第二，这种结构是用数学概念和数学符号来表述的。

数学模型是人们用以认识现实系统和解决实际问题的工具，它通过抽象和简化并使用数学语言来对实际现象进行近似的刻画。但是数学模型也不是对现实对象的简单模拟，它是对现实对象的信息加以提炼、分析、归纳、翻译的结果。它使用数学语言精确地表达现实对象的内在特征。通过数学上的演绎推理和分析求解，我们能够深化对所研究的实际问题的认识。

数学史上著名的"哥尼斯堡七桥问题"，就是数学模型方法在实际生活中的早期应用。18 世纪的哥尼斯堡城，有七座桥（见图 15-1），当时人们热衷于在一次散步中无重复地走遍这七座桥。但是，人们尝试了很多次，却从来没有人办成这件事情。因此，大家就觉得很奇怪，可又猜不透其中的奥妙，便去请教大数学家欧拉。

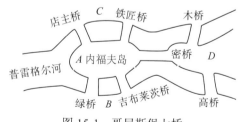

图 15-1　哥尼斯堡七桥

欧拉（1707—1783）出生在瑞士巴塞尔的一个牧师家庭。父亲很喜爱数学，在大学读书时常去听雅各布的数学讲座，欧拉自幼从父亲那里接受了启蒙教育。13 岁时，欧拉进入了巴塞尔大学学习，成为约翰·伯努利数学讲座的忠实听众，并被特许在每周六下午单独向约翰请教问题。19 岁时，欧拉因在船的桅杆方面的研究成果而获得法国科学院的奖励。20 岁时，欧拉随其老师的儿子丹尼尔·伯努利到俄国圣彼得堡科学院工作，并于 1733 年接替了丹尼尔的教授职位。1741 年到 1766 年，他去柏林科学院任院士，这个时期是欧拉科学研究的鼎盛时期。

欧拉

欧拉的数学著作颇丰。在 18 世纪最后 70 多年出版的数学著作中，大约三分之一是出自欧拉之手。现代版欧拉全集有七十四卷，这使得欧拉在科学史上与阿基米德、牛顿和高斯齐名，被称为数学界的"莎士比亚"。欧拉的研究涵盖微积分、微分方程、微分几何、数论、级数及变分法等数学分支。他将数学应用到物理学领域，写了很多数学和物理学方面的教材，成为相关学科的标准参考书，其权威地位持续百余年。除教材之外，在他一生的大部分时间里，他都以每年约 800 页的速度发表高质量的独创性研究文章。

欧拉的事业是一帆风顺的，但厄运也不断发生。1735 年，法国科学院提出了一个有关天文学的数学问题作为征答题目，许多数学家花了许多时间来解决这个问题。而欧拉夜以继日地研究了三天就得出了结果。不过在问题解决之后，他的右眼完全失明了。1766 年，欧拉的左眼视力也开始衰退，最后完全失明。1771 年，一场火灾使欧拉的财产付之一炬，所幸及时抢救出了欧拉及其部分手稿。他生活的最后 17 年是在全盲中度过的。尽管如此，他在这些年里的研究成果并不亚于以前。他有些著作和 400 篇研究文章都是在完全失明后写的，这主要得益于他非凡的记忆力和心算能力。他能背出许多三角形、分析的公式和前 100 个素数的前六次幂。一次，为了检验自己学生的一个含有 50 位数字的运算结果，欧拉对整个运算过程进行心算，居然找到了错误。

欧拉热爱科学，也热爱生活。他是 13 个孩子（其中 8 个夭折）的父亲，他亲自教育儿孙们，和他们玩游戏。据说欧拉总是在孩子们的阵阵喧闹声中，不停地挪动着手中的鹅毛笔，完成了一篇篇的论文，在他的手边总有许多论文堆放在那里。当科学院需要论文时，他就从那堆论文里抽出一篇交付刊印。1783 年 9 月 18 日，欧拉跟往常一样，辅导孙女数学，做了有关气球运动的计算，与朋友讨论了两年前刚发现的天王星轨道的计算问题，大约下午 5 时突发脑出血，于当晚逝世。人们写给欧拉的悼词是，他停止了生命，也停止了计算。

那么，欧拉是如何解决哥尼斯堡七桥问题的呢？

当时欧拉凭借他深邃的洞察力，认为这实际上是一个数学问题。欧拉认为，这个问题与岛、岸以及桥的大小、形状都是没有关系的，主要在于它们之间的相互位置关系，所以他把被河隔开的岸看成 4 个点，把 7 座桥表示成 7 条连接这 4 个点的线，这样，欧拉就建立了一个"数学模型图"（见图 15-2），这个问题实际上就转化成了"一笔画问题"，即如何不重复地将此图画出。因此，要证明"哥尼斯堡七桥问题"，就需要证明这个"数学模型图"能否一笔画成。

图 15-2　哥尼斯堡七桥问题的一笔画模型

欧拉注意到，凡是一笔画中出现的交点处，线一进一出总应该通过偶数条（偶点），只有作为起点和终点的两点才有可能通过奇数条（奇点）。因此，他得出结论：凡是奇点个数多于两个的平面图都不能一笔画出。而哥尼斯堡七桥问题中有四个奇点，故不能一笔画出。

想不到轰动一时的哥尼斯堡七桥问题，竟然与孩子们的游戏，像一笔画画出"串"字和"田"字这类问题一样，而后者并不比前者更为简单！聪明的欧拉，正是在此基础上，建立起这个问题的数学模型图，确立了著名的"一笔画原理"，成功地解决了哥尼斯堡七桥问题，从而开创了数学的一个新分支——图论。

马尔萨斯人口理论模型也是历史上一个比较著名的案例。18 世纪，英国经济学家马尔萨斯（1766—1834）于 1798 年发表了《人口论》，他在书中提出了人类最早的人口增长理论：人口是按几何级数增长的，而粮食是按算术级数增长的，所以他主张采取各种措施控制人口的繁衍。马尔萨斯的人口论给出的人口增长数学模型是，人口的增长率与现有的人口数成正比，即 $\dfrac{\mathrm{d}y}{\mathrm{d}x} = \alpha x$，其中 α 为常数。这就是一个线性方程，它具有解 $x = x_0 e^{\alpha(t-t_0)}$，其中 x_0 表示在某个 t_0 时的人口数。按照这个模型考察短期人口的增长情况，基本是正确的。但是用它来预见更长一段时期的情况，就很难奏效。比如，1965 年 1 月的世界人口是 33.4 亿，即 $t_0 = 1965$，$x_0 = 33.4$ 亿，而 $\alpha = 0.02$（由于 1960 年至 1970 年世界人口的平均增长率为 2%），按马尔萨斯的模型计算，到 2660 年（$t=2660$）时，世界人口将达到 3.6×10^7 亿。这样，即使我们可以生活在船上，使占地球面积 80% 的水面也住上人，届时每个人的肩上也得站两个人。

显然，当人口数量变化很大时，马尔萨斯人口模型的精确程度就降低了，因为这时人口数量将受到环境因素（包括自然环境、食物、居住条件以及战争、瘟疫和人口的自我控制）的很大影响，这样一来，我们的方程里应该有一项反映这一环境因素。1837 年，荷兰数学、生物学家哈斯特给出了相应的人口增长的数学模型：$\dfrac{\mathrm{d}y}{\mathrm{d}x} = \alpha x - \beta x^2 = x(\alpha - \beta x)$。这就是有名的逻辑斯谛模型，它是一个非线性方程，具有通解 $x = \dfrac{\alpha}{\beta + ce^{\alpha(t-t_0)}}$，其中 $c > 0$ 是常数，它由 t_0 时的人口数 $x_0 = \dfrac{\alpha}{\beta + c}$ 确定。当 $t \to \infty$ 时，$x \to \dfrac{\alpha}{\beta}$。这表示在资源有限的区域内，人口不能无限制地增长，它要趋于一个饱和值 $\dfrac{\alpha}{\beta}$。

为了利用我们的结果去预测地球上未来的人口数量，我们必须估计方程中的生命系数 α 和 β。某些生态学家估计 α 的自然值是 0.029。而且我们已经知道，当人口总数为 3.34×10^9 时，人口的增长率是 2%。将这些已知量代入上述逻辑斯谛方程可得 $\beta = 2.695 \times 10^{-12}$。这样一来，地球总人数的饱和值估计将是 107.6 亿，而按照这一模型曲线，在人口达到这个饱和值的一半之前，是人口加速增长时期；达到其一半之后，人口增长率就降低，进入减速增长时期，最终的增长率趋于零。

人口增长的例子说明，如果我们要更准确地反映客观事物的变化规律，就必须考虑更多的因素；而考虑的因素越多，建立的数学模型也就越复杂，用数学语言表述它时就得使用非线性方程。例如，在哈斯特的人口模型中，常数项 β 相对 α 而言是一个很小的量。因此在 x 不是很大的时候，"环境"量 $-\beta x^2$ 与

αx 相比可以忽略。但是当 x 很大时，$-\beta x^2$ 这一项就不能忽略了。正是这个不能忽略的"环境"量降低了人口增长的速度。

　　用数学模型方法解决实际问题，主要需要以下几个步骤：构建数学模型——求解数学问题——回到实际中去解释结果。

　　首先，构建数学模型的基础是科学识别与剖析现实问题。它需要有各类问题必要的观测数据和经验性的结论。而构建数学模型的关键，是区分现实问题中的主次因素，保留本质特征，尽可能地简化现实问题的结构关系，并给出这些因素、关系的数学概念和数学结构。数学模型既要准确地反映实际情况，又要尽可能简单明了，以便于数学操作。人们对客观事物的认识不是一次就可以完成的，需要反复多次才能完成。正如上面提及的人口模型，它的数学结构可以是不唯一的，数学结构与现实问题的对应是在实验观察中确定的。不成功的模型（如马尔萨斯人口模型）也是有价值的，它为寻求更好的模型奠定了基础。因此，构建数学模型的过程是反复实践检验、重构的过程，现代计算机技术可以显著提升这个循环往复过程的效率。

　　其次，求解数学问题要注意算法研究。为了获得原问题的解，计算其结果是必不可少的，由于实际问题的复杂性，数学模型的解常常需要用到计算机相关的算法设计。

　　最后，数学问题的解和对现实问题给出的解释，是一个相互作用的过程。这时应注意依照现实问题、经验理论来分析数学问题的解，使数学模型能够更合理地反映现实问题。

15.3　现代数学应用案例

15.3.1　案例 1——CT 扫描中的数学

　　随着现代科学技术的发展，数学在医学中的应用日益广泛和深入。医学数字化已成为现代医学发展的基本特征，这种特征在当今计算机时代尤为明显。现代化的医学科研模式，常常集医学、数学、计算机于一体，成为医学现代化的发展方向。实际上，这种特征在 CT 扫描仪上有着充分的体现，从 CT 的发明过程可以窥视数学对于医学发展的重要意义。

现在去医院看病，做 CT 检查已经是常态。医院的 CT 如图 15-3 所示。CT 检查以它方便、直观、准确的特点为人们所接受和喜爱。但 CT 究竟是什么？它和传统的 X 射线摄片有何不同？ CT 又是谁发明的呢？它依赖的理论基础是什么？很少有人去深究。事实上，我们通常所说的 CT 是指 X 射线 CT，它是计算机断层扫描（Computed Tomography）的简称。CT 扫描仪是计算机与 X 光扫描综合技术的

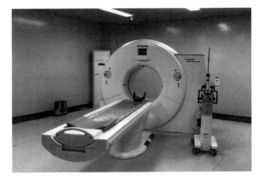

图 15-3　医院的 CT

产物，集中了当代一系列不同技术领域的最新成就。它能把人体一层一层地用彩色图像显现出来，检查出体内任何部位的微小病变。

世界上第一台 CT 机是由英国 EMI 公司工程师豪斯菲尔德研制成功，并于 1971 年在伦敦一家医院正式安装使用的。CT 的问世在医学放射界引起了轰动，被认为是继伦琴发现 X 射线后，工程界对放射学诊断的又一划时代贡献。CT 的诞生为何会引起如此的轰动，我们来简要地回顾一下影像技术的发展史就不难理解了。

1. 伦琴的 X 射线

1895 年，德国人伦琴在实验阴极射线管时发现了 X 射线。3 天以后，伦琴的夫人偶然看到了手的 X 射线造影，从此就开创了用 X 射线进行医学诊断的放射学——X 射线摄影术，也开创了工程技术与医学相结合的新纪元。传统的 X 射线装置尽管在形态学诊断方面起了划时代的作用，但其缺点也是相当明显的。第一，X 射线装置是将人体的立体形象（即三维景物）显示在二维的胶片或荧光屏上，不同深度方向上的信息重叠在一起容易引起混淆；第二，传统 X 射线摄影装置只能区分密度差别大的脏器，如充气的肺等，而对肝、胰等软组织内的差异则无法辨别；第三，还存在着 X 射线所用的剂量较大等问题。而 CT 能有效地克服传统 X 射线装置的这几个缺点，如 CT 可对人体进行三维空间的观察，包括进行横断面的摄像；同时 CT 又具有很高的密度分辨率和空间分辨率，

进而提高了图像的清晰度；它还能使人体各种内脏器官的横断图像在几秒钟内便显示在荧光屏上，一目了然，从而能够准确地诊断许多疾病，这是普通的 X 射线检查办不到的；并且 CT 检查属于无损伤检查法。正因为如此，CT 以它无可比拟的优越性而广泛应用于临床，并受到患者的普遍欢迎。

2. CT 成像的数学原理——拉东变换

CT 是如何做到在不损伤病人的情况下获得人体内横断层的图像的？这主要是借助于一种叫作"拉东变换"的数学原理。

CT 成像的基本过程包括：数据采集、数据处理、图像重建、显示图像。其主要理论依据是基于不同的物质有不同的 X 射线衰减系数。当 X 射线通过人体时，其强度依受检层面组织、器官或病变的密度的不同而产生相应的衰减。而数学中的拉东变换原理可以确定人体的衰减系数的分布，因此，CT 理论的核心思想是基于"拉东变换"的数学原理。

奥地利数学家约翰·拉东（Johann Radon，1887—1956）在 1917 年提出一个问题：一个三维物体，如果知道它在各个方向的平面投影，能不能推出它的精确形状？这个数学问题可以由拉东变换来解决。

拉东提出，对于一个定义在一定区域上的函数 f，如何从该函数在以不同角度穿过该区域的直线上的积分值，来求得其分布解的变换方法。这个积分就被称为 f 的拉东变换。而 f 函数的分布解可通过对 f 进行逆变换得到。于是，如果把人体中不同组织的 X 射线吸收率当作一个函数，把通过以上方法求出的不同直线上 X 射线平均衰减率看作函数在该直线上的积分值，那么利用拉东变换方法，我们就得到了人体内部的 X 射线分布解，从而能够重构体内的图像。这就是 CT 的工作原理。当然，拉东并没有想到他的成果会在 60 年后被用于医学，拉东的论文直到 20 世纪 70 年代初才被发现。

3. 柯马克的贡献——CT 机原形

除拉东外，还有其他一些数学家各自提出了对 CT 处理的运算方法，其中贡献最大的当属 CT 理论的奠基者——美国理论物理学家阿兰·柯马克（Allan Cormack，1924—1998）。柯马克于 1963 年首先提出图像重建的数学方法，并用于 X 射线投影数据模型。以后他又提出多种方法，不久便实现了临床应用。

柯马克出生于南非的约翰内斯堡，他在南非的开普敦大学攻读电气工程专业，在那里打下了坚实的数学和物理学基础。1956年，他移居美国，并在波士顿的塔夫斯大学任物理学教授，直到1995年退休。柯马克于1955年受聘到南非开普敦市一家医院照放射科工作。按照南非的法律，医生在应用放射性同位素和进行其他物理治疗时，必须有物理学家在场监督，这样可以实时监测肿瘤患者接受放射性同位素治疗的剂量。患者体内的放射性同位素剂量有严格的要求：剂量太小将达不到理想的疗效；剂量过大则会危害患者的健康。放射性同位素的浓度应在肿瘤组织内较高，在健康的组织内尽可能低。因为柯马克当时在开普敦大学物理系任讲师，虽然他当时教的是理论物理学，但他很快对肿瘤的放射治疗和诊断产生了兴趣。他发现当时的医生在计算放射剂量时，是把非均质的人体当作均质看待的。他想，这怎么能确定适当的放射剂量呢？柯马克就思考，是否可以通过体外测量放射性同位素发出的射线来确定其在体内的浓度分布，以帮助医师确定最佳的治疗方案。

柯马克认为要改进放射治疗的程序设计，应把人体构造和组成特征用一系列前后相继的切面图像表现出来。他运用多种材料、多种形状的物体直至人体模型做实验，同时进行理论计算。经过近10年的努力，他终于解决了计算机断层扫描技术的理论问题，并于1963年发表了题为"函数的直线积分表示及其放射学应用"的开创性论文。在这篇文章中，柯马克首先建议用X射线扫描进行图像重建，并提出了精确的数学推算方法，这是CT成像技术的理论基础，数学应用的又一次重大突破。柯马克虽然没有最终发明这项技术，但他为这项技术的诞生奠定了基础。不过，困扰柯马克很久的线积分相关的数学理论基础，其实早就被拉东在1917年推演过。因此，计算机断层扫描技术中的物质密度函数沿着直线的线积分也被称为拉东变换。

4. CT机的发明

世界上第一台CT机是由英国工程师豪斯菲尔德研制成功的。豪斯菲尔德出生于英国纽瓦克，曾就读于吉尔德学院。在第二次世界大战时期，他在皇家空军雷达学校任教。由于发明了CT扫描仪，豪斯菲尔德和柯马克共同获得了1979年度的诺贝尔生理学或医学奖。

与柯马克不同，豪斯菲尔德一直从事工程技术的研究工作。他从伦敦一所电气工程学院毕业后，应聘到一家电器公司从事研究工作，尝试将雷达技术应用于工业生产、气象观察等方面。不久他又转向从事电子计算机的设计工作。在那时这项新技术还刚刚发明，他以自己特有的创造力、动手能力和组织能力，组成了一个设计小组，研制出英国第一台晶体管电子计算机。

当时豪斯菲尔德任职的电器公司生产各种电子仪器，除计算机外，还有探测器、扫描仪等。他的目标是要综合运用这些技术，生产出具有更大实用价值的新仪器。柯马克的研究成果给了他很大的启迪和信心。在柯马克等人研究的基础上，豪斯菲尔德选择了 CT 机作为研究的课题，开始了多年的艰苦攻关。好在他对计算机技术的原理和运用驾轻就熟，CT 图像重建的数学处理方法可以恰当地与他熟悉的计算机技术结合起来。终于在 1969 年，豪斯菲尔德首次设计成功了一种可用于临床的断层摄影装置，用加强的 X 射线为放射源，对人的头部进行实验性扫描测量，取得惊人的成功，得到了脑内断层分布图像。1971 年 9 月，他与神经放射学家阿姆勃劳斯合作，正式把第一个 CT 原型设备安装在伦敦的一家医院里，开始了头部临床实验研究。10 月 4 日，他们用 CT 扫描检查了第一个病人。患者在完全清醒的状态下朝天仰卧，X 射线管在患者上方绕检查部位旋转，患者下方装置的计数器也同时旋转。他们成功地为这名患者诊断出脑部的肿瘤，获得了第一例脑肿瘤的照片。实验结果在 1972 年 4 月召开的英国放射学家研究年会上首次发表，它宣告了 CT 的诞生。1973 年，英国放射学杂志对此作了正式报道，这篇论文受到了医学界的高度重视，被誉为"自伦琴发现 X 射线以来，放射诊断学史上又一个里程碑"。从此，放射诊断学进入了 CT 时代。1979 年的诺贝尔生理学或医学奖也破例授给了豪斯菲尔德和柯马克这两位没有专门医学经历的科学家。

作为一种高性能的无创伤诊断技术，CT 已成为影像诊断学领域中不可缺少的检查手段。近年来，CT 在临床应用上日趋完善，它不仅用于临床诊断，而且应用到放射治疗射野和剂量的设计、心脏动态扫描、精密活体标本取样、癌变组织鉴别等方面。毫无疑问，CT 已成为现代化医院的标志之一。不仅如此，CT 作为一种技术，既有坚实的数学理论为依托，又有现代计算机技术相支撑，在其他领域也必然会得到广泛应用。

15.3.2　案例 2——DNA 结构中的数学

迄今为止，数学已经在天文学、物理学和工程等领域得到了非常成功的应用，但数学在生物学方面的应用还远不及在物理学中那样必不可少。进化论的创始人达尔文曾经在他最初的研究中并不依赖数学，但他后来在其自传中说："我为自己不能对数学的重要原理有所领悟而深感遗憾，因为这些原理能增强人的理性思维能力。"在生命科学领域的未来发展中，数学将扮演越来越重要的角色。就像英国生物学家、2001 年度诺贝尔生理学或医学奖得主保罗·纳斯在一篇回顾 20 世纪细胞周期研究的文章中所呼吁的："我们需要进入一个更为抽象的陌生世界，一个不同于我们日常所想象的细胞活动的、能根据数学有效地进行分析的世界。"下面主要以 DNA 为对象阐述数学在生物学中的应用。

1. "生命之结"——DNA

1953 年，美国生物化学家沃森和英国物理学家克里克发现了 DNA（脱氧核糖核酸的简称）的双螺旋结构（见图 15-4），他们于 1962 年获得诺贝尔生理学或医学奖。DNA 是所有细胞的遗传物质，它是一种长链聚合物，由两条长链组成。这两条长链彼此交织缠绕数百万次，形成一种双螺旋结构。沿着这两条长链，糖分子与磷酸分子交替出现。这架梯子的横档由一对碱基组成。当细胞分裂时，首先要复制 DNA，然后再转录。但是由于 DNA 非常紧密地缠绕在一起，因此除非对其进行拆解，否则那些活性生命的复制过程不可能顺利进行。而且，为了使复制过程完整地进行下去，后代 DNA 分子一定是不打结的，并且亲本 DNA 也一定要恢复到其原始的双螺旋结构。

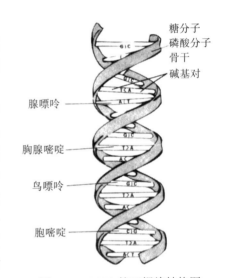

图 15-4　DNA 的双螺旋结构图

解开这种纽结的活性因子是一种生物酶，酶可以让 DNA 链暂时断开，让一条链穿过另外一条链，并且让两个不同的终端重新连接起来。从拓扑学的观点看，DNA 就是一个复杂的纽结，这个纽结被酶打开，以便于复制和转录。这个打开和连接的过程就是纽结理论中的一种变换过程。因此，纽结的打开和连接是代数拓扑学上纽结理论重点研究的问题。

2. DNA 结构的数学原理——纽结理论

第一位研究纽结的人是法国数学家范德蒙（Van der Monde，1735—1796），他在 1771 年发表的一篇论文中，把纽结看作位置几何的对象进行研究，这标志着纽结理论的诞生。而接下来的"数学王子"高斯也对一些纽结的图示和特征进行了数学分析和解释。但出乎大多数人意料的是，现代数学纽结理论背后真正的推动力却来自英国物理学家汤姆逊（Thomson，1856—1940）的原子结构理论。在对物质基本结构的解释上，汤姆逊认为，原子应当是打结的以太细管，在当时以太这种神秘的物质仍被认为是遍布整个宇宙空间的。以这种模型为基础，通过纽结的多样性，就可以解释化学元素的多样化了。为了发展出与元素周期表对等的纽结，汤姆逊不得不把纽结进行分类，找出那些可能不同的纽结，正是这种对纽结的分类引起了汤姆逊的朋友、苏格兰数学家泰特（Tait，1831—1901）对纽结研究的极大兴趣，他着手对全部纽结进行分类整理。1885 年，泰特发表了他绘制的纽结表，在这张表中，他展示了最多达 10 个交叉的交错纽结。与此同时，另一位数学家利特尔也在 1899 年通过独立研究发表了非交错纽结表。

正当泰特和利特尔完成他们编织的那张宏伟的纽结表时，先前被看作可能是最佳解释的汤姆逊原子结构理论却被科学家们完全抛弃了。尽管如此，数学界对纽结的兴趣仍然没有减退，但困难重重。正如数学家阿蒂亚指出的："纽结成了理论数学中只有少数人才能理解的数学分支。"

对纽结研究的一个主要目标是确定那些真正被认可的纽结的属性——纽结的不变量。不变量表示的是纽结在变形时那些不会发生改变的性质，它就相当于纽结的"指纹"，是纽结特有的属性，不会因为纽结的变形而改变。纽结理论真正意义上的突破是在 1928 年，美国数学家亚历山大（1888—1971）发现了一个非常重要的不变量，现称之为"亚历山大多项式"。亚历山大多项式告诉我们：如果两个纽结有不同的亚历山大多项式，则这两个纽结肯定是不同的。但问题是如果两个纽结有相同的亚历山大多项式，它们仍然有可能是不同的纽结。

在接下来的 40 年里，经过数学家不懈的努力，美国数学家康威终于发现了一种逐步解开纽结的方法，由此揭示了纽结和亚历山大多项式之间的本质联系。他引入了两个简单的"外科手术式"的运算——翻转（Flip）和平滑

（Smoothing），这两个运算为定义一种纽结的不变量提供了基础性的关键帮助。在翻转中，纽结的交叉处通过让上面的线转到下面来实现变换。很明显翻转改变了一个纽结的本质。但平滑操作则通过让这两段绳子改变方向而完全消除了纽结的交叉。

尽管数学家从康威的研究中获得了全新的理解和认识，但寻找类似于亚历山大多项式的不变量的努力仍在继续。在 1984 年情况有了根本性的变化——美国数学家琼斯发现了一个全新的"琼斯多项式"不变量。戏剧性的是，琼斯研究的根本不是纽结理论，他研究的课题称为"冯·诺伊曼代数"。但琼斯注意到冯·诺伊曼代数中的一个关系式与纽结理论中的某个关系式极为相似，为此他进行了深入研究，分析这个关系式在纽结理论中应用的可能性，并最终产生了"琼斯多项式"。

与亚历山大多项式相比，琼斯多项式是一个更为敏感的不变量，它能够解决亚历山大多项式不能回答的问题。琼斯的工作极大地鼓舞了研究者的热情，似乎一夜之间纽结理论又活跃了起来，在琼斯之后又发现了其他一些新的不变量。但是如何通过变形把一个纽结准确地变换成为另外一个纽结，这个问题至今也没有找到满意的答案。到目前为止，最新的不变量是由法国数学家孔采维奇发现的，他因此在 1998 年获得了数学界的最高奖——菲尔兹奖。

纽结理论本身发展的曲折过程好像与科学无关，但极富戏剧性的是，在多年之后，纽结理论又重新回到起点，数学家们绝对没有想到，纽结理论却在 DNA 结构的解释上发挥了基础性的作用。DNA 的发现拉开了纽结理论与生物学结合的序幕。DNA 双螺旋链有缠绕与纽结，现代实验技术通过把 DNA 的纽结解开再把它们复制出来的办法来了解 DNA 的结构。此外，为了复制与转录的需要，DNA 的纽结在酶的作用下打开并重新连接起来，这个过程恰好就是康威为了解开数学上的纽结而引入的"外科手术式"的操作过程。而琼斯多项式以及其后的一些新的不变量的发现，使得生物学家有了一种新的工具，这能够让他们把在 DNA 结构中观察到的纽结进行分类。

3. DNA 探索的最新进展

在 20 世纪末，生物学研究转入了"人类基因组计划"的探索与实践。人类基因组计划于 1990 年正式启动，"DNA 之父"沃森成为第一个主持人类基因组计划的首席科学家，该计划预计在 2005 年测出人类基因组 DNA 的 30 亿个碱基对的序列，发现所有人类基因，找出它们在染色体上的位置，破译人类全部遗传信息。经过十多年各国科学家的努力，在 2003 年 4 月 14 日，中、美、日、德、法、英等 6 国科学家宣布了人类基因组序列图绘制成功，人类基因组计划的所有目标全部实现，已完成的序列图覆盖人类基因组所含基因区域的 99%，精确率达到 99.99%。这一进度比原计划提前两年多。人类基因组图谱的绘制，是人类探索自身奥秘史上的一个重要里程碑，它被很多分析家认为是生物技术世纪诞生的标志。也就是说，21 世纪是生物技术主宰世界的世纪，正如一个世纪前量子论的诞生被认为揭开了物理学主宰的 20 世纪一样。

2022 年 4 月，美国《科学》杂志同时发表了 6 篇文章，并以封面形式介绍了人类基因组计划的最新成果——"一份更完整的人类基因组图谱"，约 100 名科学家组成的团队首次完成了对整个人类基因组的完整测序，补齐了以前研究中遗漏的 8% 的 DNA 序列。这些遗漏的 DNA 序列，很可能藏着很多人类基因和疾病的重要秘密。在完成完整的人类基因组测序后，这些最基本的信息将增进对人类基因组所有细微功能差别的了解，促进对人类疾病的基因研究。

2010 年，一个 6 岁的美国男孩尼古拉斯·沃尔克成为世界上第一个被基因测序技术拯救的儿童。这使科学家怀揣了多年的梦想成为现实，这一成功带给了科学家巨大的信心。2019 年，华裔科学家张峰领导的研究团队采用基因编辑的方法巧妙治愈了导致婴幼儿失明的 Leber 先天性黑蒙症 10 型。近年来，又有多位地中海贫血、白血病患者受益于基因技术而被成功治愈。这些成果向人们展示了基因科技造福人类的美好前景，在肿瘤检测、个体化用药领域，随着应用技术、数据解读技术的不断深入，基因检测市场发展空间也越来越大。

20 多年来，"人类基因组计划"所取得的成就，为人类对疾病和物种演化的认知带来了革命性变化。但从整体来看，生命科学的崭新时代才刚刚露出曙光。尽管生物学家目前对定义生命的网络组织和动态有了初步认知，但我们对生命的认识还远远不够，尚不足以充分理解任一系统。随着"人类基因组计划"的不断推进，它不仅促进了生物学和生物医学的发展，而且正在积极深化遗传学、生物化学、分子生物学和信息科学等多学科合作的"大科学"融合，共同构建生命科学的"大数据"时代。

15.3.3　案例3——激光照排技术中的数学

当今时代，电子信息技术飞速发展。在全世界的各个角落，只要你使用电子设备获取中文信息，就应该感谢一个人，他带来了继活字印刷术后，中国印刷业的"第二次革命"，一步跨越国外照排机40年的发展，让汉字的传承与发展进入信息化时代。他就是国家最高科学技术奖获得者，被称为"当代毕昇"的王选。

1. 当代毕昇——王选

王选（1937—2006），中国科学院院士、中国工程院院士。1937年2月5日出生于上海，少年时代就读于上海南洋模范学校。1954年考入北京大学数学系，1958年毕业留校任教。1975年投入"汉字精密照排系统"项目的研究，1981年他主持研制成功中国第一台计算机汉字激光照排系统原理性样机华光Ⅰ型。1985年至1993年，王选先后主持研制成功并推出了华光Ⅱ型到方正93系统共五代产品，以及方正彩色出版系统。1991年当选中国科学院学部委员（院士），1994年当选中国工程院院士。2006年2月13日，王选在北京逝世。

王选

作为我国汉字激光照排技术的创始人，王选使我国报业和印刷业"告别了铅与火，迎来了光与电"的时代。同时，王选也是一位科学家，是一位有创新精神、企业家头脑的科学家；他还是一名教师，一名学高身正、提携后生的教师。他一生历经坎坷，却始终奋斗不息。王选把名利看得很淡，从未为利益所迷惑。他自信而不自负，执着而不僵化。他所做出的明智而又富于远见的人生选择，将他引向了成功，引向了卓越，引向了崇高。"半生苦累，一生心安"——王选夫人陈堃銶献给丈夫的挽联，当是对他最好的写照！

2. 激光照排技术的数学原理

为了解决汉字的计算机输入和输出问题，国家于1974年8月设立了重点科技攻关项目——"汉字信息处理系统工程"（简称"748 工程"），这个项目包括三个子项目：汉字通信系统、汉字信息检索系统、汉字精密照排系统。1975 年春天，北大有了一台电子计算机。王选的妻子在计算机应用情况的调研中听说了"748 工程"，于是她把这一信息告诉了王选。王选立刻意识到将电子计算机应用于出版印刷行业的巨大潜力，他被汉字精密照排的难度和光明的应用前景所深深吸引。王选夫妇做出了一个历史性的选择，从此与汉字精密照排结下了不解之缘。

当时，国际上使用的光学机械式第二代照排机前途不大，已接近淘汰。正在流行的电子排版系统属于第三代阴极射线管照排机，而用激光扫描的方法来还原输出的第四代方法正在研制之中，将在未来处于主导地位。在信息存储方面，已普遍淘汰模拟式而采用数字式，用点阵的方式，即用无数的小点来描述字符。这对只有 26 个字母的英文来说当然没问题，但中文却有上万个字。如果每个字都用点阵来表示，字库会相当巨大，庞大的信息量对当时计算机的处理速度和存储能力而言，实在难以承受。但这对具有良好数学背景的王选来说不难解决，他说："由于我是数学系毕业的，所以很容易想到信息压缩的方法，即用轮廓描述和参数描述相结合的方法描述字形，并于 1976 年设计出一套把汉字轮廓快速复原成点阵的算法。"具体来说，这种办法是用线段（笔画）来描述字形。这种矢量算法是一种根本性的进步，不仅解决了信息量的问题，而且在字形放大时不会出现毛边。但当时用常规计算机上的软件来复原点阵，速度是很慢的，因此一个只懂数学或软件的人可能会就此却步。由于王选有多年的硬件实践经验，并懂得微程序，所以很容易想到可以用一个专用硬件将复原速度提高 100 到 200 倍。

在考虑汉字信息的高速还原和输出问题时，王选再次有了"跨越式思维"。1976 年，他毅然跳过第二代、第三代排版系统，直接研制国外还没有商品化的第四代系统，用激光扫描的方法来还原输出，也就是我们现在所说的"激光照排系统"。在经历了一次次的失败之后，王选的研发小组终于成功研制出汉字激光照排系统。1979 年 7 月，新中国诞生第一张用"计算机－激光汉字编辑排版系统"整张输出的中文报纸。此后，从成功排出样书《伍豪之剑》，到在新华社中应用成功，汉字激光照相排版系统成为新中国第一个计算机中文信息处理系统，后来不仅风靡全国，也出口到日本和欧美等发达国家。

这一技术当时已经领先于国际先进水平，他所领导研制的华光和方正系统开始在全国的报社和出版社使用。1988 年 7 月 18 日，《经济日报》印刷厂卖掉了所有铅作业设备，彻底告别了"铅与火"，迎来了"光与电"，这在当时引起了极大轰动。同时《人民日报》撰文"如果活字印刷是一次印刷革命的话，这个系统的诞生，将是一场新的印刷革命的开端。"王选被称为"当代毕昇"。

1995 年，方正集团在香港上市，王选成了名副其实的科学家兼企业家。中国的科学家很多，但能赚钱的科学家不多。王选的成功，具有很不平常的意义，其中，数学技术——"数据压缩"是其中最关键的因素之一。

在如今的人工智能和大数据时代，对中文信息处理的研究已经从用计算机处理和显示汉字字形，转向了用计算机对汉字语义的理解和再生成。计算机不仅可以模仿手写笔迹造字，也可以写文章、作诗，还能把文字、音频、图像、视频都转化为同一标准的表达方式，中文信息处理迈入了人工智能时代。

15.3.4　案例 4——密码中的数学

自古以来，密码在传递信息和保护隐私方面一直扮演着重要的角色。人类历史上不断演绎着加密和解密的故事，当前人创造了一种看似完美的加密技术，经过若干年，又会被后人通过先进技术解密。在这加密—解密—再加密—再解密的过程中，展现出不可估量的人类智力，激发让人探寻的无穷乐趣。

1. 密钥体系

密码作为军事斗争与政治斗争的一种手段在历史上早就产生了。早在 11 世纪，中国古代的著作中就详细记载了一个军用的密码本。古罗马的凯撒大帝就把有序的 26 个字母分别用它后面第 3 个字母来代替，形成明文与密文的一一对应（见图 15-5）。这里，数 3 就是解读密码文的密钥。按照这种方法，定期把密钥换成其他的数字，就可以实现通信的保密性。

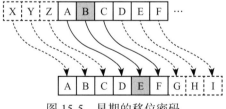

图 15-5　早期的移位密码

在第二次世界大战之后，凯撒的方法渐渐失去作用，编码技术成为重要的数学科学技术，它首先反映在信息理

论的研究中。信息论的创始人、美国科学家香农（Shannon，1916—2001）在
1948 年从数学与技术两方面研究了
"通信"，他采用严密的数学方法，对
信源、信息、信息量、信道、编码、
解码、传输、接受、滤波等一系列基
本概念，进行严格的数学描述，使得
信息研究由粗糙的定性分析阶段进入
精密的定量分析阶段，并因此而发展
成一门真正的科学学科。

香农

　　信息化社会的到来，使得密码学
更加有用。现在商业信息的往来也需
要保密，通过公共渠道（如电话、电
报、电子网络）传递信息，希望不被窃取或修改，安全地送到接收者手中，就
需要用密文形式传送。为了防止盗窃，甚至篡改，需要将信息转变为秘密形式。
原信息称为明文，明文的秘密形式称为密文，把明文变为密文的过程叫加密。
使用密码把密文译成明文的过程叫解密。密码中的关键信息叫作密钥。可变换
的密钥由数字、单词、词组或句子组成。它在加密过程中决定密文的组成，并
在解密过程中指定解密的步骤。随着电子通信和计算机的发展，密钥技术也在
不断更新。

　　在典型的"密钥体系"中，信息发送者和接收者事先要协商某种密钥，然
后利用它互送信息。只要他们保守密钥的秘密，该体系应该是安全的。譬如，
美国人设计的数据加密标准 DES 体系。它的钥匙是个数，其二进制表示有 56
位。换言之，这把钥匙是由 56 个 0 和 1 组成的数链。从理论上讲，任何敌人
只要试遍所有可能的钥匙就能找到哪把钥匙在起作用。就 DES 体系而言，共有
2^{56} 种可能的钥匙，这个数如此之大，以至想试遍所有的钥匙实际是不可能的。

　　但是 DES 体系有着明显的缺陷，在使用前，信息发送者和接收者必须协商
好他们将使用的密钥；如果不能通过任何通信渠道传送密钥，他们必须当面选
定密钥，所以这种体系不适合未曾会面的个人之间的通信。特别地，它不适合
诸如国际的银行及商务活动，因为商务交往常常需要把保密信息发送给世界各
地从未见过面的人。

20世纪70年代，一种公开的密钥体系出现了（见图15-6）。1977年，美国麻省理工学院的三位数学家和密码学家（Rivest，Shamir，Adleman）提出了RSA公开密钥体系，该体系的名称RSA是由三位作者英文名字的第一个字母拼合而成。该体系的理论基础是基于数论中的一个重要共识：要得到两个大素数（如大到100位以上）的乘积在计算机上很容易实现，但要分解两个大素数的乘积在计算机上几乎不可能实现。RSA是高强度非对称加密系统，密钥长度少则512位，多则2048位，非常难破解，至今

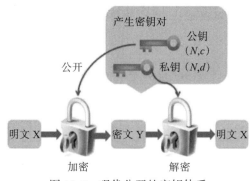

图 15-6 现代公开的密钥体系

尚未有人能破解1024位以上的RSA，非常安全。大数分解非常困难，并且它所用的数学原理是有关数学同余式的欧拉定理。但由于采用非对称加密，因此其加密时间很长，是DES加密时间的1000倍以上。

目前国际应用较为广泛的两种密钥体系是MD5和SHA-1。MD5的全称是Message-Digest Algorithm 5（信息 – 摘要算法），是20世纪90年代初由图灵奖获得者、公钥加密算法RSA创始人Rivest教授开发的，基于MD2、MD3、MD4发展而来，主要是对一段信息（Message）产生信息摘要（Message-Digest），以防止被篡改。它的作用是让大容量信息在用数字签名软件签署私人密钥前被'压缩'成一种保密的格式。MD5广泛用于加密和解密技术上，在很多操作系统中，用户的密码是以MD5值（或类似的其他算法）的方式保存的，用户注册时，系统是把用户输入的密码计算成MD5值，然后再去和系统中保存的MD5值进行比较，来验证该用户的合法性。

SHA-1是由美国专门制定密码算法的标准机构——美国国家标准与技术研究院（NIST）与美国国家安全局（NSA）设计的。早在1994年SHA-1便为美国政府采纳，目前是美国政府广泛应用的计算机密码系统。它也是目前最先进的加密技术之一，被政府部门和私营业主用来处理敏感的信息。SHA-1是一种应用最为广泛的散列算法，文件的SHA-1值就像人的指纹一样，它是文件的数

字指纹，是唯一的，一个文件对应一个唯一的 SHA-1 值，一般用来确认你的文件和官方发布的是否一致。如果官方原版文件被别人修改过，那么算出来的 SHA-1 值就会不同。所以 SHA-1 值是用来"验明正身"的。

两大算法是目前国际电子签名及许多其他密码应用领域的关键技术，广泛应用于金融、证券等电子商务领域。SHA-1 的设计是基于 MD4 相同的原理，并且模仿了该算法，而 MD5 又基于 MD4。因此 SHA-1 和 MD5 都是散列算法，将任意大小的数据映射到一个较小的、固定长度的唯一值。而加密性强的散列一定是不可逆的，这就意味着通过散列结果，无法推出任何部分的原始信息。任何输入信息的变化，哪怕仅一位，都将导致散列结果的明显变化，这称为雪崩效应。散列还应该是防冲突的，即找不出具有相同散列结果的两条信息。具有这些特性的散列结果就可以用于验证信息是否被修改。

2. 破解全球两大密码算法的中国数学家——王小云

随着电子商务的发展，网上银行、网上合同、电子签名等的应用越来越广泛，电子商务在给我们的工作生活带来便捷的同时，也存在着安全隐患。一直在国际上广泛应用的两大密码算法 MD5、SHA-1，在 2005 年被一名土生土长的中国数学家王小云相继破解，这一消息在国际社会尤其是国际密码学领域引起极大反响，同时也敲响了电子商务安全的警钟。国际顶级密码学家 Shamir 对此评论道："这是近几年密码学领域最美妙的结果，我相信这将会引起轩然大波，设计新的散列算法极其重要。"MD5 的设计者 Rivest 评论道："SHA-1 的破译令人吃惊，数字签名的安全性在降低，这再一次提醒需要替换算法。"

王小云，女，1966 年 8 月出生于山东诸城，1983 年考入山东大学数学系，师从著名数学家潘承洞教授，于 1993 年获山东大学数论与密码学专业博士学位后留校任教。在经过 10 年的奋斗之后，王小云破译了国际通用的 MD5、SHA-1 两大密码算法。2005 年 6 月，王小云被清华大学高等研究中心聘任为"杨振宁讲座教授"，2017 年当选中国科学院院士。

王小云成为密码专家纯属"意外"，她最初的梦想是当一个物理学家。在高中时，王小云一直就是学校的物理状元，"考试没考好，才报了数学专业。"进入大学后，王小云曾经用一年的时间重新进入物理学领域。但一年下来，她发现自己已经不能在物理学领域取得突破了，此后才安心地在密码学领域探索。

在王小云看来："当初选择这个研究领域是有很大风险的，可能永远不会取得实质性的成果。但我对这个问题有兴趣。"王小云说："事实上，这个领域里的科学家，99%的人永远也不会取得成功。"

王小云现在已经是世界公认的密码分析高手，但在2004年8月之前，国际密码学界对她的名字并不熟悉。2004年8月17日，在美国加州圣芭芭拉召开的国际密码学大会上，并没有被安排发言的王小云教授拿着自己的研究成果找到会议主席，要求进行大会发言。就这样，王小云在这次会议上首次宣布了她及她的研究团队的成果——对MD5、HAVAL-128、MD4和RIPEMD等四个著名密码算法的破译结果。使用她的算法，普通计算机仅运算1个多小时，就破解了MD5。当她讲到第三个破解结果时，会场上已经掌声四起，报告不得不一度中断。报告结束后，所有与会专家对她们的突出工作报以长时间的掌声。王小云说："我当时的感觉，真像是获得了奥运金牌的冠军，由衷感到作为一名中国人的自豪。"王小云的研究成果宣告了固若金汤的世界通行密码标准MD5大厦轰然倒塌，引发了密码学界的轩然大波。这次会议的总结报告这样写道："我们该怎么办？MD5被重创了，它即将从应用中淘汰。SHA-1仍然活着，但也见到了它的末日。现在就得开始更换SHA-1了。"

事实上，在MD5被以王小云为代表的中国专家破译之后，世界密码学界仍然认为SHA-1是安全的。2005年2月7日，美国国家标准与技术研究院发表声明，SHA-1没有被攻破，并且没有足够的理由怀疑它会很快被攻破，开发人员在2010年前应该转向更为安全的SHA-256和SHA-512算法。而仅仅在一周之后，王小云就宣布破译了SHA-1的消息。因为SHA-1在美国等国家有更加广泛的应用，密码被破译的消息一出，在国际社会的反响可谓石破天惊。换句话说，王小云的研究成果表明了从理论上讲电子签名可以伪造，必须及时添加限制条件，或者重新选用更为安全的密码标准，以保证电子商务的安全。美国《新科学家》杂志打出了耸人听闻的标题"崩溃！密码学的危机"，而《华盛顿时报》则报道称：王小云团队开发的新解码技术，将可能有效地"攻陷"SHA-1所构筑成的安保系统，进入美国政府的重要部门，如五角大楼及情报机关。不过王小云并不是黑客，她说："密码分析科学家和黑客不同。黑客是盗取密码保护的信息以获取利益，而密码分析科学家从事的是基础理论研究，是为了评估密码算法的安全性，找到其漏洞，以设计出更安全的密码算法。"这两种核心算法的攻破确实引起了国际密码学界的"地震"，推动了新一轮"革命"。2008 年，美国国家标准与技术研究院宣布，MD5 算法已不安全，将全面停止使用，并于 2016 年前设计出更新、更安全的密码算法，以全面取代基于 SHA-1 的密码系统。

2019 年 9 月 7 日，王小云获得了第四届未来科学大奖。该奖项有"中国版诺贝尔奖"之称，王小云不仅是开奖以来首位获奖的女性，奖金更是高达 100 万美元。在她的带领下，科学家们设计了我国第一个散列函数算法标准。经过各方评估，证实其安全性极高。在王小云的主持和带领下，科学家们又设计了我国密码算法标准散列函数 SM3。如今，这种算法已经应用在各个领域。

15.3.5　案例 5——金融中的数学

金融作为现代经济的核心，在经济和社会发展中具有十分重要的作用。随着世界经济全球化的深入发展，金融创新日新月异，金融市场瞬息万变，国际金融运行的不确定性和风险增加。在这种背景下，学习如何进行金融决策，并深度理解金融市场，掌握金融风险评估和管理等就变得非常重要。用数学工具来建立金融市场模型和解决金融问题的新兴学科——金融数学应运而生。

1. 金融数学

金融数学起源于对金融问题的研究。金融理论的中心问题是研究在不确定的环境下如何对资源进行分配和利用。时间和不确定性是影响金融行为的主要因素，它们相互作用与影响，其复杂性需要一定的数学分析工具来研究。因此，金融数学应运而生。简单地说，金融数学是指运用现代数学理论和方法，研究金融经济运行规律的一门新兴学科，在国际上称为数理金融学。金融数学从一些金融或经济假设出发，用抽象的数学方法，建立金融机理的数学模型。金融数学的范围包括数学概念和方法（或其他自然科学方法）在金融学，特别是在金融理论中的各种应用，应用的目的是用数学语言来表达、推理和论证金融学原理。因此，金融数学是一门新兴的交叉学科，是目前十分活跃的前沿学科之一。

自 1969 年设立诺贝尔经济学奖以来，已有多人因在金融理论中有效地运用数学而获得成功。1996 年，诺贝尔经济学奖获得者詹姆斯·莫里斯（James

Mirrclees）在波兰给数学家作了一次学术报告，主持人幽默地说："诺贝尔奖没有数学家的份，不过，数学家已经找到摘取诺贝尔桂冠的途径——那就是把自己变成经济学家。"托宾因创立投资决策的数学模型而获 1981 年度诺贝尔经济学奖，马柯维兹、夏普和米勒三人因创立投资组合理论和资本资产定价模型而获 1990 年度诺贝尔经济学奖，美国数学家纳什因其创立的博弈论而获 1994 年度诺贝尔经济学奖。而反映纳什传奇人生经历的电影《美丽心灵》在奥斯卡奖上也获得了空前成功。默顿和斯科尔斯因创立期权定价理论而获 1997 年度诺贝尔经济学奖。2003 年诺贝尔经济学奖，就是表彰美国经济学家罗伯特·恩格尔和英国经济学家克莱夫·格兰杰分别用"随着时间变化的易变性"和"共同趋势"两种新方法分析经济时间数列给经济学研究和经济发展带来的巨大影响。可见，数学给金融学带来了巨大的活力。

金融数学的本质是应用数学工具来表达金融规律，并进行演绎和推理，以建立金融理论体系。具体来讲，这些工具主要包括随机分析、随机控制、数学规划、微分对策、非线性分析、数理统计方法及其他现代数学方法。金融数学的核心内容是研究不确定随机环境下的投资组合的最优选择理论和资产的定价理论。因此，套利、最优与均衡是金融数学的基本经济思想和三大基本概念。金融数学是在两次华尔街革命的基础上迅速发展起来的一门数学与金融学相交叉的前沿学科，现在仍处在进一步发展和完善当中，它主要包括以下理论：现代证券组合理论、资本资产定价模型、套利定价理论、套期保值理论、期权定价理论。在这几个基本理论中，期权定价理论成为现代金融数学的核心内容。正如瑞典皇家科学院在 1997 年度诺贝尔经济学奖的嘉奖辞中所说："期权定价理论和公式可以说是最近 25 年以来经济学领域中最为重大的突破和最卓越的贡献。它不仅为金融衍生市场近 10 年的迅猛发展奠定了可靠的理论基础，而且它在经济生活多个领域中的广泛应用将为金融业的未来发展带来一场革命性的变化。"

近些年来，金融数学的迅速发展带动了现代金融市场中金融产品的快速创新，使得金融交易的范围和层次更加丰富和多样。这门新兴的学科同样与我国金融改革和发展有着紧密的联系，而且其在我国的发展前景不可限量。但由于历史和体制的原因，我国的金融市场起步较晚，金融工具少，金融数学模型少、金融数学在金融系统中的应用更少，金融学科的建设也十分落后。因此，需要全面开展适合我国国情的金融数学理论的研究，大规模地培养金融数学的师资和科技队伍，并造就一批真正掌握现代金融知识和技术的人才，使我国的金融学真正从描述性阶段发展到分析性阶段，再发展到产品化和工程化的更高阶段。

2. 用数学来守卫国家财富的学者——彭实戈

据《光明日报》2010年9月7日的新闻报道，第26届国际数学家大会于2010年8月19日至27日在印度南部城市海得拉巴市举行。山东大学数学学院彭实戈教授，因"倒向随机微分方程"上的贡献应邀在本届大会上做一小时报告，在20位报告人中占据一席。在该大会历史上，彭实戈是第一位被邀请做一小时报告的中国本土数学家。

彭实戈，1947年12月出生于山东滨州。中国科学院院士，山东大学数学学院博士生导师，以其名字命名的"彭一般原理""彭最大值原理""巴赫杜（Pardoux）-彭方程"，使他在金融数学界获得了很高的知名度。他所开创的新领域"倒向随机微分方程理论"，获得了学界同行的公认，是目前研究金融市场衍生证券定价理论的一个基础工具，成为金融数学理论大厦的重要基石。

彭实戈年少时就对数学情有独钟，是老师眼中的"小天才"。一次偶然机会，彭实戈与同班的优等生打赌，成功攻下一道数学难题，从此便对数学王国中蕴含的无穷魅力痴迷不已。1971年，彭实戈被推荐到山东大学物理系读书，决定他命运的第一篇没有老师指导的论文"双曲复变函数"令彭实戈走进山东大学数学研究所，这颗中国数学界的未来之星终于升起。

彭氏方程——定价风险资产

1983年，彭实戈赴法国留学深造。在法留学3年间，他获得两个博士学位：巴黎第九大学数学与自动控制三阶段博士学位和普鲁旺斯大学应用数学博士学位。1990年，他与法国教授巴赫杜联名发表被专家称为奠基性文章的"倒向随机微分方程"，产生巨大影响。作为"倒向随机微分方程""非线性Feynman-Kac公式""随机最优控制的一般最大值原理"和"非线性数学期望理论"四项重要研究成果的主要研究者，彭实戈也由此被誉为"倒向随机微分方程之父"。

早在1973年，两位美国科学家因提出了布莱克-斯科尔斯（Black-Scholes）公式而获诺贝尔经济学奖，并被誉为"华尔街的革命"。而如今这个在世界各地每天用来计算数千亿美元风险金融资产的价格公式，却是"彭氏方程"的一个模型和特例。彭实戈的理论成果及算法，可以用来求解更一般和更复杂情况下的风险金融资产价格，已被公认是研究金融市场衍生证券定价理论的新的基础工具，成为金融数学这门交叉学科的理论基础。

金融数学——用数学捍卫国家财富

将数学理论应用于金融研究，可以决定数百亿美元的资金流向，彭实戈认识到基础研究成果对国家宏观经济决策的指导作用。在他与同行教授的倡议下，1996 年，国家自然科学基金委员会通过了"金融数学、金融工程和金融管理重大研究项目"，由彭实戈任第一负责人，并集中中国科学院、北京大学、清华大学及中国人民银行等 20 个单位的专家学者，向这一领域发起全面攻关，这标志着中国金融数学和金融工程学科开启了一个从无到有的过程。

1993 年，彭实戈组织了一次调查，对国内金融进行实证研究。调查结果却令他大吃一惊，国际期货市场风险极大，风云莫测，瞬息万变，一个亿万富翁也许眨眼间就会变成一文不名的乞丐。而国内刚刚步入市场，经验不足，信息不灵，在对期货、期权的避险功能了解甚少的情况下盲目投资，后果不堪设想。他预计当时国内投资者每做一单交易，输的概率将大于 70%。根据概率论中的大数定律可断定：从总体上讲，它必然会造成中国资金的大量流失。

出于学者的社会责任感，彭实戈立即上书山东省委以及国家自然科学基金委员会，陈述了当时进行境外期货交易所面临的巨大风险，并建议从速开展对国际期货市场的风险分析和控制的研究。后来，山东省立即叫停境外期货交易，国家自然科学基金委员会也很快发文将彭实戈的建议信转呈中央财经领导小组，从而避免了国家金融资产的大量流失。

此外，彭实戈也希望在我国开放市场的同时，增强风险管理意识。为此，彭实戈进行了系列研究，例如，与上海证券交易所等相关机构密切合作。他首先在衍生证券的保证金计算方面进行攻关，而该领域的一个原创性数学武器便是彭实戈在 1997 年提出、近来又有迅速发展的"G- 期望"分析计算方法。目前研究表明，"G- 期望"在性能上优于由芝加哥商品交易所研制的国际著名分析计算法"SPAN"。

追求美丽的数学人生

彭实戈说："对数学的眷恋是一种对美的追求。这个过程有苦也有乐，有磨炼也有考验，有风风雨雨，也有柳暗花明。酸甜苦辣，什么滋味都有。"对于美的追求，贯穿着彭实戈的工作和生活。"数学是美的，发现的一刹那就更美了。倒向随机微分方程解决之后，我曾经给巴赫杜教授写过一封信，我说'倒向随机微分方程太漂亮了，今后 3 年我就不干别的了，就要把倒向随机微分方程研究明白'。事实上，3 年过去了，我又发现了很多新问题、新现象，数学是一个不断求索的过程，没有终点，有时候你解决了 1 个问题，又发现了 3 个问题。直到今天，我们还在研究倒向随机微分方程中出现的很多漂亮的问题。"

在我国，金融学曾一直属于文科，远远落后于世界水平。近年来，在彭实戈院士的带领下，针对许多社会经济领域迫在眉睫的问题，在经济、金融数学、控制等领域做了大量研究工作，获得了一系列研究成果。这些金融数学课题的开展，不仅使基础理论研究直接服务于社会发展，而且推动了金融数学知识的普及和金融人才尤其是高级人才的培养教育。彭实戈说："金融数学的整体培养目标是有一部分人从事定量金融分析师这一职业，而这也将是未来中国最紧缺的人才。"从 2006 年开始，在彭实戈与他的长期合作者、国际著名金融数学家厄尔·卡露伊（EL Karoui）的推动下，我国与法国联合培养金融数学硕士的计划已正式启动。山东大学、复旦大学等国内高校与法国最好的 11 所大学进行合作，共同培养中国的高级金融数学人才。

2020 年，中国的未来科学大奖授予了"中国金融第一人"的彭实戈，以表彰他在倒向随机微分方程理论、非线性 Feynman-Kac 公式和非线性数学期望理论中的开创性贡献。以数学为美，以数学为乐，是对美的追求让彭实戈教授登上了金融数学的某个制高点。淡泊名利、乐观谦和，这就是一位学者的襟怀。不管彭实戈教授的下一个追求目标是什么，但可以肯定的是，"美丽的力量"必定会使彭实戈在科学的殿堂中越走越远，中国的金融数学一定会跻身国际金融数学界的前列。

第 16 章

21 世纪的数学

晶莹剔透的几何学迈着轻盈的步履
从骄傲孤寂的代数王国穿梭而过
却与一母所生的冷冰冰的算术撞个满怀……

——E. E. 卡明斯

在大多数学科里，一代人的建筑为下一代人所摧毁，一个人的创造被另一个人所破坏。唯独数学，每一代人都在古老的大厦上添砖加瓦。

——汉克尔

杨振宁赠诗陈省身——数学与物理的统一

在国际数学界，有一首诗被广为流传："天衣岂无缝，匠心剪接成。浑然归一体，广邃妙绝伦。造化爱几何，四力纤维能。千古寸心事，欧高黎嘉陈。"这首诗是 1975 年杨振宁写给陈省身的，最后一句"欧高黎嘉陈"中，杨振宁把陈省身和数学史上的欧几里得、高斯、黎曼和嘉当并列，称为数学史上的第五人。

陈省身和杨振宁，一位是 20 世纪的数学大师，一位是当代物理学巨匠，他们分别耕耘了几十年后，竟然发现彼此的工作之间有着深刻的联系。陈省身建立的整体微分几何学，恰为杨振宁所创立的规范场论提供了合适且精致的数学框架。这一科学渊源，事先任何人都没有想到过。杨振宁曾经对陈省身说："非交换的规范场与纤维丛这个美妙的

陈省身

理论在概念上的一致,对我来说是一大奇迹。特别是数学家在发现它时没有参考物理世界。你们数学家是凭空想象出来的。"陈省身却立刻否认:"不,不,这些概念不是凭空想象出来的,它们是自然的,也是真实的!"

杨振宁与陈省身还有一段师徒之缘。杨振宁曾是西南联大物理系学生,陈省身当时是西南联大数学系的教授。杨振宁还选了一门陈省身的"微分几何"课。杨振宁 1945 年底赴美留学,而陈省身后来到芝加哥大学任教,以后他们经常在普林斯顿、芝加哥和伯克利见面。

1946 年,陈省身发表关于陈示性类的论文。8 年后(1954 年)杨振宁发表了规范场论。中间两人在学术上没有任何交集。"不过,我们之间的关系到 20 世纪 70 年代后又有了一个新的开始。"这个新的开始在物理和数学界被传为佳话。杨振宁说,这是因为陈先生一生的重要贡献在于给数学开辟了一个叫"整体微分几何"的新领域,整体微分几何在 20 世纪下半叶影响了整个数学的每一分支。整体微分几何有一个重要的观念叫纤维丛,陈省身对纤维丛有奠基性的贡献。

"我跟纤维丛本来没有关系,可是在 20 世纪 50 年代,1954 年,我跟米尔斯(Mills)合写了一篇文章'同位旋守恒和同位旋规范不变性'。这篇文章发表后,我并没有跟陈先生讨论过,因为隔行如隔山,彼此并不看彼此的文章。可是到了 20 世纪 60 年代末、70 年代初,我才突然了解到,原来数学家讨论过规范理论。后来我才知道,原来规范场的物理是建筑在一个叫数学纤维丛结构上的。这个数学结构就是陈先生主导发展出来的一个重要观念。"

对这种数学与物理的惊人一致,陈省身曾回忆说:"我们竟不知道我们的工作有如此密切的关系。20 年后两者的重要性渐为人们所了解,我们才恍然我们所碰到的是同一头大象的两个不同部分。我们走了不同的方向,在数学和物理上都成为一项重要的发展,这在历史上当是佳话。"

当然,陈省身也是文理兼通的数学大师。1980 年,陈省身在中国科学院座谈会上回忆这段历史时,即席赋诗一首:

"物理几何是一家,共同携手到天涯。

黑洞单极穷奥秘,纤维联络织锦霞。

进化方程孤立异,对偶曲率瞬息空。

筹算竟有天人用,拈花一笑不言中。"

这首诗也体现了物理与几何的紧密联系，诗中融入了数学、物理以及佛教中"拈花一笑"等概念，讴歌数学的奇迹，展示了诗人深厚的文学功底和博大的胸怀。

16.1　数学的统一性

2010 年，一部名为《爱的仪式与数学》(*Rites of Love and Math*) 的微电影在世界各地上映。这部只有 26 分钟的电影吸引了不少人的关注。这部电影的特殊之处在于，它的导演与主演是一位大数学家——爱德华·弗伦克尔（Edward Frenkel）。弗伦克尔为俄罗斯裔美国人，现为加州大学伯克利分校教授。弗伦克尔学习数学的经历非常传奇，有兴趣的可以看看他写的《爱与数学》一书。他主要从事与朗兰兹猜想相关的数学与物理研究，与菲尔兹奖得主、美国普林斯顿高等研究院的"弦论教皇"威滕教授合作发表过论文。此外，弗伦克尔还与朗兰兹纲领的提出者罗伯特·朗兰兹（Robert Langlands）以及越南数学天才、菲尔兹奖得主吴宝珠有过合作。

在电影中，弗伦克尔出演男主角，他创建了爱的公式：

$$\int_{CP^1} \omega F(qz, \overline{qz}) = \sum_{m,\bar{m}=0}^{\infty} \int_{|z|<\varepsilon^{-1}} \omega_{z\bar{z}} z^m \bar{z}^{\bar{m}} dz d\bar{z} \frac{q^m \overline{q}^{\bar{m}}}{m!\bar{m}!} \partial_z^m \partial_{\bar{z}}^{\bar{m}} F \bigg|_{z=0} +$$

$$q\overline{q} \sum_{m,\bar{m}=0}^{\infty} \frac{q^m \overline{q}^{\bar{m}}}{m!\bar{m}!} \partial_w^m \partial_{\bar{w}}^{\bar{m}} \omega_{w\bar{w}} \bigg|_{w=0} \int_{|w|<q^{-1}\varepsilon^{-1}} F \omega^m \overline{\omega}^{\bar{m}} d\omega d\overline{\omega}$$

这个象征"数学真理"的爱的数学方程式，到底是什么意思呢？它实际上出自弗伦克尔与他人合作的一篇论文，它与朗兰兹纲领有关——这可是数学的大统一理论。对数学家来说，它具有无与伦比、至高无上的意义。

罗伯特·朗兰兹被授予 2018 年度阿贝尔奖——数学界的最高荣誉之一，以表彰他提出的极具远见的、指引数学发展的伟大构想——朗兰兹纲领。朗兰兹纲领指出："数论、代数几何和群表示论这三个相对独立发展起来的数学分支，实际上是密切相关的，而正是一些特别的函数使这些数学分支联系在一起。"构建数学中的大统一理论是一代代数学家所追求的目标。

在数学的历史发展中，很多看似不同的数学分支不断地得到统一。笛卡儿坐标系统一了代数与几何；牛顿和莱布尼茨的微积分统一了微分和积分；黎曼统一了欧几里得几何与非欧几何；德国数学家克莱因（1849—1925）于 1872 年提出了著名的爱尔兰根纲领：任何一种几何只是研究几何图形对于某类变换群保持性质不变的学问。这样，表面上互不相干的几种几何学被联系到一起，而且变换群的任何一种分类也对应于几何学的一种分类。爱尔兰根纲领采用变换的思想方法研究几何图形的性质，使各种主要的几何（而非全部）化成统一的形式，形成了近代几何学的思想。20 世纪 50 年代，风靡一时的法国布尔巴基学派，则把整个数学建立在三种结构之上，这三种结构分别为代数结构、序结构和拓扑结构。这种结构主义观点引领了当时的"新数学运动"，可见其对数学界的影响之深。虽然布尔巴基学派在 20 世纪 60 年代以后日渐式微，没能完全实现以结构的观点统一整个数学的目标，但它在塑造数学的整体观念、数学基础的统一性等方面，对数学的发展产生了持久的影响。1994 年，英国数学家怀尔斯证明了"谷山 – 志村猜想"，实现了椭圆曲线与模形式的统一，费马猜想获证，从而为证明朗兰兹猜想奠定了基础。

数学家亚历山大洛夫（1912—1999）说："对于任何一门科学的正确概念，都不能从有关这门科学的片段知识中形成，尽管这些片段知识足够广泛，还需要对这门科学的整体有正确的观点，需要了解这门科学的本质。"可见，他对数学的整体性有独到的见解。要正确地理解数学，是绕不过对其整体性的了解的。

当然，随着知识的不断积累和社会分工的不断细化，数学的各个分支和专业也会越来越细，研究的内容也越来越复杂和深刻，研究的对象也越来越抽象。而不同学科之间的相互渗透和相互结合也会进一步促使新的数学分支的诞生，可以说，数学的分化依然在继续。现代大学的数学课程，大都是分门别类讲授并各成体系。那么未来数学是否还能走向统一呢？实际上，100 多年前，大数学家希尔伯特就对这个问题给出了自己的答案。

16.1.1　希尔伯特的数学统一观

1900 年的世纪之交，作为献给新世纪的礼物，数学大师希尔伯特在巴黎国际数学家大会上发表了"数学问题"的演讲。希尔伯特一开口就说："有谁不想揭开未来的面纱，探索新世纪里我们这门科学发展的前景和奥秘呢？我们下一代的主要数学思潮将追求什么样的特殊目标？在广阔而丰富的数学思想领域，新世纪将会带来什么样的新方法和新成就？"在这次演讲中，希尔伯特提出了23 个有待解决的重大问题，对 20 世纪的数学发展产生了很大的影响。

希尔伯特认为，这些问题"只不过是一些例子，但它们已经充分显示出今日的数学科学是何等丰富多彩，何等范围广阔！"接着，希尔伯特表现出他的担忧："数学会不会遭到像其他有些科学那样的厄运，例如，被分割成许多孤立的分支，它们的代表人物很难互相理解，它们的关系变得更松懈了。"但对数学有着深刻体验和直觉的希尔伯特坚信："我认为，数学科学是一个不可分割的有机整体，它的生命力正是在于各个部分之间的联系。尽管数学知识千差万别，但我们仍然清楚地意识到，在作为整体的数学中，使用着相同的逻辑工具，存在着概念的亲缘关系，同时，在它的不同部分之间，也有大量相似之处。我们还注意到，数学理论越是向前发展，它的结构就变得越加调和一致，并且这门科学一向相互隔绝的分支之间也会显露出原先意想不到的关系。因此，随着数学的发展，它的有机特性不会丧失，只会更清楚地呈现出来。"

"然而，我们不禁要问，随着数学知识的不断扩展，单个的研究者想要了解所有这些知识岂不是变得不可能吗？为了回答这个问题，我想指出，数学中每一步真正的进展都与更有力的工具和更简单的方法的发现密切联系着。这些工具和方法同时也会有助于理解已有的理论，并把陈旧繁杂的东西抛到一边。数学科学发展的这种特点是根深蒂固的。因此，对于个别数学工作者来说，只要掌握了这些有力的工具和简单的方法，他就有可能在数学的各个分支中比其他科学更容易地找到前进的道路。"在演讲的最后，希尔伯特总结道："数学的有机统一，是这门科学固有的特点，因为它是一切精确自然科学知识的基础。为了圆满实现这个崇高的目标，让新世纪给这门科学带来天才的大师和无数热忱的信徒吧！"

16.1.2　阿蒂亚的数学统一观

英国数学家、1966 年度菲尔兹奖获得者迈克尔·阿蒂亚（Michael F. Atiyah，1929—2019）对数学的整体性也颇有见地。他在《数学的统一性》中，通过三个简单的分属于数论、几何和分析的例子，描述了数学不同分支之间的"相互影响"和"预想不到的联系"。阿蒂亚对此总结道："在公理化的时代，人们倾向于把数学分为专门的分支，每一分支只局限于从给定的一套公理中推演出一些

结论。我并不完全反对公理化方法，但只能将它当作一种方便的措施，以便集
中处理我们的对象。我们不能把它的地位抬得
太高……数学的统一性和简单性都是十分重要
的，如果想要将我们所积累起来的知识代代相传
的话，我们必须不断地努力把它们简化和统一。"

阿蒂亚

在《20 世纪的数学》中，他认为，20 世纪
大致可分成两部分。20 世纪前半叶是"专门化
的时代"，这是一个希尔伯特的处理办法大行其
道的时代，即努力进行形式化，仔细地定义各
种事物，并在每一个领域中贯彻始终。而且布
尔巴基的名字是与这种趋势联系在一起的。在
这种趋势下，人们把注意力都集中于在特定的
时期从特定的代数系统或者其他系统能获得什么。20 世纪后半叶是"统一的时
代"，在这个时代，各个领域的界限被打破了，各种技术可以从一个领域应用到
另外一个领域，并且事物在很大程度上变得越来越有交叉性。

21 世纪会是什么呢？阿蒂亚提到数学在几个方面的发展：

第一，量子数学。21 世纪是量子数学的时代，或者可称为是无穷维数学的
时代。量子数学的含义是指我们能够恰当地理解分析、几何、拓扑和各式各样
的非线性函数空间的代数。

第二，阿兰·孔涅（Alain Connes，1982 年菲尔兹奖获得者）的非交换微分
几何。孔涅的非交换几何学是一个框架性理论，拥有相当宏伟的统一理论，它
融合了分析学、代数学、几何学、拓扑学、物理学、数论等分支。它能够在非
交换分析的范畴里从事微分几何学的工作，并且它在数论、几何学、离散群等
以及在物理学中都有很大的应用。

第三，算术几何。它试图尽可能多地将代数几何和数论的部分内容统一起
来。这是一个非常成功的理论，它已经有了一个美好的开端，但仍有很长的路
要走。

16.1.3　丘成桐的时空统一观

丘成桐（1949—），美籍华裔杰出数学家。丘成桐出生于广东汕头，年幼

时随父母移居香港，在香港接受本科教育，后在加州大学伯克利分校师从我国著名几何学家陈省身获得博士学位。他因证明卡拉比猜想而获得 1982 年菲尔兹奖。他是目前第一位也是唯一一位出生于中国大陆的菲尔兹奖得主[注]。丘成桐曾任哈佛大学数学系终身教授 35 年之久。2022 年 4 月，丘成桐从哈佛大学退休，全职加入清华大学，担任清华大学数学科学中心主任等职务。他希望利用自身的影响力，为中国引入大量国际顶级数学资源，促进国际数学学术交流，提高中国在国际数学的话语权，为中国数学的发展和培养人才贡献自己的力量。此外，他还发起了国际华人数学家大会、世界华人数学家联盟，设立了 ICCM 数学贡献奖、晨兴数学奖等，促进了全球华人数学交流和发展，提升了中国数学在全球的影响力。丘成桐还面向全国中学生成立了丘成桐中学数学奖、科学奖，面向大学生成立了新世界数学奖，发起了丘成桐大学生数学竞赛等。在清华大学，丘成桐数学科学中心相继推出了"丘成桐数学英才班""丘成桐数学科学领军人才培养计划"，针对不同的学生进行个性化教育。丘成桐希望通过这些努力，能够实现自己心中的报国梦。

2010 年，丘成桐获得沃尔夫奖，这个奖相当于数学界的终身成就奖。2023 年，丘成桐获得第 20 届邵逸夫奖，以表彰他在几何与分析的融合、数学和理论物理学等方面做出的卓越贡献。如今，丘成桐已年逾古稀，却依然活跃在数学研究和学术交流的前线。他希望通过自己擅长的数学，为祖国多做一点事。虽然身在异国他乡多年，但他的内心依然澎湃着中华血脉。丘成桐自幼对中国古典文学和历史怀有浓厚兴趣，熟读经典，对我国传统文化怀有深深的热爱，而这份热爱正是他不断前行的不竭动力。希望有了丘成桐的助力，中国能早日成为数学强国。

在"21 世纪的数学展望"一文中，丘成桐以数学家的眼光，从数学与物理的相互关系出发，讨论了 21 世纪数学发展的大方向。

丘成桐认为，数学是物理学的基础，在 21 世纪，物理学的弦理论试图统一重力场与电磁场、强力、弱力这三个基本场。而数学也会面临同样的挑战：数学的统一是 21 世纪一个很重要的方向，只有实现数学统一，才能够对数学产生本质上的了解。而数学的大统一将会比物理学的大统一更为基础，它也将由

⊖　丘成桐获颁菲尔兹奖时，没有持任何其他国家的护照，是以中国人的身份去领奖的。

统一场论孕育而生。近代弦理论的发展已经成功地将微分几何、代数几何、群表示论、数论、拓扑学等相当重要的部分统一起来。丘成桐认为，在统一场论与数学的统一之间，有一些共性的问题。例如，基本物理上的层级（Hierarchy）问题，是一个能标（Scale）问题。引力场和其他力场的能标相差极远，如何统一，如何解释？在古典物理学、微分方程、微分几何和各类分析中也有不同能标如何融合的问题。而如何用基本的方法去处理不同坐标是应用数学中的一个重要问题。纯数学将会是处理不同度量的主要工具。事实上，纯数学本身也有不同度量的问题。因此，丘成桐提出，在 21 世纪，对整个能标分析（Scale Analysis）这一重要问题，无论是数学领域还是物理领域都要有重要的发现。

　　丘成桐赞同应用数学与纯粹数学的统一。他认为应用数学最健康的发展路径是：针对要应用的对象构建一个模型，而这个模型要源于实验。那些单靠程序和计算的数学即使有短暂的生长力量，也不会有深远的影响。因此，理想的应用数学家，应该有数学家的根基，同时有物理学家和工程学家的眼光和触角。丘成桐说："大自然提供了很多重要的数学模型，这些模型都是从物理直觉或从实验观察出来的，但是数学家却可以用自己的想象，在观察的基础上创造新的结构。成功的新的数学结构往往是几代数学家共同努力得出的成果，也往往是数学中几个不同分支合并出来的火花。怀尔斯关于费马大定理的证明就是椭圆曲线、自守形式与表示论的一次大综合，而这些理论都是历经多年发展分别被创造出来的。"

　　最后，丘成桐对数学自身的统一性进行了总结：20 世纪的数论通过代数几何方法产生了算术几何；群表示论也逐渐和数论与几何学融合在一起；拓扑学与几何学在很多方面已经融合；此外，当微分几何和微分方程、几何与组合数学融合时，就会极大地促进应用数学的发展。他认为，好的数学家会将不同的数学分支统一起来，再发现它的大应用。在整个数学大统一的前提下，将会创造出很多深入的结构，以助力我们了解不同的数学分支。也只有沿着这条道路，我们才能够真正了解数学的不同分支，也才能得出不同数学分支的真正意义。所以在 21 世纪，数学最终会出现一个大合并的现象。丘成桐以一首中国诗表达了他的时空统一观：

时空统一颂

时乎时乎？逝何如此。

物乎物乎？繁何如斯。

弱水三千，岂非同源。

时空一体，心物互存。

时兮时兮，时不再欤。

天兮天兮，天何多容？

亘古恒迁，黑洞冥冥。

时空一体，其无尽耶？

大哉大哉，宇宙之谜。

美哉美哉，真理之源。

时空量化，智者无何。

管测大地，学也洋洋。

丘成桐本人也喜欢阅读数学史，他认为好的数学家需要知道数学的重要概念是如何演进的。这些概念的演进充满了生命力，就像婴儿逐渐成长为成人的过程，这段路可能很戏剧化，但充满了兴奋和刺激。一旦我们了解数学发展的根源，就能更好地理解当今数学的发展。在《北京晚报》"书香对话"栏目的一次访谈中，丘成桐又一次谈到了数学的整体性发展："我做学问几十年来，与别人不同之处也在于，我能够通盘地了解学问。对学问有通盘的了解后，才能知道每个问题今天的样貌从何而来。数学有很多分支，这些分支互相交流、互相影响是很重要的，现代数学的发展，往往是两个不同分支混在一起产生的火花……这个时代仍有伟大的数学家，他们仍然能看到作为整体的数学的图景。但是，不少学者在小的方向上过于关注，视野狭小，很少去听其他领域的课，更不用说大师的课。只求能听懂，能马上拿来用，这样的确能很快出成果，却会失去对宏观整体图景的把握，这是一件不幸的事。"

16.2 庞加莱猜想

"遥远星空的尽头是什么模样？我们身处的宇宙究竟是什么形状？"每当我们仰望星空时，脑海中大概都有过这样的疑问。我们脚下的地球，早已被证实是球形的。1519 年，葡萄牙人麦哲伦开始了他一路向西环游世界的航海之旅，3 年之后顺利地返回出发点，向世人首次证实地球是球形的。大约 400 年之后，法国数学家庞加莱在思考这样一个问题：如果地球不是完美的球形那又如何呢？假设存在一个贯穿北极和南极的巨大孔洞，地球的形状就像是一个甜甜圈（见图 16-1），那么在这种情况下，麦哲伦和他的舰队一样可以回到出发地。所以，通过航行回到出发地，就认为地球是完美的球形，这个论断不能完全成立。

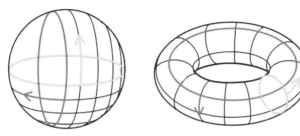

图 16-1　地球和甜甜圈的形状（见彩插）

庞加莱的猜想是说：在三维空间的宇宙中，假如用火箭将绳子环绕宇宙一圈，如果这个绳子能够成功收回来的话，就可以说宇宙是球形的；如果收不回，就说明宇宙是球形以外的其他形状。

庞加莱在 1904 年提出了这个猜想，到 1912 年庞加莱去世时也未能解开这个自己留下的难题。庞加莱猜想是对宇宙形状的发问，这对 20 世纪的数学家来说，可能是一个比较超前的问题，但直到 20 世纪末期，还没有人能破解这个难题。2000 年 5 月 25 日，全世界的新闻媒体被一则新闻占据头版——"挑战数学，你也可能获得 700 万美元大奖！"，庞加莱猜想被美国克雷数学研究所列入 21 世纪七大数学难题之一。

16.2.1　千禧年七大数学难题

在 1900 年，德国数学大师大卫·希尔伯特在巴黎的国际数学家大会上提出了著名的 23 个数学问题。经过 100 多年，希尔伯特问题有很多已经获得解答，它们对 20 世纪数学的发展起了积极的推动作用。

100 年之后，已经没有一位数学家能够或者敢于为 21 世纪整个数学的发展指出方向。因此在 2000 年，国际数学联盟组织了来自全世界的 30 位数学精英，集体撰写了《数学：前沿与展望》一书，希望能够从总结 20 世纪的数学中指出 21 世纪数学发展的一个大致趋向。而为了呼应希尔伯特的做法，美国克雷数学研究所（Clay Mathematics Institute，CMI）于 2000 年 5 月 24 日在法国巴黎召开的千禧年年会上，公开征解七个千禧年大奖难题（Millennium Prize Problem）的解答。这七个问题是由克雷数学研究所的科学顾问委员会精心挑选的数学难题，他们认为千禧年大奖难题的破解，同样会对 21 世纪的数学、密码学以及航天、通信等领域带来突破性进展。正如著名数学家怀尔斯——克雷数学研究所科学顾问委员会成员之一，在发布这七个千禧年悬赏问题的招待会上所说："我们相信，作为 20 世纪未解决的重大数学问题，第二个千年的悬赏问题令人瞩目……我们坚信，这些悬赏问题的解决，将类似地打开我们不曾想象到的数学新世界。"

根据克雷数学研究所制定的规则，所有难题的解答必须发表在数学期刊上，并经过各方验证，只要通过两年验证期，对于每破解一题的解答者，克雷数学研究所的董事会就会为其颁发奖金 100 万美元。这七道数学难题如下：

1）"千禧难题"之一：P（多项式算法）问题对 NP（非多项式算法）问题。如果一个问题可以通过运行多项式次（即运行时间至多是输入量大小的多项式函数）的一种算法获得解决，则称它是 P 的。如果对一个问题所提出的解答可以用多项式次算法来检验，则称它是 NP 的。

2）"千禧难题"之二：霍奇（Hodge）猜想。任何 Hodge 类关于一个非奇异复射影代数簇都是某些代数闭链类的有理线性组合。

3）"千禧难题"之三：庞加莱猜想。任何单连通闭三维流形同胚于三维球。

4）"千禧难题"之四：黎曼假设。黎曼 ζ 函数的每一个非平凡零点都有等于 1/2 的实部。

5）"千禧难题"之五：杨 – 米尔斯（Yang-Mills）存在性和质量缺口。证明量子 Yang-Mills 场存在，并存在一个质量间隙。

6）"千禧难题"之六：纳维 – 斯托克斯（Navier-Stokes）方程的存在性与光滑性。（在适当的边界及初始条件下）对三维 Navier-Stokes 方程组证明或反证其光滑解的存在性。

7）"千禧难题"之七：贝赫（Birch）和斯维讷通 – 戴尔（Swinnerton-Dyer）猜想。对于建立在有理数域上的每一条椭圆曲线，它在一处的 L 函数变为零的阶都等于该曲线上有理点的阿贝尔群的秩。

虽然解答这七个难题没有时间限制，但目前这七个问题中只有庞加莱猜想已被破解，其余 6 个尚待进一步研究。下面谈谈庞加莱猜想的提出与证明过程。

16.2.2　庞加莱猜想的提出与解决

1. 最后一位数学通才——庞加莱

庞加莱

亨利·庞加莱（Henri Poincaré，1854—1912），出生于法国南锡，是 19 世纪末 20 世纪初国际数学界的领袖人物。他在数学、物理学、天体力学和哲学方面都有很深的造诣，数学史家贝尔称其为"最后一位数学通才"，是一位对数学及其应用都做出了广泛的独创性、奠基性工作的大师。

庞加莱的家族显赫，他的堂弟雷蒙·庞加莱曾任法国总统。他的父亲是位医生，担任南锡大学的医学教授。他的母亲也是一位才华出众、很有教养的女性，她把一生的心血全部倾注到教育和照料孩子身上，这使得庞加莱从小就获得了良好的教育。庞加莱小时智力超常，接受知识极为迅速，很早就学会了说话。但 5 岁时他患上了白喉病，几个月后喉头受损，致使他此后不能顺利地进行口头表达，并成为体弱多病的人，无法进行剧烈的运动。但好在他的记忆力超群，身体的障碍并没有过多地影响他的学习。庞加莱特别爱好读书，一旦读完一本书，便永远不忘，他总能说出书中讲的某件事情是在第几页和第几行，他终生保持着这种惊人的记忆力。

1862 年，庞加莱进入中学学习。初进校时，虽然他的各科学习成绩十分优异，但他并没有对数学产生特殊的兴趣。他对数学的特殊兴趣大约始于 15 岁，并且从那时起显露出非凡的数学才华。无论谁交给他一道数学难题，他好像从不思考，答案就像一支箭似地飞了出来。他的数学教师形容他是一只"数学怪兽"，这只怪兽席卷了包括法国高中学科竞赛第一名在内的几乎所有荣誉。1873 年，庞加莱以第一名的成绩考入巴黎综合工科学校。1879 年，庞加莱撰写了关于微分方程方面的论文，获得了巴黎大学数学博士学位，然后到卡昂大学任讲师，从 1881 年起任巴黎大学教授，直到去世。

庞加莱的研究涉及数论、代数学、几何学、拓扑学等许多领域，最重要的工作是在分析学方面。他早期的主要工作是 1878 年创立自守函数理论。他引入了富克斯群和克莱因群，构造了更一般的基本域。1881 年，庞加莱由于论文"单变量线性微分方程理论的重点改善"而获得法国科学院数学科学大奖。1885 年，瑞典国王奥斯卡二世设立"n 体问题"奖，引起庞加莱研究天体力学问题的兴趣。在 1889 年，庞加莱因论文"论三体问题和动力学方程"获得了这个大奖，法国政府封庞加莱为"法国荣誉军团骑士"。1905 年，庞加莱获得匈牙利科学院颁发的第一届"鲍耶奖"。这个奖是要奖给在过去 25 年为数学发展做出最大贡献的数学家。由于庞加莱从 1878 年就开始从事数学研究，并在数学的几乎整个领域都做出了杰出贡献，因而此奖项非他莫属。1906 年，庞加莱当选为法国科学院主席。1908 年，庞加莱当选为法国科学院院士，这是法国科学家所能达到的最高荣誉地位。

庞加莱一生创作成果极为丰硕，几乎涉及数学的所有基本领域以及理论物理、天体物理的许多重要领域。在他从 1878 年至 1912 年间共 34 年相对短促的学术生涯中，发表的 500 余篇科学论文、出版的 30 余部科学著作，以及大量经典的科普著作，如《科学与假设》《科学的价值》《科学与方法》等，都产生了重大的影响。庞加莱是被公认为对数学及其应用具有全面知识的最后一个人。创办《美国数学杂志》的英国数学家西尔维斯特描绘了他于 1885 年见到庞加莱时的心情："当我最近在庞加莱的休息处拜访他时，……我的舌头一下子失去了功能，直到我用了一些时间（可能有两三分钟）仔细端详并承受了可谓他思想的外部形式的年轻面貌时，我才发现自己能够开始说话了。"

与高斯信仰"宁可少些，但要好些"的信条相比，庞加莱是"征服者，而不是殖民者"，他急于开拓那些有待挖掘的数学宝藏。贝尔认为："一个有创造力的科学家把他的劳动果实储藏太久，以致它们中的一些已不新鲜；比较性急的人则把采集到的一切不论生熟都散播出去，随着风和气候带它们落到可能成熟或腐烂的地方。前一种人对科学的进展所做的工作是否比性急的人更多呢？这是一个尚未解决的问题。"显然，庞加莱是后一种人。在数学研究的众多领域中，庞加莱永远走在前面，"一旦达到了顶峰，他从不追溯他的步骤。他满足于闯过难关，把勘测注定更容易通过尽头的坦途留给别人。"他提出的一些极其深刻的问题至今仍具有诱人的魅力，成为后继者拓展和深入研究的课题。例如，千禧年七大数学难题之一的庞加莱猜想。

2. 佩雷尔曼攻克庞加莱猜想

庞加莱是现代拓扑学的奠基人。在他早期对富克斯函数的研究中，转而投身于拓扑学的工作。庞加莱的拓扑思想，不仅给复分析和力学注入了新的生命，而且还开创了一个重大的新领域：代数拓扑。在 1904 年，庞加莱提出了代数拓扑学中一个带有基本意义的命题——"庞加莱猜想"，即在一个封闭的三维空间，假如每条封闭的曲线都能收缩成一点，这个空间一定是一个圆球。

通俗地说，如果我们伸缩围绕一个苹果表面的橡皮带，那么我们可以既不扯断它，也不让它离开表面，使它慢慢移动收缩为一个点。另外，如果我们想象同样的橡皮带以适当的方向被伸缩在一个轮胎面上，那么不扯断橡皮带或者轮胎面，是没有办法把它收缩到一点的。原因何在呢？这是因为苹果表面是"单连通的"，而轮胎面不是。

看起来很容易、很清楚的一个问题，要证明它可不是简单的事情。一百多年来，无数的数学家为了证明它，绞尽脑汁甚至费尽终身仍无所获。比如，希腊著名的拓扑学家帕帕奇拉克普罗斯——人们习惯称他为"帕帕"，据说在他 1976 年去世之前仍在试图证明庞加莱猜想，临终之时，他把一叠厚厚的手稿交给了一位数学家朋友，然而，只是翻了几页，那位数学家就发现了错误，但为了让帕帕安静地离去，最后选择了隐忍不言。

美国数学家斯梅尔（1930—）在 20 世纪 60 年代初突发奇想：如果三维空间的庞加莱猜想难以解决，高维空间的会不会容易些呢？在 1960 年到 1961 年，斯梅尔经常独自在里约热内卢的海滨，对着大海思考和演算。终于在 1961 年夏天，斯梅尔公布了自己对五维及以上空间的庞加莱猜想（即广义的庞加莱猜想）的证明，这个结果立刻引起轰动。他也因此获得了 1966 年菲尔兹奖。

1983 年，美国数学家福里德曼（1951—）将证明又向前推动了一步，他证出了四维空间中的庞加莱猜想，并因此获得 1986 年菲尔兹奖。但是，再向前推进的工作又停滞了。

用拓扑学的方法研究三维庞加莱猜想没有进展，有人开始想到了其他的工具。美国康奈尔大学数学家瑟斯顿（1946—）就是其中之一。1970 年，他提出几何化猜想的一个特例，这是一个有关三维空间几何化的更强大、更普遍的猜想。数学家摩根认为："瑟斯顿的猜想列出了一个清单，如果它是正确的，那么庞加莱猜想的证明则迎刃而解。"瑟斯顿也因此项工作获得了 1982 年菲尔兹奖。

在瑟斯顿之后，拓扑学家致力于发展一系列精致的工具来研究和分析形状，但一直没有获得突破。到 1982 年，美国数学家汉密尔顿（1943—）提出了"里奇流"（Ricci Flow）的新工具，这一思想源自爱因斯坦的广义相对论和弦理论。1988 年，汉密尔顿利用他的"里奇流"重新证明了二维曲面的黎曼定理。但在三维情形下，汉密尔顿遇到一个问题：在用曲率方法推动空间变化时遇到了奇异点，如何处理奇异点成为整个庞加莱猜想证明中最重要的一部分。

俄罗斯天才数学家佩雷尔曼（1966—）打破了僵局。2002 年 11 月 12 日，他将第一篇论文发到网上。论文表明，所有的奇异点都是友好的，它们会变化为球形或管状形，而且，一旦"里奇流"开始，这些变化就是有时限的。这意味着拓扑学家可按自己的意愿切割空间，并让"里奇流"持续到最终，这揭示了空间的拓扑学球形本质，同时证明了庞加莱猜想和瑟斯顿的几何化猜想。

然而，佩雷尔曼的论文技术性很强又过于简略，只有极少数数学家能够阅读。2003 年 3 月 10 日，佩雷尔曼发出了第二份帖子，它包含了更多细节。于是，全世界的数学家们一行一行地解读这些论文，以确定他的观点是否正确。数学家们发现了论文中的一些差错，但都不严重。后来，佩雷尔曼开始在美国麻省理工学院等发表系列演讲，阐述他的证明思想和方法，受到了学术界的广泛好评。2006 年 8 月，英国《自然》杂志在线新闻列举了 3 组"令人尊重的科学家"的论文，指出他们的工作填补了佩雷尔曼工作的细节，而中国数学家朱熹平和曹怀东的贡献在其中占有一席之地。

即使在"怪人"云集的数学家群体里，佩雷尔曼也是一个特殊的怪人。2006 年 8 月，因庞加莱猜想的证明，第 25 届国际数学家大会授予佩雷尔曼菲尔兹奖，这是国际数学界对他的正式承认。然而他却拒绝这一奖项，不出席会议。而在 2010 年 3 月 18 日，当克雷数学研究所宣布将 100 万美元的奖金授予佩雷尔曼时，许多人推测他会接受这一奖励，然而佩雷尔曼仍然没有现身。佩雷尔曼拒绝领奖的理由很简单："这个奖和我没有关系。如果证据是正确的，每个人都能理解它，那么也不需要什么肯定。"并且声明："对于金钱和美誉，我毫无兴趣。我不愿意像动物园内的动物一样被展览。我不是数学领域的一个英雄，我没那么成功。因此，我不想让每个人盯着我看。"从此，佩雷尔曼开始隐居，从数学界"销声匿迹"了。佩雷尔曼潜心研究、淡泊名利的品德，不但让他成为最令人尊敬的数学家之一，而且也为他赢得了很高的国际声誉。也正是他心无旁骛、专心研究，才在证明困扰人类百余年的庞加莱猜想过程中实现了突破性的贡献。

在 2010 年 6 月 8 日，十余名世界级的数学家在巴黎为佩雷尔曼颁发千禧数学奖，但佩雷尔曼的缺席并没有影响这些大师对他的赞誉之词。阿蒂亚说："庞加莱去世一个世纪之后，在他生活和工作过的这座城市里，他遗赠给我们的猜想被解决了，佩雷尔曼是登顶那个三维世界的登山者。"为庞加莱猜想做出重要贡献的瑟斯顿在颁奖仪式上致辞："我很荣幸能有这样一个机会来公开表达我对佩雷尔曼的深深钦佩和欣赏——佩雷尔曼带着极大的兴趣和精湛的技艺，在我和其他人失败之处建立了一个漂亮的证明——这是一个我无法做到的证明，佩雷尔曼的某些强项正是我的弱点。"

毫无疑问，庞加莱猜想的证明是 21 世纪开始以来数学史上最激动人心的时刻。这不仅是数学史上的里程碑，更是人类思想上的里程碑。这个定理的正确性得到验证，数学家们并不足为奇。真正令人惊叹的是它的证明方式，它所运用的数学思想与传统拓扑学相去甚远，在前人没有想到的毫不相干的领域和技术之间，竟然建立起联系的纽带。如同 1994 年怀尔斯证明史诗级的费马大定理一样。这正如庞加莱的名言："思想只是漫漫长夜中的一道闪光，但这意味着一切。"

庞加莱被称为"最后一位数学通才"，整个数学几乎都是他的研究领地。但他从未在某一个研究领域长时间驻足，他常被人们认为是"征服者，而不是殖民者"。这个以他名字命名的庞加莱猜想激发了无数后来数学家的想象力。庞加莱猜想及其推广使得三位数学家前后相隔 20 年分别获得菲尔兹奖（1966, 1986, 2006），这在数学史上传为佳话。

16.3　张益唐与孪生素数猜想

16.3.1　孪生素数猜想

孪生素数是指一对素数，它们之间相差为 2。例如，3 和 5、5 和 7、11 和 13、17 和 19、……、10 016 957 和 10 016 959 等。因为它们就像双胞胎一样，所以人们给这种只相差 2 的素数对起了个名字叫"孪生素数"。但随着自然数变大，素数的间距显然会越来越大，孪生素数发生的机会也就越来越少。此时就有一个很自然的问题：孪生素数是否有无穷多对？这是一个至今都未解决的数学难题，一直吸引着众多的数学家孜孜以求地钻研。有孪生素数，数学家自然就想到"三生素数"，例如，5、7 和 11，11、13 和 17，17、19 和 23，101、103 和 107，等等，都是三生素数。自然地，三生素数是不是也有无穷多对，至今仍然是个未解之谜。

在 1900 年的国际数学家大会上，数学家希尔伯特提出了 23 个有待解决的重要数学难题和猜想，他把黎曼猜想、孪生素数猜想与哥德巴赫猜想等一起列入了这 23 个数学问题中的第八问题。

为什么会有很多、很多的孪生素数？这涉及这样一个基本而又十分重要的问题：素数是如何在整数之间分配的？例如，3 和 5，5 和 7，11 和 13，41 和 43，59 和 61，等等，都是孪生素数。较大的孪生素数：7559 和 7561，9767 和 9769，等等。目前发现的最大孪生素数是：$2\,003\,663\,613 \times 2^{195\,000} - 1$ 和 $2\,003\,663\,613 \times 2^{195\,000} + 1$。人们发现证明孪生素数猜想太难了，所以可以暂时考虑证明比孪生素数猜想"弱"一点的命题，也就是可以从孪生素数猜想推出的命题。孪生素数难在要求两个素数相差只有 2，如果我们把这个差距放宽一点呢？比如有没有无穷多对相差 4 以内的素数？相差 100 或者 1000 以内的素数？素数间隔虽然越来越大，但既然有无穷多的素数，你似乎能感觉到总应该有个上限，使得存在无穷多对差距在这个上限以内的素数。

孪生素数猜想提出后的几百年间，都没有取得重大的进展。1873 年，欧拉利用素数倒数的和是无穷大证明了素数是无限的。1919 年，挪威数学家布隆追随欧拉的思路，却发现所有孪生素数倒数的和是有限的，大约是 1.902 16，这个数后来叫作布隆常数。布隆的发现说明了孪生素数是非常稀少的，但并不能说明它们的数量是有限的。1923 年，英国数学家哈代和李特尔伍德另辟蹊径，从精确的求证变成模糊的估算，取得了一系列的突破，催生了一系列的新思想和新方法。我们知道素数定理，它告诉我们一个数字 N 为素数的概率大概是 $1/\ln N$。那么孪生素数出现的概率似乎就应该是 $1/\ln^2 N$。哈代和李特尔伍德还给出了一个更精确的估计式，但问题是，他们的这种估计只能用于启发性的思考，不能用来证明孪生素数猜想本身。

1976 年，中国数学家陈景润利用改良的筛法（一种利用除法求素数的简便方法），证明了有无穷对自然数 m,p，其中 p 是素数，m 是一个 2- 殆素数，被誉为"榨干了筛法的最后一滴油"。

2013 年，孪生素数的研究有了重大进展，华裔传奇数学家张益唐的一篇论文"素数间的有界距离"，瞬间点燃了沉寂很久的数学界的热情。

16.3.2　大器晚成的华裔数学家——张益唐

张益唐 1955 年出生于上海，父母都是知识分子。恢复高考第一年，张益唐考上北京大学数学系。作为北大当时公认的数学尖子生，张益唐喜欢数论，硕士阶段师从我国数论专家潘承彪学习数论。张益唐很受当时的数学系主任丁石孙器重，在他准备读博的时候，丁石孙建议他攻读代数几何，因为后者更有实用价值。张益唐接受了丁石孙的建议。1985 年，张益唐到美国普渡大学跟随导师莫宗坚攻读博士学位。在攻读博士的六七年间，张益唐与导师莫宗坚渐渐产生了分歧，但他最终还是取得了博士学位。博士毕业后的张益唐，没有发表过论文，也没有得到导师的推荐信，当时又面临着苏联解体，大批数学家流入美国，因此他的工作也一直没有着落。

居无定所的他，在美国快餐店刷过盘子，送过外卖，当过收银员。在人生的最低谷，张益唐也从来没有放弃过数学，而转向其他更容易找工作的金融或计算机等专业。他每天晚上都会抽出时间，去研究他热爱的数学问题。1999 年，张益唐在一个朋友的帮助下，进入美国一所名气不大的公立大学——新罕布什尔大学做微积分教师，身份只是助教。张益唐在新罕布什尔大学默默无闻地一干就是 14 年。相比打零工的日子，他的生活条件改善了许多，唯一不变的是他对数学一如既往的热情。生活稳定之后，他把孪生素数猜想确定为自己的研究方向之一。

张益唐坚信，无穷多个素数对的间距是一个有限的数字。他从素数对的间距入手，改良了传统筛法等解析数论的工具。在投身孪生素数研究的几年里，张益唐一直也没有找到那个希望之门。2012 年 7 月 3 日，在一个阳光明媚的下午，张益唐来到科罗拉多州一位好友家的后院，想看看梅花鹿，就在抽一支烟的工夫，"短短五到十分钟内，那扇门打开了"。他犹如神明启示般地想出了破解这个问题的主要思路，找到了别人没有想到的特别突破口。接下来，他完成了论文"素数间的有界距离"，并花几个月时间检验论证过程的每一步。6 个月后，他将论文提交给了学界最具声望的期刊《数学年刊》。那一年，他 58 岁。

这篇论文很快获得发表并引起数学界极大轰动，张益唐的研究结果被认为是首创的，"他在素数的分布上成功证明了一个里程碑式的定理"。

张益唐的名字在国际数学界横空出世，被形象地喻为"数学界的扫地僧"。2013 年，张益唐获美国"数学学会科尔数论奖"；2014 年，张益唐获瑞典罗夫·肖克奖；2016 年，张益唐接受加州大学圣塔芭芭拉分校邀请，在该校数学系任教；2018 年，张益唐担任山东大学潘承洞数学研究所所长。谈到未来，张益唐说："孪生素数猜想很成功，但我还有其他更重要的事情要做。"

"孪生素数猜想"是与"哥德巴赫猜想"齐名的姊妹问题，它也是现代素数理论中的核心问题之一，谁能解决它（不论是证明或否定），必将成为名垂千古的历史人物。张益唐在他的论文"素数间的有界距离"里，证明了有无穷多素数对 $(p,p+n)$，n 的下限不超过 7000 万！虽然他没有最终证明 $n=2$（即孪生素数猜想），但这也是人类在这个问题上跨出的一大步。毕竟从无限到有限是一个里程碑式的跨越，而从 7000 万到 2，则是从有限到有限。中国科学院院士汤涛说："张益唐把大海捞针的力气缩短到在水塘里捞针，而他给出的方法还可以把水塘捞针轻松变为游泳池里捞针。也许最后变成在碗里捞针还需要一些再创新的工作，但给出了这一伟大框架已经是让全世界数学家瞠目结舌的壮举了。"

张益唐为了证明这个难题，使用的数学方法一部分是来自我国著名数学家陈景润在研究哥德巴赫猜想"1+2"时提出的关于筛法的改进。与此同时，张益唐还使用了"代数几何"里的数学工具。这意味着孪生素数这个纯粹的数论问题最后竟然是通过代数几何的方法研究出来的。这再一次体现数学的统一性，属于典型的数学跨界。而这样的跨界现象越来越常见，就像上面提到的费马大定理这个数论问题，最后却是通过椭圆几何的方法解决的。通过张益唐的这个方法，数学界的很多数学家都受到了很大的启发，最近几年，大家纷纷开始研究孪生素数，其中最著名的就是普林斯顿的华裔数学家陶哲轩，他在网上发起了一个"博学者计划"——一种狂热的在线数学团体，世界各地的数学家协同合作，很快就将孪生素数间距缩小到了 246。而世界范围内的最新研究表明，素数间距为 6 的孪生素数是无限的。如何从 6 减到 2，这将是一步难以跨越的鸿沟。如果没有新的创新，估计短期内是无法将差值缩小到孪生素数猜想所需要的极致。

张益唐是一个能同时在数学和文学里面找到快乐的人。他从小就能背诵

《西游记》和《红楼梦》里的内容，对《古文观止》爱不释手，有着良好的古文功底。当年出国留学时，除了带些衣服，他的行李里只有一双筷子和一本《古文观止》。张益唐很喜欢中国古典诗词，最欣赏的诗人是杜甫。当别人问他破解孪生素数猜想后的感受时，他脱口而出杜甫的诗句"庾信平生最萧瑟，暮年诗赋动江关"，很应景地表达了自己的心情。

张益唐爱好广泛，在研究数学之余，他还喜欢看文学作品，爱听古典交响乐，喜欢篮球运动，是 NBA 球赛的铁杆球迷。可能正是这些看似与数学不相关的活动，触动了他在 2012 年 7 月 3 日下午看梅花鹿那一刻的灵感爆发。张益唐认为："数学和文学，甚至和音乐，有很多共通之处，都是一种对美的追求。我们往往在朦胧的、不是很清楚规范的时候，反而能感受到一种美。"

16.4 当代亚裔数学天才

16.4.1 华裔数学天才陶哲轩

陶哲轩，这个名字近几年来在国内逐渐为大众所熟知。一个重要的原因是他于 2006 年获得了"数学界诺贝尔奖"——菲尔兹奖，这是继 1982 年丘成桐之后第二位华裔数学家获此殊荣。菲尔兹奖的颁奖词称："陶哲轩是一位解决问题的顶尖高手，他的兴趣横跨多个数学领域，包括调和分析、非线性偏微分方程和组合论。"陶哲轩是一位数学跨界大师，他正在不断书写着他传奇的数学人生。

陶哲轩，1975 年出生于澳大利亚，祖籍中国上海。陶哲轩的父母都是香港大学毕业，在陶哲轩两岁时，父母就发现了他在数学方面的早慧。在母亲启发式的指导下，他自学了几乎全部的小学数学课程。陶哲轩 5 岁进入一所公立小学，7 岁时开始自学微积分，8 岁半升入中学，不久开始在离家不远的弗林德斯大学学习大学数学和物理。在此期间，陶哲轩参加了美国高考 SAT 数学部分的测试，得了 760 分的高分（满分为 800 分）。据测试，陶哲轩的智商介于 220 至 230，如此高的智商百万人中才会有一个。虽然陶哲轩完全有能力在 12 岁生日前读完大学，成为当时最年轻的大学毕业生。然而，他的父母还是采取了谨慎的态度，他们认为，在中学多待三年，会让陶哲轩在科学、哲学、艺术等多方面打下坚实的基础，让他对数学的热爱随着心智的成熟而慢慢炽烈，如此一来，孩子将来的发展前景才会更加广阔。

陶哲轩 14 岁正式进入他中学时去听课的弗林德斯大学，16 岁获得该校数学学士学位，一年后取得硕士学位。17 岁时，他来到美国普林斯顿大学，师从沃尔夫奖获得者埃利亚斯·施泰因，21 岁获得博士学位，24 岁成为加州大学洛杉矶分校的终身教授，31 岁时获得菲尔兹奖。在 2008 年 11 月 20 日出版的美国《探索》杂志上，20 位 40 岁以下的科学家被冠以了"最强大脑"的称号，排名第一的正是时年 33 岁的陶哲轩。

2006 年菲尔兹奖获奖者中的两位，俄罗斯的佩雷尔曼和澳大利亚的陶哲轩，均为昔日奥数金牌得主。陶哲轩在 1988 年获得金牌时，尚不满 13 岁，这一纪录至今无人打破。

许多人认为陶哲轩智商高，是一位天才数学家，但陶哲轩不这样看。他说："我不认为聪明程度是在数学领域取得成功的最具有决定性的因素……在数学研究中极具天赋并不是必需的，但是耐心和成熟是不可或缺的。"除了智商之外，使得陶哲轩真正成为一流数学家的，还有他那广泛的兴趣和知识储备以及深刻的洞察力。在陶哲轩的研究生涯里，他被数学界公认为跨界高手，涉足调和分析、偏微分方程、组合数学、解析数论、代数数论等近 10 个重要数学研究领域，这些方向都是数学发展中极热的生长点。

陶哲轩的一项著名成果是与本·格林合作解决了一个由欧几里得提出的与"孪生素数"相关的猜想：一些素数数列间等差，如 3、7、11 之间，均差为 4，而数列中的下一个数 15 则不是素数。这个已经有 2300 年历史的数学悬案，极大地激发了他的兴趣。他与同伴甚至证明了：在无穷大的素数数列中，总能找到一个任意间隔的素数数列。这个发现被命名为"格林－陶定理"。要知道，这个数论问题与陶哲轩所学的调和分析和偏微分方程专业完全无关。陶哲轩敏锐地发现了那些陌生的问题同自己擅长的领域的本质联系，然后调动自己的智慧去攻克它。

陶哲轩近年来在压缩感知原理方面的研究获得了突破性成果。这个问题完全来自信号处理领域。我们都知道，在数学上，要解出几个未知数就要列出几个方程才行。用信号处理的方式来表述，就是如果要还原一个信号，那么信号有多大，我们就要至少测量多少数据才行，这是一般规律。但是实践中出于种种原因，我们往往无法进行充分的测量，于是就希望能用较少的测量数据还原出较多的信息。本来这是不可能的事情，但是近来人们渐渐意识到，如果事先假设信号有某些内部规律，那么这种还原是有可能做到的。在这个领域里，几篇极其关键的论文就出自陶哲轩和他的合作者之手。

与其他数学家（如佩雷尔曼、张益唐等）"独行侠"相比，陶哲轩更享受与人合作的快乐，他说："我喜欢与合作者一起工作，我从他们身上学到很多。实际上，我能够从谐波分析领域出发，涉足其他的数学领域，都是因为在那个领域找到了一位非常优秀的合作者。我将数学看作一个统一的科目，当我将某个领域形成的想法应用到另一个领域时，我总是很开心。"工作中的陶哲轩，享受着与其他数学家的合作，也享受着自己的奇思妙想。1978 年菲尔兹奖得主、普林斯顿大学的查尔斯·费弗曼教授就说："如果你有一个解决不了的数学问题，其中一个办法就是让陶哲轩对它感兴趣。"如今，数学家们争先让陶哲轩对他们研究的问题产生兴趣，他正在变成失败研究的"救火员"。

对于自己走过的数学之路，陶哲轩给出了自己的答案：

"当我是小学生时，形式运算的抽象美极其令人惊叹，通过简单法则的重复而得出非凡结果的能力吸引了我。当我是高中生时，通过竞赛，我把数学当作一项运动，并享受解答设计巧妙的数学趣味题和揭开每一个奥妙的'窍门'时的快乐。当我是大学生时，接触到构成现代数学核心的丰富、深刻、迷人的理论和体系，使我顿起敬畏之心。当我是研究生时，我为拥有自己的研究课题而感到骄傲，并从对以前未解决的问题提供原始性证明的过程中得到无与伦比的满足。直到开启作为一名研究型数学家的职业生涯后，我才开始理解隐藏在现代数学理论和问题背后的直觉力及原动力……直到最近，当我了解了足够多的数学领域后，才开始理解整个现代数学的努力方向及其与科学和其他学科的联系。"

16.4.2　越南第一位菲尔兹奖得主——吴宝珠

吴宝珠 1972 年出生于越南河内。父母均是具有高学历的知识分子，因此他从小就受到了很好的教育。正是在这种教育环境下，他较早地接触到了数学，并且对数学产生了浓厚的兴趣。吴宝珠中学就读的学校是一所专门培养数学天才的学校，里面强者如云，但他很快地适应了里面的学习环境，并且让自己的能力得到大幅度提升。1988 年，16 岁的吴宝珠以越南高中生的身份，参加了当年第 29 届国际数学奥林匹克竞赛，并以满分的成绩获得金牌。第二年，吴宝珠第二次参加国际数学奥林匹克竞赛，又以优异的成绩获得了金牌。

1989 年中学毕业后，吴宝珠获得了法国政府的奖学金，使他能够去法国开展数学研究。法国的教育体系不同于其他国家，其高中阶段有两年的大学预备学习。法国的高中预科班，是为未来大学研究做准备的，而不是为考试做准备的。在法国高中的学习经历对吴宝珠产生了很大影响，完成两年高中学习后，他进入法国高等师范学校学习大学课程。当时，吴宝珠的指导老师建议他跟随巴黎第十一大学的热拉尔·洛蒙（Gérard Laumon）教授进行研究，所以，吴宝珠在大学阶段就开始了博士研究工作。

当吴宝珠开始博士研究时，朗兰兹纲领已是法国数学界备受赞誉的课题，许多法国数学家向大家广泛介绍朗兰兹纲领问题的研究，对当时的数学家产生了巨大影响，包括他的导师洛蒙教授。在洛蒙教授的建议下，吴宝珠从 1993 年开始研究朗兰兹纲领的问题。朗兰兹纲领是指，在 1967 年，年仅 30 岁的加拿大数学家罗伯特·朗兰兹在给美国数学家安德烈·韦伊的一封信中，提出了一组意义深远的猜想，这些猜想指出了三个相对独立发展起来的数学分支——数论、代数几何和群表示论，实际上它们是密切相关的。这些猜想后来演变成朗兰兹纲领，被称为数学界的"大统一理论"，在过去几十年里对数学的发展产生了极大的影响。1995 年，怀尔斯完成了"谷山 – 志村猜想"的证明，从而宣布费马大定理成立。他在证明中建立起了联系椭圆曲线和模形式这两座数学孤岛的坚实桥梁，在其中很多现代数学成果被完美地综合起来，这为朗兰兹纲领预示的数学大统一构想添加了浓墨重彩的一笔，使得数学大统一的前景更加清晰可见。

1997 年，25 岁的吴宝珠在巴黎第十一大学获得博士学位。从 1998 年开始，他成为法国国家科学研究中心（CNRS，类似于中国科学院）的研究员。吴宝珠说："我的同事告诉我，'不要浪费时间写糟糕的论文，一篇好论文胜过 100 篇垃圾论文。'这不是我的方式，这是法国的标准。"在担任 CNRS 研究员期间，吴宝珠没有申请经费、发表文章、晋升职位和教学任务方面的压力，他有更多的时间进行数学研究。据统计，迄今为止，吴宝珠共发表论文 20 篇左右。正是在这样宽松自由的学术环境下，吴宝珠才能够专心研究如此迷人的朗兰兹纲领。从博士研究生开始，他用了近 17 年的时间来研究这个问题。吴宝珠说："每个数学家都明白它的重要性，如果你知道朗兰兹纲领，你就会用一种全新的方式去理解数学和几何。安德鲁·怀尔斯在费马大定理的证明中用了朗兰兹纲领中的思想，你可以看见它的美丽和力量，这真是激动人心的纲领。"

2006 年，吴宝珠应邀到美国普林斯顿高等研究院访问，他回忆道："大约是 2006 年 12 月的一天，与普林斯顿高等研究院的马克·戈瑞斯基（Mark Goresky）的交谈，为我的迷阵提供了失落的一角，我意识到我得出了证明，我相信我得到了一般情形下基本引理的证明，我用了一年多的时间得出完整的证明。"

2008 年 5 月，吴宝珠将论文投递给法国《高等科学研究所数学出版物》。到 2009 年底，几乎这个领域的每个人都相信吴宝珠真正证明了这个问题，美国《时代》周刊将吴宝珠对朗兰兹纲领自守形式中的基本引理的证明列为 2009 年度十大科学发现之一。2010 年 1 月，吴宝珠的论文"李代数的基本引理"被法国《高等科学研究所数学出版物》接受并发表。

2010 年 8 月 19 日，在印度召开的国际数学家大会上，印度总理将当年的菲尔兹奖颁发给了吴宝珠，以表彰他在朗兰兹纲领基本引理证明上做出的贡献。这象征着数学界的最高荣誉。美国《时代》周刊的文章指出："过去几年中，在巴黎第十一大学和普林斯顿高等研究院工作的越南数学家吴宝珠，用独创性的公式证明了基本引理，当这一证明的正确性在今年被检查并确认正确时，全世界的数学家终于松了一口气。在过去 30 年中，数学家在这一领域的工作都是在假定基本引理正确并且终将有一天会得到证明的基础上进行的。"

吴宝珠虽获得很多荣誉，却为人谦虚低调。吴宝珠说："我只是证明了纲领的基本引理，不是整个纲领。我们的下一个目标是整个朗兰兹纲领，基本引理只是它的基础，是其中一座小山峰。爬过这座山峰后，现在可以瞭望朗兰兹纲领了。整个纲领也许需要我一生的时间，但是我却是十分愿意的，因为这就是我所热爱的数学事业。"

16.4.3　韩国第一位菲尔兹奖得主——许埈珥

2022 年 7 月 5 日，四年一度的菲尔兹奖评选揭晓结果。在四位获奖者中，数学研究生涯最曲折坎坷的是许埈珥（June Huh，比较文艺的翻译，"六月"）。他曾在数学课上挂科，也曾立志成为诗人，还想过成为记者，总之就是从没想过当数学家。但是，本科期间与一位数学老师的偶遇，彻底改变了许埈珥的人生方向。这位数学老师就是日本数学家广中平祐，他曾获得 1970 年的菲尔兹奖。在广中平祐的辅导下，本科时"毫无数学天赋"的许埈珥勇敢地走上了数学研究的荆棘之路，并在即将年满四十周岁之前获得了菲尔兹奖。

1983 年，许埈珥出生在美国加州，父母都是来自韩国的留学生，两岁时，父母带他回到韩国。他父亲是统计学老师，母亲教俄罗斯文学。许埈珥小时候不喜欢数学，而对文学情有独钟，喜欢搞文学创作。在青少年时期，他就写了很多诗歌和小说，不过没收到太多正反馈，一篇都没有发表。意识到纯文学的路不好走，2002 年，他报考了首尔大学的自然科学专业，打算毕业后当科学记者。转眼到了毕业之年，发生了一件事，改变了他的一生。在这一年，日本最出名的数学家之一，广中平祐访问首尔大学。广中平祐是日本家喻户晓的人物，哈佛大学的数学博士，1970 年数学菲尔兹奖获得者。他写过一本非常有名的自传——《创造之门》，据说那一代的父母，都会把这本书作为礼物送给孩子，希望可以把自己孩子培养成伟大的数学家。广中平祐的专业是代数几何，简单来说，代数几何就是用代数的工具来证明几何猜想的一门学问。广中平祐最大的贡献是他创造性地解决了任意维数的奇点解消问题，这个问题的证明是数学史上那些最难超越或简化的证明之一。广中平祐功成名就后，非常乐意启发和提携年轻人。他开办数学兴趣夏令营，连续多年为日本和美国的中学生和大学生讲数学课。在多所大学任教期间，他也培养了许多当代的数学家，其中就包括许埈珥。

2006 年，广中平祐在首尔大学访问期间，开设了一年的代数几何课程。想当科学记者的许埈珥感到机会来了，选他的课，然后找机会采访他，挖掘一些独家消息，写出一篇爆文，职业写作生涯就此开始。于是就去参加了这个课程，一开始的时候，来听课的有 100 多位学生，其中包括很多数学专业的学生。但几个礼拜下来，所剩的学生就寥寥无几了。许埈珥想其他学生放弃的原因是这个课晦涩难懂，而他之所以能坚持听课是因为他怀抱着不同的目的。不过，他确实也听懂了一些简单的例子，只要懂这些例子，在许埈珥看来写他的新闻报道就足够用了。课后，许埈珥没事就找广中平祐聊天，而广中平祐向来对青年学子照顾有加，特别是在异国他乡，还有年轻人主动找他。他们一起吃午饭，许埈珥就利用午饭时间，从问一些私人问题开始，因为数学他也不太懂，他只想拿到一些写作素材，但是广中平祐会错意了，以为他是一个热爱数学的青年，在聊天的过程中，广中平祐总是把话题引到数学上。为了能聊下去，许埈珥假装对数学很有兴趣，几次下来，他们之间的关系也有了进展。慢慢地，教授也开始重视这位"好学"的韩国学生。但许埈珥演得太像了，他始终敬业地扮演一个"数学爱好者"。多年之后，广中教授回忆起这段时光，表示自己当时完全没看出许埈珥的数学水平有限。

许埈珥大学毕业了，广中平祐决定继续在首尔大学再待两年。也许是广中教授对数学研究的热情感染了许埈珥，他决定放弃科学记者的职业规划，跟随广中平祐读他这个方向的数学研究生，这样他们又有机会经常在一起了。通过长时间的接触，广中平祐也越来越觉得许埈珥有数学天赋，愈发悉心指导他。在硕士的两年中，广中教授帮许埈珥补了很多数学基础课，他的讲法很有效，他首先给许埈珥讲很多的例子，帮他建立清晰正确的直觉，然后再讲这些例子背后共同的数学概念。正是在这种"数学 1 对 1，辅导老师是菲尔兹奖得主"的顶级学习环境中，许埈珥的数学水平突飞猛进，他慢慢地入门了。广中平祐偶尔回日本的时候，许埈珥就跟着他，帮他拎行李，甚至还和他们夫妻一起住在京都的公寓里，许埈珥就睡在他们家的客厅。从首尔到京都，师徒两人一起吃饭、散步、聊天，他们成为忘年交。两人之间神奇的互动，产生了意想不到的效果。

许埈珥硕士毕业后，他本想找回初心，回到写作的路上。但广中教授对许埈珥有着"迷之自信"，认为这个学生有别人看不到的数学天赋，反复敦促他申请去美国攻读博士学位。许埈珥表示自己本科并非数学专业，硕士期间也没有什么成果，申请博士学位希望渺茫。广中平祐说："没关系，我给你写推荐信。"面对一位八十岁老人的信任，许埈珥只好同意。靠着老师的推荐信，虽然有十多所学校拒绝了他，但还是有一所美国学校录取了他。

在许埈珥到了美国后，往往只在电影里看到的情节在现实中发生了。在他博士一年级时，他就应用广中教授的奇点理论，证明了一个困扰了数学界多年的难题——里德猜想（Read's Conjecture）。里德猜想属于图论中的一个问题，这是一个许埈珥在读博前很陌生的领域。所以，他对于这个领域的研究者通常会用什么方法证明猜想，一无所知。许埈珥之前的图论研究者根本没想过应用奇点理论——一种代数几何中的工具，因为图论和代数几何是两个不同的领域。但许埈珥没有这种思维定式，而且他能熟练掌握的数学工具也不多，在他有限的几种能应用的高级数学工具中，奇点理论是最强大的，也是他最常用的。当一个人手里只有一把锤子时，他看这个世界上的任何一个东西都觉得像钉子。

许埈珥不管过去图论学界共识的一些陈规，大胆地用奇点理论，解决了困扰了图论领域几十年的里德猜想。许埈珥把里德猜想的证明写成论文发布在网上后不久，密歇根大学敏锐地发现了这篇论文的价值，他们邀请许埈珥来作报告，分享他的研究成果。在讲座的那天，台下坐满了来自密歇根大学和多所其他大学的数学教授和研究者。有趣的是，一年前拒绝过许埈珥博士申请的大学，基本都派了代表到场。在密歇根大学，许埈珥的成果分享会震撼了在场的学者，密歇根大学当即决定邀请许埈珥转学，他当即同意了。转学到密歇根读博期间，许埈珥在图论所属的组合数学领域取得了更大的突破。他已经知道里德猜想是一个更宏大、更重要的问题——罗塔猜想（Rota's Conjecture）的特例。最终，在 2015 年，许埈珥和另两位数学家一起证明了更一般化的罗塔猜想。这一成就不仅为他赢得了普林斯顿高等研究院的研究员职位，也让他成为菲尔兹奖的热门候选人。现在看来，广中平祐对许埈珥无条件的信任和支持，让世界没有埋没一个顶尖的数学人才。在攻克罗塔猜想的过程中，还产生了许多有价值的贡献，最后因为上述一系列相关工作，许埈珥被授予了菲尔兹奖。正如 2022 年菲尔兹奖颁奖词所说："他用霍奇理论、奇点解消定理等思想改变了几何组合学领域。"

从 24 岁才开始接触纯数学，到 39 岁拿下菲尔兹奖，他是世界上最成功的跨界转型者。不过许埈珥的成长之路是非典型的，幸运的是，他能够在人生的大好年华，遇上广中平祐，从此改变了他一生的命运。就像金庸小说《笑傲江湖》中无名小卒令狐冲遇见了绝世高手风清扬，不知不觉中早已习得一身武艺。而促使许埈珥以后破茧成蝶的，正是他这一身跨界习得的绝世功夫，一旦有了用武之地，便可大展身手。纵观科学发展史，当某领域的成熟理论被运用至另一领域中看似毫不相干的现象时，人类的理解能力往往会产生质的飞跃。当牛顿将万有引力应用于我们抬头见到的天空时，砸到他头顶的那个苹果，便化成了流星，照亮我们的夜空。许埈珥再次化腐朽为神奇，他应用代数几何中的霍奇理论成功解决了图论中的罗塔猜想。这再一次表明数学是一个整体，无论未来数学发展的分支有多么多、多么细，但似乎总有一股神秘的力量把它们联系在一起。

从一个写诗的文艺青年到成为顶级数学家，许埈珥的经历也再次表明，大学数学通识教育的重要性。浙江大学数学学院蔡天新教授说过："数学与诗歌之间，向来有着千丝万缕的隐秘关联。历史上很多杰出的人物，都是横跨人文和科学两大领域的巨人。像笛卡儿、帕斯卡尔、莱布尼茨等人，不仅是伟大的哲学家，也是伟大的数学家、物理学家。"许埈珥曾把大量的时间用于主动阅读上，从百科全书到世界文学，他都曾津津有味地拜读过。虽然他曾在成长道路上徘徊，但从未荒废过学业，博览群书让他夯实了知识基础。如今，文理融合的气质也让他有着不同于他人之处。在许埈珥看来，艺术家与数学家有着很大的共通性。他之所以对代数几何感兴趣，正是他感受到了理性与感性之间的美。

16.4.4　印度的数学天才——拉马努金与巴尔加瓦

第一位印度传奇数学家是拉马努金，他是土生土长的印度人，出生在印度南部库姆巴科纳姆的一个小镇。他没有接受过正规的数学教育。除了数学，他其他学科都是一塌糊涂，但他的数学水平却是常人无法企及的。下面是关于他的简要介绍：

拉马努金

- 拉马努金，生于 1887 年 12 月 22 日。
- 10 岁，凭着自己的力量算出了地球赤道的长度。
- 12 岁时独立推导出 $e^{ix}=\cos x+i\sin x$。不过他读到后面发现前人早已经发现了这个公式。
- 15 岁，拉马努金遇见了《纯粹和应用数学基本结果概要》这本书，书里有 5000 多个复杂的数学公式，没有证明过程，而他发现自己很多公式只要扫一眼就能浮现出证明过程。
- 20 岁，他做梦改变了世界……

● 拉马努金，逝于 1920 年 4 月 26 日，被誉为"印度之子"。

1913 年，拉马努金给英国数学家哈代写信，希望能到英国从事研究，并附上自己的一些研究成果。拉马努金的数学研究一般都"只写结果，很少给证明"，哈代发现拉马努金信中所附的定理中，有些是错的，有些是已知的，但也有许多是新的。收到信的当天晚上，哈代和李特尔伍德两人研究了两个半小时之后，一致认为拉马努金是"天才"。哈代后来回忆说："信中关于连分数的一些结果，即使它全不对，恐怕也没有人想象得出来。"哈代毫不迟延地给拉马努金复信，要他立即来英国剑桥。经过周折，1914 年 3 月，拉马努金来到英国。在英国的几年，他的工作进展很快，哈代说："他几乎每天都有半打的新成果出来。"然而英国潮湿的气候，使拉马努金患上了肺结核，1919 年，他不得不回到印度，并于 1920 年去世。

拉马努金敏锐的数学天赋让哈代都甘拜下风，有一次哈代去医院看望拉马努金，哈代坐的车的车牌号是 1729，哈代路上一直想了很久也没觉得这个数字有啥特殊的，只能写成 $7 \times 13 \times 19$ 的形式。于是他走进病房脱口而出对这个数字的失望，不希望它是个坏兆头。但拉马努金立刻说这个数字很特殊，它可以用两种不同的方式写成两个数的立方之和，而且它是这种方式中最小的整数，即 $1729 = 1^3 + 12^3 = 9^3 + 10^3$。哈代的同事李特尔伍德听说这件事之后，说"所有的整数都是拉马努金的朋友！"

学过微积分的都知道，椭圆的周长没有一个简单的计算公式。但是拉马努金却找到了一个美妙的椭圆 $\dfrac{x^2}{a^2} + \dfrac{y^2}{b^2} = 1$ 的周长公式：$C = \pi\left[3a + 3b - \sqrt{(3a+b)(3b+a)}\right]$，特别地，当 $a = b = r$ 时，上式就变成圆的周长 $C = \pi(6r - \sqrt{16r^2}) = 2\pi r$。再如 1914 年，拉马努金在他的论文里曾发表了一系列关于圆周率 π 的神奇公式。令人惊奇的是，下面这个公式被认为是当今世界计算圆周率 π 收敛速度最快的公式：

$$\frac{1}{\pi} = \frac{2\sqrt{2}}{99^2} \sum_{k=0}^{\infty} \frac{(4k)!}{(k!)^4} \frac{26\,390k + 1103}{396^{4k}}$$

据说，当时哈代看到这个公式后，问拉马努金是如何推导出来的。拉马努金竟然说这是他的女神给他的灵感，甚至他自己都未曾认真地推导证明过。后来，哈代与拉马努金花了几个月的功夫才把公式的推导和证明整理出来并发表。

邮票上拉马努金 π 的公式如图 16-2 所示。

S. Ramanujan (1887—1920)

$$\pi = \frac{9801}{\sqrt{8}} \left[\sum_{k=0}^{\infty} \frac{(4k)!(1103 + 26\,390k)}{(k!)^4 396^{4k}} \right]^{-1}$$

图 16-2　邮票上拉马努金 π 的公式

　　拉马努金去世后，留下了 3 本未曾发表的笔记，其中记录了许多未加证明的公式和命题。美国数学家伯恩特自 1977 年起，系统地证明了拉马努金笔记中的每个公式和命题，并从 1985 年至 1995 年，出版了三卷本的《拉马努金笔记》。伯恩特在该书序言中写道："笔记的结果包含一部分论证，但多数没有给出证明。这些论证以现在的标准来看，严格性是不够的。但拉马努金的缺点也许正是他的优点，由于没有那些框框，所以他能把他敏锐的直觉写下来。"

　　拉马努金的手稿中留下了 3000 多个莫名其妙的公式，它就像"一只会下无数金蛋的鹅"，引发大批数学家前赴后继，倾其毕生之力来证明拉马努金在其数学笔记上留下的公式。1974 年，比利时数学家德利涅证明了拉马努金的一个猜想，并因此获得了 1978 年的菲尔兹奖。如果没有拉马努金笔记本里那些天才般的发现，就没有德利涅的这一代表 20 世纪顶尖水平的数学成果。

　　英国导演马特·布朗 2016 年执导的电影 *The Man Who Knew Infinity*，该片根据罗伯特·卡尼格尔所著同名传记小说《知无涯者：拉马努金传》改编，讲述了传奇数学家拉马努金的一生。在《知无涯者：拉马努金传》中，作者认为："拉马努金是印度在过去一千年中所诞生的超级伟大的数学家。他的直觉跳跃甚至令当今的数学家都感到迷惑，在他去世 70 多年后，他的论文中埋藏的秘密依然在不断地被挖掘出来。他发现的定理被应用到他在世的时候很难想象到的领域。"这一领域包括物理学的最新前沿领域——弦理论和黑洞。比如，他生前曾经写下一个模仿 θ 函数，物理学家认为，这个函数在 2012 年可能被用来解释黑洞，而当拉马努金写下这个函数时，当时的人类还不知道黑洞的存在。除此之外，他写下的定理在粒子物理、统计力学、计算机科学、密码技术和空间技术等不同领域起着相当重要的作用。在拉马努金未被发现的金矿中，谁知道还有哪些公式可以应用到未来的暗物质、暗能量、黑洞的结构、多维宇宙秘密的研究呢？

哈代教授曾说："我们学习数学，而拉马努金则是发现并创造了数学！"关于拉马努金的数学才能，哈代给出了自己的评价：哈代给自己打 25 分，给他最好的朋友李特尔伍德打了 30 分，给同时代最伟大的数学家希尔伯特打了 80 分。而对于拉马努金，他给出了 100 分。难怪哈代有一句广为人知的名言："我在数学上最大的成就是'发现了拉马努金'！"

另一位印度裔杰出的数学家曼纽尔·巴尔加瓦（Manjul Bhargava），不仅是首位印度裔菲尔兹奖得主，也是位多才多艺的音乐家。他将数学视为艺术，而非科学。1974 年，巴尔加瓦出生于加拿大。他的父亲是生物化学家，他的母亲是霍夫斯特拉大学的数学家，也是他的数学启蒙老师。他很小的时候就表现出对数学的痴迷，两三岁的时候，就经常问他妈妈关于数学的问题。1996 年毕业于哈佛大学。2001 年，他在解决费马猜想的数学家怀尔斯指导下获得了普林斯顿大学博士学位。博士毕业两年后，他获得了普林斯顿大学正教授职位。巴尔加瓦因其在几何数论领域引入一些强有力的新方法，于 2014 年被授予菲尔兹奖。

据说，巴尔加瓦的数学品味形成于他的幼年，深受音乐和诗歌的影响，他喜爱演奏印度打击乐器塔布拉。他八岁时就独立解决了开普勒猜想，同时他还非常喜欢魔术，尤其是那些卡牌魔术，在他看来数学家就像是魔术师，而喜欢卡牌的魔术师又如同数学家一般。现在他在普林斯顿大学教授"数学和魔术"这门课程，这个课程在校园里颇受欢迎，甚至吸引了大批非数学专业的学生。

巴尔加瓦认为他的数学研究更像艺术，他说："当你真正去研究它们时，你会发现这些数字的美好。当数学家们思考问题时，我们并不是在考虑它们的各种应用，而是在追求美。这就是纯粹的数学家们的想法。"他选择数学的理由也很有意思，他觉得如果成为一名专业音乐家，就没有时间研究数学了。但如果成为一名专业数学家，仍然可以腾出时间投身音乐创作，于是巴尔加瓦选择了当数学家。艺术与数学看来真的是相通的——至少巴尔加瓦这样认为。

参 考 文 献

[1]　张奠宙，王善平. 数学文化教程 [M]. 北京：高等教育出版社，2013.

[2]　齐民友. 数学与文化 [M]. 大连：大连理工大学出版社，2008.

[3]　邓东皋，孙小礼，张祖贵. 数学与文化 [M]. 北京：北京大学出版社，1990.

[4]　顾沛. 数学文化 [M]. 2 版. 北京：高等教育出版社，2017.

[5]　克莱因. 古今数学思想：第 1 册 [M]. 张理京，张锦炎，江泽涵，译. 上海：上海科学技术出版社，2013.

[6]　克莱因. 西方文化中的数学 [M]. 张祖贵，译. 上海：复旦大学出版社，2004.

[7]　克莱因. 数学与知识的探求 [M]. 刘志勇，译. 上海：复旦大学出版社，2005.

[8]　克莱因. 数学：确定性的丧失 [M]. 李宏魁，译. 长沙：湖南科学技术出版社，1997.

[9]　柯朗，罗宾. 什么是数学：对思想和方法的基本研究 [M]. 左平，张饴慈，译. 上海：复旦大学出版社，2005.

[10]　田刚，吴宗敏. 数学之外与数学之内 [M]. 上海：复旦大学出版社，2015.

[11]　博塔兹尼. 尖叫的数学：令人惊叹的数学之美 [M]. 余婷婷，译. 长沙：湖南科学技术出版社，2021.

[12]　洛奈. 万物皆数：从史前时期到人工智能，跨越千年的数学之旅 [M]. 孙佳雯，译. 北京：北京联合出版公司，2018.

[13]　皮寇弗. 数学之书 [M]. 杨大地，译. 2 版. 重庆：重庆大学出版社，2021.

[14]　瑞德. 希尔伯特：数学世界的亚历山大 [M]. 袁向东，李文林，译. 上海：上海科学技术出版社，2006.

[15]　卡尼格尔. 知无涯者：拉马努金传 [M]. 胡乐士，齐民友，译. 上海：上海

科技教育出版社，2002.

[16] 怀尔德.数学概念的演变 [M].谢明初，陈念，陈慕丹，译.上海：华东师范大学出版社，2019.

[17] 怀尔德.作为文化体系的数学 [M].谢明初，陈慕丹，译.上海：华东师范大学出版社，2019.

[18] 米山国藏.数学的精神、思想和方法 [M].毛正中，吴素华，译.上海：华东师范大学出版社，2019.

[19] LIVIO M.数学沉思录：古今数学思想的发展与演变 [M].黄征，译.北京：人民邮电出版社，2010.

[20] DUNHAM W.数学那些事：思想、发现、人物和历史 [M].冯速，译.北京：人民邮电出版社，2011.

[21] 亚历山大洛夫.数学：它的内容、方法和意义（第一卷）[M].孙小礼，赵孟养，裘光明，等译.北京：科学出版社，1958.

[22] 莫德.追溯数学思想发展的源流 [M].呼和浩特：内蒙古教育出版社，2004.

[23] 丘成桐，刘克峰，杨乐，等.丘成桐的数学人生 [M].北京：高等教育出版社，2016.

[24] 皮纳德.身边的数学：第 2 版 [M].吴润衡，张杰，刘喜波，等译.北京：机械工业出版社，2012.

[25] 高尔斯.数学 [M].刘熙，译.南京：译林出版社，2014.

[26] 蔡天新.数学传奇：那些难以企及的人物 [M].北京：商务印书馆，2018.

[27] 蔡天新.数学与人类文明 [M].北京：商务印书馆，2012.

[28] 张文俊.数学欣赏 [M].北京：科学出版社，2011.

[29] 张文俊.数学文化赏析 [M].北京：北京大学出版社，2022.

[30] 汪晓勤.数学文化透视 [M].上海：上海科学技术出版社，2013.

[31] 陈诗谷，葛孟曾.数学大师启示录 [M].北京：开明出版社，2005.

[32] 李心灿.当代数学大师：沃尔夫数学奖得主及其建树与见解 [M].3 版.北京：北京航空航天大学出版社，2005.

[33] 贝尔.数学大师：从芝诺到庞加莱 [M].徐源，译.上海：上海科技教育

出版社，2012.

[34] 詹姆斯．数学巨匠：从欧拉到冯·诺伊曼 [M]．潘澍原，林开亮，译．上海：上海科技教育出版社，2016.

[35] 曼凯维奇．数学的故事 [M]．冯速，译．海口：海南出版社，2002.

[36] 李文林．数学史概论 [M].4 版．北京：高等教育出版社，2021.

[37] 李文林．文明之光：图说数学史 [M]．济南：山东教育出版社，2005.

[38] 吴文俊．世界著名数学家传记：上集 [M]．北京：科学出版社，1995.

[39] 吴文俊．中国数学史大系：第一卷　上古到西汉 [M]．北京：北京师范大学出版社，1998.

[40] 张奠宙．20 世纪数学经纬 [M]．上海：华东师范大学出版社，2002.

[41] 张奠宙，王善平．当代数学史话 [M].大连：大连理工大学出版社，2010.

[42] 阿蒂亚．数学的统一性 [M].袁向东，译．大连：大连理工大学出版社，2009.

[43] 王维克．数学之旅：数学的抽象与心智的荣耀 [M].北京：高等教育出版社，2019.

[44] 艾勃特．平面国：多维空间传奇往事 [M]．鲁冬旭，译．上海：上海文化出版社，2020.

[45] 弗伦克尔．爱与数学 [M]．胡小锐，译．北京：中信出版社，2016.

[46] 波沙曼提尔，莱曼．π：世界最神秘的数字 [M]．王瑜，译．长春：吉林出版集团有限责任公司，2011.

[47] 李祥兆．数学文化 [M].上海：上海浦江教育出版社，2013.

[48] 武锡环．数学历史与文化 [M].呼和浩特：内蒙古人民出版社，2006.

[49] 张顺燕．数学的源与流 [M]．2 版．北京：高等教育出版社，2003.

[50] 张顺燕．数学·科学与艺术 [M]．北京：北京大学出版社，2014.

[51] 张维忠．数学文化与数学课程：文化视野中的数学与数学课程的重建 [M]．上海：上海教育出版社，1999.

[52] 郑毓信．数学教育哲学 [M]．成都：四川教育出版社，2001.

[53] 郑毓信，王宪昌，蔡仲．数学文化学 [M]．成都：四川教育出版社，2000.

[54] 赵小平．现代数学大观 [M]．上海：华东师范大学出版社，2002.

[55] 波利亚. 数学与猜想：第一卷　数学中的归纳和类比 [M]. 李心灿，王日爽，李志尧，译. 北京：科学出版社，2001.

[56] 伊夫斯. 数学史概论 [M]. 欧阳绛，译. 太原：山西人民出版社，1986.

[57] 伊夫斯. 数学史上的里程碑 [M]. 欧阳绛，戴中器，赵卫江，等译. 北京：北京科学技术出版社，1990.

[58] 伊弗斯. 数学圈 3[M]. 李泳，刘晶晶，译. 长沙：湖南科学技术出版社，2007.

[59] 费曼. 发现的乐趣：费曼演讲、访谈集 [M]. 朱宁雁，译. 北京：北京联合出版公司，2016.

[60] 德夫林. 数学：新的黄金时代 [M]. 李文林，袁向东，李家宏，等译. 上海：上海教育出版社，1997.

[61] 李学数. 数学和数学家的故事：第 4 集 [M]. 北京：新华出版社，1999.

[62] 谭家健. 中国文化史概要：增订版 [M]. 北京：高等教育出版社，1997.

[63] 劳. 统计与真理：怎样运用偶然性 [M]. 北京：科学出版社，2004.

[64] 杨静，潘丽云，刘献军，等. 大众数学史 [M]. 济南：山东科学技术出版社，2015.

[65] 郭书春. 中国科学技术史：数学卷 [M]. 北京：科学出版社，2010.

[66] 朱家生，姚林. 数学：它的起源与方法 [M]. 南京：东南大学出版社，1999.

[67] 李约瑟. 中国科学技术史：第一卷　导论 [M]. 袁翰青，译. 北京：科学出版社，1990.

[68] 刘钝. 大哉言数 [M]. 沈阳：辽宁教育出版社，1993.

[69] 丁石孙，张祖贵. 数学与教育 [M]. 大连：大连理工大学出版社，2016.

[70] 刘巍然. 密码了不起 [M]. 北京：北京联合出版公司，2021.

[71] 辛格. 费马大定理：一个困惑了世间智者 358 年的谜 [M]. 薛密，译. 桂林：广西师范大学出版社，2013.

[72] 张跃辉，李吉有，朱佳俊. 数学的天空 [M]. 北京：北京大学出版社，2017.

[73] 丘成桐，杨乐，季理真，等. 传奇数学家华罗庚：纪念华罗庚诞辰 100 周年 [M]. 北京：高等教育出版社，2010.

[74] 丘成桐，刘克峰，杨乐，等．数学与对称 [M].北京：高等教育出版社，2014.

[75] 陈忠怀，范军，田富德，等．数学传奇 [M].太原：山西教育出版社，2012.

[76] 麦肯齐．无言的宇宙：隐藏在 24 个数学公式背后的故事 [M].李永学，译．北京：北京联合出版公司，2015.

[77] 江晓原．科学史十五讲 [M].2 版．北京：北京大学出版社，2016.

[78] 克莱格．数学世界的探奇之旅 [M].胡小锐，译．北京：中信出版社，2017.

[79] 莱宁．世间万数 [M].缪伶超，译．北京：北京联合出版公司，2022.

[80] 亚里士多德．形而上学 [M].吴寿彭，译．北京：商务印书馆，1997.

[81] 爱因斯坦．爱因斯坦文集：第一卷 [M].许良英，范岱年，译．北京：商务印书馆，1976.

[82] 爱因斯坦．爱因斯坦自述 [M].王强，译．北京：北京联合出版公司，2023.

[83] 乌拉姆．一位数学家的历险：乌拉姆自传 [M].钱昊，译．南京：译林出版社，2023.

[84] 彼得．无穷的玩艺：数学的探索与旅行 [M].朱梧槚，袁相碗，郑毓信，译．大连：大连理工大学出版社，2008.

[85] 伽莫夫．从一到无穷大：科学中的事实和臆测 [M].暴永宁，译．北京：科学出版社，2002.

[86] 中国科学院自然科学史研究所数学史组，中国科学院数学研究所数学史组．数学史译文集 [M].上海：上海科学技术出版社，1981.

[87] 塔尔斯基．逻辑与演绎科学方法论导论 [M].周礼全，吴允曾，晏成书，译．北京：商务印书馆，1963.

[88] 庞特里亚金．庞特里亚金自传 [M].霍晔，译．北京：高等教育出版社，2024.

[89] 霍金，杨振宁．学术报告厅：求学的方法 [M].西安：陕西师范大学出版社，2002.

[90] 王雁斌．数学现场：另类世界史 [M].桂林：广西师范大学出版社，2018.

[91] 徐品方.数学趣史 [M].北京：科学出版社，2013.

[92] 利维奥.最后的数学问题 [M].黄征，译.北京：人民邮电出版社，2019.

[93] 赖默尔 L，赖默尔 W.数学我爱你：大数学家的故事 [M].欧阳绛，译.哈尔滨：哈尔滨工业大学出版社，2008.

[94] 易南轩.邮票苍穹中最亮的 108 颗数学之星 [M].北京：科学出版社，2017.

[95] 怀特.牛顿传：修订版 [M].陈可岗，译.北京：中信出版集团，2019.

[96] 柯尔莫戈洛夫.我是怎么成为数学家的 [M].姚芳，刘岩瑜，吴帆，编译.大连：大连理工大学出版社，2023.

[97] 贝兰茨.数学美文 100 篇 [M].吴朝阳，译.北京：世界知识出版社，2020.

[98] 麦克雷.天才的拓荒者：冯·诺伊曼传 [M].范秀华，朱朝晖，成嘉华，译.上海：上海科技教育出版社，2018.

[99] 吴文俊.世界著名数学家传记：下集 [M].北京：科学出版社，1995.